机械制图及 AutoCAD

赵红梅　张双侠　主编

中国农业大学出版社
·北京·

内容简介

本书将“机械制图”和“AutoCAD技术”课程有机整合，以培养学生的技术应用能力为目的，基于工作过程导向，整合、序化、重构教学内容。本书共设计了8个项目，每个项目又分解为若干个任务，以任务训练为引领，突出学生的能力和创新意识的培养。

本书的主要内容包括：制图基础、绘制基本体三视图、绘制轴测图、绘制组合体三视图、机件表达、绘制标准件与常用件、绘制零件图、绘制装配图。

本书适用于高职高专机械类、近机械类专业教学，也适用于机械类、近机械类职业的机械制图技能的短期培训。

图书在版编目(CIP)数据

机械制图及AutoCAD/赵红梅，张双侠主编．—北京：中国农业大学出版社，2019.6

ISBN 978-7-5655-1767-9

Ⅰ.①机… Ⅱ.①赵…②张… Ⅲ.①机械制图-计算机制图-AutoCAD软件-高等职业教育-教材 Ⅳ.①TH126

中国版本图书馆CIP数据核字(2018)第277470号

书　　名　机械制图及AutoCAD

作　　者　赵红梅　张双侠　主编

策划编辑　张　玉　张　蕊　　**责任编辑**　洪重光

封面设计　郑　川

出版发行　中国农业大学出版社

社　　址　北京市海淀区学清路甲38号　　**邮政编码**　100083

电　　话　发行部 010-62733489,1190　　读者服务部 010-62732336

编辑部 010-62732617,2618　　出　版　部 010-62733440

网　　址　http://www.caupress.cn　　**E-mail** cbsszs @ cau.edu.cn

经　　销　新华书店

印　　刷　北京鑫丰华彩印有限公司

版　　次　2019年6月第1版　2019年6月第1次印刷

规　　格　787×1 092　16开本　20.75印张　515千字

定　　价　54.00元

编写人员
CONTRIBUTORS

主　编　赵红梅　新疆农业职业技术学院
　　　　张双侠　新疆农业职业技术学院

副主编　张茫茫　巴音郭楞职业技术学院
　　　　赵沙沙　新疆农业职业技术学院
　　　　陈　魁　新疆农业职业技术学院

参　编　张　雨　新疆农业职业技术学院
　　　　田多林　新疆农业职业技术学院
　　　　张绍军　新疆农业职业技术学院
　　　　李　慧　新疆农业职业技术学院
　　　　于海丽　新疆农业职业技术学院
　　　　刘爱玲　新疆农业职业技术学院
　　　　刘玉谦　南阳农业职业学院

前 言
PREFACE

融教、学、做为一体，理实一体化的教材是做好高职高专教学的重要基础。通过对新疆乃至全国机电行业企业进行的深入调研，与企业实践专家充分交流沟通，以及对毕业生就业情况的仔细调查，本教材以岗位职业能力和工作过程能力培养为目标，遵循学生的认知规律，由浅入深地安排教学内容。同时也考虑到专业知识和技能训练自身内在的逻辑关系，通过教学实践验证，丰富教学内容。

教材在项目设置上紧扣机械行业背景，引入机械零部件实例，将机械制图与 AutoCAD 技术有机结合，按照工作过程对项目内容进行序化，将项目划分为若干个学习性工作任务来完成，根据完成职业岗位实际工作任务所需要的知识、能力、素质，精选教学内容。本书按照最新的机械制图国家标准编写，CAD 软件采用最新的 AutoCAD 2017 版，使教学内容更贴近生产实际。在完成任务的过程中，培养学生初步的空间形象思维能力，培养学生正确使用绘图工具和仪器手工绘图和阅读工程图样的基本能力，使学生掌握运用计算机来绘制设计机电工程图的方法和基本操作技能。同时为后续课程和课程设计打下良好基础。

这种融教、学、做为一体，理实一体化的教材内容设计，更能激发学生的学习积极性和兴趣，为学生毕业就业和可持续发展奠定良好的基础。

本书由新疆农业职业技术学院赵红梅、张双侠担任主编；巴音郭楞职业技术学院张茫茫，新疆农业职业技术学院赵沙沙、陈魁担任副主编。本书由赵红梅统稿，张双侠审稿。张茫茫编写项目一、项目三，赵红梅编写项目七、项目八及附录，赵沙沙编写项目二和项目四，张双侠编写项目五，陈魁编写项目六。新疆农业职业技术学院张雨、田多林、张绍军、李慧、刘爱玲、于海丽，南阳农业职业学院刘玉谦也参与了本书部分内容的编写工作。

本书在编写过程中参阅了大量同行专家的相关书籍以及网上资源，在此向原作者表示衷心的感谢。

由于编者水平有限，本书还有很多不足，有待在教学实践中不断完善，恳请广大读者批评指正。

编　者

2018 年 12 月

目录 CONTENTS

项目一 制图基础

项目目标

（1）熟悉制图国家标准的有关规定。
（2）了解常规绘图工具的使用方法。
（3）掌握几何作图的方法。
（4）掌握 AutoCAD 的基本绘图方法。

项目知识分布图

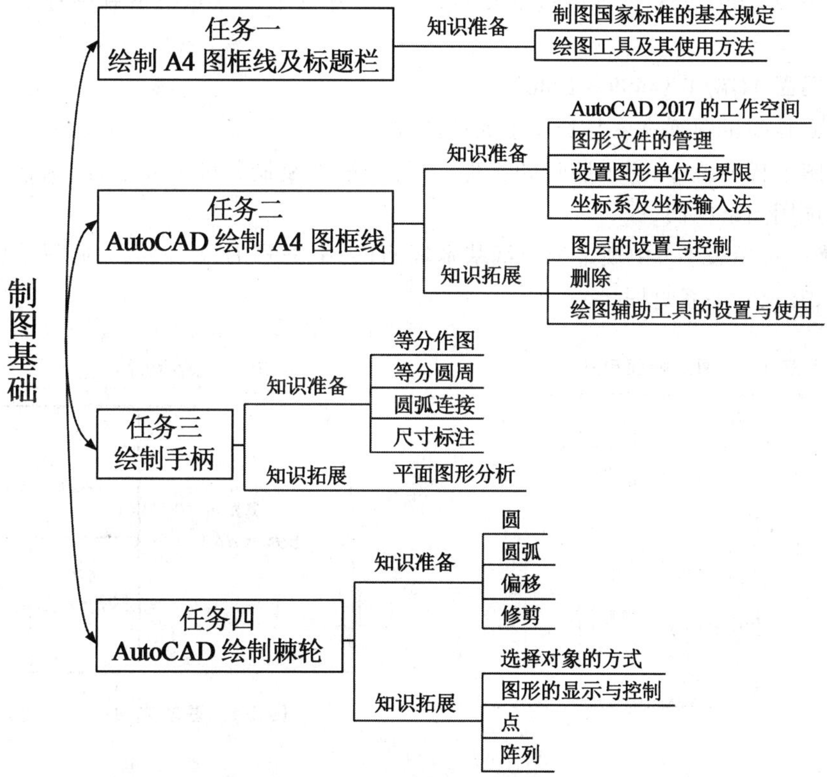

任务一　绘制 A4 图框线及标题栏

任务描述

正确选择线型及图框格式，在 A4 纸上绘制图框线，并绘制简单零件图标题栏，要求正确选择使用绘图工具。

知识准备

一、制图国家标准的基本规定

国家标准《机械制图》是工程界重要的技术基础标准，是绘制和阅读机械图样的准则和依据。为了正确绘制和阅读机械图样，必须熟悉有关标准和规定。

现以 GB/T 4458.1—2002《机械制图　图样画法　视图》为例，说明标准的构成。国家标准（简称国标）由标准编号（GB/T 4458.1—2002）和标准名称（《机械制图　图样画法　视图》）两部分构成。GB 是国标两字的拼音缩写，与 GB 用斜线相隔的 T 表示推荐性标准，4458.1 表示标准的顺序号，2002 表示标准的批准年号；标准名称则表示这是机械制图标准图样画法中的视图部分。

1. 图纸幅面（GB/T 14689—2008）

图纸幅面是指由图纸宽度与长度组成的图面。

为了使图纸幅面统一，便于装订和管理，并符合缩微复制原件的要求，绘制技术图样时应按以下规定选用图纸幅面。

(1)应优先采用表 1-1 中规定的图纸基本幅面（表中符号 B、L、e、c、a 见图 1-2）。基本幅面共有 5 种，其尺寸关系见图 1-1。

表 1-1　图纸幅面尺寸

幅面代号	$B\times L$	e	c	a
A0	841×1 189	20	10	25
A1	594×841			
A2	420×594	10		
A3	297×420		5	
A4	210×297			

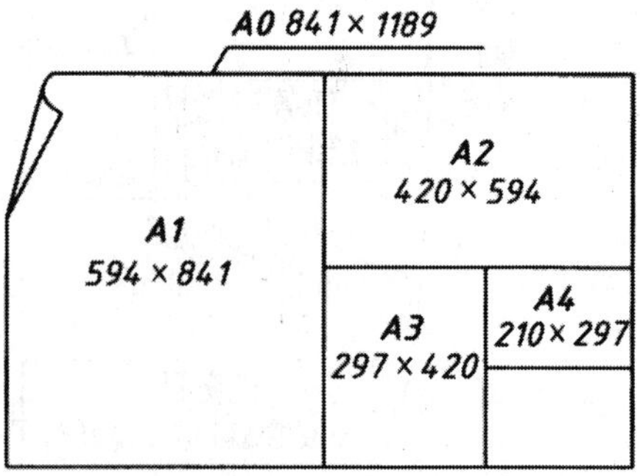

图 1-1　基本幅面的尺寸关系

(2)必要时允许选用加长幅面，其尺寸必须是由基本幅面的短边乘整数倍增加后得出。加长后幅面代号记作：基本幅面代号乘倍数。如：A4×3，表示 A4 图纸短边 210 mm 加长 3 倍，加长后图纸的尺寸是 297 mm×630 mm。

2. 图框格式

图纸上限定绘图区域的线框称为图框。在图纸上必须用粗实线画出图框,其格式分为留装订边和不留装订边两种(图 1-2a、b)。对中符号和看图方向如图 1-2c 所示。同一产品图样只能采用一种格式。

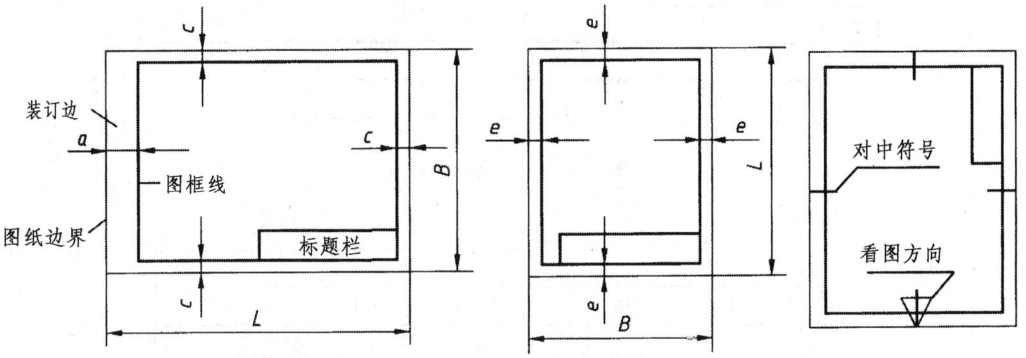

(a) 留装订边　　(b) 不留装订边　　(c) 对中符号和看图方向

图 1-2　图框格式和看图方向

3. 标题栏

每张图样上都必须画出标题栏。标题栏是用来表达零部件及其管理等信息的,按 GB/T 10609.1—2008 的规定,其格式和尺寸如图 1-3 所示,一般位于图纸的右下角,并使其底边和右边分别与下图框线和右图框线重合,标题栏中的文字方向通常为看图方向。练习用的标题栏可简化,制图作业的零件图标题栏建议采用如图 1-4 所示的格式,装配图的标题栏建议用图 1-5 所示的格式。

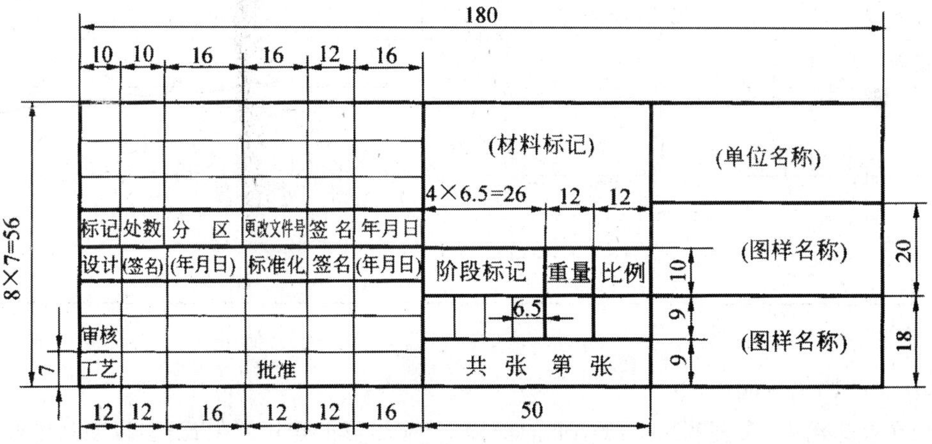

图 1-3　标题栏的格式、尺寸

4. 绘图比例(GB/T 14690—1993)

绘图比例是指图样中图形与其实物相应要素的线性尺寸之比。绘制图样时,可根据物体的大小及结构的复杂程度,采用原值比例(比值为 1 的比例,即 1∶1)、放大比例(比值大于 1 的比例,如 2∶1)和缩小比例(比值小于 1 的比例,如 1∶2)。国家标准规定了各种绘图比例的比例系数,如表 1-2 所示。

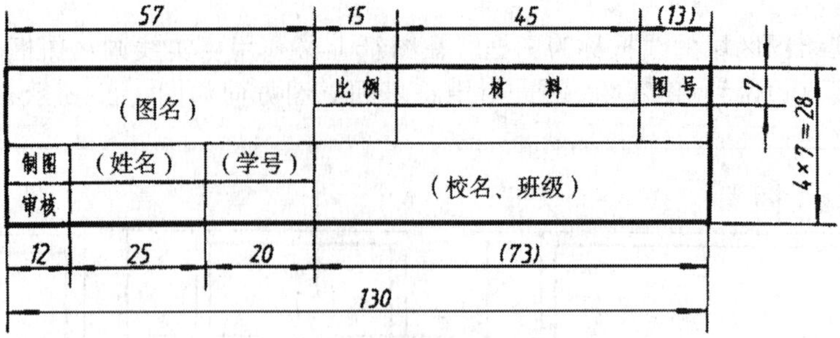

图 1-4 零件图标题栏

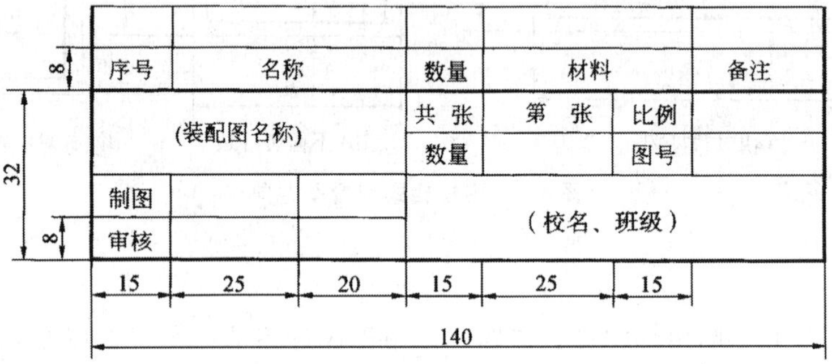

图 1-5 装配图标题栏

表 1-2 绘图比例

比例种类	优先使用比例	可使用比例
原值比例	1∶1	
放大比例	5∶1 2∶1 5×10^n∶1 2×10^n∶1 1×10^n∶1	4∶1 25∶1 4×10^n∶1 25×10^n∶1
缩小比例	1∶2 1∶5 1∶10 1∶2×10^n 1∶5×10^n 1∶1×10^n	1∶1.5 1∶2.5 1∶3 1∶4 1∶6 1∶1.5×10^n 1∶2.5×10^n 1∶3×10^n 1∶4×10^n 1∶6×10^n

注：n 为正整数。

选用绘图比例时应注意：

(1)在表达清晰、合理利用图纸幅面的前提下，应尽可能选用原值比例，以便从图样上得到实物大小的真实感。对于大而简单的机件，可采用缩小比例，而对于小而复杂的机件，则选用放大比例。

(2)图样无论采用何种比例绘制，标注尺寸时，应按实物的实际尺寸进行标注，与所采用的绘图比例无关。见图 1-6。

(3)绘制同一机件的各个视图时，应尽可能采用相同的比例，并填写在标题栏中。当某个视图需要采用不同比例时，可在该视图名称的下方或右侧标注比例。

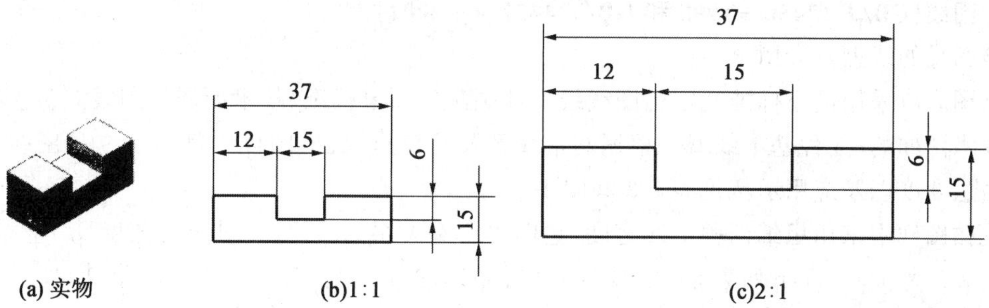

图 1-6　按实物的实际尺寸进行标注

5. 字体(GB/T 14691—1993)

图样中书写的汉字、数字和字母,必须做到:字体工整、笔画清楚、间隔均匀、排列整齐。字体的号数即字体的高度,分为八种:20、14、10、7、5、3.5、2.5、1.8(单位:mm)。

1)汉字

汉字应写成长仿宋体,并采用国家正式公布的简化字。汉字的高度不应小于 3.5 mm,其宽度一般为字高 h 的 2/3。字与字间隔约为字高的 1/4,行与行的间隔约为字高的 1/3,笔画宽度约为字高的 1/10。

长仿宋体的书写要领是:横平竖直、起落有锋、结构均匀、写满方格。

2)字母和数字

数字和字母分为 A 型和 B 型。字体的笔画宽度用 d 表示。A 型字体的笔画宽度 $d=h/14$;B 型字体的笔画宽度 $d=h/10$。数字和字母可写成直体或斜体(常用斜体),斜体字字头向右倾斜,与水平基准线约呈 75°。在同一张图样上,只允许采用同一种形式的字体(图 1-7)。

图 1-7　字体

6. 图线(GB/T 17450—1998 和 GB/T 4457.4—2002)

1)图线的线型及应用

绘图时应采用国家标准规定的图线线型和画法。国家标准《技术制图 图线》规定了绘制各种技术图样的 15 种基本线型。根据基本线型及其变形,机械图样中规定了 9 种图线,其名称、形式、宽度以及应用示例见表 1-3 和图 1-8。

机械图样中采用粗细两种图线宽度,它们的比例关系为 2∶1。图线的宽度(d)应按图样的类型和尺寸大小,在下列数系中选取:0.13、0.18、0.25、0.35、0.5、0.7、1.0、1.4、2(单位:mm)。粗线宽度通常采用 d=0.5 mm 或 0.7 mm。为了保证图样清晰,便于复制,图样上尽量避免出现线宽小于 0.18 mm 的图线。

表 1-3 图线的线型与应用

图线名称	线型	图线宽度	一般应用
粗实线		d	1)可见轮廓线 2)可见棱边线 3)相贯线
细实线		$d/2$	1)尺寸线及尺寸界线 2)剖面线 3)过渡线
细虚线		$d/2$	1)不可见轮廓线 2)不可见棱边线
细点画线		$d/2$	1)轴线 2)对称中心线 3)剖切线
波浪线		$d/2$	1)断裂处的边界线 2)视图与剖视图的分界线
双折线		$d/2$	1)断裂处的边界线 2)视图与剖视图的分界线
细双点画线		$d/2$	1)相邻辅助零件的轮廓线 2)可动零件的极限位置的轮廓线 3)成形前的轮廓线 4)轨迹线
粗点画线		d	限定范围的表示线
粗虚线		d	允许表面处理的表示线

2)图线绘制的要求

(1)同一图样中同类图线的宽度应基本一致。虚线、点画线及双点画线的线段长度和间隔应各自大致相等。

(2)当各种线型重合时,应按粗实线、虚线、点画线的顺序绘制。

(3)点画线和双点画线中的点应是极短的一段直线,长约 1 mm,不能画成圆点,且点、线

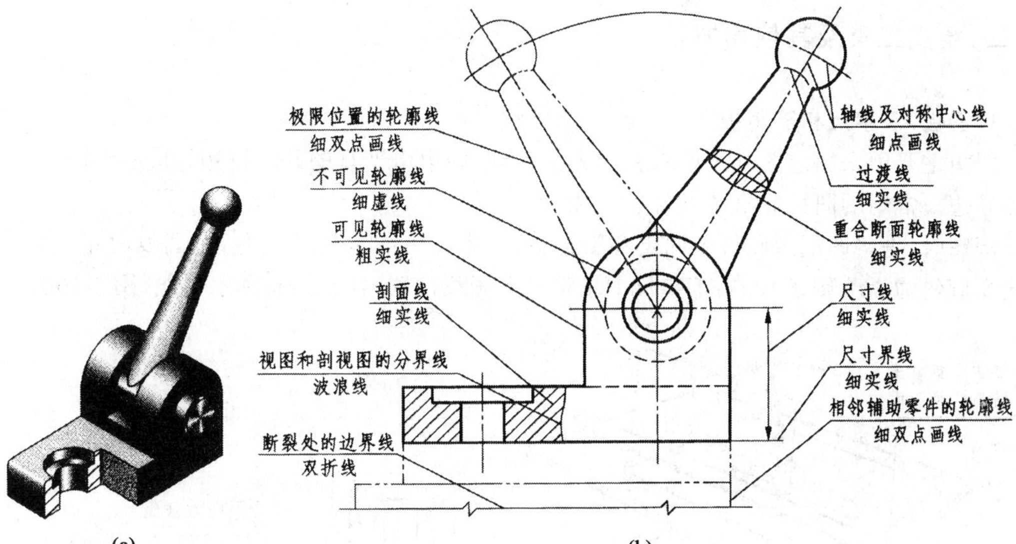

图 1-8　线型应用示例

应一起绘制。在线的首末两端应为长画线，不能画成点。点画线应超出图形的轮廓线 3～5 mm。

(4)在较小的图形上绘制点画线或双点画线有困难时，可用细实线代替。

(5)虚线、点画线、双点画线与任何图线相交时都应交在线段处；虚线是其他图线的延长线时，连接处应留有空隙。

(6)图线与图线相切，应以切点相切，相切处应保持相切两线中较宽的图线的宽度不得相割或相离。

(7)两条平行线之间的最小间隙不得小于 0.7 mm。

(8)两圆的中心线，圆心应是线段的交点；当圆的图形较小(直径小于 12 mm)时，可用细实线代替点画线。

图线的正确绘制示例如图 1-9 所示。

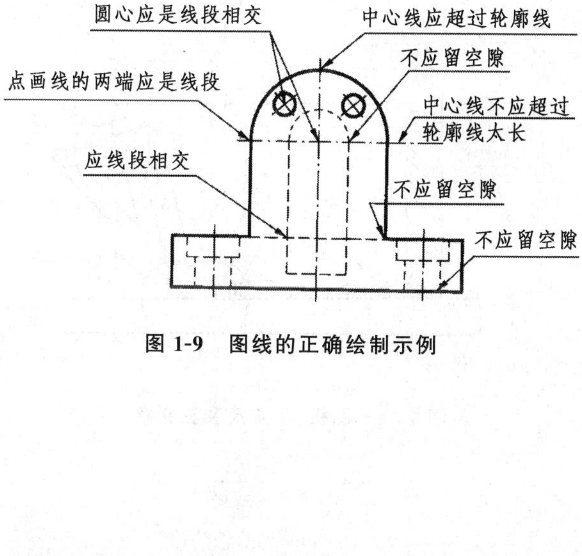

图 1-9　图线的正确绘制示例

二、绘图工具及其使用方法

1. 图板、丁字尺和三角板

图板主要用来固定图纸。要求板面光滑平整，四边由平直的硬木镶边，其左侧边称为丁字尺的导边。常用的图板规格有 0 号、1 号和 2 号。

画图时，先将图纸用胶带纸固定在图板上，丁字尺头部紧靠图板左边，画线时铅笔垂直纸面向右倾斜约 30°(图 1-10a)；丁字尺上下移动到画线位置，自左向右画水平线(图 1-10b)。

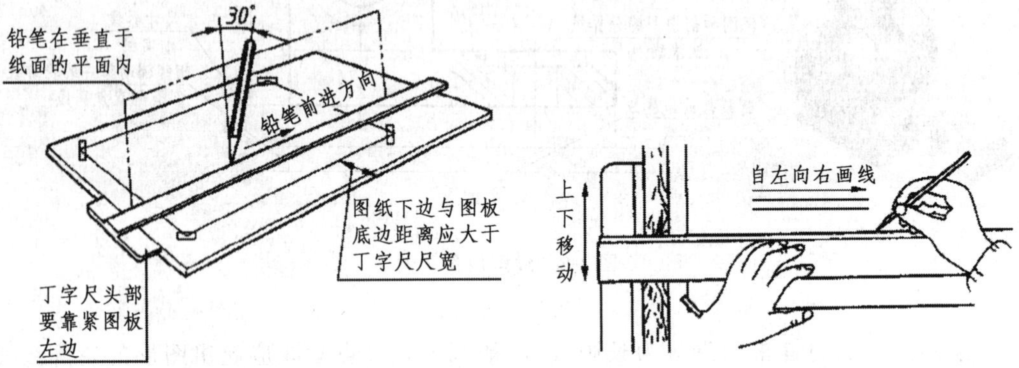

图 1-10 图板和丁字尺

三角板一般由有机玻璃制成，三角板分 45°和 45°、30°和 60°两块，可与丁字尺配合使用画垂直线和 15°倍角的斜线，如图 1-11 所示。

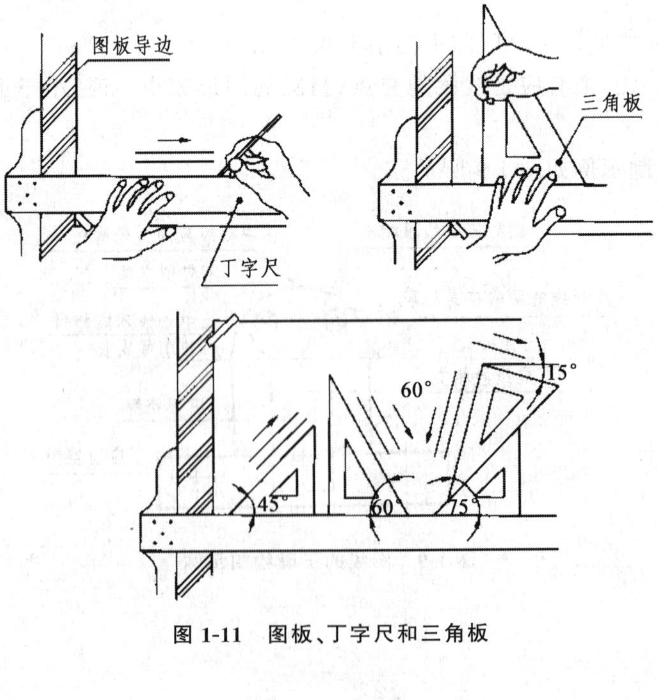

图 1-11 图板、丁字尺和三角板

2. 圆规和分规

圆规主要用于画圆或圆弧。画图时预先调整针脚，使针尖略长于铅芯。画圆时，应使圆规向前进方向稍微倾斜，用力要均匀。

画圆时，圆规的钢针装在有台阶的一端，以避免图纸上的针孔不断扩大，并调节笔尖与纸面垂直。圆规使用方法见图 1-12。

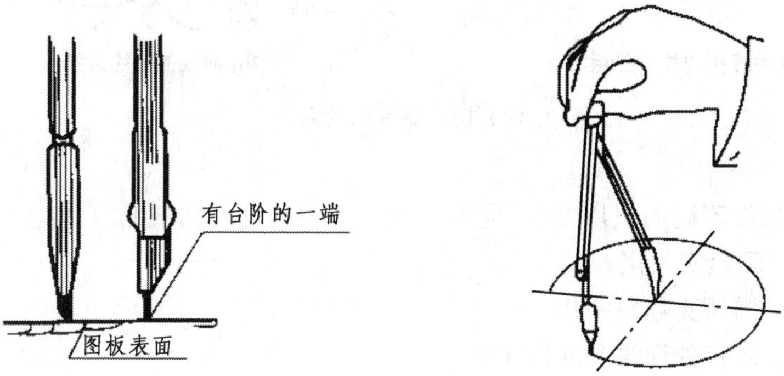

(a) 调整针脚　　(b) 用圆规画圆

图 1-12　圆规的用法

分规是用来量取和等分线段的。分规两腿均为钢针。分规的针尖在并拢后，应能对齐，否则应调整，如图 1-13 所示。

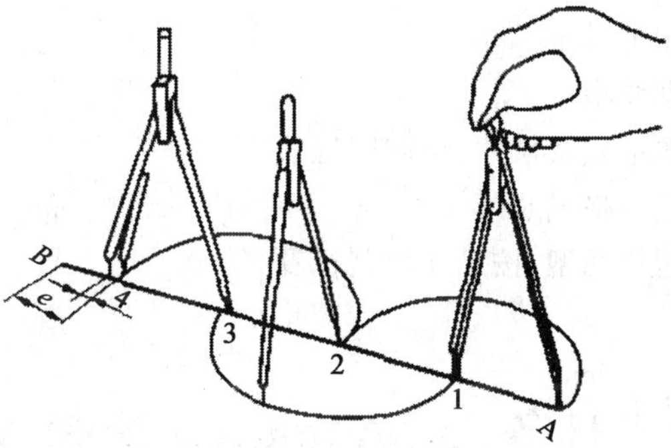

(a) 针尖对齐　　(b) 用分规分线段

图 1-13　分规的用法

3. 曲线板

曲线板是绘制非圆曲线的常用工具。画曲线时，应先徒手把曲线上各点轻轻地连接起来，然后选择曲线板上曲率相当的部分，分段画成。每画一段，至少应有四个点与曲线板上某一段重合，并与已画成的相邻曲线重合一部分，连接时，留下 1～2 个点不画，以便与下一次要连接的曲线段重合以及保持曲线圆滑，如图 1-14 所示。

4. 铅笔

绘制图样时要使用绘图铅笔，铅芯的软硬分别以 B 和 H 表示，"B"前的数字越大表示铅芯越软；"H" 前的数字越大，表示铅芯越硬。HB 铅笔的铅芯软硬适中。铅芯越硬，画出的线

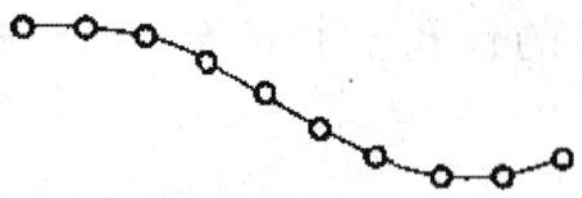

(a) 徒手连接曲线上各点

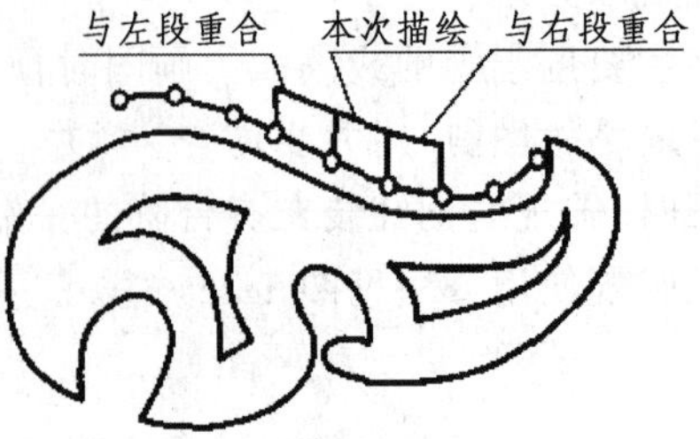

(b) 曲线的描绘方法

图 1-14　曲线板的用法

条越淡。绘图时根据不同的使用要求,应准备以下几种硬度不同的铅笔:

B 或 HB——画粗实线用;

HB 或 H——画箭头和写字用;

H 或 2H——画各种细线和底稿用。

铅笔的铅芯可削磨成两种,锥形用于画细实线和写字,楔形用于画粗实线。

5. 其他绘图工具和用品

在手工绘图过程中,除了上述工具外,还要用到其他绘图工具和用品,如小刀、橡皮、擦图片、毛刷等。

任务实施

(1)选择绘图工具。

(2)选择图框线型。

(3)确定图框格式及尺寸,绘制图框线。

(4)选择标题栏格式及尺寸。

(5)确定标题栏线型,按尺寸绘制标题栏。

任务二　AutoCAD 绘制 A4 图框线

任务描述

绘制有装订边的 A4(210×297)图纸的图样,包括图框、标题栏。

知识准备

一、AutoCAD 2017 的工作空间

AutoCAD 软件由美国 Autodesk 公司于 1982 年首次推出,并经过不断的完善和更新。该软件集专业性、功能性、实用性为一体,是计算机辅助设计领域最受欢迎的绘图软件之一。

为满足不同用户的需要，AutoCAD 2017 提供了“草图与注释”“三维基础”和“三维建模”这 3 种工作空间模式，用户可以根据需要选择不同的工作空间模式。

“草图与注释”空间：默认状态下，启动的工作空间即为“草图与注释”工作空间。该工作空间的功能区提供了大量的绘图、修改、图层、注释以及块等工具。

“三维基础”空间：在“三维基础”工作空间中可以方便地绘制基础三维图形，并且可以通过其中的“修改”面板对图形进行快速修改。

“三维建模”空间：“三维建模”工作空间的功能区提供了大量的三维建模和编辑工具，可以方便地绘制出更多的复杂三维图形，也可以对三维图形进行修改、编辑等操作。

1. AutoCAD 2017 的启动

安装完成 AutoCAD 2017 应用程序后，双击桌面上的 AutoCAD 2017 快捷图标，或通过执行“开始”菜单中的相应命令启动 AutoCAD 2017 应用程序(图 1-15)。

启动 AutoCAD 应用程序，然后在“开始”选项卡右方单击“新图形”按钮，即可进入默认的“草图与注释”工作空间，并新建一个名为 Drawing1. dwg 的图形文件，效果如图 1-16 所示。

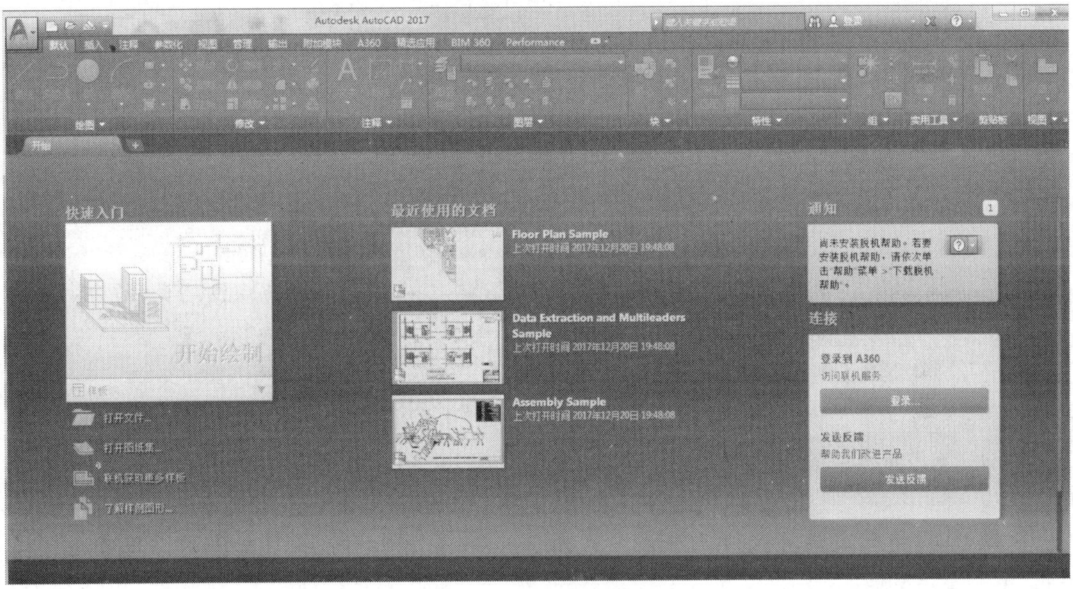

图 1-15　启动 AutoCAD 2017

2. AutoCAD 2017 工作空间切换

在工作界面右下方的“状态栏”中单击“切换工作空间”按钮，如图 1-17 所示。在弹出的“工作空间”下拉列表中选择需要的工作空间即可进行切换，如图 1-18 所示。

3. AutoCAD 2017 默认工作界面

第一次启动 AutoCAD 2017 应用程序后，将进入 AutoCAD 2017 默认的“草图与注释”工作空间的界面，该界面主要由标题栏、功能区、绘图区、十字光标、命令行和状态栏等 6 个主要部分组成，如图 1-19 所示。

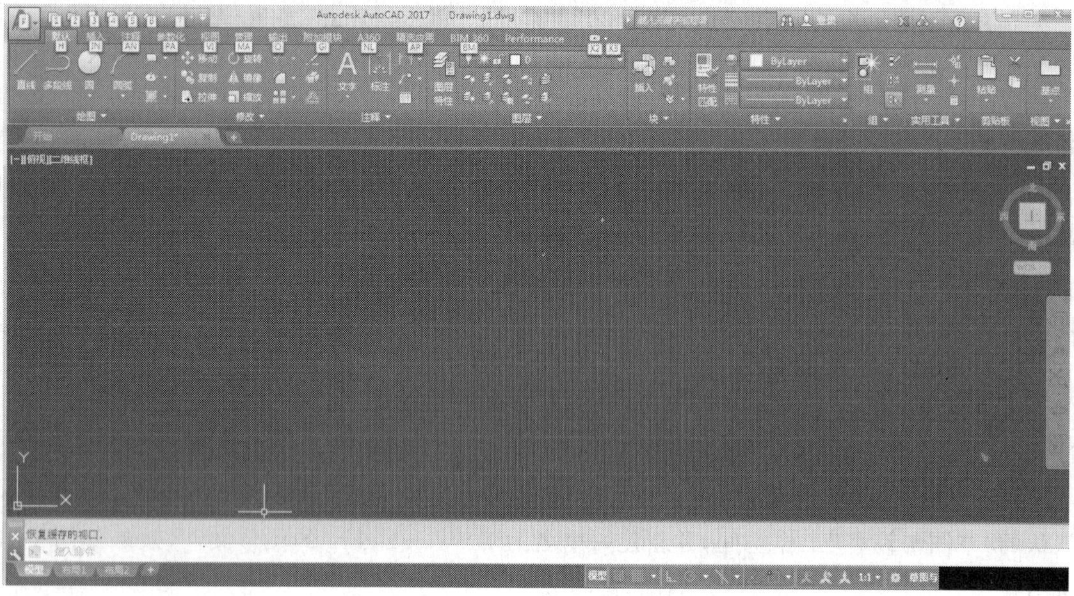

图 1-16 进入“草图与注释”工作空间

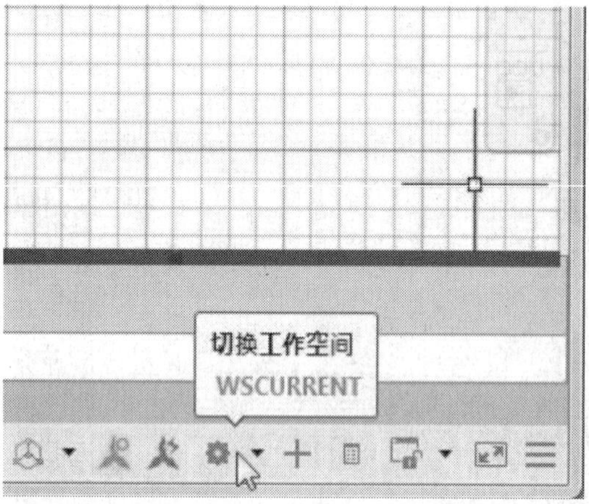

图 1-17 单击“切换工作空间”按钮

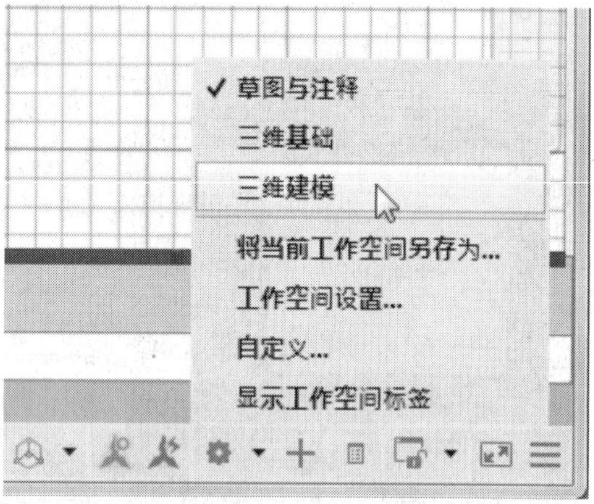

图 1-18 选择需要的工作空间

1）标题栏

标题栏位于整个程序窗口上方，用于说明当前程序和图形文件的状态，主要包括程序图标、“快速访问”工具栏、程序名称、图形文件的名称和窗口控制按钮等。

2）功能区

AutoCAD 2017 的功能区位于标题栏的下方，功能面板上的每一个图标都形象地代表一个命令，用户只需单击图标按钮，即可执行相应的命令。默认情况下，AutoCAD 2017 的功能区主要包括“默认”“插入”“注释”“参数化”“视图”“管理”“输出”等几个部分，如图 1-20 所示。

3）绘图区

绘图区是用户绘制图形的区域，位于屏幕中央空白区域，也被称为视图窗口。绘图区是一

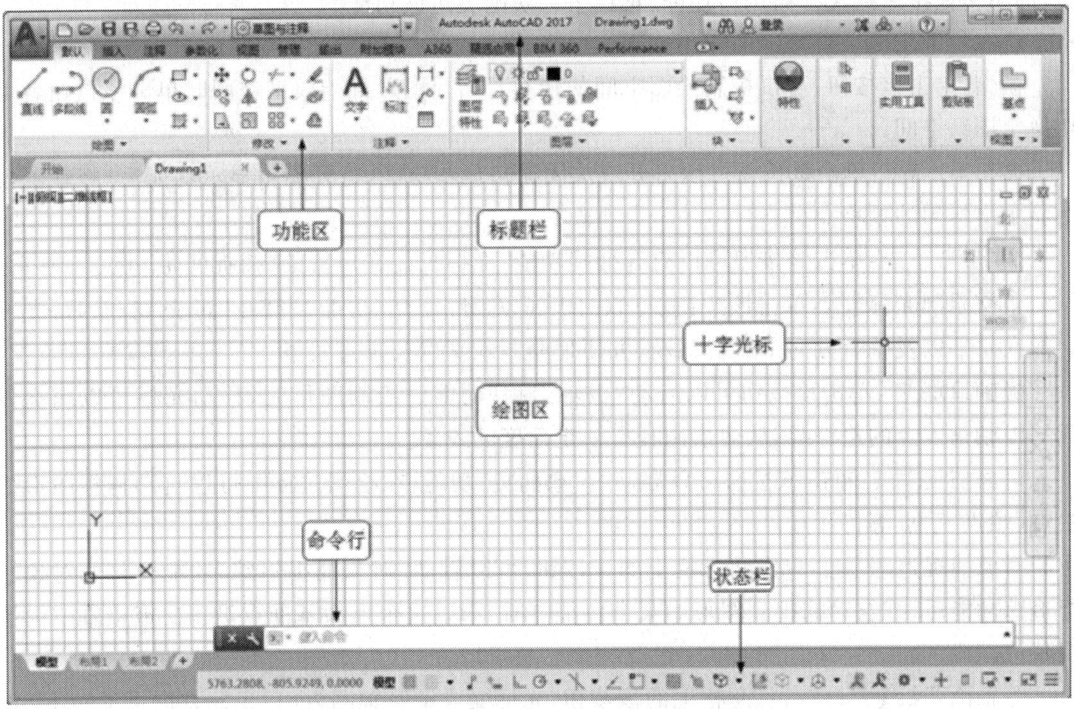

图 1-19　AutoCAD 2017 默认工作界面

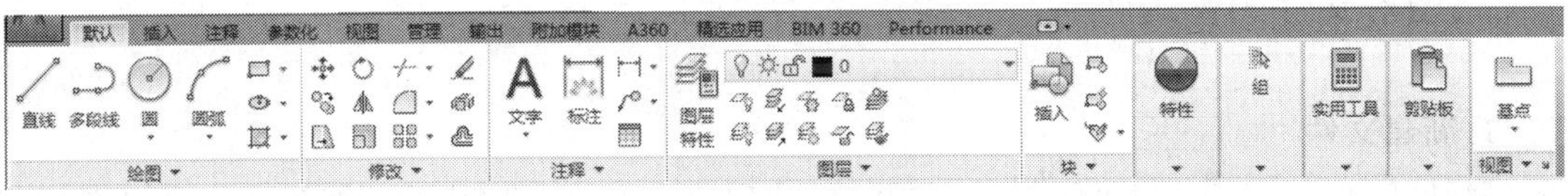

图 1-20　功能区

个无限延伸的空白区域，无论多大的图形，用户都可以在其中进行绘制。

4）十字光标

十字光标是 AutoCAD 绘图时所使用的光标，可以用来定位点、选择和绘制对象，使用鼠标绘制图形时，可以根据十字光标的移动，直观地看到图形的上下左右关系。

5）命令行

命令行位于屏幕下方，主要用于输入命令以及显示正在执行的命令和相关信息。执行命令时，在命令行中输入相应操作的命令，按 Enter 键或空格键后系统将执行该命令；在命令的执行过程中，按 Esc 键可取消命令的执行，按 Enter 键确定参数的输入。

6）状态栏

状态栏位于 AutoCAD 2017 窗口下方，如图 1-21 所示。状态栏左边是“模型”和“布局”选项卡；右边包括多个经常使用的控制按钮，如捕捉、栅格、正交等，这些按钮均属于开/关型按

图 1-21　状态栏

钮，即单击该按钮一次则启用该功能，再单击一次则关闭该功能。

状态栏中主要工具按钮的作用如下。

模型：单击该按钮，可以控制绘图空间的转换。当前图形处于模型空间时单击该按钮就可切换至图纸空间。

栅格显示：单击该按钮可以打开或关闭栅格显示功能，打开栅格显示功能后，将在屏幕上显示出均匀的栅格点。

捕捉模式：单击该按钮可以打开捕捉功能，光标只能在设置的“捕捉间距”上进行移动。

正交限制光标：单击该按钮，可以打开或关闭“正交”功能。打开“正交”功能后，光标只能在水平以及垂直方向上进行移动，方便地绘制水平以及垂直线条。

极轴追踪：单击该按钮可以启动“极轴追踪”功能。绘制图形时，移动光标可以捕捉设置的极轴角度上的追踪线，从而绘制具有一定角度的线条。

对象捕捉：单击该按钮可以启动“对象捕捉”功能，在绘图过程中可以自动捕捉图形的中点、端点、垂点等特征点。

对象捕捉追踪：单击状态栏上的该按钮，可以启动“对象捕捉追踪”功能。打开对象捕捉追踪功能后，当自动捕捉到图形中某个特征点时，再以这个点为基准点沿正交或极轴方向捕捉其追踪线。

等轴测草绘：单击状态栏上的该按钮，光标变成了等轴测方向，光标方向可通过 F5 键切换。

二、图形文件的管理

1. 新建文件

启动 AutoCAD 应用程序，然后在“开始”选项卡右方单击“新图形”按钮，可以快速新建一个名为 drawing1. dwg 的图形文件。在新建图形文件的过程中，默认图形名会随着打开新图形的数目而变化。例如，在打开现有图形的情况下再打开另一个图形，则默认的图形名为 drawing2. dwg。

另外，单击“快速访问”工具栏中的“新建”按钮，或选择“文件”→“新建”命令，打开“选择样板”对话框，在其中可以选择并打开 AutoCAD 选项创建一个空白文档，还可以选择其他样板文件作为新图形文件的基础。

2. 打开图形文件

单击“快速访问”工具栏中的“打开”按钮，或选择“文件”→“打开”命令，打开“选择文件”对话框，在该对话框中可以选择文件的位置并打开指定文件。

单击“打开”按钮右侧的三角形按钮，可以选择打开文件的 4 种方式，即“打开”“以只读方式打开”“局部打开”和“以只读方式局部打开”。

3. 保存图形文件

单击“快速访问”工具栏中的“保存”按钮，或选择“文件”→“保存”命令，打开“图形另存为”对话框。在该对话框中指定相应的保存路径和文件名称，然后单击“保存”按钮，即可保存图形文件。

4. 关闭图形文件

单击应用程序窗口右上角的"关闭"按钮，可以退出应用程序，同时系统会自动关闭当前已经保存过的文件。如果要在不退出应用程序的情况下关闭当前编辑好的文件，可以选择"文件"→"关闭"命令，或者单击图形文件窗口右上角的"关闭"按钮，快速关闭文件。

三、设置图形单位与界限

1. 设置图形单位

1)功能

用户在使用 AutoCAD 绘图前，首先要对绘图区进行设置，以便能够确定绘制的图样与实际尺寸的关系。一般情况下，在绘制图形之前需要先设置图形单位，然后设置图形界限。

图形中所有对象的尺寸都是根据确定的度量单位进行测量的，绘图前应该首先确定度量单位，确定一个单位代表的距离。没有特殊情况，一般保持默认设置，即绘制机械图形时不需再进行设置。

2)执行命令的方法

命令行：输入 UNITS，按 Enter 键。

菜单栏："格式"→"单位"。

3)操作步骤

(1)选择"格式"→"单位"菜单，打开"图形单位"对话框，如图 1-22 所示。在该对话框中，可以设置长度和角度单位的类型及精度，以确定正在绘制对象的真实大小。

单位类型主要用以确定图形输入、测量及坐标显示的值。对于"长度"选项的类型，系统设有"分数""工程""建筑""科学""小数"五种单位可供选择，一般情况下采用"小数"类型，这是符合国标的单位类型。"长度"选项的精度可选择小数单位的精度。

(2)单击"方向"按钮，打开"方向控制"对话框，如图 1-23 所示。可以选择基准角度，通常以"东"作为 0°的方向，默认的正方向为逆时针方向。

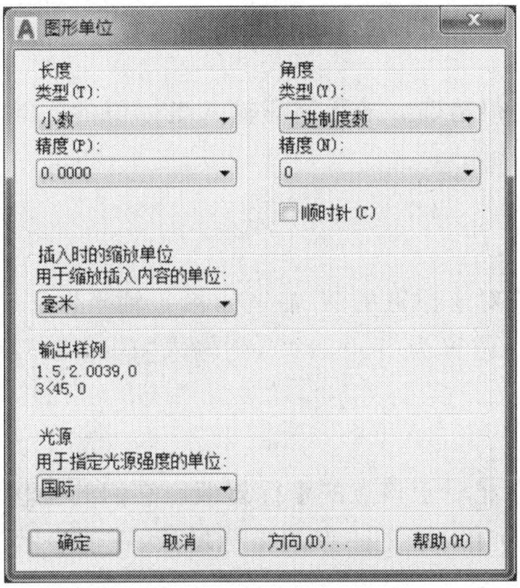

图 1-22　"图形单位"对话框

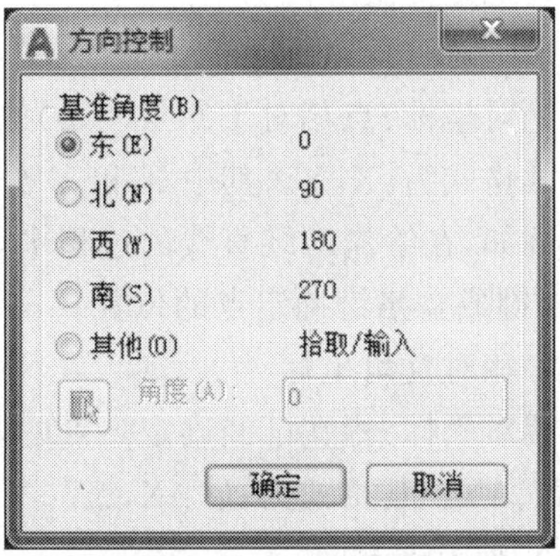

图 1-23　"方向控制"对话框

2. 设置图形界限

用户在绘图时，可将 AutoCAD 的绘图区看作一幅无穷大的图纸，对于任何尺寸的图形，用户都能以 1∶1 的比例来作图，不会像手工绘图时受到纸张大小的限制。在绘图之前，用户需根据图形的尺寸，设定绘图区域。系统默认的绘图区域为(420,297)，相当 A3 图纸的幅面。前面我们所给的图形都是在这个区域内绘制的。

1)设置图形界限的方法

下拉菜单：格式→图形界限

命令窗口：LIMITS

AutoCAD 提示：

命令：_limits

重新设置模型空间界限：

指定左下角点或[开(ON)/关(OFF)] <0.0000,0.0000>：//绘图区域的左下角点，默认的值为(0,0)，取此默认值，直接回车。

指定右上角点 <420.0000,297.0000>：10000,10000 //系统默认值为(420,297)，根据已知图形尺寸，对其重新设置。

图形界限目前为(10000,10000)。

2)提示行中选项[开(ON)/关(OFF)]的含义

开(ON)：打开图形界限检查，选择此选项后，系统不接受设定的图形界限之外的点输入。

关(OFF)：关闭图形界限检查，用户可在图形界限之外拾取点，此项为系统的默认设置。

四、坐标系及坐标输入法

1. 用户坐标系

AutoCAD 提供了可变的用户坐标系统(UCS)，UCS 是根据用户需要而变化的，以方便用户绘制图形。在默认状态下，用户坐标系统与世界坐标系统相同，用户可以在绘图过程中根据具体情况来定义 UCS。

2. 坐标输入方法

在 AutoCAD 中，可以直接定位坐标点，但不是很精确。采用键盘输入坐标值的方式可以更精确地定位坐标点。

1)绝对直角坐标

绝对坐标：点相对于原点(0,0)的距离。

其格式为：X，Y。其中 X 和 Y 分别是输入点绝对于原点的 X 轴坐标和 Y 轴坐标。

例如，在绘制二维直线的过程中，点的直角坐标位置为(100, 80)，则输入“100, 80”后，按 Enter 键或空格键确定点的位置。

2)相对直角坐标

相对坐标：指在已经确定一点的基础上，下一点相对于该点的坐标差值。它们的位移增量为 ΔX、ΔY。其格式为：@ΔX,ΔY。其中 ΔX,ΔY 为相对于上一点的坐标增量，正值表示沿 X 轴或 Y 轴的正方向。

例如，绘制直线时，确定第一点位置为(120,100)后，命令行提示输入第二点位置。关闭动态输入，采用相对直角坐标方式，则输入“@60,50”后按 Enter 键或空格键，确定第二点位置；若打开动态输入，采用相对直角坐标方式，即输入“60,50”后按 Enter 键或空格键，确定第二点位置。

3）相对极坐标

相对极坐标：以上一个操作点为极点。

其格式为：@距离＜角度（@ρ＜θ）。ρ 表示输入点与上一点间的距离，θ 表示输入点与上一点间的连线与 X 轴正方向的夹角，逆时针为正。

例如，输入“@10＜20”表示该点距上一点的距离为 10，和上一点的连线与 X 轴呈 20°。

4）直接输入距离数值

利用直接输入距离数值的方法可以通过确定直线的长度与方向来绘制直线。AutoCAD 提供的“动态输入”功能在光标附近提供了一个命令提示，用户可以在绘图区直接观察下一步的提示信息和一些有关的数据；该信息随光标移动而动态更新。当某个命令被激活时，提示工具栏将为用户提供输入命令和数据的坐标值。

利用直接输入距离数值的方法画线，直线方向可由光标的位置确定，直线的长度可由键盘输入。如果设置为正交选项，就可以在确定直线长度后，在正交方向上用光标定位，沿着 X 轴或 Y 轴绘制直线。

任务实施

（1）设置绘图环境。

（2）绘制图框线及标题栏。

步骤一：打开 AutoCAD

步骤二：用 line 命令画出边框

命令：_line 指定第一点；0,0	*键盘输入*
指定下一点或[放弃(U)]：@297,0	*键盘输入*
指定下一点或[放弃(U)]：@0,210	*键盘输入*
指定下一点或[闭合(C)/放弃(U)]；@－297,0	*键盘输入*
指定下一点或［放弃(U)］：@0,－210	*键盘输入*
指定下一点或[闭合(C)/放弃(U)]	*取消*

步骤三：根据尺寸绘制标题栏。

知识拓展

一、图层的设置与控制

图层可以想象为没有厚度又完全对齐的若干张透明图纸叠加起来。它们具有相同的坐标、图形界限及显示时的缩放倍数。一个图层具有其自身的属性和状态。所谓图层属性通常是指该图层所特有的线型、颜色、线宽等。而图层的状态则是指其开/关、冻结/解冻、锁定/解锁状态等。同一图层上的图形元素具有相同的图层属性和状态。

创建和设置图层主要是设置图层的属性和状态，以便更好地组织不同的图形信息。例如，将工程图样中各种不同的线型设置在不同的图层中，赋予不同的颜色，以增加图形的清晰性。

将图形绘制与尺寸标注及文字注释分层进行，并利用图层状态控制各种图形信息的可否显示、修改与输出等，给图形的编辑带来很大的方便。

创建和设置图层包括如下内容：创建新图层、设置图层颜色、设置图层线型及线宽、设置图层状态等。

1. 创建新图层

默认情况下，AutoCAD 自动创建一个图层名为“0”的图层，如图 1-24 所示。要新建图层，其命令操作如下：

图层工具栏：

命令窗口：LAYER

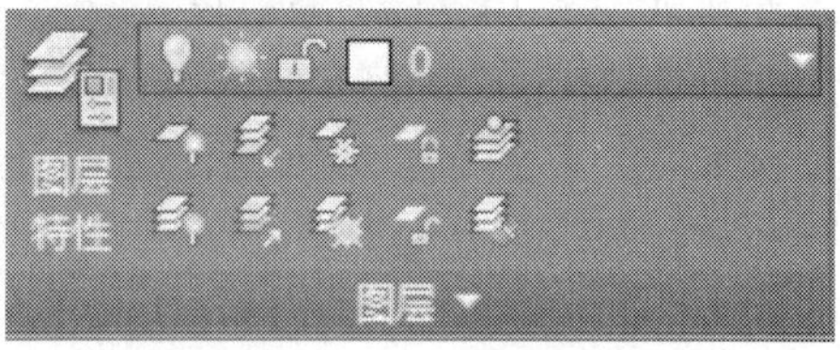

图 1-24　图层控制

发出该命令，则打开“图层特性管理器”对话框，单击“新建”按钮，这时在图层列表中将出现一个新图层。用户可以为其输入新的图层名（如中心线层），以表示将要绘制的图形元素的特征，如图 1-25 所示。

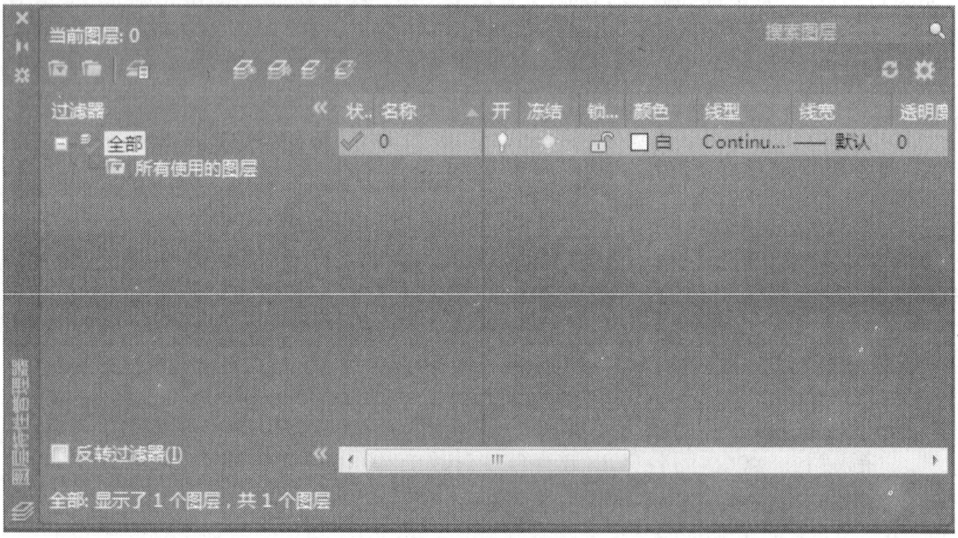

图 1-25　创建新图层

在“图层特性管理器”对话框中，单击“显示细节”按钮，可在“详细信息”设置区中显示当前选中层的详细信息，如图层名称、颜色、线宽、线型等。

2. 设置图层颜色

为便于区分图形中的元素，要为新建图层设置颜色。为此，可直接在“图层特性管理器”对话框中单击图层列表中该图层所在行的颜色块，此时系统将打开“选择颜色”对话框。单击所要选择的颜色如“红色”，再“确定”即可。

用户也可在“详细信息”设置区的“颜色”下拉列表框中选择某一颜色（如红色、黄色等），或选择“其他”选项，利用“选择颜色”对话框来设置颜色。

3. 设置图层线型

线型也用于区分图形中不同元素，例如点画线、虚线等。默认情况下，图层的线型为 Continuous。

要改变线型,可在图层列表中单击相应的线型名如“Continuous”,在弹出的“选择线型”对话框中选中要选择的线型如“HIDDEN”,即可选择虚线。

如果“已加载的线型”列表中没有满意的线型,可单击“加载”按钮,打开“加载或重载线型”对话框,从当前线型库中选择需要加载的线型(如 HIDDEN),单击“确定”按钮,则该线型即被加载到选择线型对话框中再进行选择。线型不显示时选择“格式”→“线型管理器”→“显示细节”进行设置。

4. 设置图层线宽

在工程图样中,不同的线型其宽度是不一样的,以此提高图形的表达能力和可识别性。设置线宽时,可在图层“详细信息”设置区的“线宽”下拉列表框中选择某一线宽值,或在图层列表中单击“默认”,打开“线宽”对话框,如图 1-26 所示,在“线宽”列表中进行选择。此外,选择下拉菜单“格式”→“线宽设置”命令,可打开“线宽设置”对话框。如果选中“显示线宽”复选框,设置“默认”线宽为 0.50 毫米,则系统将在屏幕上显示线宽设置效果。而调节“调整显示比例”滑块,还可以调整线宽显示效果,如图 1-27 所示。

另外,单击用户界面状态行中的“线宽”按钮,也可以打开或关闭线宽的显示。

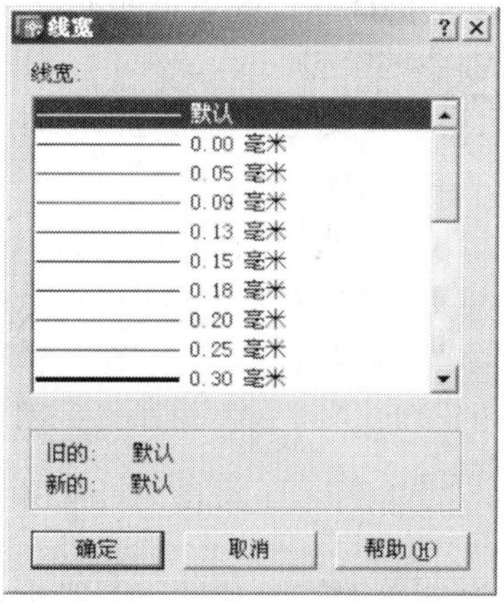

图 1-26　“线宽”对话框

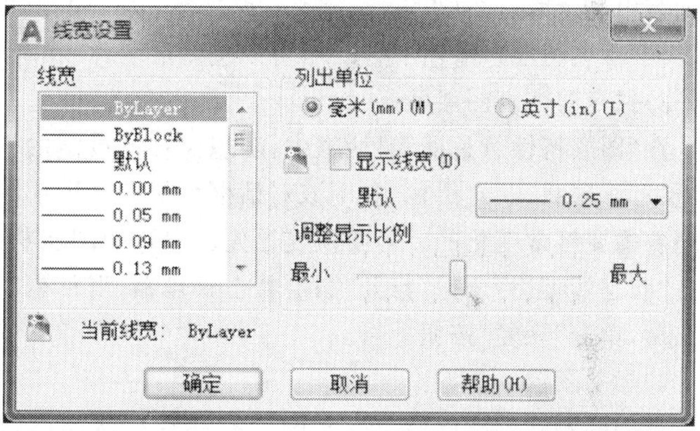

图 1-27　设置线宽

5. 设置图层状态

在“图层特性管理器”对话框中单击特征图标,如打开/关闭、解冻/冻结、解锁/加锁等可控制图层的状态。如图 1-28 所示,图层 0 为打开、解冻、解锁状态;图层 1 为关闭、冻结、加锁状态。

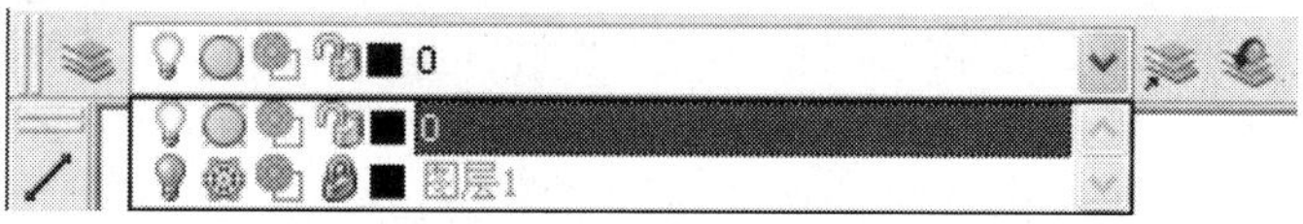

图 1-28　显示图层状态

(1)打开/关闭:图层打开时,可显示和编辑图层上的内容;图层关闭时,图层上的内容全部隐藏,且不可被编辑或打印。

(2)冻结/解冻:冻结图层时,图层上的内容全部隐藏,且不可被编辑或打印,从而减少复杂图形的重生成时间。

(3)加锁/解锁:锁定图层时,图层上的内容仍然可见,并且能够捕捉或添加新对象,但不能被编辑。默认情况下,图层是解锁的。

(4)当前层可以被关闭和锁定,但不能被冻结。

6. 管理图层

使用“图层特性管理器”对话框,还可以对图层进行更多设置与管理,如图层的切换、重命名与删除等。

1)切换当前层

在“图层特性管理器”对话框的图层列表中选择某一图层后,单击“当前”按钮,即可将该层设置为当前层。

在实际绘图时,我们主要是通过“对象特性”工具栏中的“图层控制”下拉列表框来实现图层切换的,这时只需选择要将其设置为当前层的图层名称即可。

2)显示图层组

当图形中包含大量图层时,利用“图层特性管理器”对话框中的“命名图层过滤器”,可以在图层列表中显示所有使用的图层、所有图层或所有依赖于外部参照的图层。默认情况下,在图层列表中显示所有图层。

在“命名图层过滤器”选项中,可以按图层名称、状态、颜色、线型和线宽等确定过滤条件。

3)保存与恢复图层状态

在“图层特性管理器”对话框中,若想保存已设定的图层状态,可单击“保存状态”按钮,打开“保存图层状态”对话框,利用该对话框可保存该图层状态。而在绘图过程中该图层的状态是随着需要经常变化的。若要恢复原先已保存的图层状态,可在“图层特性管理器”对话框中单击“状态管理器”按钮,打开“图层状态管理器”对话框。在“图层状态”列表中选择某一图层状态后,单击“恢复”按钮即可。

4)删除图层

选中要删除的图层后,单击“图层特性管理器”对话框中的“删除”按钮,或按下键盘上的Delete 键,可删除该层。但是,当前层、0 层、定义点层(对图形标注尺寸时,系统自动生成的层)、参照层和包含图形对象的层不能被删除。

5)重命名图层

若要重命名图层,可选中该图层,然后在“图层特性管理器”对话框中“详细信息”设置区的“名称”编辑框中输入新名称;或双击图层的名称,使其变为待修改状态时再重新输入新名称。

二、删除

1. 功能

“ERASE”命令用于删除绘图过程中产生的辅助线、错误图形等。

2. 执行命令的方法

“修改”工具栏:单击“删除”按钮。

命令行:输入 ERASE 或 E,按 Enter 键。

菜单栏:“修改”→“删除”。

3. 操作步骤

选择“修改”→“删除”菜单,命令行提示如下。

命令:_erase

选择对象:* 选择要删除的对象 *

选择对象:* 右击或按 Enter 键 *

4. 有关说明及提示

启动删除命令后,十字光标变为正方形,此时应选择要删除的对象。被选中的对象以虚线方式显示。

5. 恢复删除对象

如果误删除对象,想要恢复有多种方法。可以使用“UNDO”命令,“UNDO”命令适合所有操作;也可以在命令行输入 OOPS,按 Enter 键,利用“OOPS”命令只能恢复最后一次删除的对象。

三、绘图辅助工具的设置与使用

1. 栅格显示

栅格是一些标定位置的小点,类似于坐标纸的作用,可以提供直观的距离和位置参照。栅格能在屏幕上显示,但不能打印出来。打开、关闭栅格的方法为:单击状态栏中的“栅格显示”按钮,当工作界面上显示出栅格点时,即为打开栅格;如再单击该按钮,栅格点消失,即为关闭。

为了使栅格点的分布更合理,用户可以对栅格行列间距值、旋转角进行设置。方法为:右击状态栏中的“栅格显示”按钮,在弹出的快捷菜单中选择“设置”命令,打开“草图设置”对话框,如图 1-29 所示,在“捕捉和栅格”选项卡中,勾选“启用栅格”复选框,则打开栅格。如想改变栅格行列间距值,可在“栅格间距”选项区中的“栅格 X 轴间距”和“栅格 Y 轴间距”文本框中分别输入对应的数值,单击“确定”按钮,即可完成栅格间距的设置。

2. 捕捉模式

捕捉是指捕捉模型空间或图纸空间内的不可见点的矩形阵列。单击状态栏中的“捕捉模式”按钮,当它呈蓝色高亮时,“捕捉模式”打开。再次单击“捕捉模式”按钮,即可关闭“捕捉模式”。

3. 正交模式

单击状态栏中的“正交模式”按钮,当它呈蓝色高亮时,“正交模式”打开。在正交模式下可以方便地绘制出与当前 X 轴或 Y 轴平行的线段。也可按 F8 键打开或关闭正交模式。

4. 对象捕捉

1)打开和关闭自动对象捕捉模式的方法

在绘图过程中,使用“对象捕捉”的频率非常高,因此,AutoCAD 提供了一种自动对象捕捉模式。自动捕捉就是当把光标放在某个对象上时,系统自动捕捉到对象上所有符合条件的几何特征点,如端点、中点、交点、垂足、圆心、切点等,并显示相应的标记。如果把光标放在捕捉点上多停留一会,系统还会显示捕捉的提示。这样,在选点之前就可以预览和确认捕捉点。将光标捕捉到二维参照点,当它呈蓝色高亮时,即打开“对象捕捉”,再次单击即关闭“对象捕捉”。

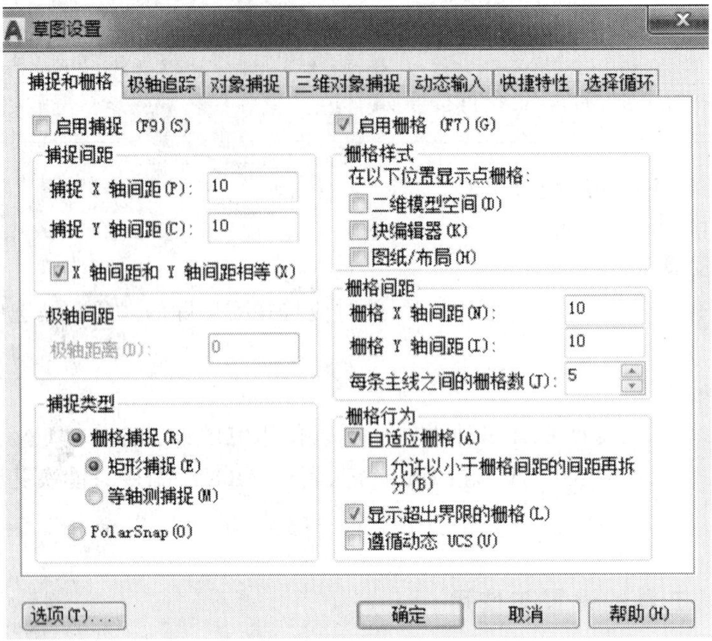

图 1-29　“捕捉和栅格”选项卡

2)设置自动对象捕捉

右击状态栏中的“对象捕捉”按钮,在弹出的快捷菜单中选择“设置”选项,打开“草图设置”对话框,在“对象捕捉”选项卡中勾选“启用对象捕捉”复选框,如图 1-30 所示,在“对象捕捉模式”选项区勾选需要的对象捕捉模式。

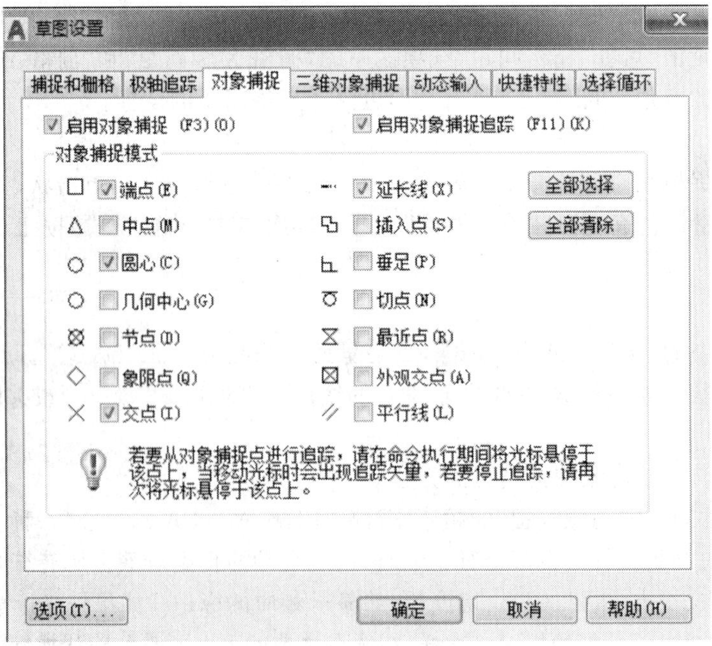

图 1-30　“对象捕捉”选项卡

任务三　绘制手柄

任务描述

绘制手柄，如图 1-31 所示，在任务一完成的图纸里按照国家标准的有关规定绘制，最后将多余的线删去，无须标注。

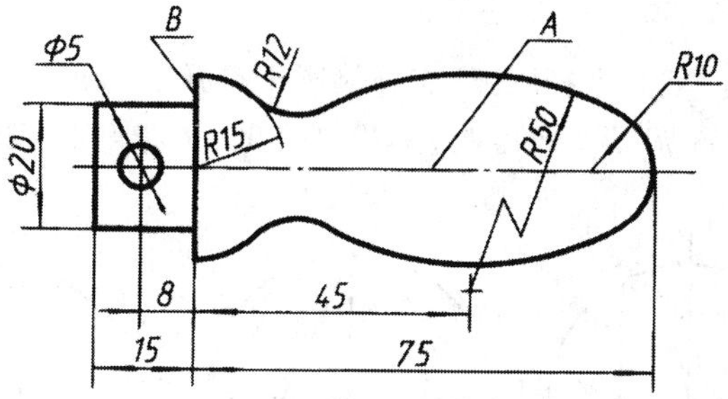

图 1-31　手柄

知识准备

一、等分作图

1. 试分法

利用试分法试分时，先凭目测估计出分段的长度并用分规自线段的一端进行试分，如不能恰好将线段分尽，可视其不足或剩余部分的长度调整分规的开度，再进行试分，直到分尽为止，如图 1-32 所示。

2. 平行线法

作辅助线以达到等分线段的目的，如图 1-33 所示的五等分线段 AB。作图步骤如下：

(1)过点 A 任作一直线 AC，用分规以任意长度为单位长度在 AC 上截得点 $1'$、$2'$、$3'$、$4'$、$5'$各个等分点；

(2)连接 $5'B$，过点 $1'$、$2'$、$3'$、$4'$分别作 $5'B$ 的平行线，并与 AB 交于点 1、2、3、4，即得到线段 AB 的五等分点。

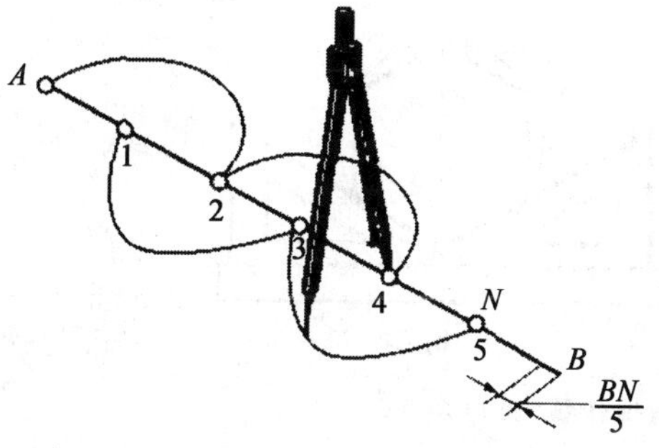

图 1-32　用试分法等分线段

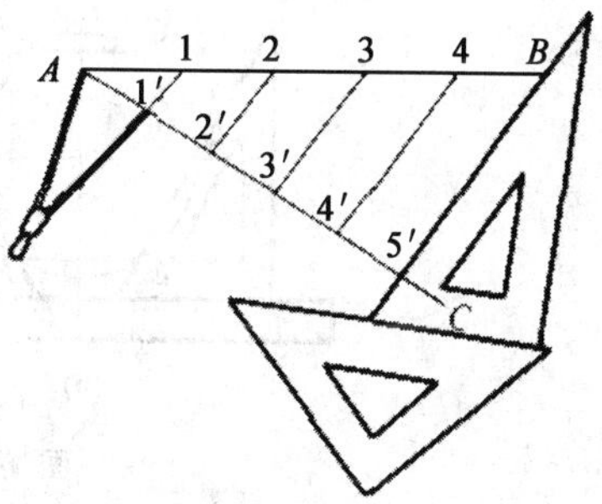

图 1-33　用平行线法等分线段

二、等分圆周

1. 五等分圆周作正五边形

已知外接圆直径，绘制正五边形(图 1-34)。

(1)以点 A 为圆心，OA 为半径画弧交圆于点 B、C，连接 BC 得到 OA 中点 M；

(2)以点 M 为圆心，M Ⅰ 为半径画弧，得交点 K，线段 Ⅰ K 的长度即为所求正五边形的边长。

(3)以点 Ⅰ 为圆心，Ⅰ K 为半径画弧，交外接圆于点 Ⅱ 、Ⅴ，再分别以点 Ⅱ 、Ⅴ 为圆心，Ⅰ K 为半径画弧，交外接圆于点 Ⅲ 、Ⅳ，连接点 Ⅰ 、Ⅱ 、Ⅲ 、Ⅳ 、Ⅴ 即得正五边形。

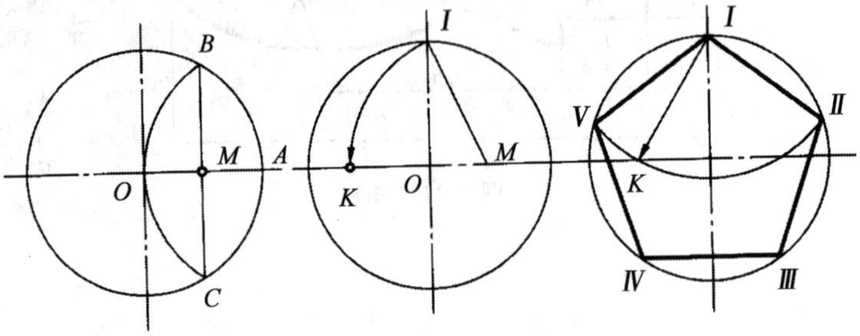

图 1-34 五等分圆周

2. 六等分圆周作正六边形

方法一：圆规等分法分别以已知圆的直径两端点 A、B 为圆心，以已知圆的半径 R 为半径画弧与圆周相交，即得等分点，依次连接，即得圆内接正六边形。见图 1-35。

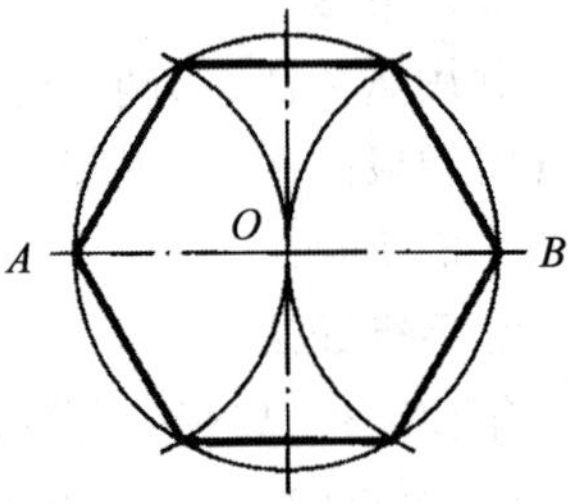

图 1-35 六等分圆周

方法二：丁字尺与三角板配合法(图 1-36)

(1)用 60°的三角板自 A 作弦 AE，右移自点 B 作弦 BD。旋转三角板作 BF、AC 两弦。

(2)以丁字尺连接 CD、EF，即得正六边形，如图 1-36a 所示。

(3)类似地用图 1-36b 所示方法也可作出正六边形。

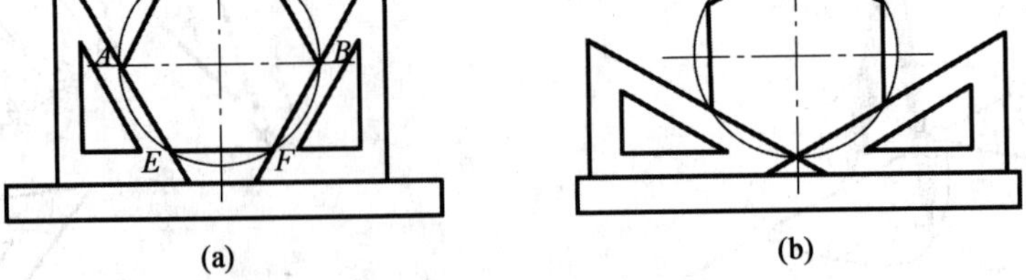

图 1-36 用丁字尺和三角板作正六边形

三、圆弧连接

圆弧连接是指用已知半径的圆弧将两个已知元素(直线、圆弧、圆的其中两个元素)光滑地连接起来,即平面几何中的相切。其中的连接点就是切点,所作圆弧称为连接弧。作图的要点是准确地作出连接弧的圆心和切点。

1. 圆弧连接两条直线(图 1-37)

(1)求连接圆弧的圆心:作与已知两直线分别相距为 R 的平行线,交点 O 即为连接圆弧的圆心;

(2)求连接圆弧的切点:从圆心 O 分别向两直线作垂线,垂足 K_1、K_2 即为切点;

(3)以 O 为圆心,R 为半径在两切点垂足 K_1、K_2 之间作圆弧,即为所求连接圆弧。

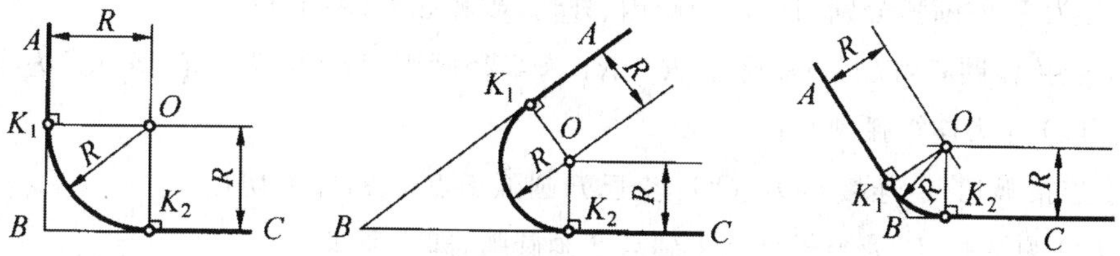

(a)直角直线　(b)锐角直线　(c)钝角直线

图 1-37　圆弧连接两直线

2. 两圆弧外切连接

以半径为 R 的圆弧与两已知圆外切,步骤如下(图 1-38):

(1)求连接弧圆心:以 O_1 为圆心,$R+R_1$ 为半径画弧;以 O_2 为圆心,$R+R_2$ 为半径画弧,两圆弧交点 O 即为连接弧圆心;

(2)求连接弧切点:连接 OO_1、OO_2 交已知圆于点 K_1、K_2,即为切点;

(3)以 O 为圆心,R 为半径自 K_1 点到 K_2 点画圆弧,即为所求。

3. 圆弧连接直线与圆弧

以半径为 R_1 的圆弧连接已知直线 L 和已知圆弧,步骤如下(图 1-39):

(1)求圆心:以 R_1 为间距作直线 L 的平行线 L_1,以 O_1 为圆心,R_1+R 为半径画弧,交 L_1

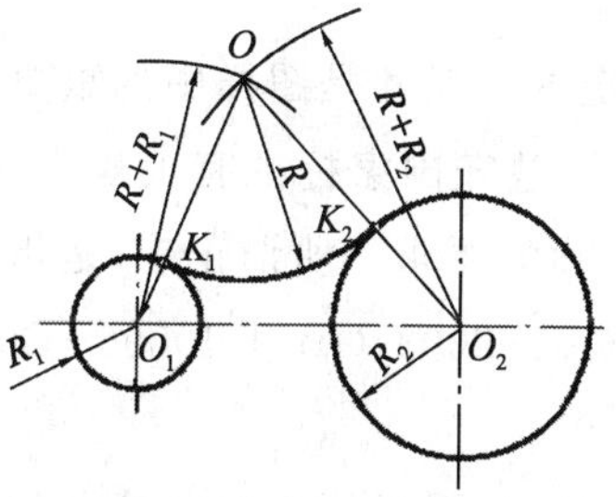

图 1-38　两圆弧外切连接

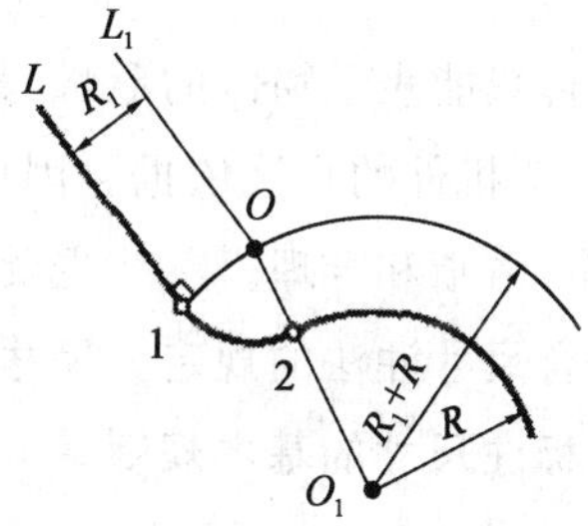

图 1-39　圆弧连接直线与圆弧

于点 O，即为连接弧的圆心；

(2)求切点：过点 O 作直线 L 的垂线得垂足点 1，连接 OO_1 交已知圆弧于点 2，点 1 和点 2 即为切点；

(3)作连接弧：以 O 为圆心，R_1 为半径自点 1 到点 2 画圆弧，即为所求。

4. 圆弧内切连接

以半径为 R 的圆弧与两已知圆内切，步骤如下(图 1-40)：

(1)求连接弧圆心：以 O_1 为圆心，$R\text{-}R_1$ 为半径画弧；以 O_2 为圆心，$R\text{-}R_2$ 为半径画弧，两圆弧交点 O 即为连接弧圆心；

(2)求连接弧切点：连接 OO_1、OO_2 交已知圆于点 K_1、K_2，即为切点；

(3)以 O 为圆心，R 为半径自点 K_1 到点 K_2 画圆弧，即为所求。

5. 两圆弧混合连接

以半径为 R 的圆弧分别与两已知圆内、外切，步骤如下(图 1-41)：

(1)求连接弧圆心：以 O_1 为圆心，$R+R_1$ 为半径画弧，以 O_2 为圆心，$R\text{-}R_2$ 为半径画弧，两圆弧交点 O 即为连接弧圆心；

(2)求连接弧切点：连接 OO_1、OO_2 交已知圆弧于点 1、2，即为切点；

(3)以 O 为圆心，R 为半径自点 1 到点 2 画圆弧，即为所求。

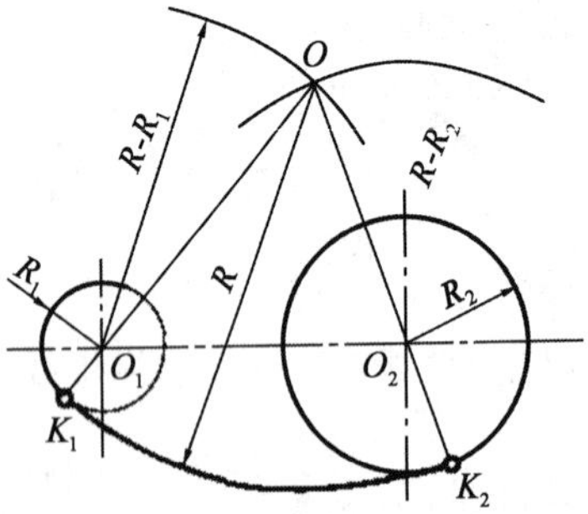

图 1-40　两圆弧内切连接

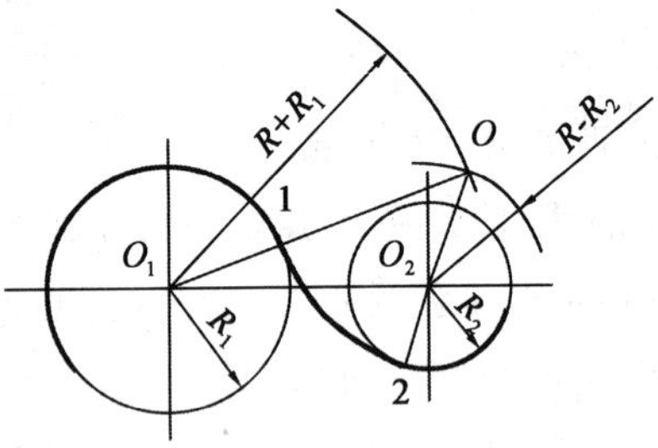

图 1-41　两圆弧混合连接

四、尺寸标注

图形只能表示物体的形状，其大小是由标注的尺寸确定的。尺寸是图样中的重要内容之一，是制造机件的直接依据。因此，在标注尺寸时，必须严格遵守国家标准有关规定，做到正确、齐全、清晰和合理。本节主要介绍标注尺寸怎样达到正确的要求。所谓正确，是指标注尺寸要符合尺寸注法的规定。尺寸注法的依据是 GB/T 4458.4—2003、GB/T 19096—2003。

1. 标注尺寸的基本规则

(1)机件的真实大小应以图样上所注的尺寸数值为依据，与图形的比例及绘图的准确度无关。

(2)图样中的尺寸以 mm 为单位时，不必标注计量单位的符号(或名称)。如采用其他单位，则应注明相应的单位符号。

(3)图样中所注的尺寸为该图样所示机件的最后完工尺寸，否则应另加说明。

(4)机件的每一尺寸一般只注一次，并应标注在表示该结构最清晰的图形上。

2. 标注尺寸的要素

标注尺寸由尺寸界线、尺寸线和尺寸数字三个要素组成，如图 1-42 所示。

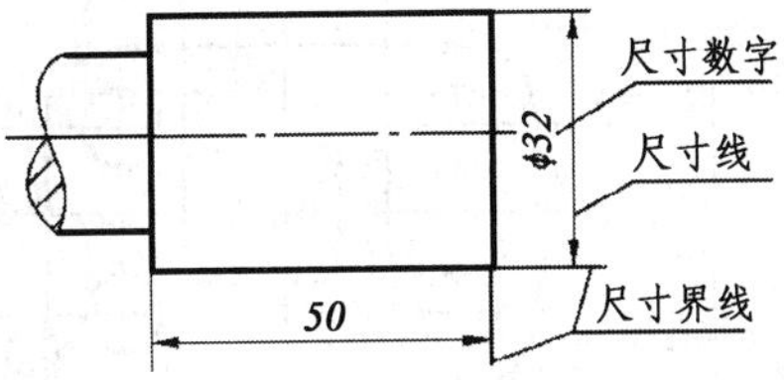

图 1-42　标注尺寸的要素

尺寸界线和尺寸线画成细实线，尺寸线的终端有箭头(图 1-43a)和斜线(图 1-43b)两种形式。通常机械图样的尺寸线终端画箭头；土建图的尺寸线终端画斜线。当没有足够的地方画箭头时，可用小圆点代替(图 1-43c)。尺寸数字一般注写在尺寸线的上方。

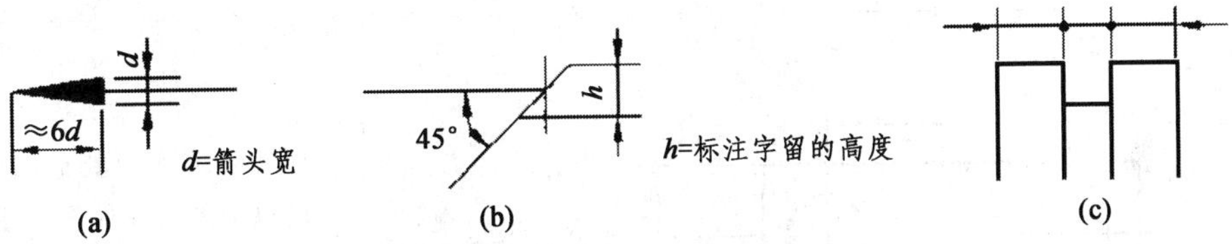

图 1-43　尺寸线的终端形式

3. 符号和缩写词

标注尺寸时，尽可能使用简化的符号或缩写词，见表 1-4。

表 1-4　常见符号和缩写词

名称	符号或缩写词	名称	符号或缩写词
直径	ϕ	45°倒角	C
半径	R	均布	EQS
球直径	$S\phi$	沉孔锪平	⌴
球半径	SR	埋头孔	⌵
厚度	t	深度	↧
正方形	□		

4. 尺寸标注法示例

尺寸标注法示例见表 1-5。

表 1-5 尺寸标注法示例

项目	图例	说明
尺寸界线	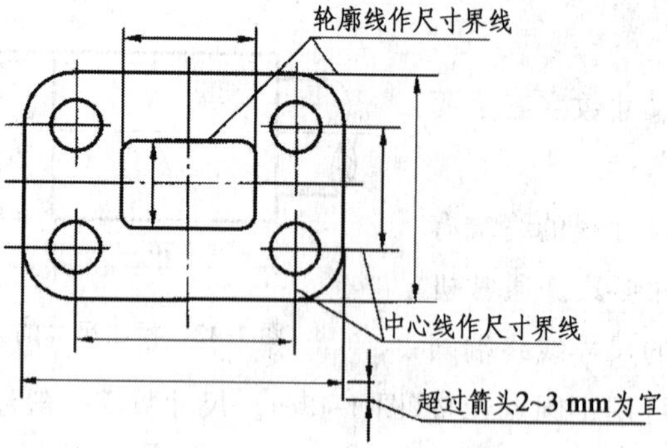	尺寸界线应从图形的轮廓线、轴线或对称中心线处引出，也可利用轮廓线、轴线或对称中心线作尺寸界线； 尺寸界线一般应与尺寸线垂直并超过尺寸线 2～3 mm
尺寸线	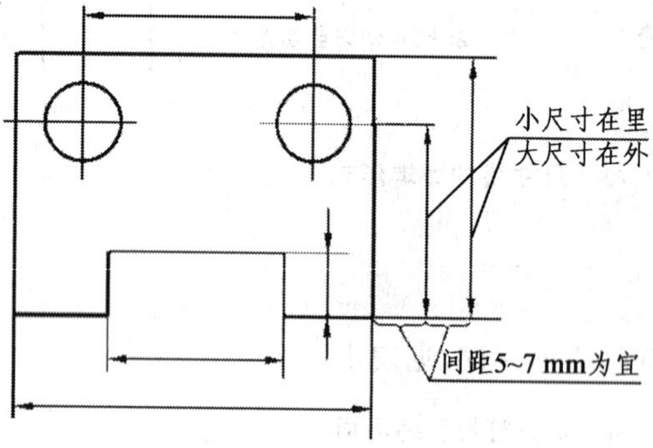	尺寸线不能用其他图线代替，一般也不得与其他图线重合或画在图线的延长线上； 尺寸线应平行于被标注的线段，其间隔及两平行的尺寸线间的间隔以 5～7 mm 为宜； 尺寸线间或尺寸线与尺寸界线之间应尽量避免相交
尺寸数字	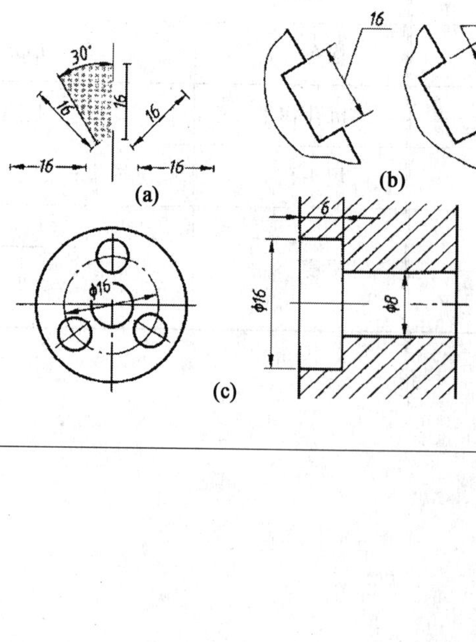	尺寸数字一般书写在尺寸线的上方或中断处； 线性尺寸数字的注写方向如图 a 所示，并尽量避免在 30°范围内标注尺寸，当无法避免时，可按图 b 所示的形式标注； 尺寸数字不能被图样上的任何图线所通过，当不可避免时，必须将图线断开，如图 c 所示

续表 1-5

项目	图　　例	说　　明
直径和半径	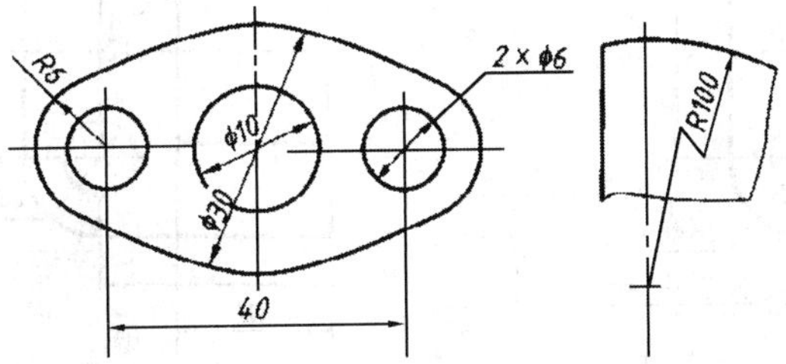 (a)　(b)	标注直径时，在尺寸数字前加注符号“ϕ”，标注半径时，在尺寸数字前加注符号“R”，其尺寸线应通过圆心。尺寸线的终端应画成箭头（图 a）； 当圆弧半径过大或在图纸范围内无法标出其圆心位置时，可按图 b 的形式标注
角度	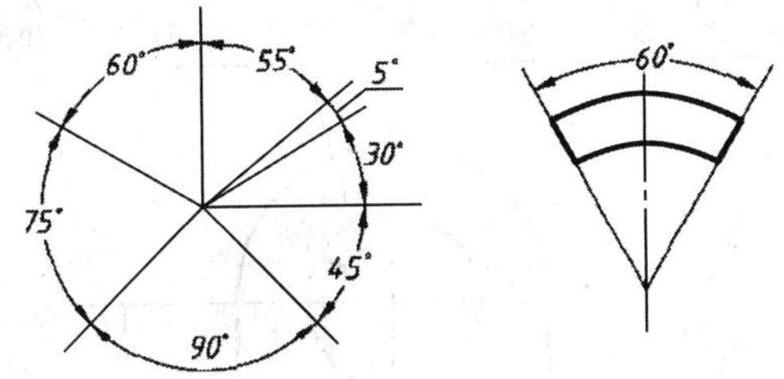	标注角度尺寸的尺寸界线应沿径向引出，尺寸线是以角度顶点为圆心的圆弧线，角度的数字应水平注写，一般注写在尺寸线的中断处，必要时也可注写在尺寸线的上方、外侧或引出标注
小尺寸	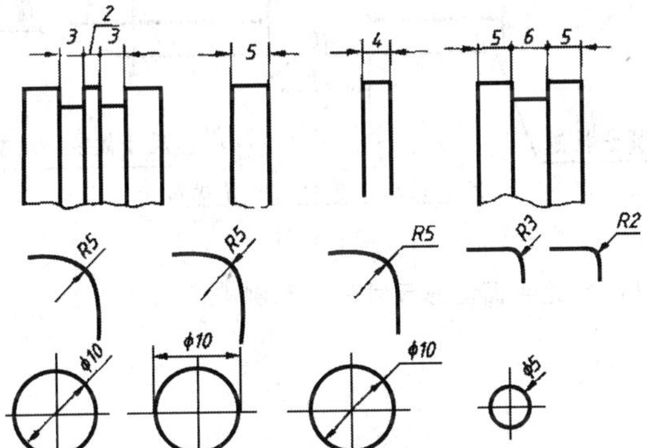	无足够位置注写小尺寸时，箭头可外移或用小圆点代替两个箭头；尺寸数字也可写在尺寸界线外或引出标注

5. 平面图形的尺寸标注

平面图形标注尺寸的基本要求是：正确、齐全、清晰。

标注尺寸首先要遵守国家标准有关尺寸注法的基本规定，通常先标注定形尺寸，再标注定位尺寸。通过几何作图可以确定的线段，不要标注尺寸。尺寸标注完成后要检查是否有重复的或遗漏的。在作图过程中没有用到的尺寸是重复尺寸，要删除；如果按所注尺寸无法完成作图，说明尺寸不齐全，应补注所需尺寸。标注尺寸时应注意布局清晰。几种常见平面图形尺寸注法见图 1-44。

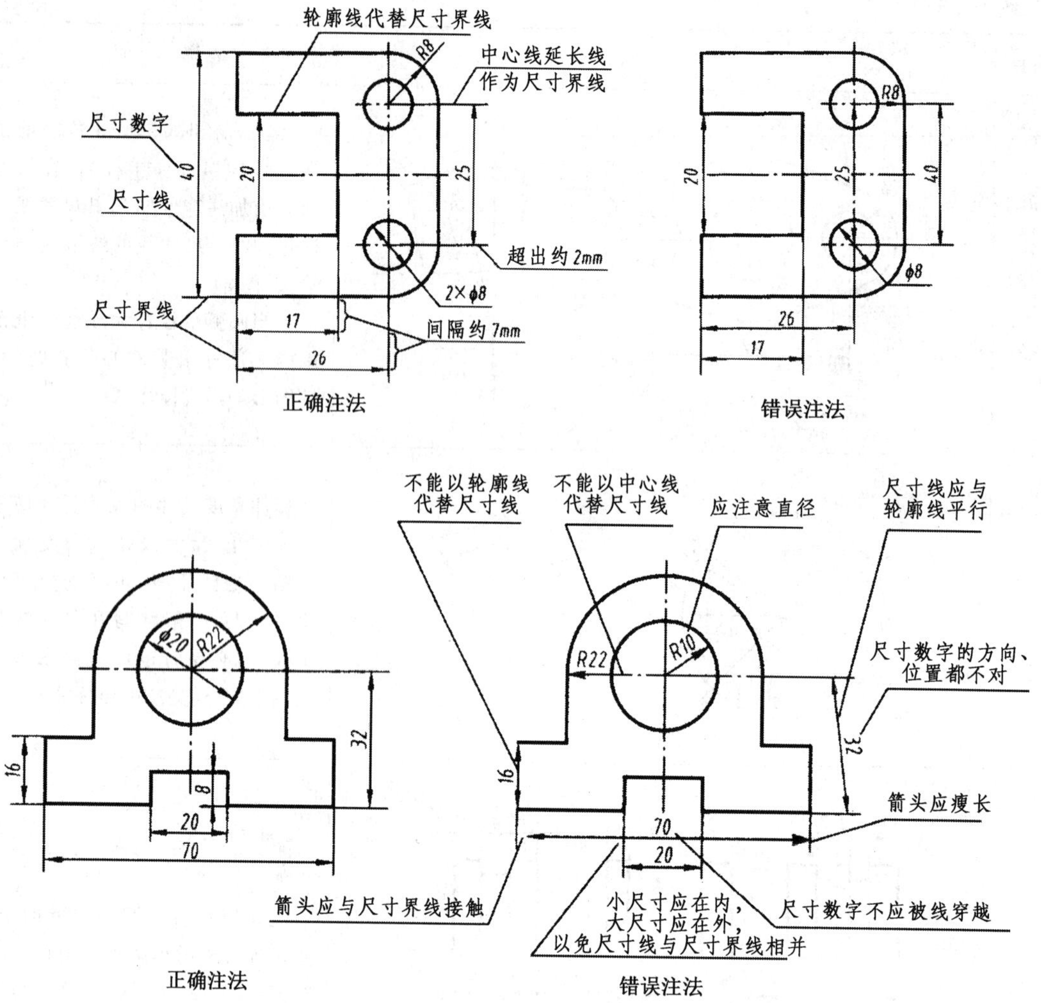

图 1-44　几种常见平面图形尺寸注法示例

任务实施

1. 绘图前的准备

(1)选择图纸幅面，确定图框格式，选择合适比例以及图线线型。

(2)绘图工具的选用。

2. 尺寸分析

分析任务描述中图 1-31 的手柄，左右方向的尺寸基准是 *B*，上下方向的基准是 *A*。尺寸 ϕ20、ϕ5、*R*15、*R*12、*R*50、*R*10 是各部分的定形尺寸。尺寸 8 是 ϕ5 的一个定位尺寸，另一个尺寸为零，即位于基准 *A* 上。尺寸 75 决定 *R*10 的圆心位置。尺寸 45 是 *R*50 的一个定位尺寸。

3. 线段分析

ϕ5、*R*15、*R*10 是已知圆弧，*R*50 是中间圆弧、*R*12 是连接圆弧(见图 1-31)。

4. 作图步骤

参见图 1-45。

(1)画图形基准线。

(2)画已知圆弧。

(3)求切点,画中间圆弧。

(4)求切点,画连接圆弧。

(5)擦去多余线条,按线型加深图线。

(6)标注尺寸,完成全图。

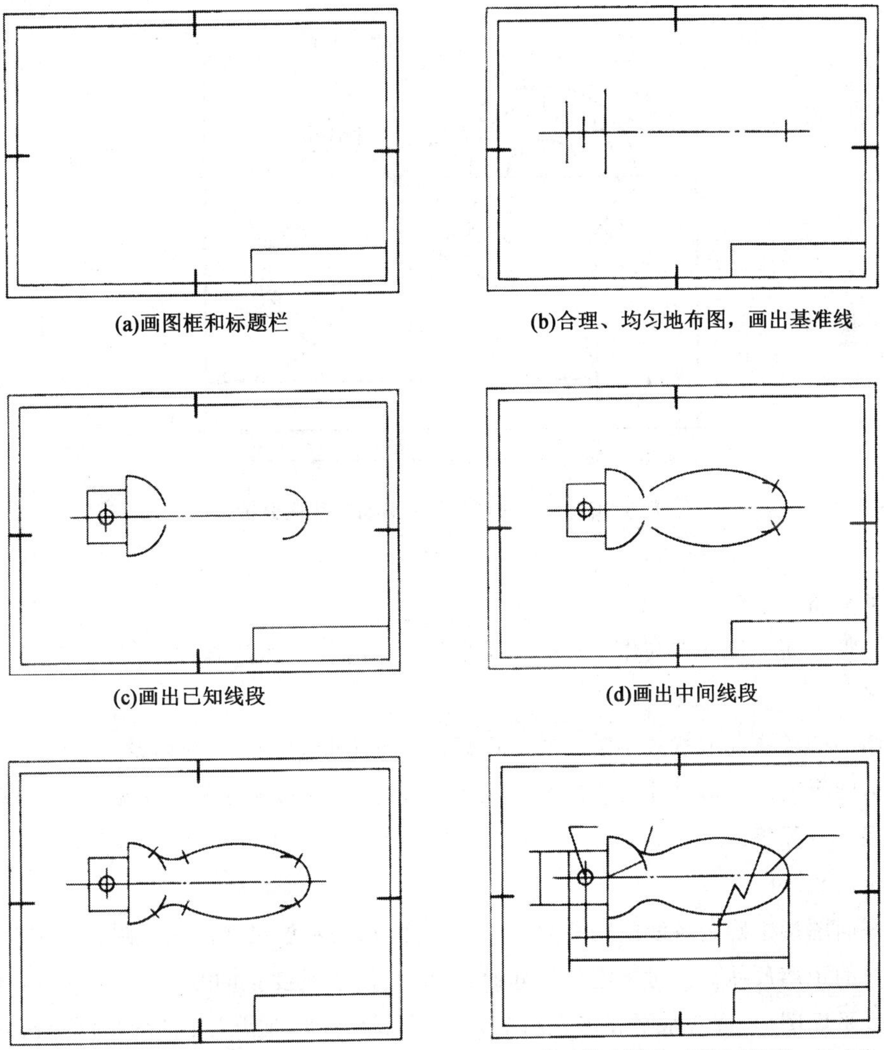

(a)画图框和标题栏　(b)合理、均匀地布图，画出基准线

(c)画出已知线段　(d)画出中间线段

(e)画出连接圆弧　(f)校对修改图形，画尺寸界限、尺寸线

图 1-45　手柄平面图绘图步骤

知识拓展

平面图形分析

平面图形由若干直线和弧线封闭连接组合而成，这些线段之间的相对位置和连接关系根据给定的尺寸来确定。在平面图形中，有些线段的尺寸已完全给定，可以直接画出，而有些线段要按照相切的连接关系画出。因此，绘图前应对所绘图形进行分析，从而确定正确的作图方法和步骤。下面以图 1-46 所示图形为例进行尺寸和线段分析。

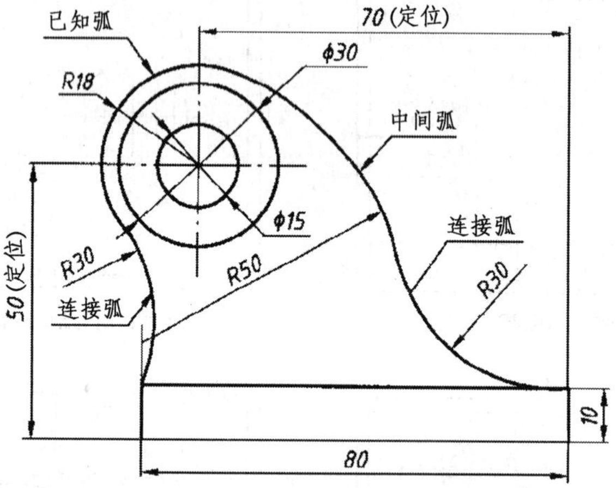

图 1-46 平面图形的尺寸分析与线段分析

1. 尺寸分析

平面图形中所注尺寸按其作用可分为定形尺寸和定位尺寸两类。

1)定形尺寸

确定图形中各线段形状大小的尺寸，如 $\phi15$、$\phi30$、$R18$、$R30$、$R50$ 以及 80、10。一般情况下确定几何图形所需定形尺寸的个数是一定的，如矩形的定形尺寸是长和宽、圆和圆弧的定形尺寸是直径和半径等。

2)定位尺寸

用于平面图形中确定各线段间相对位置的尺寸，称为定位尺寸。例如圆心的位置尺寸，直线与中心线的距离尺寸等。对于定位尺寸而言，应有标注或度量的起点，这种起点，称为尺寸基准。一个平面图形，应有水平和垂直两个方向的尺寸基准，通常以图形的对称线、较大直径圆的中心线和重要轮廓线作为尺寸基准。

确定图形中各线段间相对位置的尺寸，如尺寸 50 和 70 是以下部矩形的底边和右边为基准确定 $\phi15$、$\phi30$ 圆心位置的定位尺寸。必须注意，有时一个尺寸既是定形尺寸，也是定位尺寸，如尺寸 80 是矩形的长，也是 $R50$ 圆弧水平方向的定位尺寸。

2. 线段分析

平面图形中，有些线段具有完整的定形和定位尺寸，可根据标注的尺寸直接画出；有些线段的定形和定位尺寸并未全部标出，要根据已注出的尺寸和该线段与相邻线段的连接关系，通过几何作图才能画出。因此，通常按线段的尺寸是否齐全将线段分为三种。

1)已知线段

定形、定位尺寸全部注出的线段，如 $\phi15$、$\phi30$ 的圆，$R18$ 的圆弧，80 和 10 为矩形的长、宽等，均属已知线段。

2)中间线段

注出定形尺寸和一个方向的定位尺寸，必须依靠相邻线段间的连接关系才能画出的线段，如 $R50$ 圆弧。

3)连接线段

只注出定形尺寸，未注出定位尺寸的线段，其定位尺寸需根据该线段与相邻两线段的连接关系，通过几何作图方法求出，如两个 $R30$ 圆弧。

图 1-47 所示为平面图形的作图步骤。

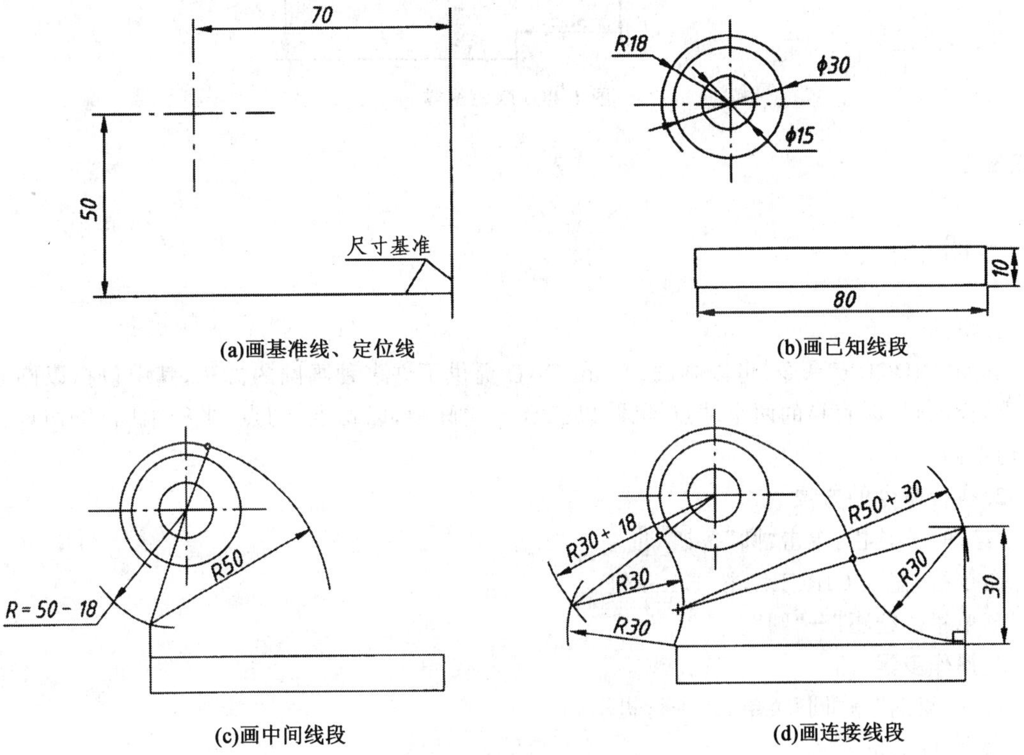

(a)画基准线、定位线　(b)画已知线段

(c)画中间线段　(d)画连接线段

图 1-47　平面图形的作图步骤

任务四 AutoCAD 绘制棘轮

任务描述

绘制如图 1-48 所示的棘轮，利用“阵列”“修剪”等命令绘制出图形。

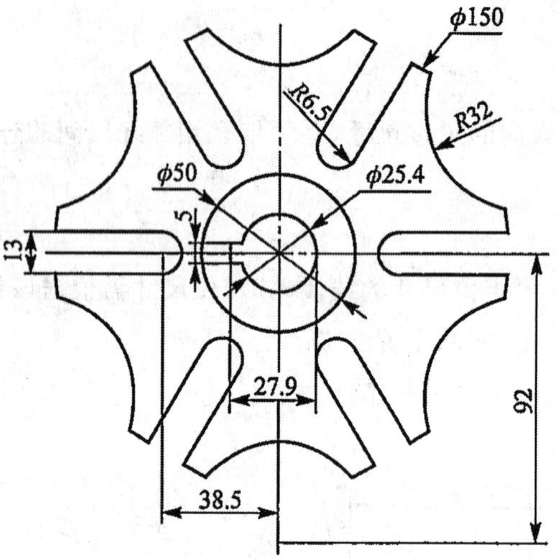

图 1-48 棘轮图样

知识准备

一、圆

1. 概述

利用“CIRCLE”命令，可以画圆。AutoCAD 提供了许多种画圆的方法，其中包括以圆心、半(直)径画圆，以直径的两个端点画圆，以三点方式画圆，以切点、切点、半径画圆，以切点、切点、切点画圆等。

2. 执行命令的方法

“绘图”工具栏：单击“圆”按钮。

命令行：输入 CIRCLE，按 Enter 键。

菜单栏：“绘图”→“圆”。

3. 操作步骤

选择“绘图”→“圆”菜单，命令行提示如下。

命令：_circle

指定圆的圆心或[三点(3P)/两点(2P)/切点、切点、半径(T)]

指定圆的半径或[直径(D)]

4. 有关说明及提示

(1)圆心、半径(R)：给定圆的圆心及半径画圆。

(2)圆心、直径(D):给定圆的圆心及直径画圆。

(3)两点(2P):给定圆的直径的两个端点画圆。

(4)三点(3P):给定圆的任意三点画圆。

(5)切点、切点、半径(T):给定与圆相切的两个对象和圆的半径画圆。

(6)切点、切点、切点(A):给定与圆相切的三个对象画圆。

二、圆弧

选择"绘图"→"圆弧"菜单中的子命令,或单击"绘图"工具栏中的"圆弧"按钮,即可绘制圆弧。在 AutoCAD 中,圆弧的绘制方法有 11 种,建议初学者不使用此命令,遇到圆弧连接的图形时可用圆命令配合修剪命令绘制。

三、偏移

1. 功能

利用"OFFSET"命令,可以创建一个与选择对象形状相同,等距的平行直线、平行曲线、同心圆和同心椭圆,如图 1-49 所示。

(a)平行直线　(b)平行曲线　(c)同心圆　(d)同心椭圆

图 1-49　偏移

2. 执行命令的方法

"修改"工具栏:单击"偏移"按钮。

命令行:输入 OFFSET,按 Enter 键。

菜单栏:"修改"→"偏移"。

3. 操作步骤

选择"修改"→"偏移"菜单,命令行提示如下。

命令:_offset

当前设置:删除源=否　图层=源　OFFSETGAPTYPE=0

指定偏移距离或[通过(T)/删除(E)/图层(L)]<10.0000>:指定第二点:

选择要偏移的对象,或[退出(E)/放弃(U)]<退出>:

指定要偏移的那一侧上的点,或[退出(E)/多个(M)/放弃(U)]<退出>:

选择要偏移的对象,或[退出(E)/放弃(U)]<退出>:

四、修剪

1. 功能

利用“TRIM”命令，可以对图形进行修剪。在指定剪切边界后，可连续选择被剪切边进行修剪。

2. 执行命令的方法

“修改”工具栏：单击“修剪”按钮。

命令行：输入 TRIM，按 Enter 键。

菜单栏：“修改”→“修剪”。

3. 操作步骤

选择“修改”→“修剪”菜单，命令行提示如下。

命令：_trim

当前设置：投影＝UCS，边＝无

选择剪切边…

选择对象或＜全部选择＞： * 选择要修剪的边界 *

选择对象： * 按 Enter 键 *

选择要修剪的对象，或按住 Shift 键选择要延伸的对象，或[栏选(F)/窗交(C)/投影(P)/边(E)/删除(R)/放弃(U)]： * 单击要修剪的边 *

选择要修剪的对象，或按住 Shift 键选择要延伸的对象，或[栏选(F)/窗交(C)/投影(P)/边(E)/删除(R)/放弃(U)]： * 按 Enter 键 *

修剪效果如图 1-50 所示。

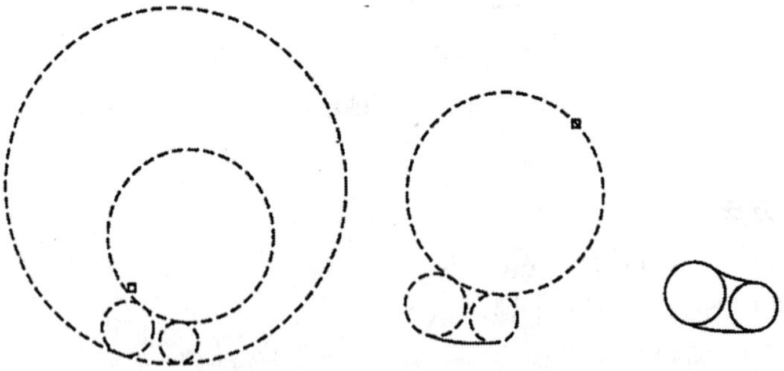

(a)选择修剪对象 (b)选择修剪边界 (c)修剪结果

图 1-50 修剪效果实例

任务实施

1. 设置绘图环境

(1)设置图形单位和图形界限。选择“格式”→“单位”菜单，打开“图形单位”对话框。在“长度”选项区，设置“类型”为“小数”，“单位”为“0.00”。在“角度”选项区，设置“类型”为“十进制度数”，“单位”为“0.0”，然后单击“确定”按钮，即可完成“图形单位”的设置。选择“格式”→“图形界限”菜单，根据图形尺寸将图形界限设置为 297×210。单击“栅格显示”按钮，打开栅格，显示图形界限。

(2)创建图层。打开图层特性管理器，创建图层。

(3)设置对象捕捉。右击状态栏中的“对象捕捉”按钮，在弹出的快捷菜单中选择“设置”选项，打开“草图设置”对话框，在“对象捕捉”选项卡，勾选“启用对象捕捉”复选框，设置“对象捕捉模式”为“象限点”和“交点”，然后单击“确定”按钮。

2. 绘制棘轮

(1)将“中心线”图层设置为当前图层，绘制中心线。

(2)将“粗实线”图层设置为当前图层，绘制三个定位圆，如图 1-51 所示。

(3)绘制棘轮槽。先绘制 $R6.5$ mm 的圆，然后绘制与 $R6.5$mm 的圆相切且与 $\phi150$ mm 圆相交的两条直线，如图 1-52 所示。

(4)绘制棘轮圆弧。绘制 $R32$ mm 的圆，如图 1-53 所示。

(5)修剪棘轮槽和棘轮圆弧，如图 1-54 所示。

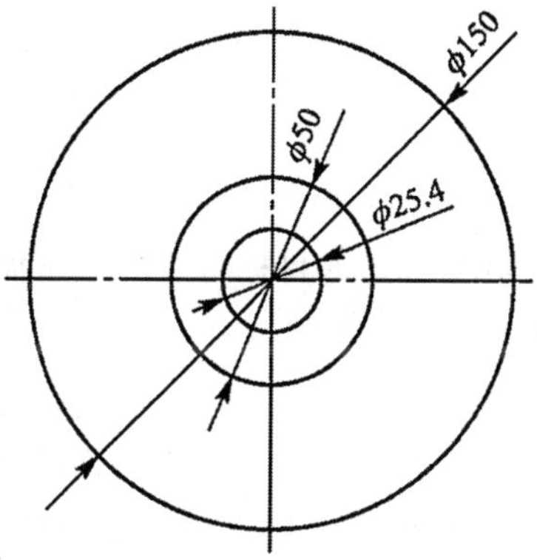

图 1-51　绘制的三个定位圆

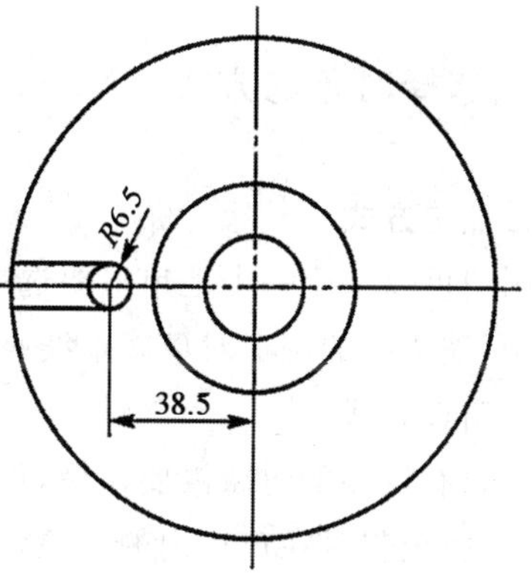

图 1-52　绘制的棘轮槽

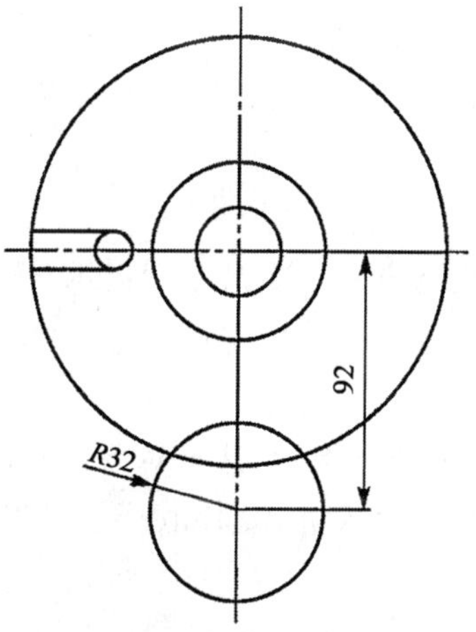

图 1-53　绘制的棘轮圆弧

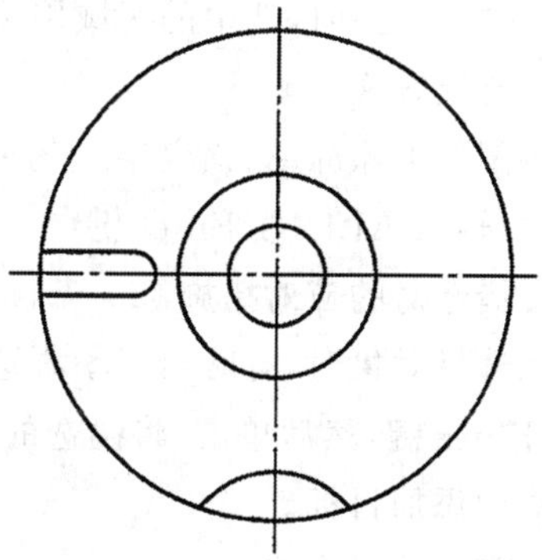

图 1-54　修剪棘轮槽和棘轮圆弧

(6)阵列棘轮槽和棘轮圆弧,如图 1-55 所示。

(7)修剪棘轮槽和棘轮圆弧,如图 1-56 所示。

(8)绘制键槽,如图 1-57 所示。

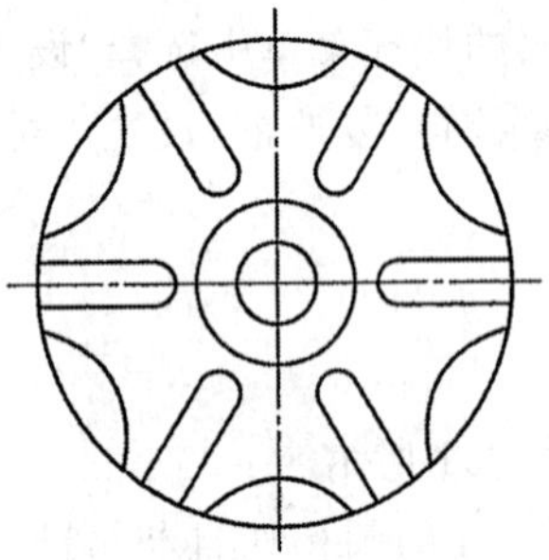

图 1-55 阵列后的棘轮槽和棘轮圆弧

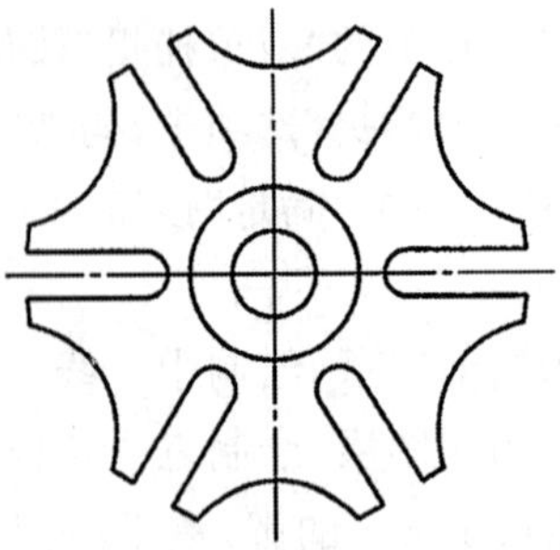

图 1-56 修剪后的棘轮

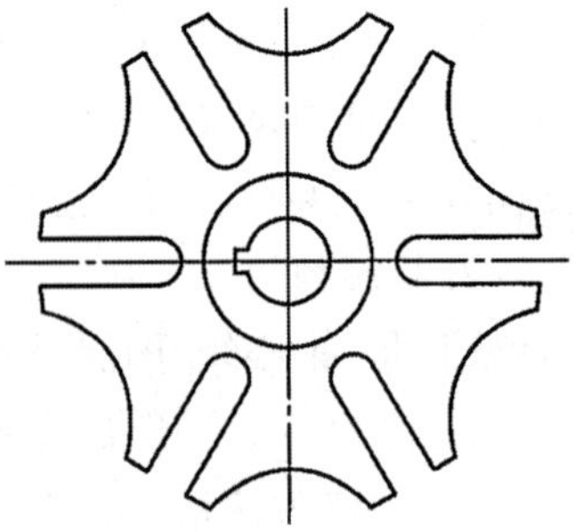

图 1-57 绘制键槽

知识拓展

一、选择对象的方式

1. 点选方式

用户可以一个一个地单击要选择的目标,该对象即被选中,选择的目标将逐个地添加到选择集中,被选中的图形对象以虚线高亮显示,以区别其他图形。

2. 窗口方式

如果有较多的对象需要选择,可以使用窗口方式,这种方式通过指定两个角点确定一个矩形窗口,完全包含在窗口内的对象将被选中,而与窗口相交的对象不会被选中。在操作时,应先拾取左上角点,再拾取右下角点。使用“窗口方式”选择时,选中的区域用蓝色表示。

3. 窗交方式

窗交方式的操作方式与窗口方式类似。不同之处在于,在窗交方式下,完全包含在窗口中的对象和与窗口相交的对象都会被选中。操作时应先拾取右下角点,再拾取左上角点。使用“窗交方式”选择时,选中的区域用绿色表示。

4. 全选方式

将图形中除冻结、锁定层上的所有对象选中可以使用全选方式。当命令行提示“选择对象:”时,输入 ALL,按 Enter 键。

5. 错选时的应对措施

在选择对象时,有时会不小心选中不该选择的目标。当命令行提示“选择对象:”时,输入 R,按 Enter 键,然后单击,将误选的目标从选择集中删除。然后输入 A,按 Enter 键,可以再向选择集中添加目标。

6. 取消选择方式

当命令行提示“选择对象:”时,输入 UNDO,按 Enter 键,将取消最后一次进行的对象选择操作。

7. 结束选择方式

当命令行提示“选择对象:”时,按 Enter 键结束对象选择操作,进入指定的编辑操作。

二、图形的显示与控制

1. 视图平移

查看图形时,为了看清图形的其他部分,可以使用视图平移命令,视图平移不会改变图形中对象的位置或比例,只改变视图位置。

选择“视图”→“导航栏”→“平移”按钮,或在命令行中输入 PAN,然后按 Enter 键,则光标在视图中呈形状,按住左键进行拖动即可对视图进行平移操作。也可以直接按紧鼠标的滚轮执行“实时平移”命令。

需要取消平移操作时,按 Enter 键或 Esc 键,或右击在弹出的快捷菜单中选择“退出”命令。

2. 视图缩放

视图缩放可以增加或减少图形对象的屏幕显示尺寸,但对象的真实尺寸保持不变,通过改变显示区域和图形对象的大小,更准确、更详细地绘图。

在命令行输入 ZOOM,按 Enter 键,当命令行提示“指定窗口的角点,输入比例因子(nX 或 nXP),或者[全部(A)/中心(C)/动态(D)/范围(E)/上一个(P)/比例(S)/窗口(W)/对象(O)]＜实时＞:”时,输入相应字母,执行相应命令。

也可以单击“缩放”工具栏中的按钮,或选择“视图”→“导航栏”→“缩放”按钮进行图形的缩放和平移。“缩放”工具栏中各按钮的功能如下。

(1)实时缩放。光标变为带有加号“＋”和减号“－”的放大镜形状,此时向上拖动可放大整个图形,向下拖动可缩小整个图形,释放后停止缩放。

(2)缩放上一个。进入缩放上一个模式,即可撤销上一步视图控制操作,返回上一视图。

(3)窗口缩放。进入窗口缩放模式,当命令行提示“指定窗口第一个角点:”时,单击指定第一角点。当命令行提示“指定对角点:”时,单击指定另一角点。两个角点确定一个矩形框,即可缩放该矩形框内的图形。

(4)动态缩放。“动态缩放”命令能最大化显示包含在视框中的图形。系统首先最大化显示所设置的图形界限(以蓝色线框表示),并显示一个黑色视图框。此时直接移动光标,可移动视图框的位置;单击后移动光标可调整视图框大小,再次单击,然后移动光标可以继续移动视图框的位置,当视图框圈住所要显示的内容后,按键确认。

(5)比例缩放。进入比例缩放模式,当命令行提示“输入比例因子(nX 或 nXP):”时,输入比例因子,即可完成图形缩放。

(6)中心缩放。进入中心缩放模式,当命令行提示“指定中心点:”时,单击指定新图形的中心点,当命令行提示“输入比例或高度＜329.6030＞:”时,输入比例因子或指定高度,即可缩放图形。

（7）对象缩放。进入对象缩放模式，当命令行提示“选择对象：”时，单击选择对象，按 Enter 键确认，当前视图内选择的图形将最大限度地显示。

（8）放大和缩小。单击“放大”按钮或“缩小”按钮，进入缩放模式，图形自动放大一倍或缩小为原来的一半。

（9）全部缩放。进入全部缩放模式，将最大化显示整个图形或图形界限，其大小取决于图形界限或有效绘图区中的较大者。

（10）范围缩放。进入范围缩放模式，最大化显示当前图形。

三、点

1. 功能

绘制指定式样的点。

单击“实用工具”→“点样式”会弹出图 1-58 所示的对话框，可以对点样式进行设置。

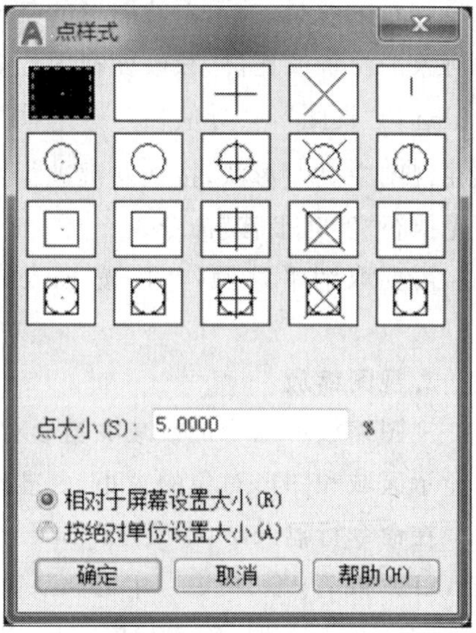

图 1-58　点样式

2. 执行命令的方法

工具栏：单击“绘图”按钮。

下拉菜单：“绘图”→“点”。

命令行：Point

指定点：输入点的位置。

选项：

在绘图下拉菜单中，“点”子菜单中有定数等分 D 和定距等分 M 两个选项，定数等分是沿某个对象的长度方向绘制等分点，定距等分是沿某个对象长度方向绘制等距点（图 1-59）。

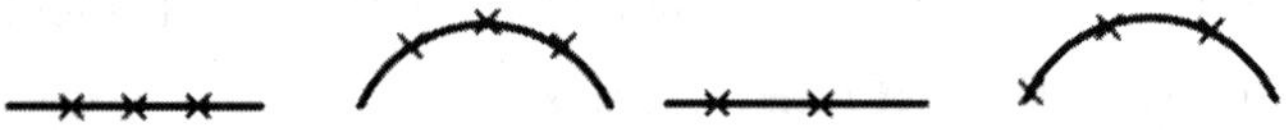

定数等分　（4等分）　定距等分　线段长度为6

图 1-59　点样式示例

四、阵列

1. 功能

在绘制图形的过程中，有时需要绘制完全相同、呈矩形或环形排列的一系列图形实体，可以只绘制一个图形对象，然后利用“ARRAY”命令将该对象进行矩形或环形复制。

对于环形阵列，对象可以旋转，也可以不旋转。而对于矩形阵列，对象可以倾斜一定的角度。

2. 执行命令的方法

“修改”工具栏：单击“阵列”按钮。

命令行:输入 ARRAY,按 Enter 键。

菜单栏:“修改”→“阵列”。

3. 操作步骤

选择“修改”→“阵列”菜单,打开“阵列”对话框,阵列分为矩形阵列和环形阵列两种。

1)矩形阵列

在“阵列”对话框中选中“矩形阵列”单选按钮,单击“选择对象”按钮,返回绘图区,选择要阵列的对象,按 Enter 键确认,“阵列”对话框再次打开,设置“行数”“列数”“行偏移” “列偏移”和“阵列角度”等参数,然后单击“预览”按钮,对阵列效果进行预览。如果对预览效果满意,单击“确定”按钮,即可对所选对象进行阵列。

2)环形阵列

在“阵列”对话框中选中“环形阵列”单选按钮。单击“选择对象”按钮,返回绘图区,选择要阵列的对象,按 Enter 键确认,“阵列”对话框再次弹出,设置“中心点”“项目总数”和“填充角度”等参数,然后单击“预览”按钮,对阵列效果进行预览。如果对预览效果满意,单击“确定”按钮,即可对所选对象进行阵列。

项目二
绘制基本体三视图

项目目标

(1)了解正投影的概念,掌握三视图的形成及投影规律。

(2)掌握简单形体的投影特性及其三视图的画法。

(3)掌握截交线和相贯线的作图方法。

(4)能用 AutoCAD 的基本绘图方法绘制三视图。

项目知识分布图

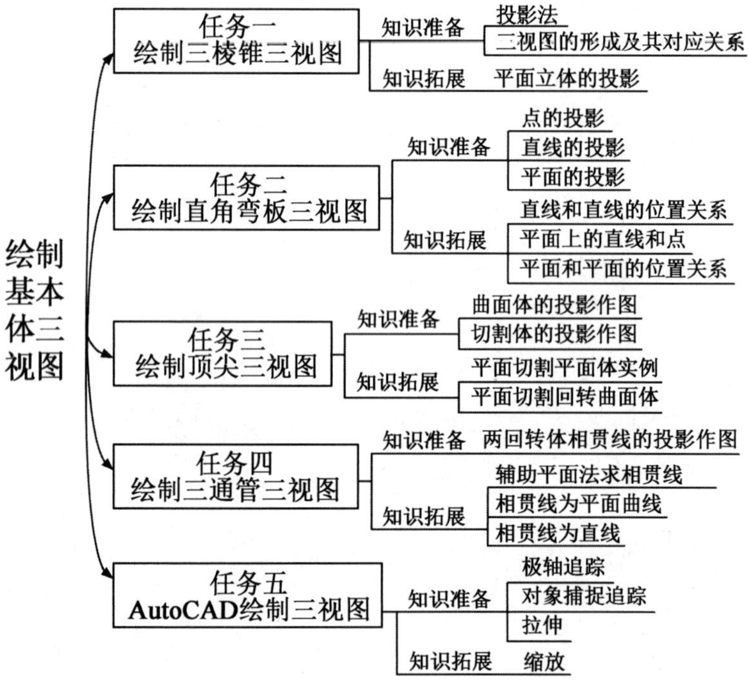

任务一　绘制三棱锥三视图

任务描述

绘制如图 2-1 所示三棱锥三视图，要求投影关系正确，尺寸自定。

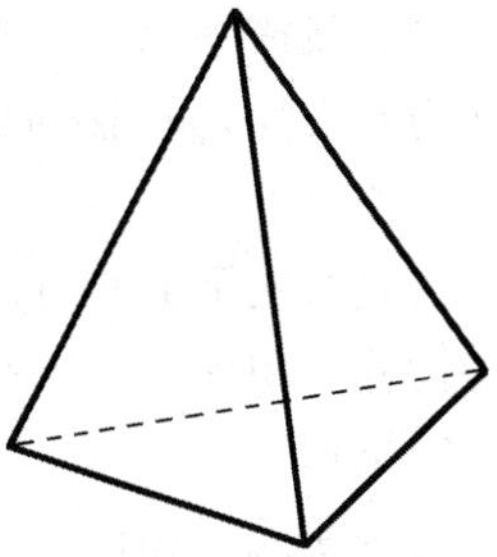

图 2-1　三棱锥

知识准备

一、投影法

1. 中心投影法

如图 2-2 所示，光线叫作投射线，所投射的面叫作投影面，投影面上得到的图形叫作该物体的投影。投射线自投影中心 S 发出，将空间△ABC 投射到投影面 P 上，延长 SA、SB、SC 与投影面 P 相交，交点 a、b、c 即为三角形顶点 A、B、C 在 P 面上的投影。这种投影线自投影中心出发的投影法称为中心投影法，所得投影称为中心投影。日常生活中的照相、放映电影都是中心投影的实例。

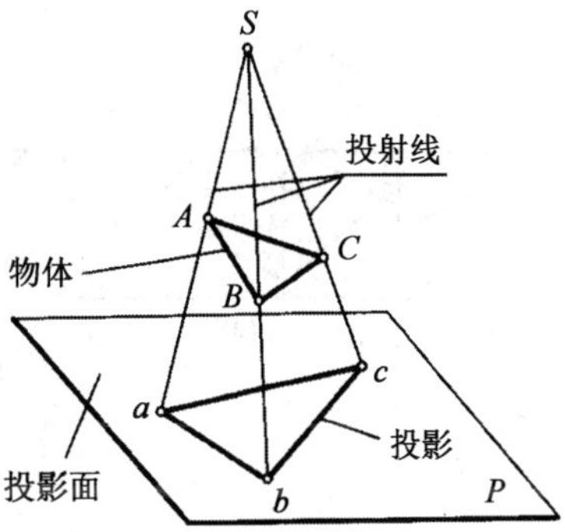

图 2-2　中心投影法

在中心投影法中，△ABC 的投影的大小随投影中心 S 距离△ABC 的远近或△ABC 距离投影面 P 的远近而改变，因此不适用于绘制机械图样。中心投影法一般用于绘制产品或建筑物等富有真实感的立体图，也称透视图。

2. 平行投影法

投射线互相平行的投影方法称为平行投影法。按投射线与投影面倾斜或垂直，平行投影法又分为斜投影法和正投影法。

(1)斜投影法　投射线与投影面倾斜的平行投影法，如图 2-3a 所示。

(2)正投影法　投射线与投影面垂直的平行投影法，如图 2-3b 所示。

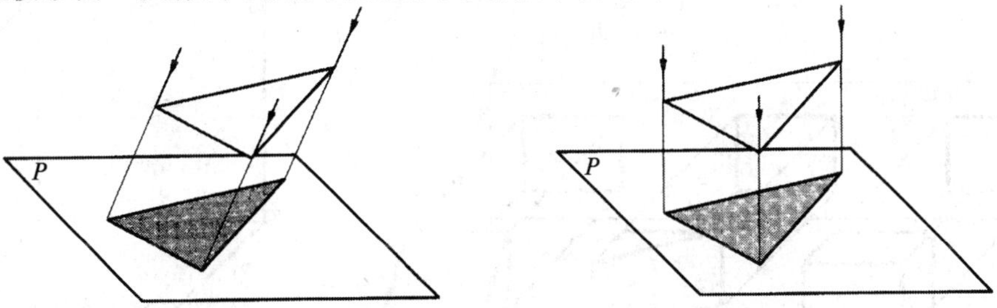

(a)斜投影法　　(b)正投影法

图 2-3　平行投影法

由于正投影法所得到的正投影能准确反映物体的形状和大小，度量性好，作图简便，因此，机械图样是采用正投影法绘制的。

3. 正投影法基本性质

1)真实性

当直线或平面平行于投影面时，直线的投影反映实长，平面的投影反映实形，这种投影特性称为真实性，如图 2-4a 所示。

2)积聚性

当直线或平面垂直于投影面时，直线的投影积聚成点，平面的投影积聚成一直线，这种投影特性称为积聚性，如图 2-4b 所示。

3)类似性

当直线或平面倾斜于投影面时，直线的投影仍为直线，但小于实长，平面的投影是其原图形的类似形(类似形是指两图形相应线段间保持定比关系，即边数、平行关系、凹凸关系不变)，这种投影特性称为类似性，如图 2-4c 所示。

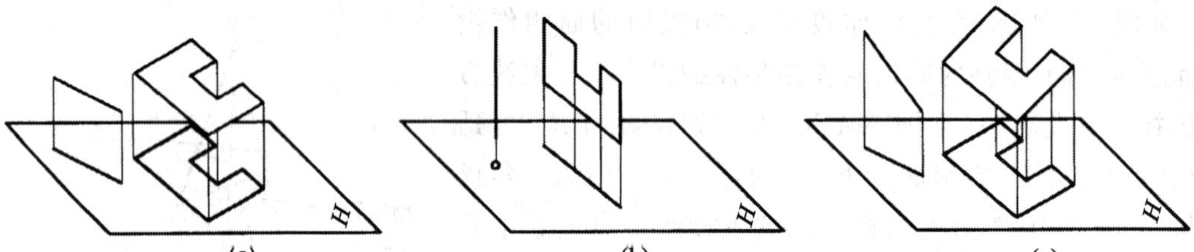

图 2-4 正投影法基本性质

二、三视图的形成及其对应关系

1. 三投影面体系的建立

一般情况下，物体的一个投影不能确定其形状。如图 2-5 所示，三个形状不同的物体，它们在同一投影面上的投影却相同。所以，要反映物体的完整形状，必须增加由不同投射方向得到的投影图，互相补充，才能将物体表达清楚。工程上常用三投影面体系来表达简单物体的形状。

如图 2-6 所示，设三个互相垂直的投影面：正立投影面 V(简称正面)、水平投影面 H(简称

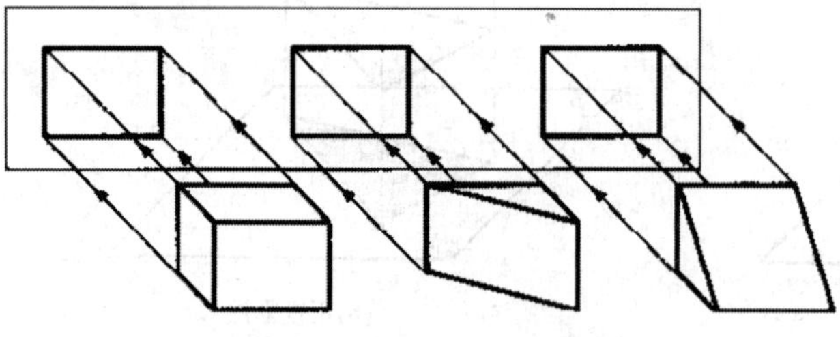

图 2-5 一个投影不能确定物体形状

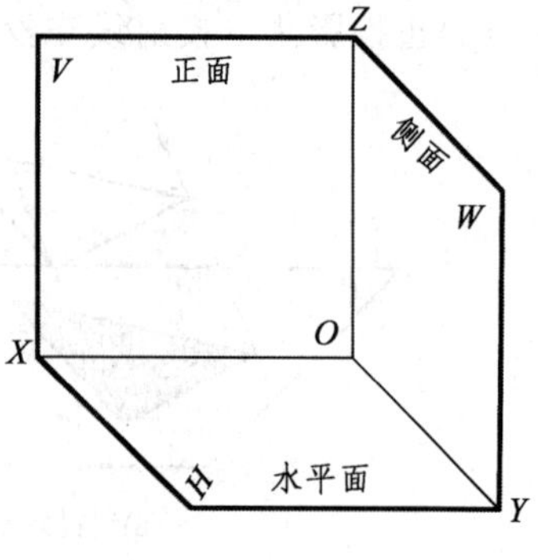

图 2-6 三投影面体系

水平面)、侧立投影面 W(简称侧面)。三个投影面的交线 OX、OY、OZ 称为投影轴,也互相垂直,分别代表长、宽、高三个方向。三根投影轴交于一点 O,称为原点。

2. 三视图的形成

如图 2-7a 所示,将物体放在三投影面体系中,按正投影法向各投影面投射,即可分别得到正面投影、水平投影和侧面投影。在工程图样中"根据有关标准绘制的多面正投影图"也称为"视图"。在三投影面体系中,物体的三面视图是国家标准中基本视图中的三个,规定的名称是:

主视图——由前向后投射,在正面上所得的视图;

俯视图——由上向下投射,在水平面上所得的视图;

左视图——由左向右投射,在侧面上所得的视图。

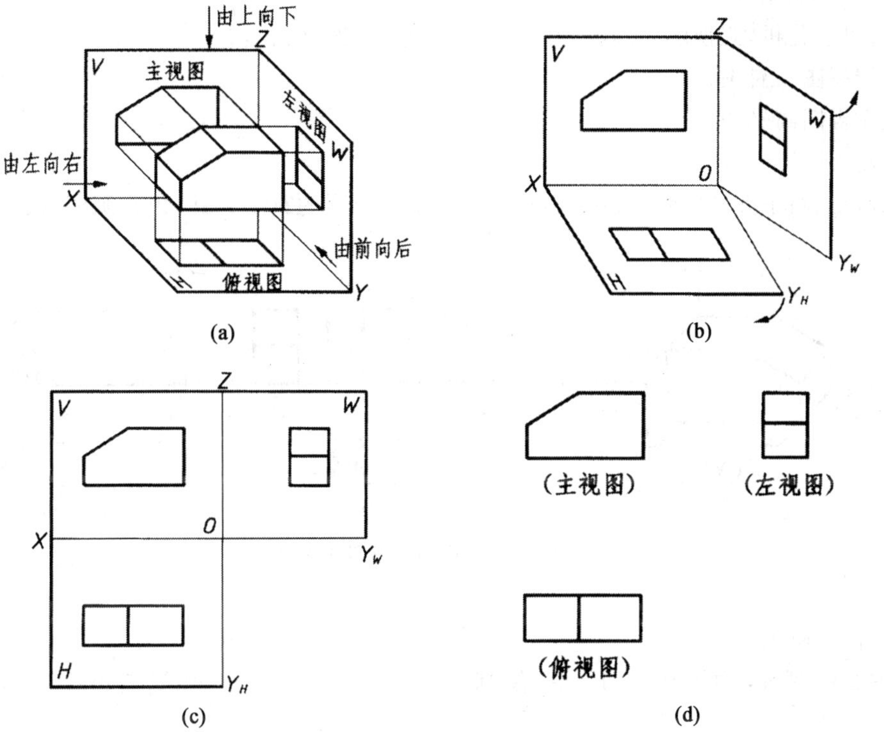

图 2-7　三视图的形成

为了画图和看图方便,必须使处于空间位置的三视图在同一个平面上表示出来。如图 2-7b 所示,规定正面不动,将水平面绕 OX 轴旋转 90°,将侧面绕 OZ 轴旋转 90°,使它们与正面处在同一平面上。如图 2-7c 所示,在旋转过程中,OY 轴一分为二,随 H 面旋转的 Y 轴用 Y_H 表示,随 W 面旋转的 Y 轴用 Y_W 表示。由于画图时不必画出投影面和投影轴,所以去掉投影面的边框和投影轴就得到如图 2-7d 所示的三视图。

3. 三视图之间的对应关系

1)投影对应关系

从三视图的形成过程中可看出,三视图间的位置关系是俯视图在主视图的正下方,左视图在主视图的正右方。按此位置配置的三视图,不需注写其名称。

如图 2-8a 所示，物体有长、宽、高三个方向的尺寸。通常规定：物体左右之间的距离为长(X)；前后之间的距离为宽(Y)；上下之间的距离为高(Z)。

从图 2-8b 可看出，一个视图只能反映两个方向的尺寸。主视图反映物体的长和高；俯视图反映物体的长和宽；左视图反映物体的宽和高。由此可归纳得出三视图之间的投影对应关系：

主、俯视图反映了物体左、右方向的同样长度(等长)，物体在主视图和俯视图上的投影在长度方向上分别对正；

主、左视图反映了物体上、下方向的同样高度(等高)，物体在主视图和左视图上的投影在高度方向上分别平齐；

俯、左视图反映了物体前、后方向的同样宽度(等宽)，物体在俯视图和左视图上的投影在宽度方向上分别相等。

通过以上分析，三视图之间的投影关系可概括为(图 2-8c)：

主、俯视图长对正；

主、左视图高平齐；

俯、左视图宽相等。

“长对正、高平齐、宽相等”的投影对应关系是三视图的重要特性，也是画图和读图的依据。

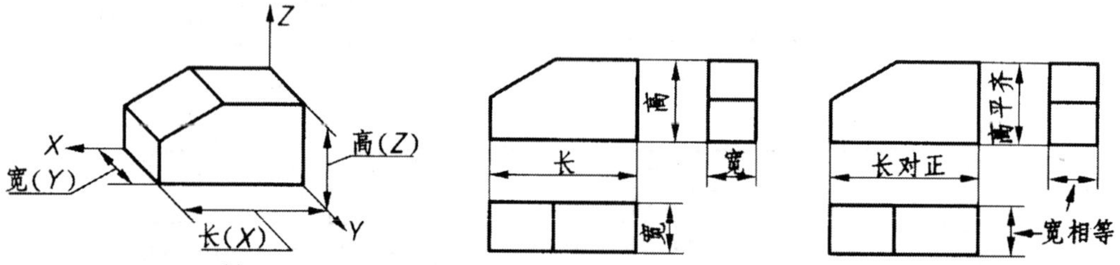

(a) (b) (c)

图 2-8 三视图的投影对应关系

2)方位对应关系

如图 2-9a 所示，物体有上、下、左、右、前、后六个方位。从图 2-9b 可看出：

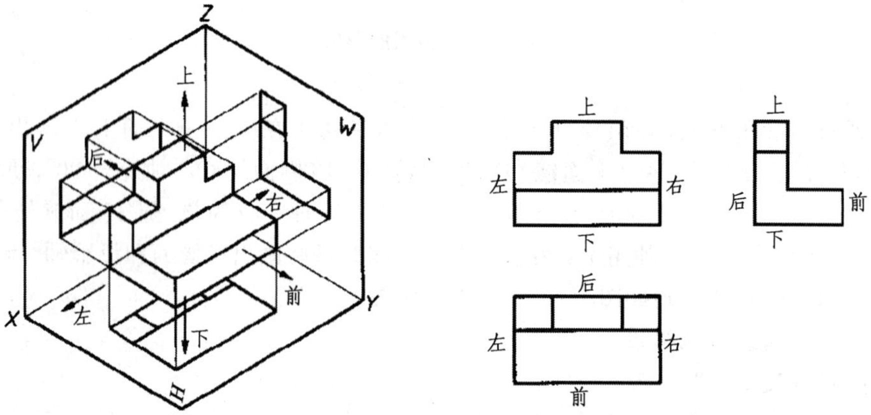

(a) (b)

图 2-9 三面视图的方位关系

主视图反映物体的上、下和左、右的相对位置关系；

俯视图反映物体的前、后和左、右的相对位置关系；

左视图反映物体的前、后和上、下的相对位置关系。

通过上述分析可知，必须将两个视图联系起来，才能表明物体六个方位的位置关系。画图和读图时，应特别注意俯视图与左视图之间的前、后对应关系。由于三个投影面在展开过程中水平面向下旋转，原来的 OY 轴成为 OY_H，即俯视图的下方实际上表示物体的前方，俯视图的上方表示物体的后方；当侧面向右旋转时，原来的 OY 轴成为 OY_W，即左视图的右方实际上表示物体的前方，左视图的左方表示物体的后方。也就是说，在俯、左视图中，靠近主视图的边，表示物体的后面，远离主视图的边，则表示物体的前面。所以，物体的俯、左视图不仅宽相等，还应保持前、后位置的对应关系。

【例 2-1】根据缺角长方体的立体图和主、俯视图(图 2-10a)，补画左视图。

分析：应用三视图的投影和方位对应关系这个特性来想象和补画左视图。

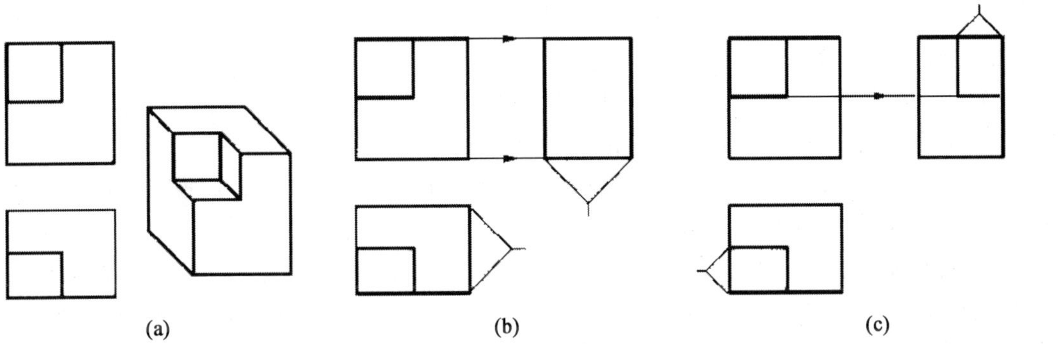

图 2-10　由主、俯视图补画左视图

作图：

(1)按长方体的主、左视图高平齐，俯、左视图宽相等的投影关系，补画长方体的左视图(图 2-10b)。

(2)同样方法补画长方体上缺角的左视图，此时必须注意缺角在长方体中前、后位置的方位对应关系(图 2-10c)。

讨论：

怎样判断长方体上各表面间的相对位置？根据方位对应关系，主视图反映物体上、下和左、右相对位置关系，但不能反映物体的前、后方位关系。同样，俯视图不能反映物体的上、下方位关系，左视图不能反映物体的左、右方位关系。因此，如果在主视图上来判断长方体上前、后两个表面的相对位置时，必须从俯视图或左视图上找到前、后两个表面的位置，才能确定哪个表面在前，哪个表面在后，如图 2-11a 所示。

同样方法在俯视图上判断长方体上、下两个表面的相对位置，在左视图上判断长方体左、右两个表面的相对位置，如图 2-11b、c 所示。

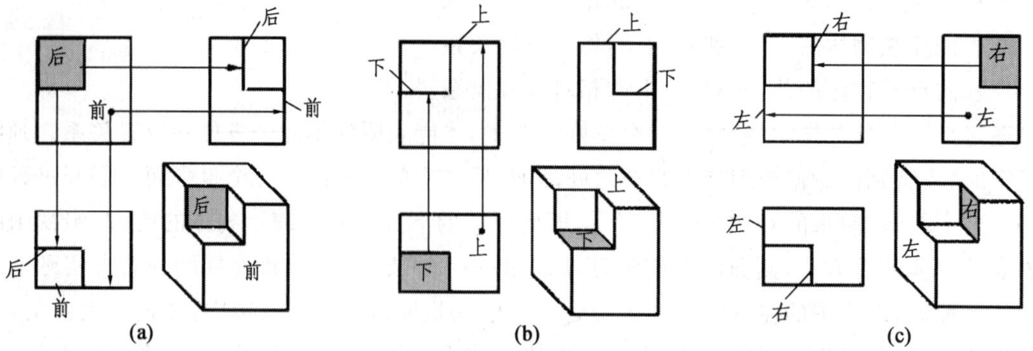

图 2-11 立体表面相对位置分析

任务实施

1. 形体分析

三棱锥由一个底面和几个侧棱面组成,棱线交于一点。

2. 投影特性分析

(1)水平投影。三个棱面的投影可见,但均不反映实形。底面 ABC 的水平投影 abc 反映实形,但不可见,它与三个棱面的投影相互重合。

(2)正面投影。底面积聚成直线。前方的两个棱面 SBC,SAB 的正面投影 $s'b'c'$,$s'a'b'$ 可见,后棱面 SAC 的正面投影 $s'a'c'$ 不可见。

(3)侧面投影。底面积聚成直线。后棱面 SAC 的侧面投影积聚成直线。左前侧棱面 SAB 的侧面投影 $s''a''b''$ 可见,右前侧棱面 sbc 的侧面投影 $s''b''c''$ 不可见,它们相互重合。各个棱面的投影均不反映实形。但左前侧棱面与右前侧棱面的交线 SB(棱线)是侧平线,故其侧面投影 $s''b''$ 反映实长。

3. 作图步骤

首先画出底面的水平投影和底面的另两个投影;再画出锥顶的三个投影;然后将锥顶和底面三个顶点的同面投影连接起来,即可得正三棱锥的三面投影,见图 2-12。

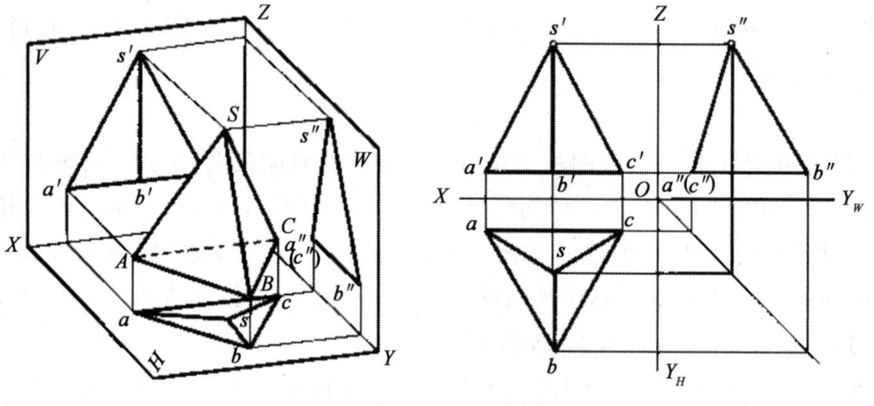

图 2-12 正三棱锥的投影

知识拓展

平面立体的投影

1. 正六棱柱

1)形体分析

正六棱柱由两个底面和六个侧棱面组成,侧棱面与侧棱面的交线称侧棱线,侧棱线相互平行,如图 2-13 所示。

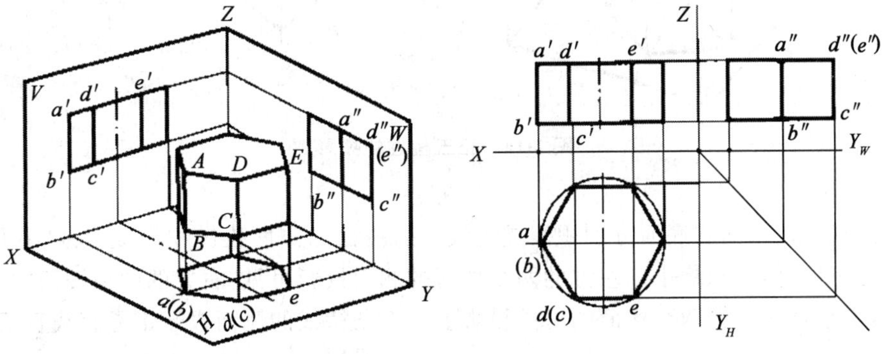

图 2-13　正六棱柱的投影

2)投影特性分析

(1)棱柱的顶面和底面均为水平面,其水平投影反映实形,在正面及侧面的投影积聚成一直线。

(2)前后棱面为正平面,它们的正面投影反映实形,水平投影及侧面投影积聚为一直线。

(3)棱柱的其他四个侧棱面均为铅垂面,水平投影积聚为直线,正面投影和侧面投影均为类似形。

(4)棱线为铅垂线,水平投影积聚为一点,正面投影和侧面投影均反映实长。

(5)顶面和底面的边为侧垂线或水平线,侧面投影积聚为一点或为缩短的直线,水平投影均反映实长,侧垂线正面投影亦反映实长。

2. 正五棱柱

1)形体分析

正五棱柱的顶面和底面都是水平面,它们的边分别是四条水平线和一条侧垂线;棱面是四个铅垂面和一个正平面,棱线是五条铅垂线,如图 2-14 所示。

2)投影特性分析

(1)水平投影:顶面的投影可见,底面的投影不可见,它们相互重合,反映实形。五个棱面的投影,分别积聚成直线,五条棱线的投影分别积聚成点。

(2)正面投影:顶面和底面分别积聚成直线。除了后棱面的正面投影反映实形外,其他棱面的投影都仍是矩形,但面积缩小。前方的两个棱面的正面投影可见,而后方的三个棱面的正面投影不可见。五条棱线的正面投影都是直线,且反映实长。

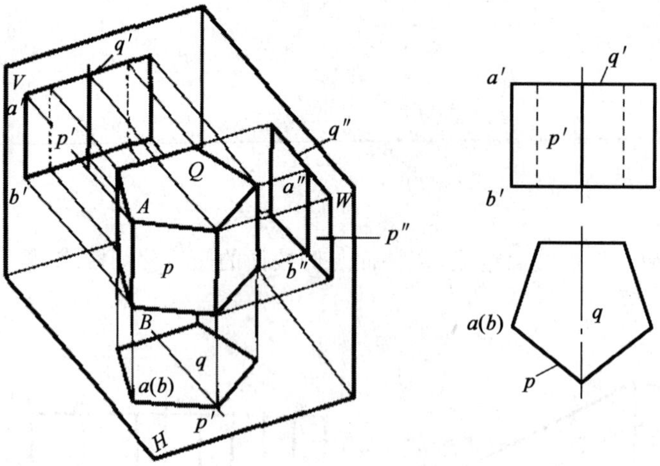

图 2-14　正五棱柱的投影

(3)侧面投影：顶面和底面分别积聚成直线。后棱面的侧面投影积聚成直线，其他棱面的投影都仍是矩形，但面积缩小。左方的两个棱面的侧面投影可见，右方的两个棱面的侧面投影不可见，分别重合在左方两个棱面的可见投影上。五条棱线的侧面投影都是直线且反映实长。

3)作图步骤

画出棱柱的投影时，首先画出对称中心线，再画出棱柱水平投影；然后根据投影关系画出正面投影和侧面投影。应注意，当棱线投影与对称线重合时该线应画成粗实线。

由以上可知棱柱的投影特点：一个投影反映底面实形，而其余两投影则为矩形或复合矩形。

任务二　绘制直角弯板三视图

任务描述

绘制如图 2-15 所示直角弯板三视图，要求投影关系正确，尺寸自定。

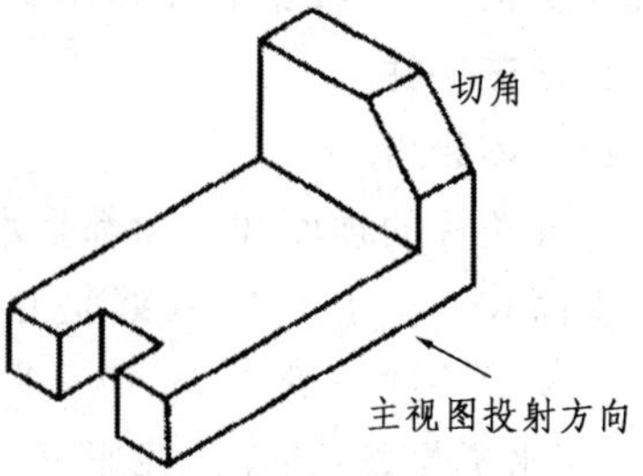

图 2-15　直角弯板

知识准备

一、点的投影

1. 点的三面投影

如图 2-16 所示，由空间点 A 分别引垂直于三个投影面 H、V、W 的投射线，与投影面相交，得到 A 点的三个投影 a、a'、a''。空间点的每一个坐标值，反映了该点到某投影面的距离。

由图 2-16 可知，点的三面投影规律为：

(1)点的正面投影与水平投影的连线垂直于 OX，即 $a'a \perp OX$ 轴；

(2)点的正面投影与侧面投影的连线垂直于 OZ 轴，即 $a'a'' \perp OZ$；

(3)点的水平投影与侧面投影具有相同的 Y 坐标值。

2. 两点间的相对位置

在两个点的三面投影中可以看出它们的相对位置，即上下、左右、前后的位置关系。如图 2-17 所示，两点中，X 坐标值大的在左；Y 坐标值大的在前；Z 坐标值大的在上。即点 A 在点 B 的左、前、下方。

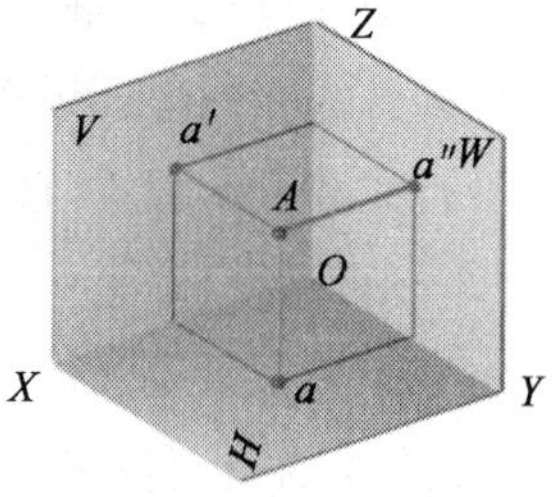

图 2-16　点的投影

重影点及其可见性属于同一条投射线上的点，在该投射线所垂直的投影面上的投影重合为一点。空间的这些点，称为该投影面的重影点。判断重影点的可见性根据它们不等的那个坐标值来确定，即坐标值大的可见，坐标值小的不可见(点的不可见投影加括号表示)。如图 2-18 所示，a'与 b'在 V 面上重影且空间 A 点在前，B 点在后；c''与 a''在 W 面上重影且空间 C 点在左，A 点在右。

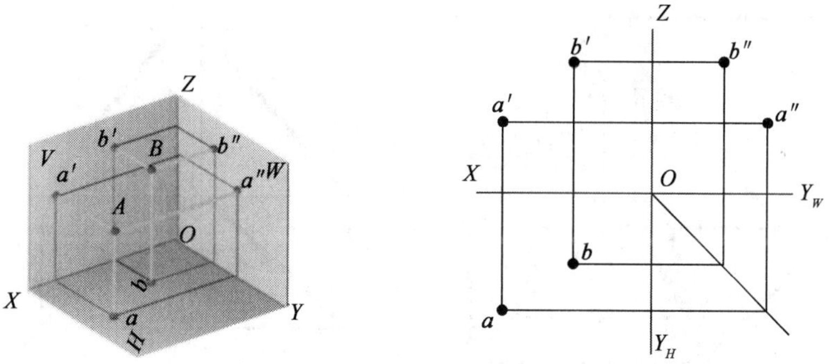

图 2-17　两点间的相对位置

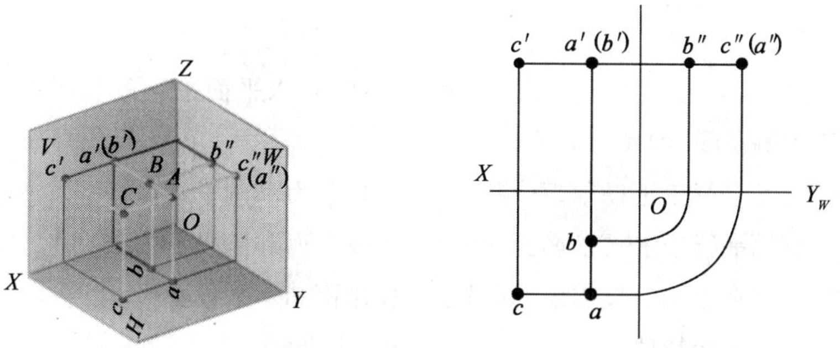

图 2-18　重影点和可见性

二、直线的投影

直线的投影可由属于该直线的两点的投影来确定。一般用直线段的投影来表示直线的投影,即作出直线段上两端点的投影,则该两点的同面投影连线即为直线段的投影。

根据直线在投影面体系中对三个投影面所处的位置不同,可将直线分为一般位置直线、投影面平行线和投影面垂直线三类。其中,后两类统称为特殊位置直线。

1. 一般位置直线

由于一般位置直线同时倾斜于三个投影面,故有如下投影特点,如图 2-19 所示:

(1)直线的三面投影都倾斜于投影轴,它们与投影轴的夹角,均不反映直线对投影面的倾角;

(2)直线的三面投影的长度都短于实长,其投影长度与直线对各投影面的倾角有关,即

$$ab=AB\cos\alpha,\ a'b'=AB\cos\beta,\ a''b''=AB\cos\gamma$$

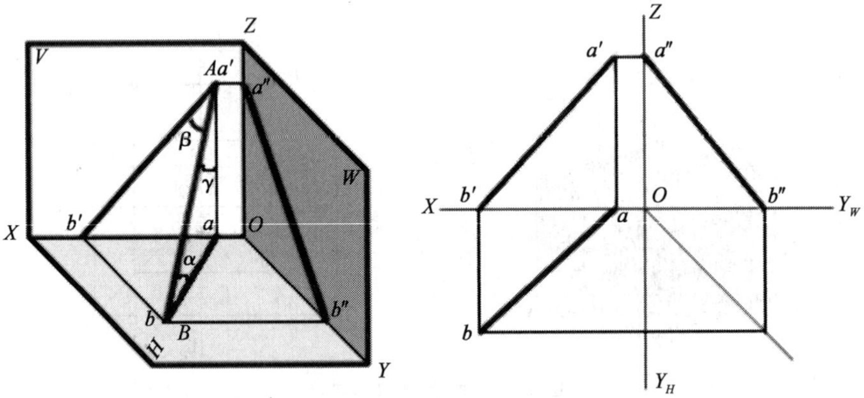

图 2-19　一般位置直线的投影

2. 投影面平行线

投影面平行线中,与正面平行的直线称为正平线,与水平面平行的直线称为水平线,与侧面平行的直线称为侧平线,如表 2-1 所示。

(1)正平线:直线平行于正投影面,倾斜于水平投影面和侧投影面。

(2)水平线:直线平行于水平投影面,倾斜于正投影面和侧投影面。

(3)侧平线:直线平行于侧投影面,倾斜于正投影面和水平投影面。

投影面平行线的投影特性:

(1)在其平行的那个投影面上的投影反映实长,并反映直线与另两投影面的真实倾角。

(2)另两个投影面上的投影平行于相应的投影轴,但不反映实长。

表 2-1　投影面平行线

名称	水平线	正平线	侧平线
立体图	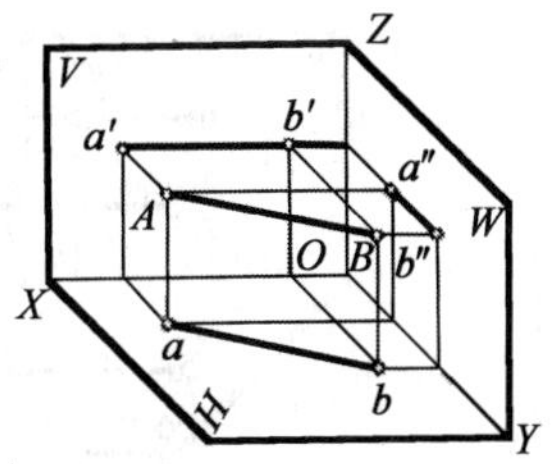	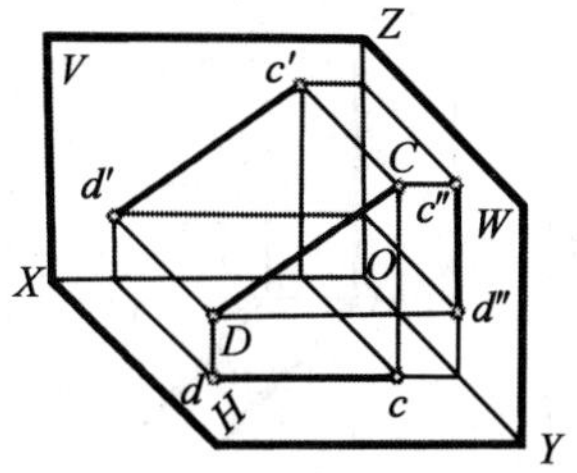	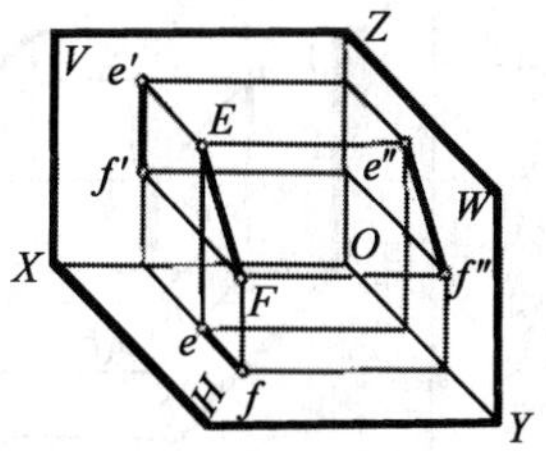
投影图	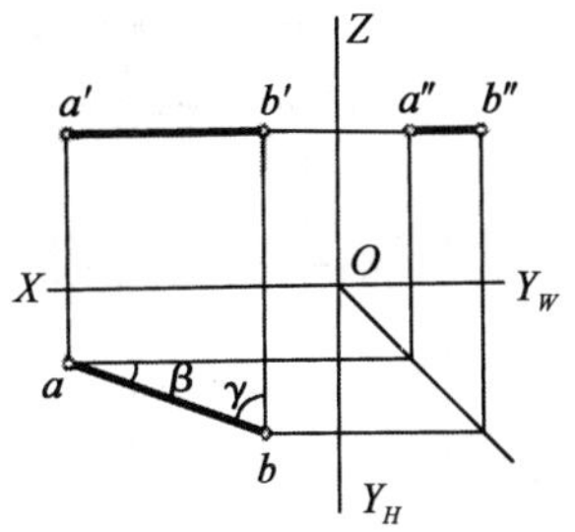	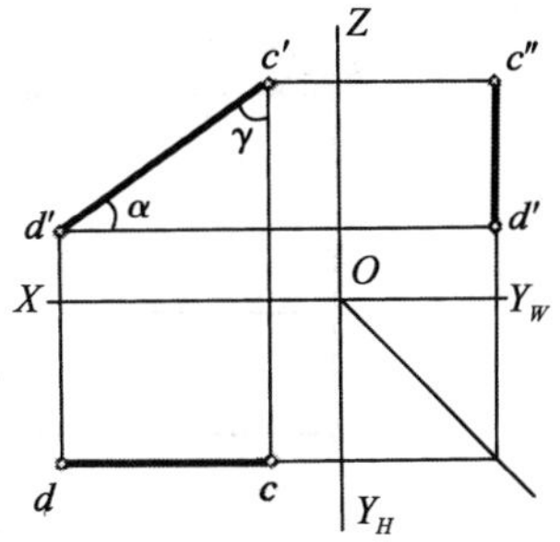	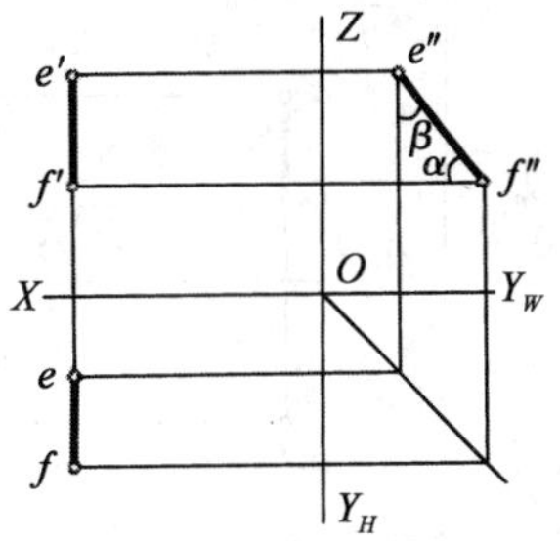
投影特性	1. 水平投影反映实长，与 X 轴夹角为 β，与 Y 轴夹角为 γ，反映空间直线的真实倾角 2. 正面投影平行 X 轴 3. 侧面投影平行 Y 轴	1. 正面投影反映实长，与 X 轴夹角为 α，与 Z 轴夹角为 γ，反映空间直线的真实倾角 2. 水平投影平行 X 轴 3. 侧面投影平行 Z 轴	1. 侧面投影反映实长，与 Y 轴夹角为 α，与 Z 轴夹角为 β，反映空间直线的真实倾角 2. 正面投影平行 Z 轴 3. 水平投影平行 Y 轴

3. 投影面垂直线

投影面垂直线中，与正面垂直的直线称为正垂线，与水平面垂直的直线称为铅垂线，与侧面垂直的直线称为侧垂线，如表 2-2 所示。

（1）正垂线：直线垂直于正投影面，平行于水平投影面和侧投影面。

（2）铅垂线：直线垂直于水平投影面，平行于正投影面和侧投影面。

（3）侧垂线：直线垂直于侧投影面，平行于水平投影面和正投影面。

投影面垂直线的投影特性：

（1）在其垂直的投影面上，投影积聚为一点；

（2）另外两个投影平行于相应的投影轴，且反映线段实长。

4. 点与直线

点与直线的从属关系有点从属于直线和不从属于直线两种情况。

判别点在直线上的方法：

（1）若点在直线上，则点的投影必在直线的同名投影上，并将线段的同名投影分割成与空间相同的比例。即：$AC/CB=ac/cb=a'c'/c'b'$，见图 2-20。

（2）若点的投影有一个不在直线的同名投影上，则该点必不在此直线上。

表 2-2 投影面垂直线

名称	铅垂线	正垂线	侧垂线
立体图	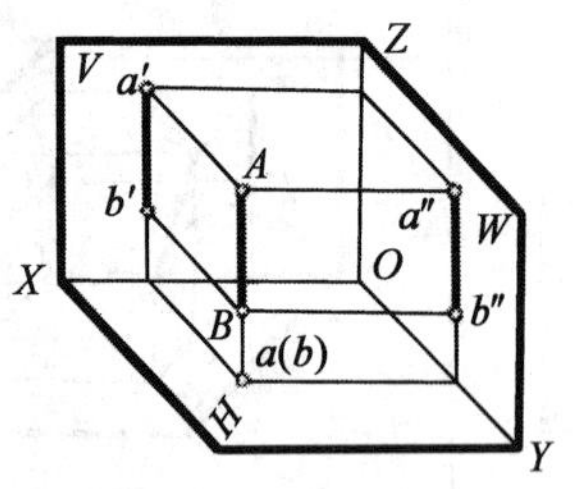	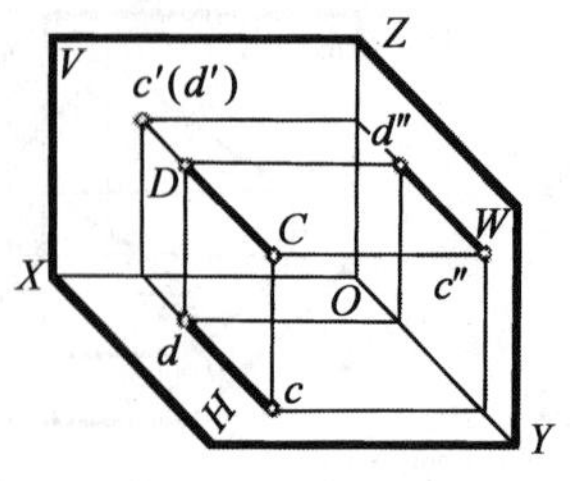	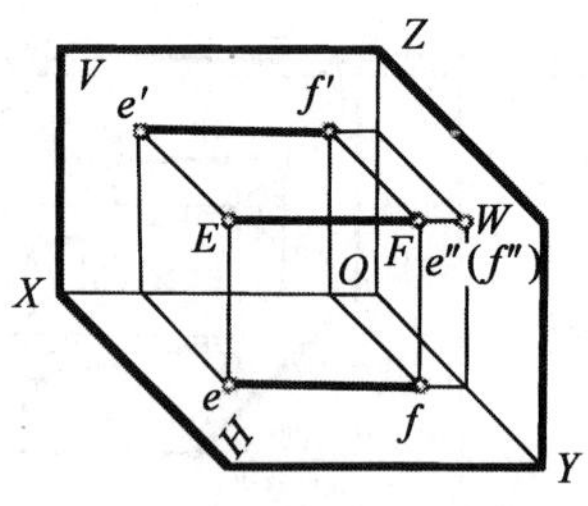
投影图	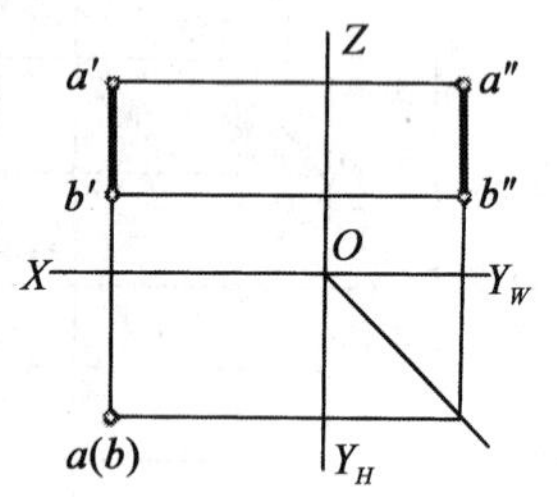	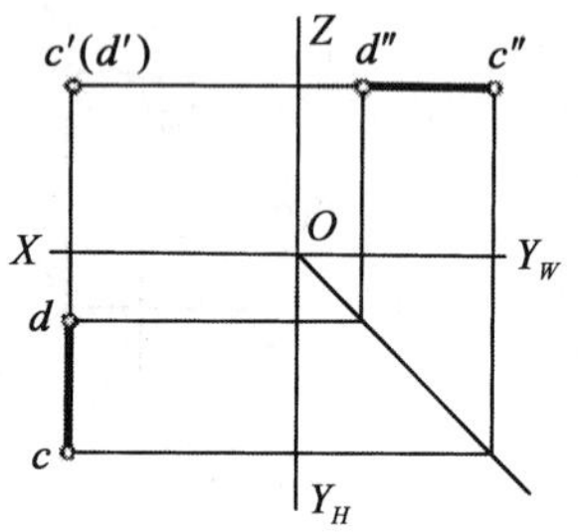	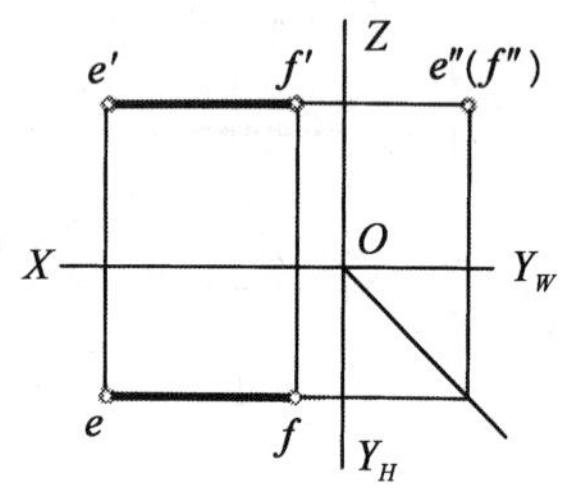
投影特性	1. 水平投影积聚为一点 2. 正面投影和侧面投影都平行于 Z 轴，并反映实长	1. 正面投影积聚为一点 2. 水平投影和侧面投影都平行于 Y 轴，并反映实长	1. 侧面投影积聚为一点 2. 正面投影和水平投影都平行于 X 轴，并反映实长

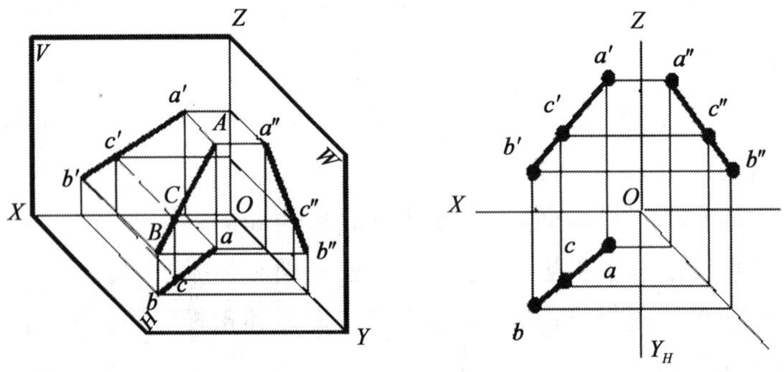

图 2-20 从属于直线的点

三、平面的投影

平面可以用几何元素表示，即用平面上的点、直线或平面图形等几何元素的投影来表示平面的投影，也可以用迹线(平面与投影面的交线称为平面的迹线)表示，如图 2-21 所示。

根据位置不同，可将平面分为一般位置平面、投影面垂直面和投影面平行面三类。

1. 一般位置平面

如图 2-22 所示，三角形 ABC 倾斜于 V、H、W 面，是一般位置平面。它的三个投影都是 $\triangle ABC$ 的类似形(边数相等)，且均不能直接反映该平面对投影面的真实倾角。由此可得处于一般位置的平面的投影特性:它的三个投影仍是缩小了的平面图形。

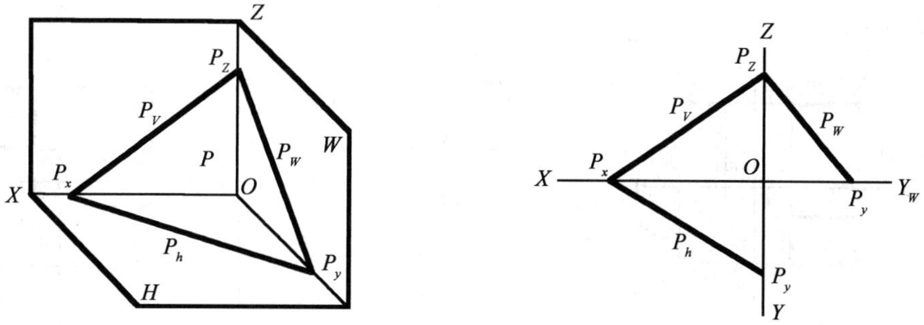

图 2-21　用迹线表示平面

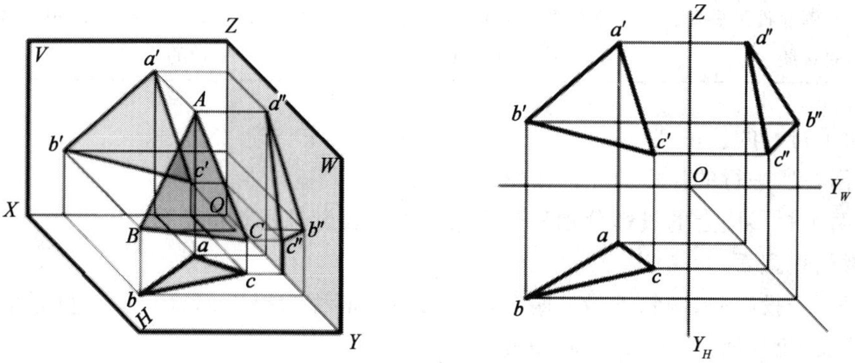

图 2-22　一般位置平面

2. 投影面平行面

平行于一个投影面,垂直于另外两个投影面的平面称为投影面平行面。投影面平行面又可分为正平面、水平面、侧平面三种,如表 2-3 所示。

正平面:平行于正投影面,同时又垂直于水平投影面和侧投影面。

水平面:平行于水平投影面,同时又垂直于正投影面和侧投影面。

侧平面:平行于侧投影面,同时又垂直于正投影面和水平投影面。

表 2-3　投影面平行面

名称	水平面	正平面	侧平面
立体图	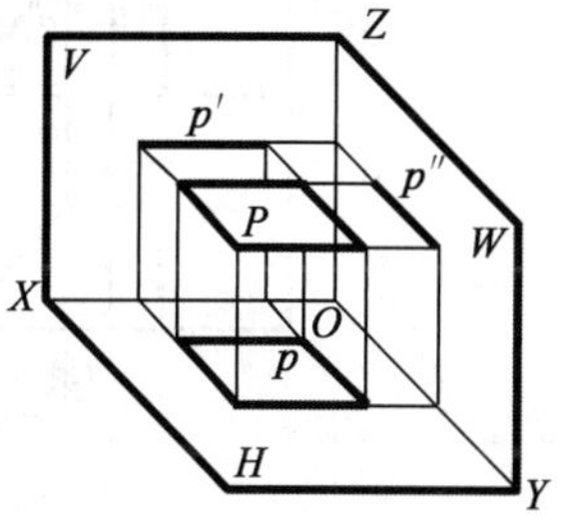	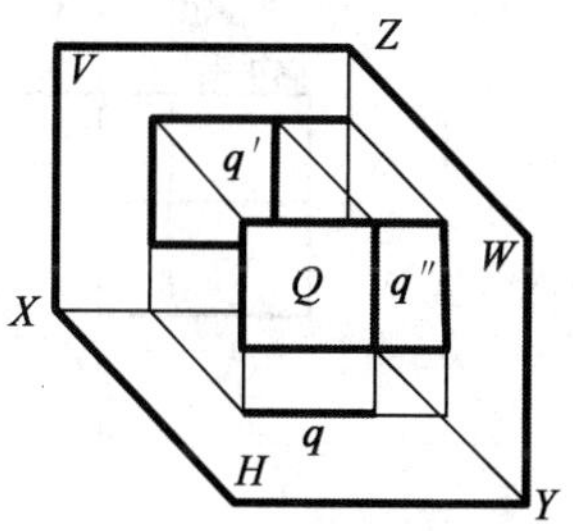	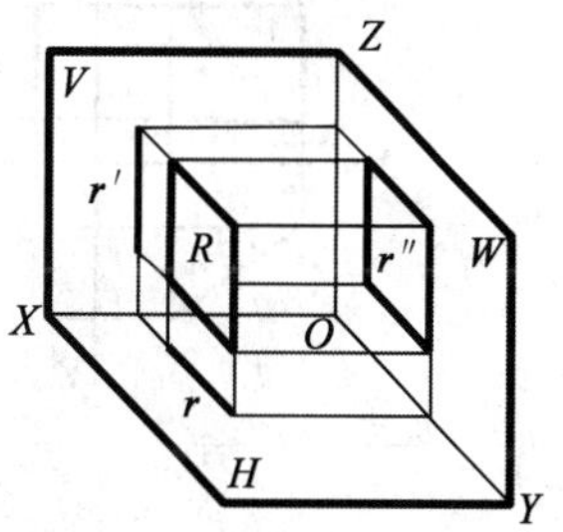

续表 2-3

名称	水平面	正平面	侧平面
投影图	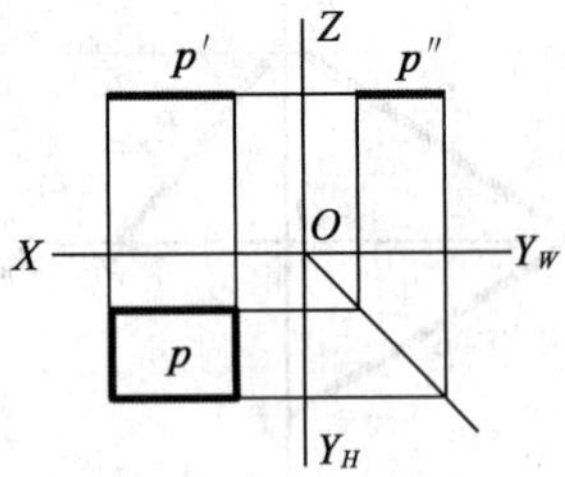	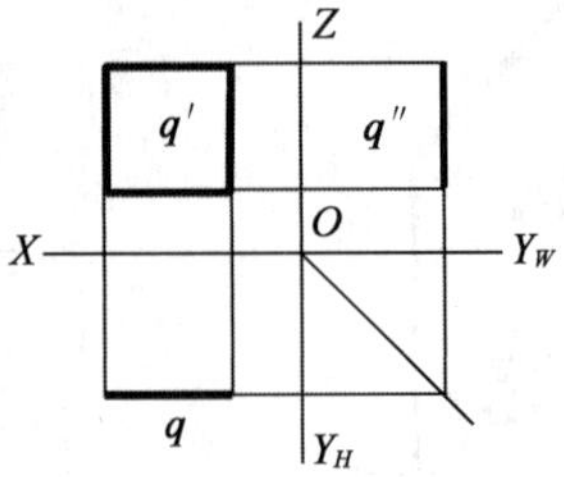	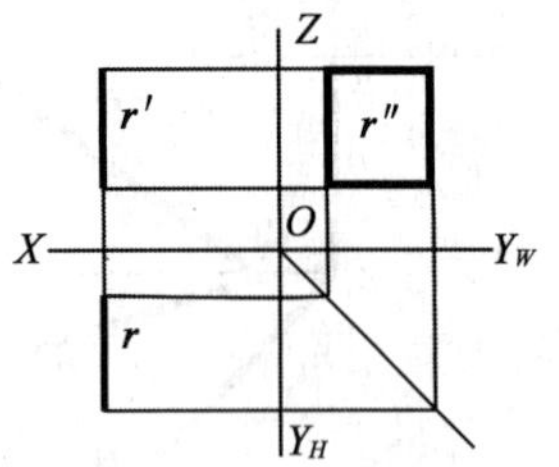
投影特性	1 水平投影反映实形 2. 正面投影积聚成平行于 X 轴的直线 3. 侧面投影积聚成平行于 Y 轴的直线	1. 正面投影反映实形 2. 水平投影积聚成平行于 X 轴的直线 3. 侧面投影积聚成平行于 Z 轴的直线	1. 侧面投影反映实形 2. 正面投影积聚成平行于 Z 轴的直线 3. 水平投影积聚成平行于 Y 轴的直线

投影面平行面的投影特性：

(1)平面在所平行的投影面上的投影反映实形。

(2)另两个投影面上的投影分别积聚成与相应的投影轴平行的直线。

3. 投影面垂直面

垂直于一个投影面，倾斜于另外两个投影面的平面称为投影面垂直面。投影面垂直面又可分为正垂面、铅垂面、侧垂面三种，如表 2-4 所示。

表 2-4 投影面垂直面

名称	铅垂面	正垂面	侧垂面
立体图	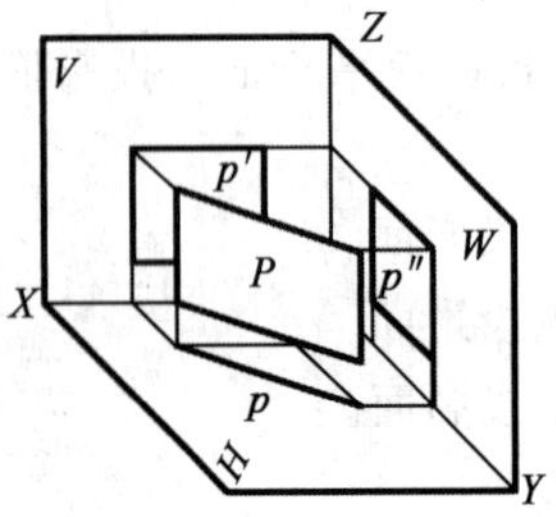	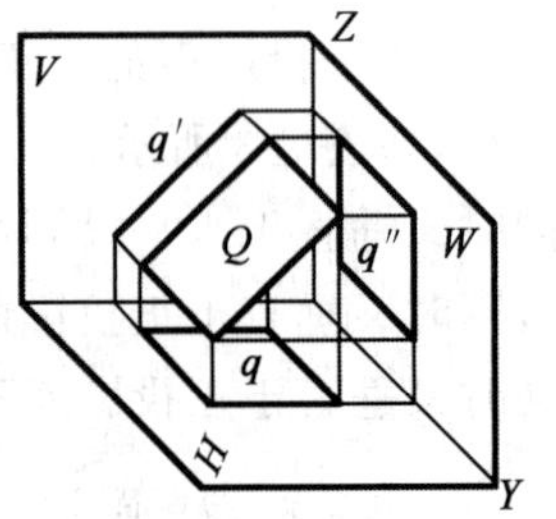	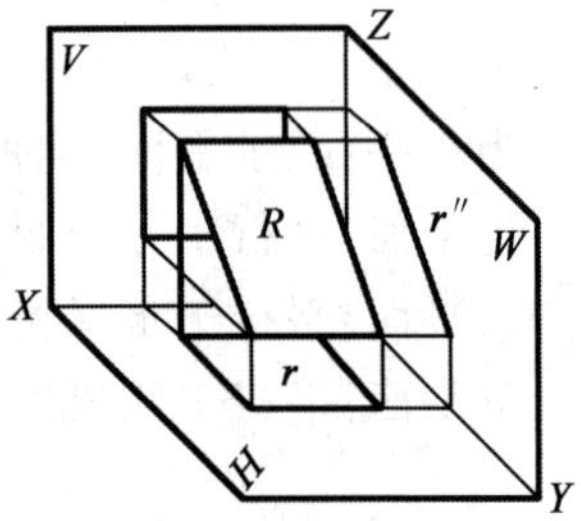
投影图	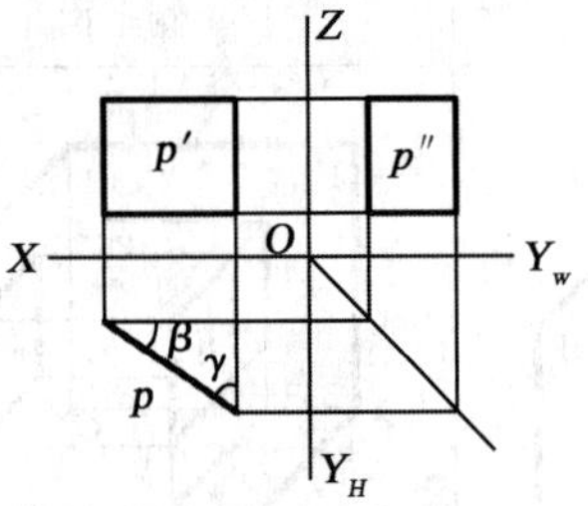	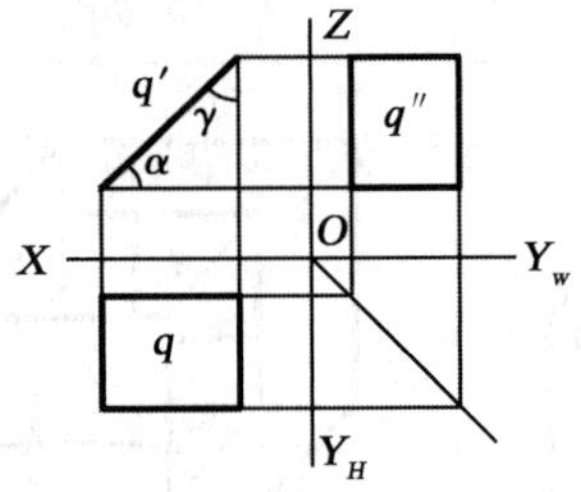	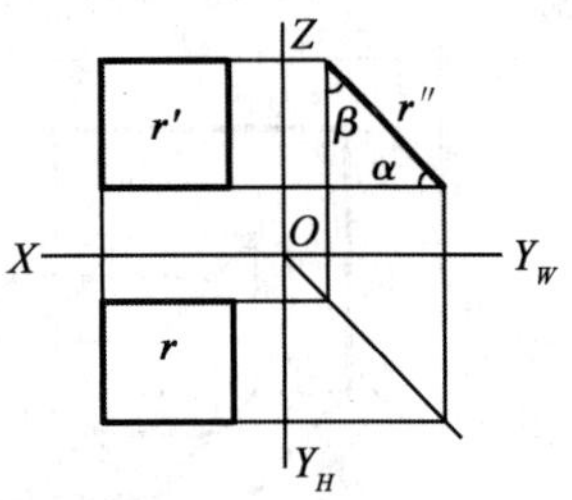

续表 2-4

名称	铅垂面	正垂面	侧垂面
投影特性	1. 水平投影积聚成直线，与 X 轴夹角为 β，与 Y 轴夹角为 γ，反映平面的真实倾角 2. 正面投影和侧面投影具有类似性	1. 正面投影积聚成直线，与 X 轴夹角为 α，与 Z 轴夹角为 γ，反映平面的真实倾角 2. 水平投影和侧面投影具有类似性	1. 侧面投影积聚成直线，与 Y 轴夹角为 α，与 Z 轴夹角为 β，反映平面的真实倾角 2. 正面投影和水平投影具有类似性

正垂面：平面垂直于正投影面，同时又倾斜于水平投影面和侧投影面。

铅垂面：平面垂直于水平投影面，同时又倾斜于正投影面和侧投影面。

侧垂面：平面垂直于侧投影面，同时又倾斜于正投影面和水平投影面。

投影面垂直面的投影特性：

(1)平面在垂直的投影面上的投影积聚成直线。该直线与投影轴的夹角反映空间平面与另外两投影面的倾角。

(2)另外两个投影面的投影均为类似形状，且小于实形。

4. 平面内的点和直线

平面内的点和直线的判断条件如下：

(1)点从属于平面内的任一直线，则点从属于该平面；

(2)若直线通过属于平面的两个点，或通过平面内的一个点，且平行于属于该平面的任一直线，则直线属于该平面。如图 2-23 所示。

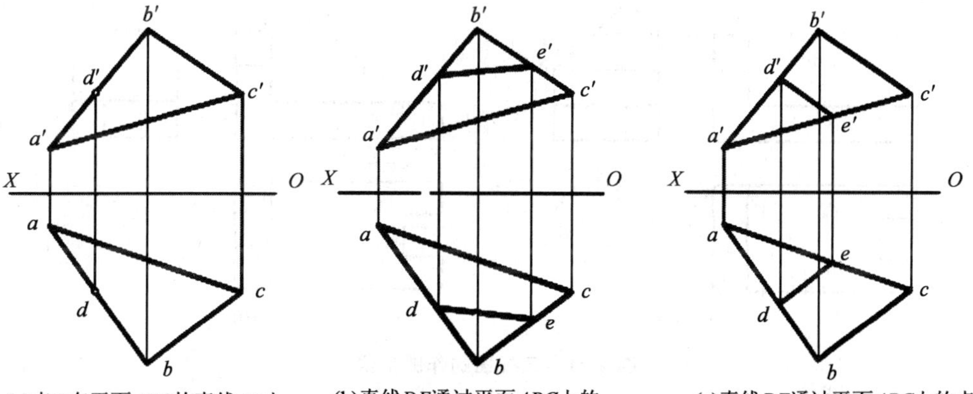

(a)点D在平面ABC的直线AB上　(b)直线DE通过平面ABC上的两个点D、E　(c)直线DE通过平面ABC上的点D，点且平行于平面 ABC上的直线BC

图 2-23　平面内的点和直线

任务实施

1. 图形分析

根据物体(或立体图)画三视图时，先要分析其形状特征选择主视图的投射方向，并使物体的主要表面与相应的投影面平行。如图 2-15 所示的直角弯板，在它的左端底板上开了一个方槽，右端竖板上切去一角。根据直角弯板 L 形的形状特征，选择由前向后的主视图投射方向，并使 L 形前、后壁与正面平行，底面与水平面平行。

画三视图时，应先画反映形状特征的视图，再按投影关系画出其他视图。

2. 作图步骤

(1)画直角弯板轮廓的三视图。先画反映直角弯板形状特征 L 形的主视图(尺寸从立体图中量取)，再按投影关系画出俯、左视图(图 2-24a)。

(2)画直角弯板的三面投影。先画反映直角弯板形状特征的俯视图，再按长对正和宽相等的投影关系分别画出主视图中的虚线(视图上对于不可见轮廓线的投影画虚线)和左视图中的图线(图 2-24b)。

(3)画右部切角的三面投影。先画反映切角形状特征的左视图，再按高平齐、宽相等的投影关系分别画出主视图和俯视图中的图线。画俯视图中的图线时，应注意前后对应关系(图 2-24c)。

(4)检查无误，完成三视图(图 2-24d)。

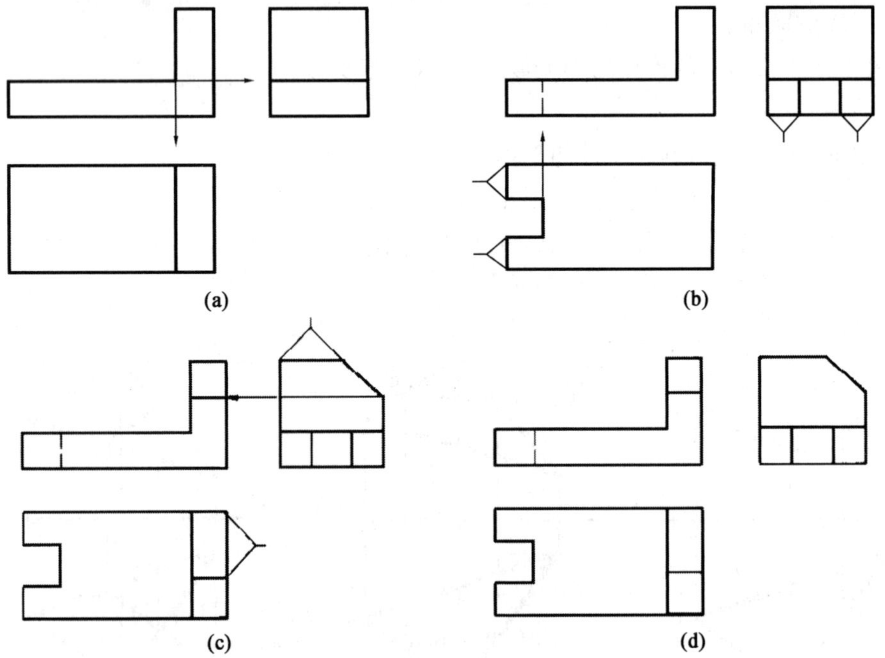

图 2-24 三视图的作图步骤

知识拓展

一、直线和直线的位置关系

1. 平行

若空间两直线平行，则其三投影必平行，当空间直线为一般位置直线时，若直线的两个投影对应平行，即可断定空间两直线平行；当空间直线为投影面平行线时，若两个投影对应平行，且其中一个投影反映两直线的实长，也可断定空间两直线平行，若两投影均不反映实长，则不能由两个投影断定空间直线平行；当空间两直线同时垂直于一个投影面时，两直线平行。如图2-25所示的直线中，AB 和 CD 平行，则 ab 和 cd，$a'b'$ 和 $c'd'$、$a''b''$ 和 $c''d''$ 均平行。

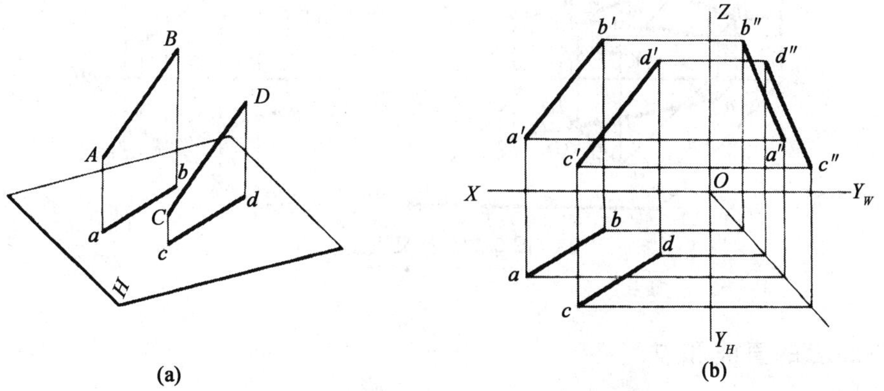

图 2-25　两直线平行

2. 相交

若空间两直线相交，则三个投影必相交，且交点符合点的投影规律，若三个投影必相交，但交点不符合点的投影规律，则空间两直线异面。图2-26中，直线 AB 和 CD 相交于点 K，点 K 是直线 AB 和 CD 的共有点。根据点属于直线的投影特性，可知 k 既属于 ab，又属于 cd，即 k 一定是 ab 和 cd 的交点。同理，k' 必定是 $a'b'$ 和 $c'd'$ 的交点；k'' 也必定是 $a''b''$ 和 $c''d''$ 的交点。由于 k、k' 和 k'' 是同一点 K 的三面投影，因此，kk' 垂直于 OX 轴，$k'k''$ 垂直于 OZ 轴。

反之，如果两直线的各组同面投影都相交，且交点符合点的投影规律，则可判断这两直线在空间也一定相交。

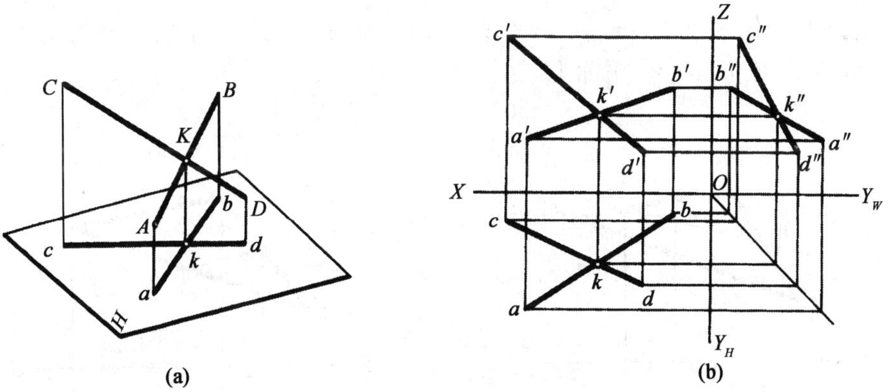

图 2-26　两直线相交

3. 交叉(异面)

在空间既不平行也不相交的两直线，叫交叉直线，又称异面直线，如图2-27所示。交叉直线是非共面的两条直线，若其投影线段相交，则交点对应于异面直线上的不同点，称之为重影点，重影点这一概念常用来判别可见性。

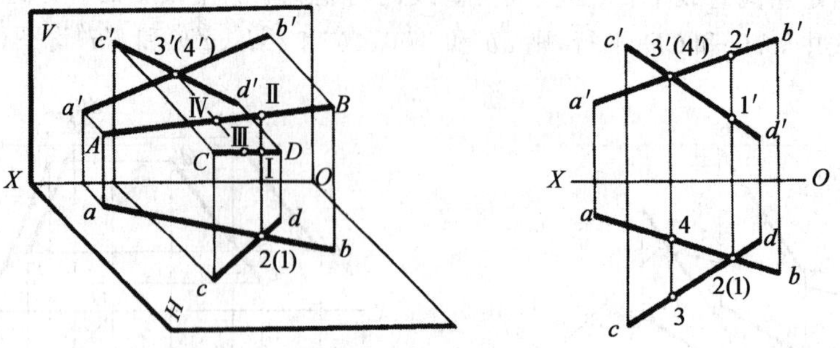

图 2-27　交叉直线

二、平面上的直线和点

1. 平面上的直线

直线在平面上的条件是：

(1)一直线经过平面上的两点。

(2)一直线经过平面上的一点，且平行于该平面上的另一已知直线。

【例 2-2】已知平面△*ABC*，试作出该平面上的任一直线(图 2-28)。

作法 1，根据“一直线经过该平面上的两点”的条件作图(图 2-28a)。

任取直线 *AB* 上的一点 *M*，它的投影分别为 *m* 和 *m′*；再取直线 *BC* 上的一点 *N*，它的投影分别为 *n* 和 *n′*；连接两点的同面投影。由于 *M*、*N* 皆在平面上，所以 *mn* 和 *m′n′* 所表示的直线 *MN* 必在△*ABC* 平面上。

作法 2，根据“一直线经过平面上的一点，且平行于该平面上的另一已知直线”的条件作图(图 2-28b)。

经过平面上的任一点 *M*(*m*，*m′*)，作直线 *MD*（*md*，*m′d′*)平行于已知直线 *BC*(*bc*，*b′c′*)，则直线 *MD* 必在△*ABC* 平面上。

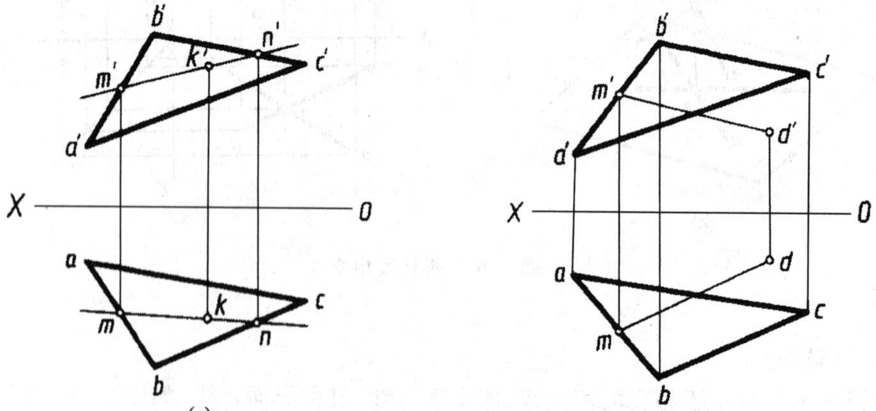

(a)　(b)

图 2-28　取平面上的直线和点

2. 平面上的点

点在平面上的条件是：若点在一直线上，直线在该平面上，则点必在该平面上。

在平面上取点时，首先应在平面上取直线，再在该线上取点。

【例 2-3】已知四边形 *ABCD* 的正面投影和 *BC*、*CD* 两边的水平投影，试完成四边形的水平投影(图 2-29a)。

分析：*BC* 和 *CD* 是相交二直线，现已知其两面投影，故该平面是已知的。而点 *A* 是该平面上的一点，故可应用在平面上取点的方法求点 *A* 的水平投影。

作图(图 2-29b)：①连接 $b'd'$ 和 bd；②连接 $a'c'$，并与 $b'd'$ 相交于 $1'$；③由 $1'$ 引 OX 轴的垂线，并与 bd 相交于 1；④连接 $c1$ 并延长，与从 a' 向 OX 轴所作的垂线交于 a，即为点 *A* 的水平投影；⑤连接 ab 和 ad，即完成四边形 *ABCD* 的水平投影。

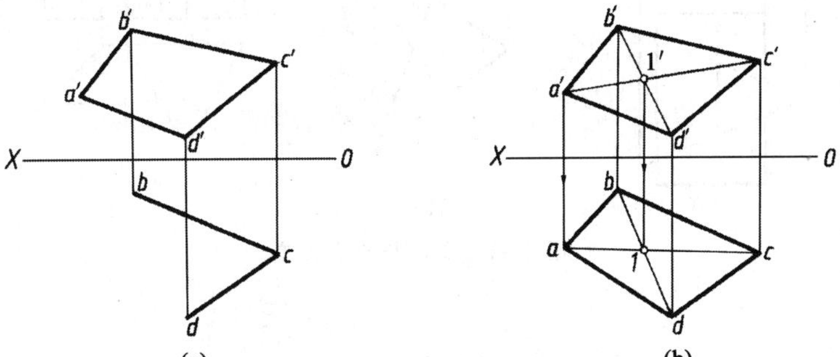

图 2-29　完成四边形的水平投影

三、平面和平面的位置关系

平面和平面的位置关系有平行、相交两种情况，垂直是相交的特例。

1. 平面与平面平行

在一个平面内能作出两条相交直线平行于另一个平面，则两平面平行(图 2-30a)。过空间一点只能作一个平面平行于已知平面。如图 2-30b 所示的五棱锥被水平面和侧平面切去一角后的三视图，水平截断面和五棱锥的底面平行。

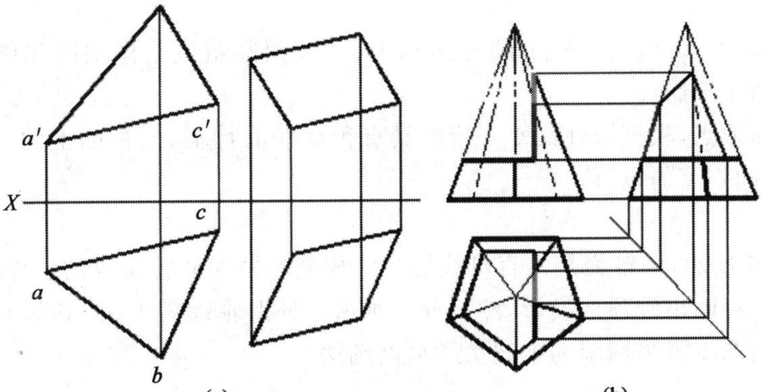

图 2-30　平面和平面平行

2. 平面和平面相交

平面与平面相交时，其交线为两平面的公共线，若两平面均垂直于某投影面，则交线也垂直于该投影面（图 2-31a）；若两平面中一个为投影面垂直面，另一个为一般位置平面，则交线为一般位置直线（图 2-31b）。两平面中只要有一个垂直于投影面，则交线即可直接求出，如图 2-31c 所示。若两平面均为一般位置平面，交线不能直接求出，我们不讨论这种情况。

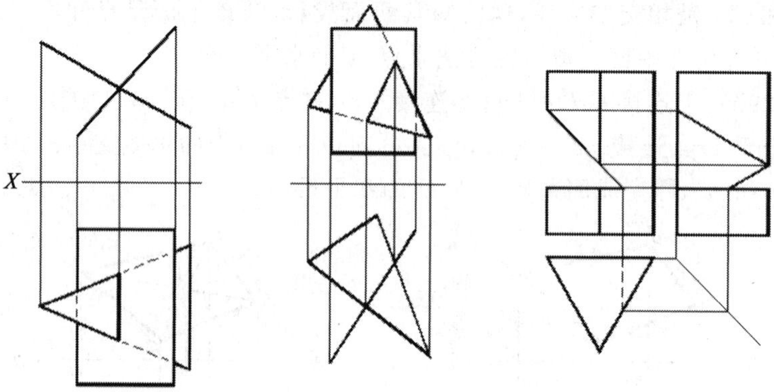

(a) (b) (c)

图 2-31 平面与平面相交

任务三 绘制顶尖三视图

任务描述

绘制顶尖三视图，如图 2-32 所示，注意截面 P 和 Q 的画法。尺寸可以自定。

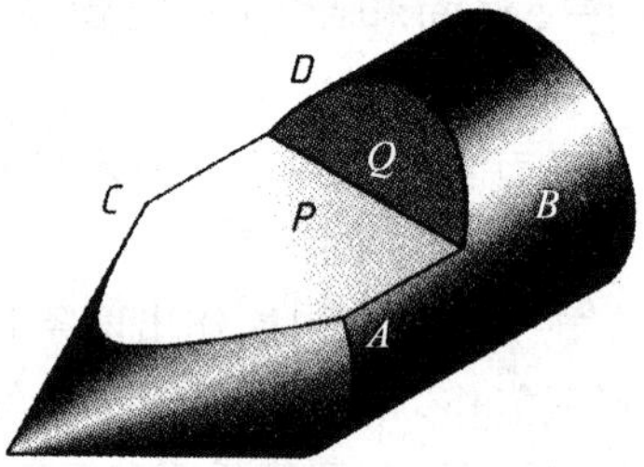

图 2-32 顶尖

知识准备

一、曲面体的投影作图

1. 圆柱

（1）如图 2-33 所示，圆柱表面由圆柱面和上、下底面圆组成。作图时先画出水平投影的圆，再画出其他两个投影。

（2）圆柱表面取点，根据圆柱面水平投影具有积聚性的特征，圆柱面上的点必定落在水平投影圆上。由此确定点的投影。

2. 圆锥

（1）如图 2-34 所示，圆锥面是一直母线绕与它相交的轴线回转而成的。作图时，先画出底面圆的各个投影，再画出锥顶的投影，然后分别画出其外形轮廓素线，即完成圆锥的各个投影。

（2）圆锥表面取点可采用辅助素线法和辅助圆法。

3. 球

（1）如图 2-35 所示，球面是由一个圆母线绕其通过圆心且在同一平面上的轴线回转而成的。作图时，可先确定球心的三个投影，再画出三个与球等直径的圆。

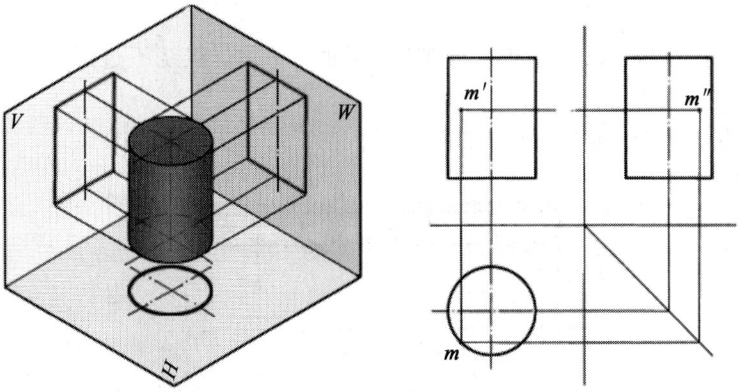

(a)圆柱的投影　　(b)表面取点

图 2-33　圆柱的投影及表面取点

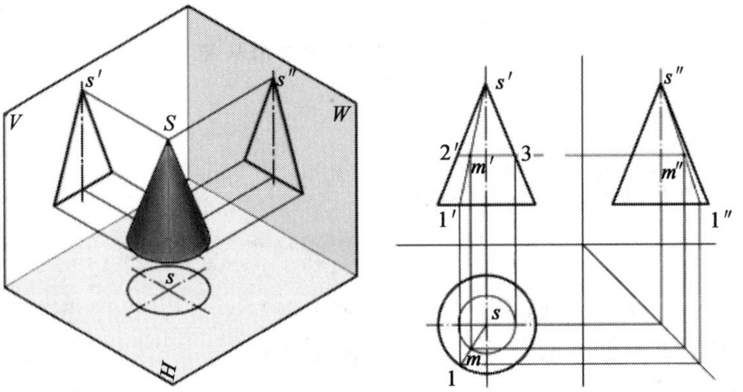

(a)圆锥的投影　　(b)表面取点

图 2-34　圆锥的投影及表面取点

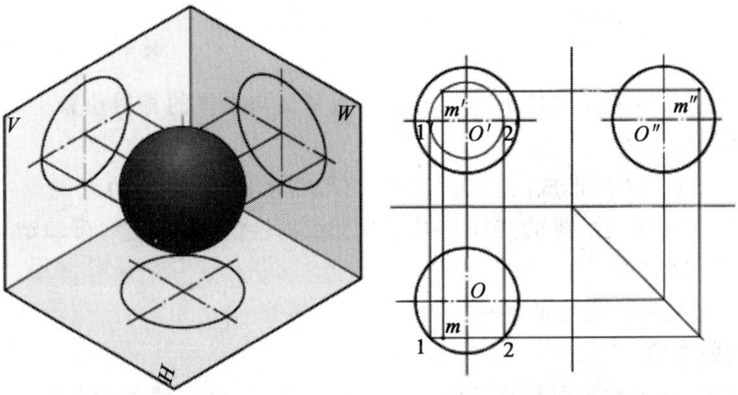

(a)球的投影　　(b)表面取点

图 2-35　球的投影及表面取点

(2)球表面取点:必须采用辅助圆法求作其表面上点的投影。

4. 环

(1)如图 2-36 所示,环的表面由环面围成,环面由一圆母线绕不过圆心但在同一平面上的轴线回转而成。

(2)环表面取点:在环面上取点仍采用辅助圆法。

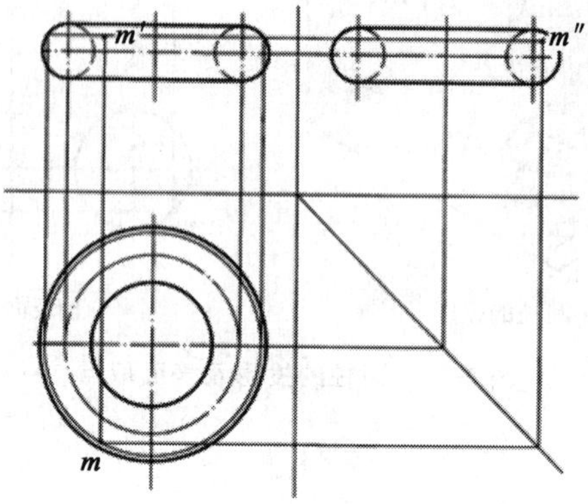

图 2-36 圆环的投影及表面取点

二、切割体的投影作图

1. 截交线

平面与立体表面相交,该平面称为截平面。截平面与立体表面的交线称为截交线。截交线围成的平面图形称为截断面,如图 2-37 所示。

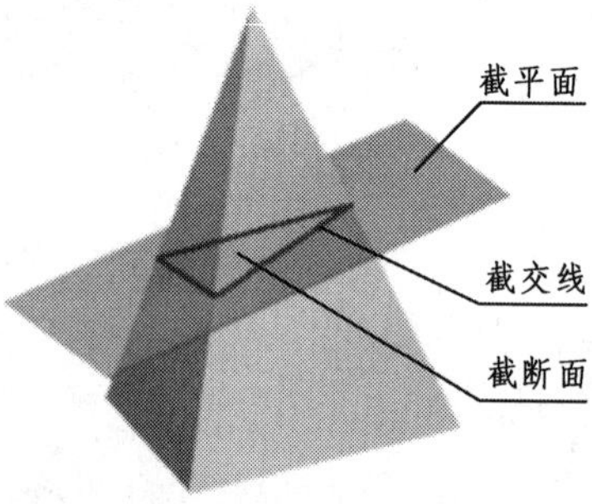

图 2-37 截交线与截断面

截交线的性质如下:

(1)截交线是截平面与立体表面的共有线,截交线上的点是截平面与立体表面的共有点;

(2)由于立体表面是封闭的,因此截交线一般是封闭的线框;

(3)截交线的形状取决于立体表面的形状和截平面与立体的相对位置。

2. 平面立体的截交线

截平面截切平面立体所形成的交线为封闭的平面多边形,该多边形的每一条边是截平面与立体棱面或顶、底面相交形成的交线。根据截交线的性质,求截交线可归结为求截平面与立体表面共有点、共有线的问题。

图 2-38 为六棱柱被正垂面截切后的投影。

3. 回转体的截交线

圆柱的截交线:由于截平面与圆柱体的相对位置不同,截交线的形状也不同,可分为三种情况,见表 2-5。

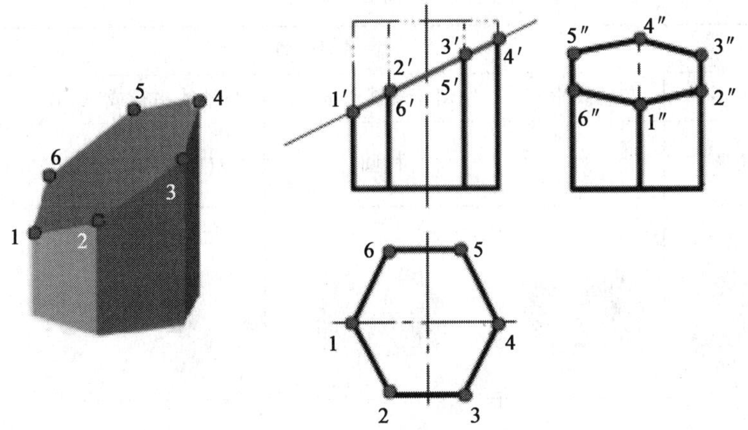

图 2-38　六棱柱的截交线

表 2-5　圆柱的截交线

项目	截平面位置		
	平行于轴线	垂直于轴线	倾斜于轴线
截交线形状	矩形	圆	椭圆
空间形状	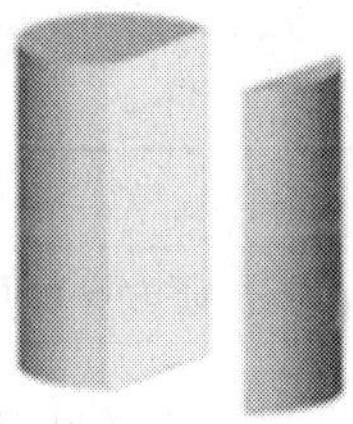		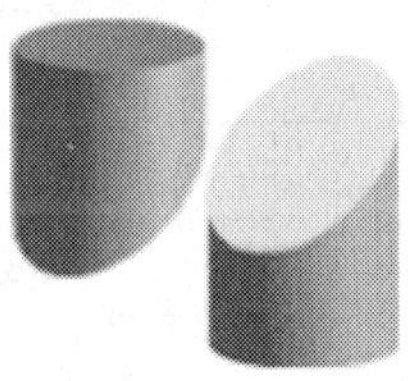
投影图	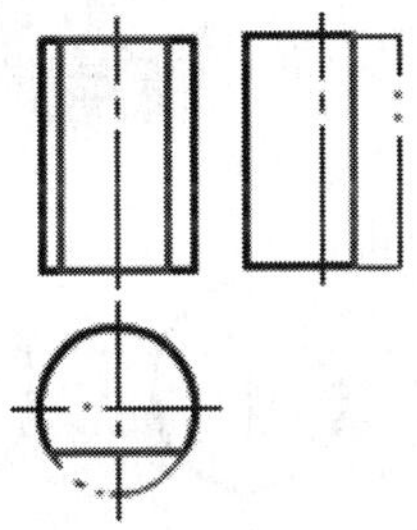	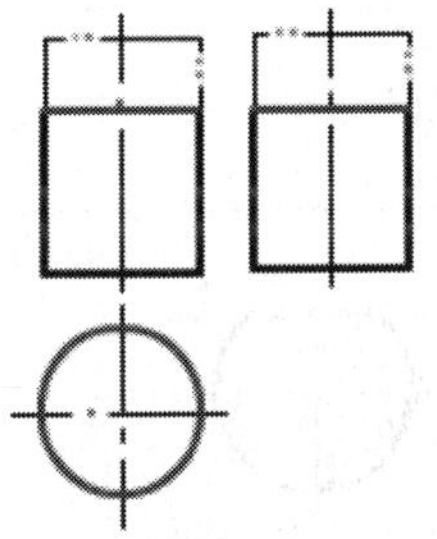	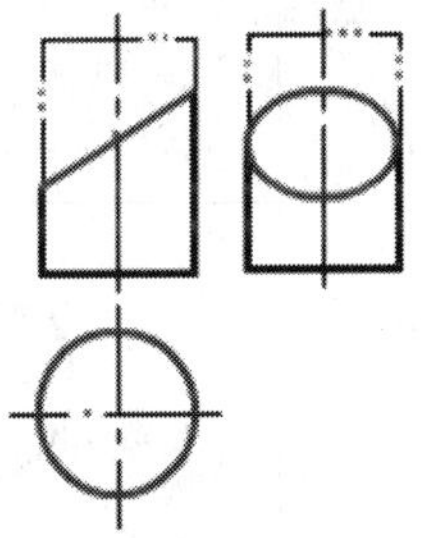

圆锥的截交线：由于截平面与圆锥体的相对位置不同，截交线的形状也不同，可分为五种情况，见表 2-6。

球的截交线：平面与球的截交线是圆。当截平面平行于投影面时，截交线在该投影面上的投影反映实形，另两个投影积聚成直线。当截平面倾斜于投影面时，截交线在该投影面上的投影为椭圆，见表 2-7。

表 2-6　圆锥的截交线

项目	截平面位置				
	过锥顶	与轴线垂直	倾斜于轴线且 $\theta>\phi$	与轴线平行或 $\theta>\phi$	平行某一素线
截交线的形状	三角形	圆	椭圆	双曲线和直线段	抛物线和直线段
空间形状	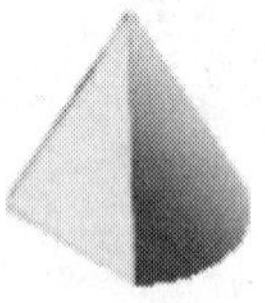	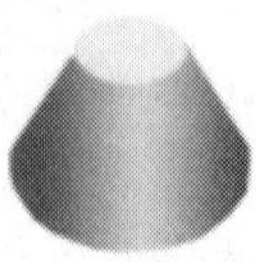	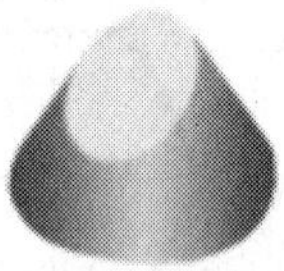		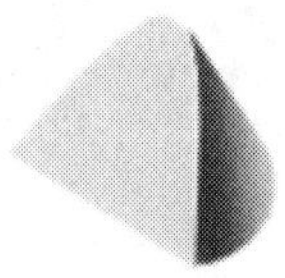
投影图	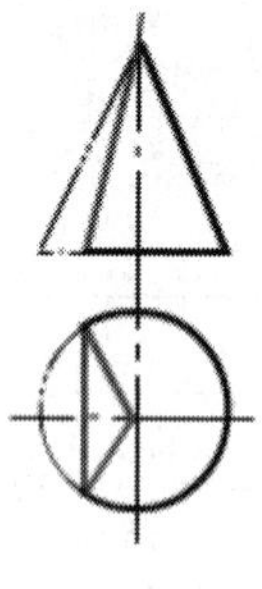	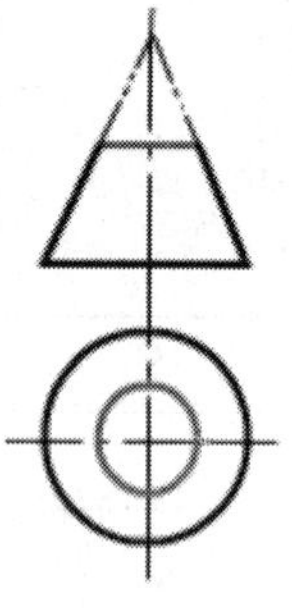	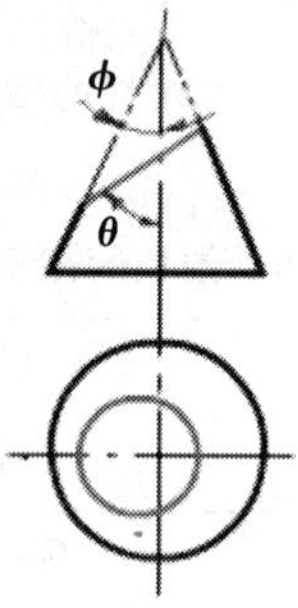	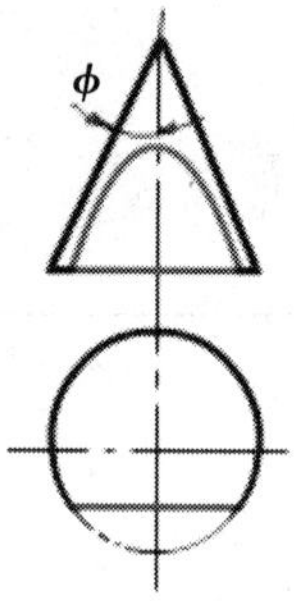	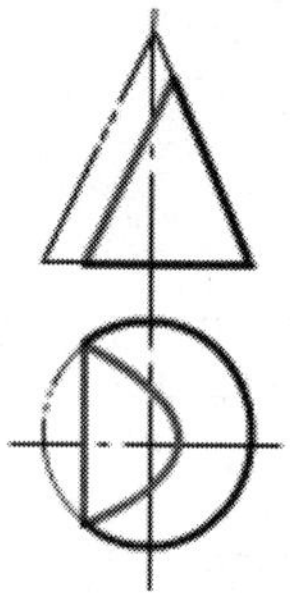

表 2-7　球的截交线

项目	截平面位置	
	截平面为投影面平行面	截平面为投影面垂直面
空间形状		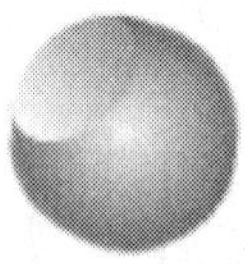
投影图	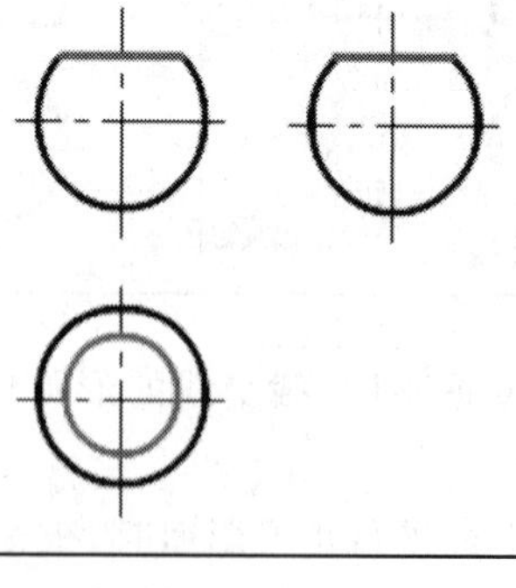	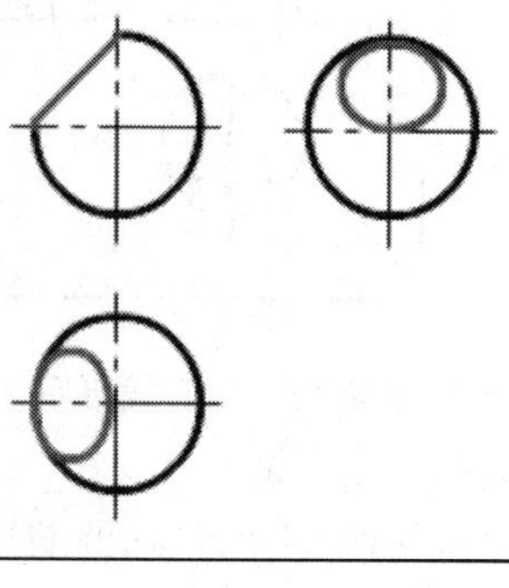

4. 组合回转体的截交线

组合回转体由若干个基本回转体组成，作图时首先要分析各部分的曲面性质，然后按照它的几何特性确定其截交线的形状，再分别作出其投影。

任务实施

1. 图形分析

顶尖头部由同轴(侧垂线)的圆锥和圆柱被水平面 *P* 和正垂面 *Q* 切割而成。平面与圆锥面的交线为双曲线,与圆柱面的交线为两条侧垂线(*AB*、*CD*)。*Q* 平面与圆柱面的交线为椭圆弧。*P*、*Q* 两平面的交线 *BD* 为正垂线。由于 *P* 面和 *Q* 面的正面投影以及 *P* 面和圆柱面的侧面投影都有积聚性,所以只要作出截交线以及截平面 *P* 和 *Q* 交线的水平投影。

2. 作图步骤

(1)画出同轴回转体完整的三视图,在主视图上作出 *P*、*Q* 平面有积聚性的正面投影(图 2-39a)。

(2)作出 *P* 平面与圆锥面的交线(双曲线),按投影关系作出 *P* 平面与圆柱的交线 *AB*、*CD* 的水平投影 *ab*、*cd*,以及 *P*、*Q* 两平面交线 *BD* 的水平投影 *bd*(图 2-39b)。

(3)正垂面 *Q* 与圆柱面的交线(椭圆弧)的正面投影积聚为直线,侧面投影积聚为圆弧。由 e' 作出 e 和 e'',在椭圆弧正面投影的适当位置定出 f'、g',直接作出侧面投影 f''、g'',再由 f''、g'' 和 f'、g' 作出 f、g,依次连接 $bfegd$ 即为 *Q* 平面与圆柱面交线的水平投影(图 2-39c)。

(4)作图结果如图 2-39d 所示。注意俯视图中圆锥与圆柱交接处的一段虚线不要遗漏。

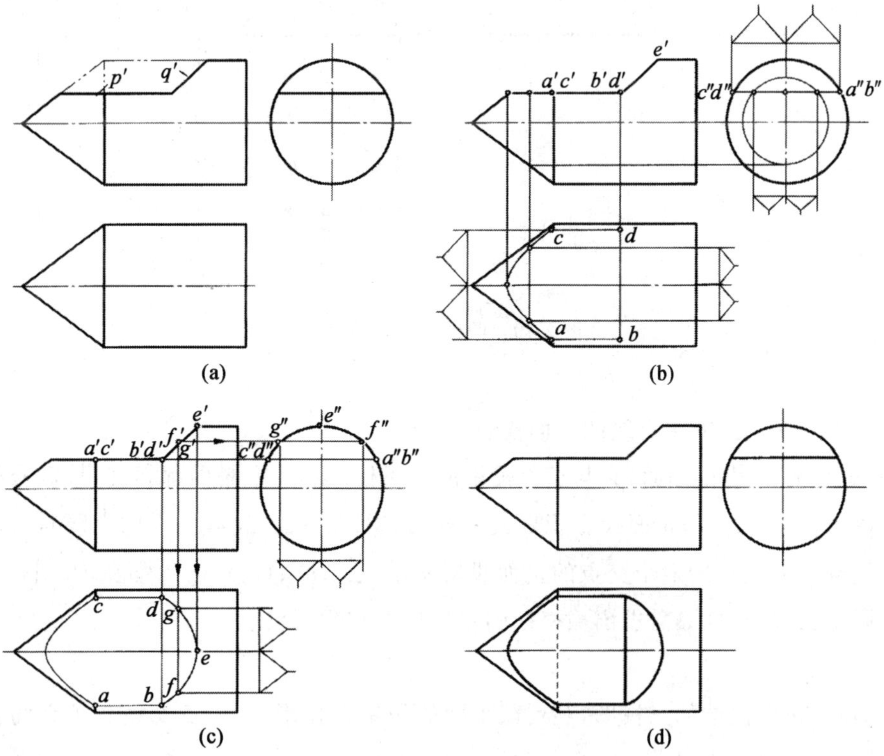

图 2-39　顶尖的投影作图

知识拓展

一、平面切割平面体实例

【例 2-4】求正四棱锥被正垂面 P 截切后的三视图。

分析：如图 2-40a 所示，截平面 P 与四棱锥的四个侧棱面相交，所以截交线是四边形，其四个顶点为四棱锥的四条棱线与截平面的交点。因为截平面为正垂面，所以截交线的正面投影积聚在 P_V 上，而其水平投影和侧投影则为类似形。

作图步骤如图 2-40b 所示：

(1)在正面投影中求得 $s'1'$、$s'2'$、$s'3'$ 和 $s'4'$ 与 P_V 的交点 a'、b'、c'、d'。

(2)由正面投影 a'、b'、c'、d' 求得相应的水平投影 a、b、c、d 和侧面投影 a''、b''、c''、d''。

(3)顺次连接各交点同面投影，擦去被截去的图线(也可用双点画线表示)。

(4)判断各棱线的可见性，即可完成被截四棱柱的三面投影。

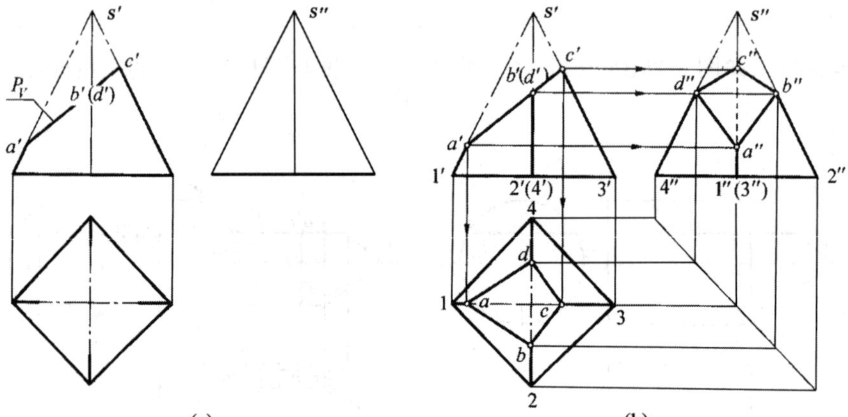

(a) (b)

图 2-40 四棱锥表面截交线

【例 2-5】求正六棱锥截交线的三面投影(图 2-41)。

分析：截平面 P 为正垂面，它与正六棱锥的六条棱线和六个棱面都相交，故截交线是一个六边形。由于截平面 P 的正面投影积聚成一直线 P_V(截平面 P 与 V 面的交线)，所以截平面 P 与正六棱锥各侧棱线的六个交点的正面投影 a'、b'、c'、d'、(e')、(f')都在 P_V 上，即截交线的正面投影是已知的，故只需求出截交线的水平投影和侧面投影。

作图：

(1)先画出正六棱锥的三视图，利用截平面的积聚性投影，找出截交线各顶点的正面投影 a'、b'、…(图 2-41b)。

(2)根据直线上点的投影特性，求出各顶点的水平投影 a、b、…及侧面投影 a''、b''、…(图 2-41c)。

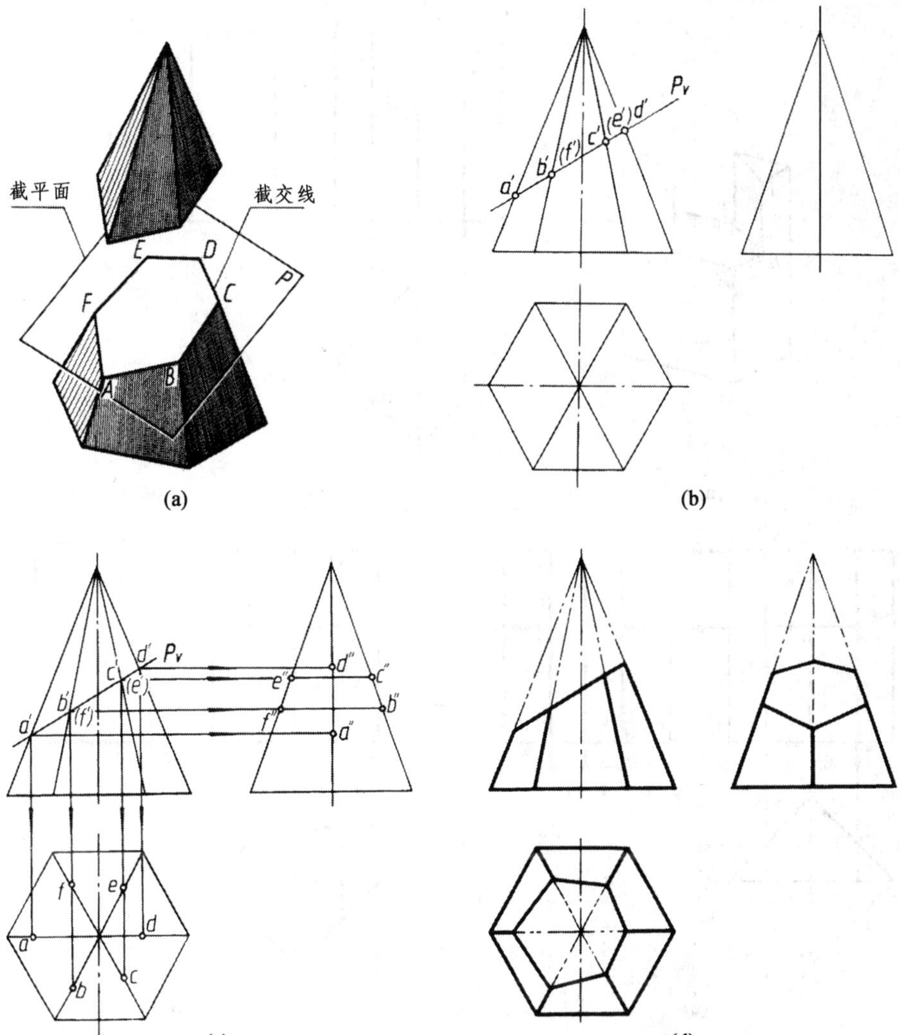

图 2-41　截交线的作图步骤

(3)依次连接各顶点的同面投影,即为截交线的水平投影和侧面投影(均为六边形的类似形)。此外,还应考虑形体其他轮廓线投影的可见性问题,直至完成三视图(图 2-41d)。

【例 2-6】如图 2-42 所示,在四棱柱上切割一个矩形通槽,已知其正面投影和四棱柱切割前的水平投影和侧面投影,试完成矩形通槽的水平和侧面投影。

分析:如图 2-42a 所示,四棱柱上的通槽由三个特殊位置平面切割四棱柱而形成。两侧壁是侧平面,它们的正面投影和水平投影均积聚成直线,而侧面投影反映两侧壁的实形。可利用积聚性作出通槽的水平投影和侧面投影。

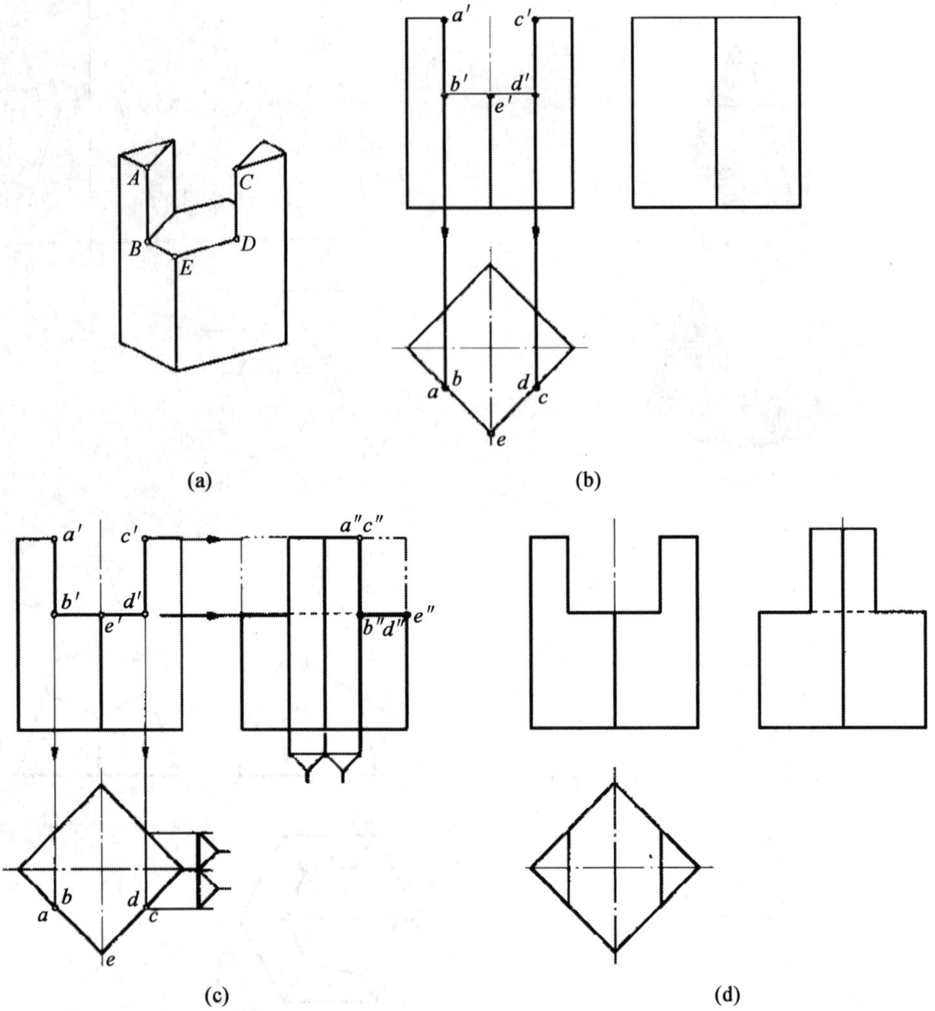

图 2-42 四棱柱开槽

二、平面切割回转曲面体

平面切割回转曲面体时，截交线的形状取决于曲面体表面的形状以及截平面与曲面体的相对位置。

平面与回转曲面体相交时，其截交线一般为封闭的平面曲线或直线，或直线与平面曲线组成的封闭平面图形。作图的基本方法是求出曲面体表面上若干条素线与截平面的交点，然后光滑连接而成。截交线上一些能确定其形状和范围的点，如最高与最低点、最左与最右点、最前与最后点，以及可见与不可见的分界点等，均称为特殊点。作图时通常先作出截交线上的特殊点，再按需要作出一些中间点，最后依次连接各点，并注意投影的可见性。

1. 平面与圆柱相交

平面与圆柱相交时，根据平面与圆柱轴线不同的相对位置可形成两种（当截平面与圆柱轴线垂直时，截交线为圆）不同形状的截交线。

【例 2-7】如图 2-43a 所示为圆柱被正垂面斜切，已知主、俯视图，求作左视图。

分析：截平面 P 与圆柱的轴线倾斜，截交线为椭圆。由于 P 面是正垂面，所以截交线的正面投影积聚在 P_V 上；因为圆柱面的水平投影有积聚性，所以截交线的水平投影积聚在圆周上。而截交线的侧面投影一般情况下仍为椭圆。

作图：

(1)求特殊点。由图 2-43a 可知，最低点 A、最高点 B 是椭圆长轴的两端点，也是位于圆柱最左、最右素线上的点。最前点 C、最后点 D 是椭圆短轴两端点，也是位于圆柱最前、最后素线上的点。A、B、C、D 的正面投影和水平投影可利用积聚性直接作出，然后由正面投影 a'、b'、c'、d' 和水平投影 a、b、c、d 作出侧面投影 a''、b''、c''、d''（图 2-43b）。

(2)求中间点。为了准确作图，还必须在特殊点之间作出适当数量的中间点，如 E、F、G、H 各点。可先作出它们的水平投影 e、f、g、h 和正面投影 e'、f'、g'、h'，再作出侧面投影 e''、f''、g''、h''（图 2-43c）。

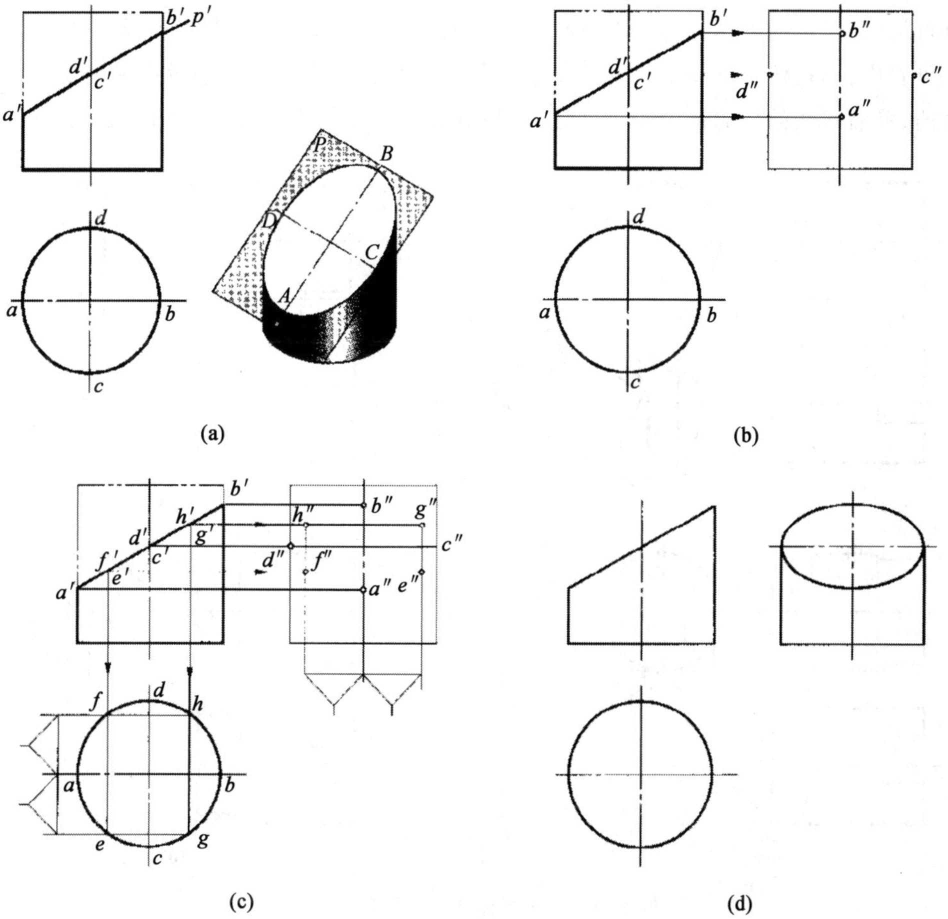

图 2-43 圆柱被正垂面斜切

(3)依次光滑连接 $a''e''c''g''b''h''d''f''a''$,即为所求截交线椭圆的侧面投影。圆柱的轮廓线在 c、d 处与椭圆相切,描深(图 2-43d)。

思考:随着截平面与圆柱轴线倾角的变化,所得截交线椭圆的长短轴的投影也相应变化。当截平面与圆柱轴线成 45°时(正垂面位置),交线的空间形状仍为椭圆。

【例 2-8】补全接头的三面投影(图 2-44a)。

分析:接头是在一个圆柱体左端开槽(中间被两个正平面和一个侧平面切割),右端切肩(上、下被水平面和侧平面对称地切去两块)而形成的。所产生的截交线均为直线和平行于侧面的圆。

作图:

(1)根据槽口的宽度,按前后对称作出槽口的侧面投影(两条竖线),再按投影关系作出槽口的正面投影(图 2-44b)。

(2)根据切肩的厚度,作出切肩的侧面投影(两条虚线),再按投影关系作出切肩的水平投影(图 2-44c)。

(3)擦去多余作图线,描深。图 2-44d 为完整的接头三视图。

思考:由图 2-44d 的正面投影可看出,圆柱体的最高、最低两条素线因左端开槽而各截去一段,所以正面投影的外形轮廓线在开槽部位向轴线"收缩",其收缩程度与槽宽有关;又从水平投影可看出:圆柱体右端切肩被切去上、下对称两块,其截交线的水平投影为矩形,因为圆柱体上最前、最后素线的切肩部位未被切去,所以圆柱体水平投影的外形轮廓线是完整的。

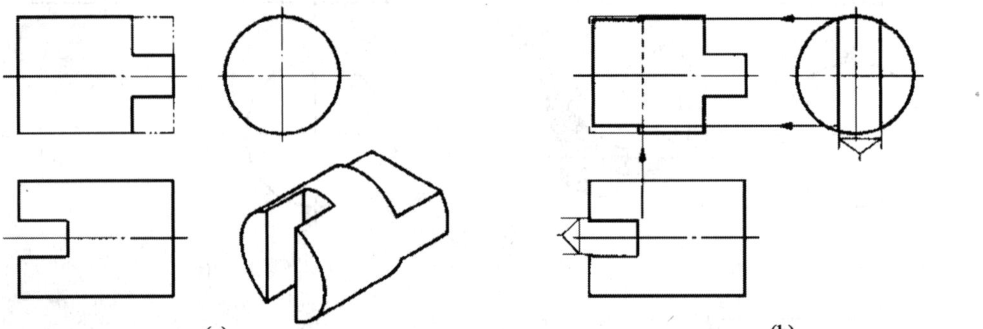

(a)　(b)

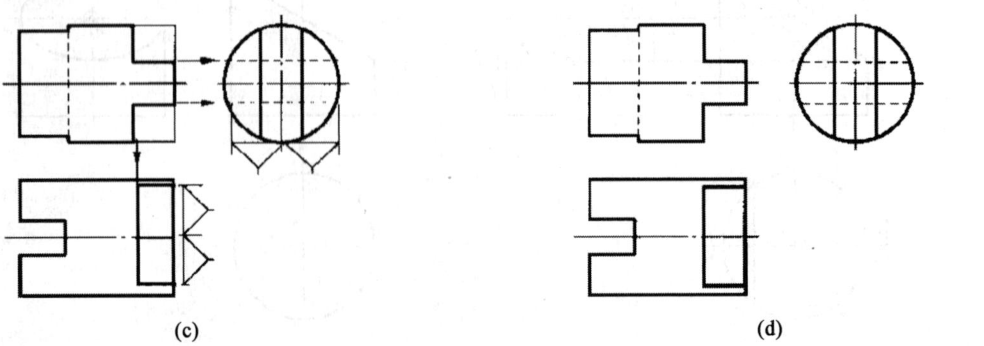

(c)　(d)

图 2-44　接头表面截交线的作图步骤

2. 平面与圆锥相交

根据截平面对圆锥轴线的位置不同，圆锥面截交线有五种情况：椭圆、圆、双曲线、抛物线和相交两直线。除了过锥顶的截平面与圆锥面的截交线是相交两直线外，其他四种情况都是曲线，但不论何种曲线(圆除外)，其作图步骤总是先作出截交线上的特殊点，再作出若干中间点，然后光滑连成曲线。

【例 2-9】求作圆锥被一正垂面切割后的投影(图 2-45a)。

分析：由于截平面与圆锥轴线倾斜，所以其截交线为一椭圆。截平面是正垂面，其正面投影积聚成一直线，水平投影和侧面投影均为椭圆。

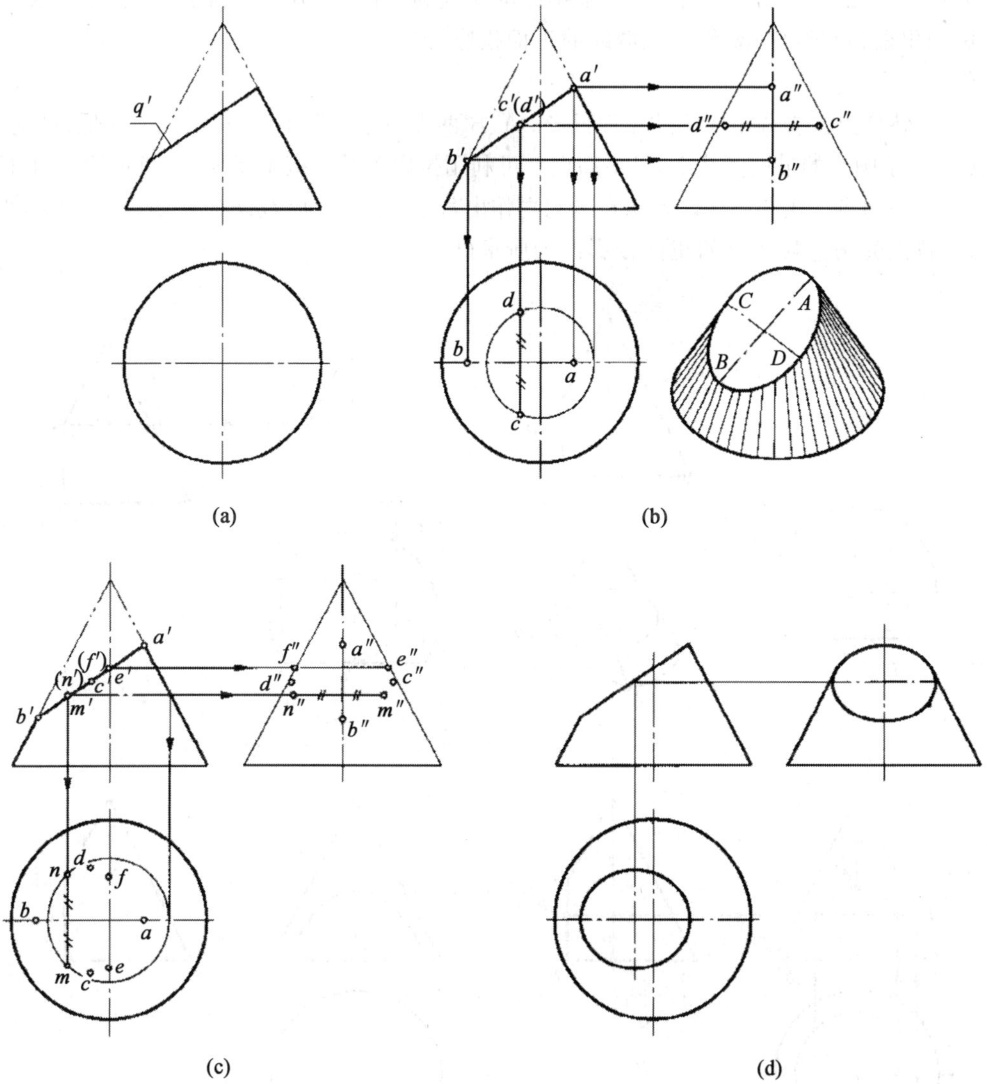

图 2-45　圆锥被正垂面切割

作图：

(1)求特殊点。如图 2-45b 所示，椭圆长轴上的两个端点 A、B 是截交线上最低、最高和最左、最右点，也是圆锥转向轮廓线上的点，可利用投影关系由 a'、b'求得 a、b 和 a''、b''；椭圆短

轴上两个点 C、D 是截交线上的最前、最后点，其正面投影 c'、d' 重影于 $a'b'$ 的中点，利用纬圆法即可求得 c、d 和 c''、d''。如图 2-45c 所示，椭圆上 E、F 点也是转向轮廓线上的点，由 e'、f' 求得 e、f 和 e''、f''。

(2)求中间点。用纬圆法在特殊点之间再作出若干中间点，如 $M(m$、$m'')$、$N(n$、$n'')$ 等(图 2-45c)。

(3)依次连接各点的水平投影和侧面投影，即为所求(e''、f'' 以上的转向轮廓线被切去)，作图结果如图 2-45d 所示。

【例 2-10】求作圆锥被正平面切割后的投影(图 2-46)。

分析：正平面与圆锥轴线平行，与圆锥面的交线为双曲线，其正面投影反映实形，水平和侧面投影均积聚为直线(只要作出双曲线的正面投影)。

作图：

(1)求特殊点。先画出圆锥的正面投影。A、B 两点位于底圆上，是截交线上最低、最左、最右点；点 C 位于圆锥的最前素线上，是最高点。可利用投影关系直接求得 a'、b' 和 c'(图 2-46b)。

(2)求中间点。用纬圆法在特殊点之间再作出若干中间点，如 D、E(d'、e')等(图 2-46c)。

(3)依次光滑连接各点的正面投影即为所求(图 2-46d)。

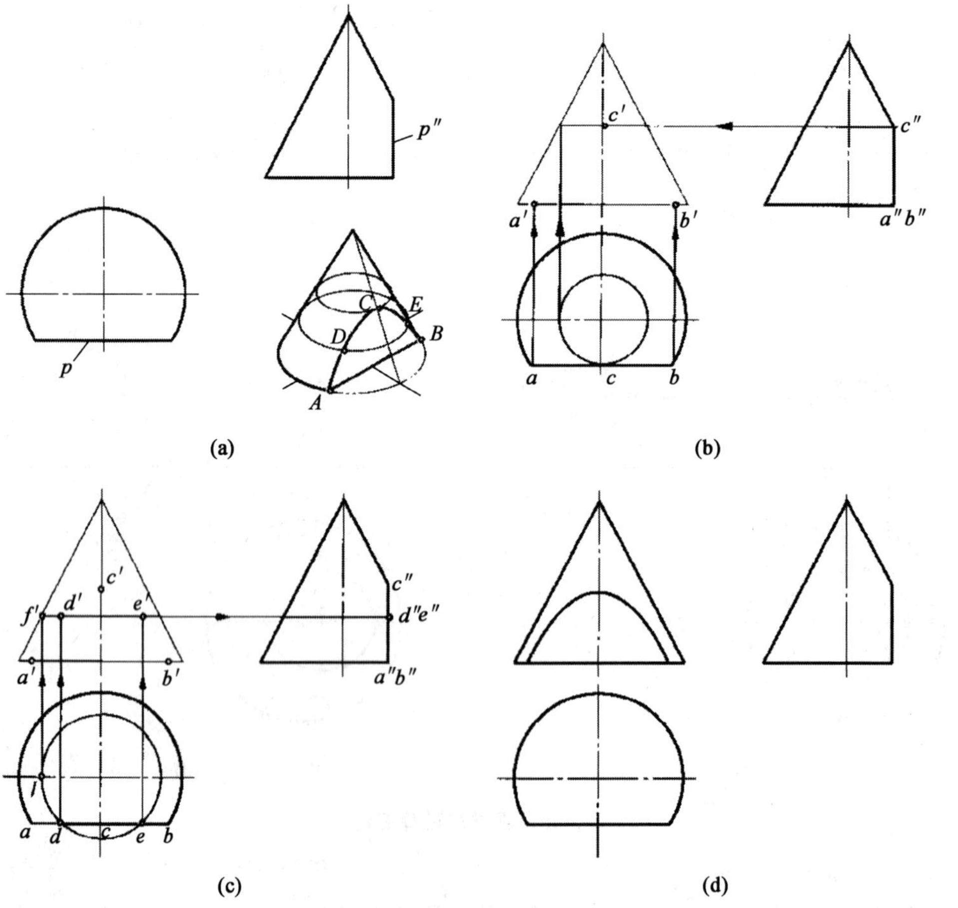

图 2-46 圆锥被正平面切割

3. 平面与圆球相交

平面与圆球相交，不论平面与圆球的相对位置如何，其截交线总是圆。根据平面对投影面的相对位置不同，所得截交线的投影可以是圆、直线或椭圆。如图 2-47a 所示，当截平面平行于投影面时，截交线圆在该投影面上的投影反映实形，而在另外两个投影面上的投影积聚成长度等于该圆直径的直线段。当截平面垂直投影面时，如图 2-47b 所示，正垂面与圆球的截交线是圆，圆的正面投影积聚成直线，其水平投影和侧面投影都是椭圆，限于篇幅，作图方法略。

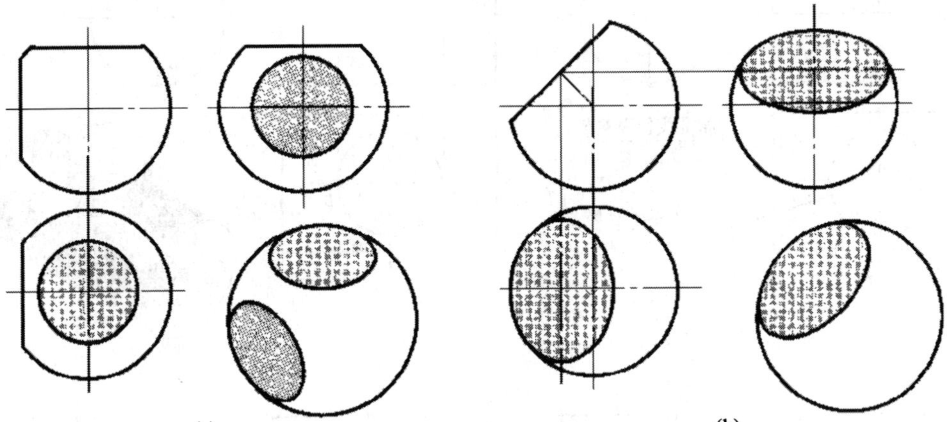

(a)　　(b)

图 2-47　平面切割圆球

任务四　绘制三通管三视图

任务描述

绘制如图 2-48 所示三通管的三视图。

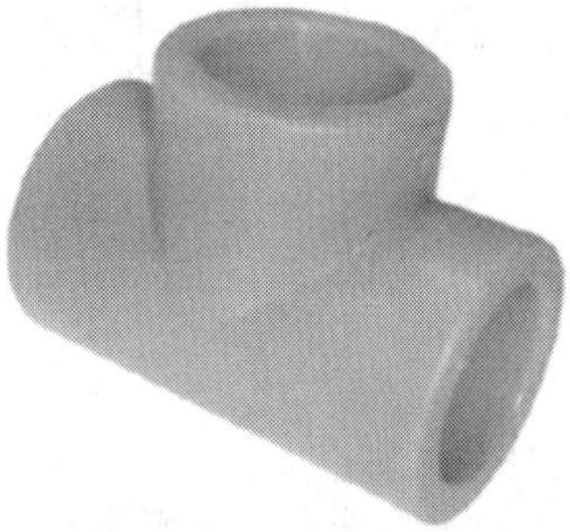

图 2-48　三通管

知识准备

两回转体相贯线的投影作图

两回转体相交，最常见的是圆柱与柱相交，圆锥与圆柱相交以及圆柱与球相交，其交线称为相贯线。相贯线的形状取决于两回转体各自的形状、大小和相对位置；一般情况下为闭合的空间曲线。两回转体的相贯线，实际上是两回转体表面上一系列共有点的连线，求作共有点的方法通常采用表面取点法（积聚性法）和辅助平面法。

【例 2-11】两个直径不等的圆柱正交，求作相贯线的投影（图 2-49）。

分析：两圆柱轴线垂直相交称为正交，当直立圆柱轴线为铅垂线，水平圆柱轴线为侧垂线时，直立圆柱面的水平投影和水平圆柱面的侧面投影都具有积聚性，所以相贯线的水平投影和侧面投影分别积聚在它们的圆周上（图 2-49a）。因此，只要根据已知的水平和侧面投影求作相贯线的正面投影即可。两不等径圆柱正交形成的相贯线为空间曲线，如图 2-49b 立体图所示。因为相贯线前后对称，在其正面投影中，可见的前半部分与不可见的后半部分重合，且左右也对称。因此，求作相贯线的正面投影，只需作出前面的一半。

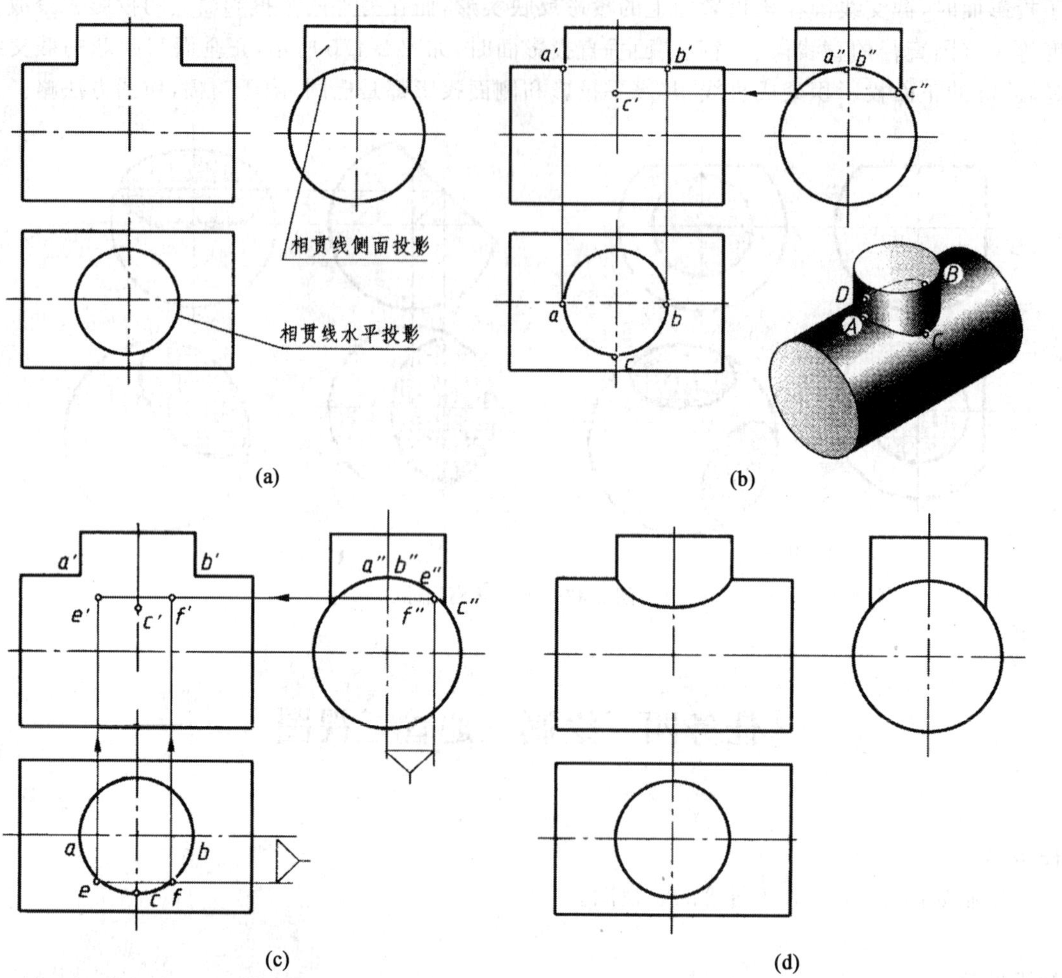

图 2-49 不等径两圆柱正交

作图：

(1)求特殊点。水平圆柱的最高素线与直立圆柱最左、最右素线的交点 A、B 是相贯线上的最高点，也是最左、最右点。a、b、a'、b' 和 a''、b'' 均可直接作出。点 C 是相贯线上最低点，也是最前点，c'' 和 c 可直接作出，再由 c''、c 求得 c'(图 2-49b)。

(2)求中间点。利用积聚性，在侧面投影和水平投影上定出 e''、f'' 和 e、f，再作出 e'、f'(图 2-49c)。

(3)光滑连接 $a'e'c'f'b'$ 即为相贯线的正面投影，作图结果如图 2-49d 所示。

讨论：

(1)如图 2-50a 所示，若在水平圆柱上穿孔，就出现了圆柱外表面与圆柱孔内表面的相贯线。这种相贯线可以看成直立圆柱与水平圆柱相贯后，再把直立圆柱抽去而形成。

再如图 2-50b 所示，若要求作两圆柱孔内表面的相贯线，作图方法与求作两圆柱外表面相贯线的方法相同。

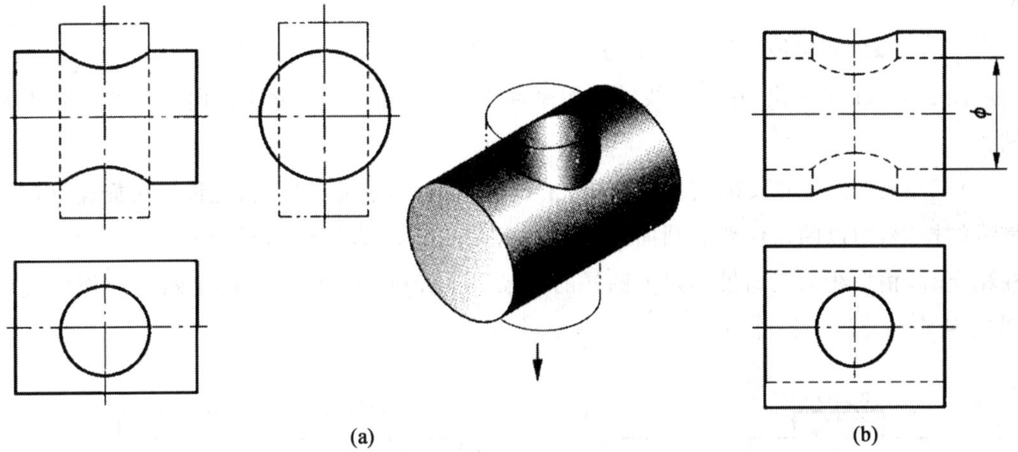

图 2-50 圆柱穿孔后相贯线的投影

(2)如图 2-51 所示，当正交两圆柱的相对位置不变，而相对大小发生变化时，相贯线的形状和位置也将随之变化。

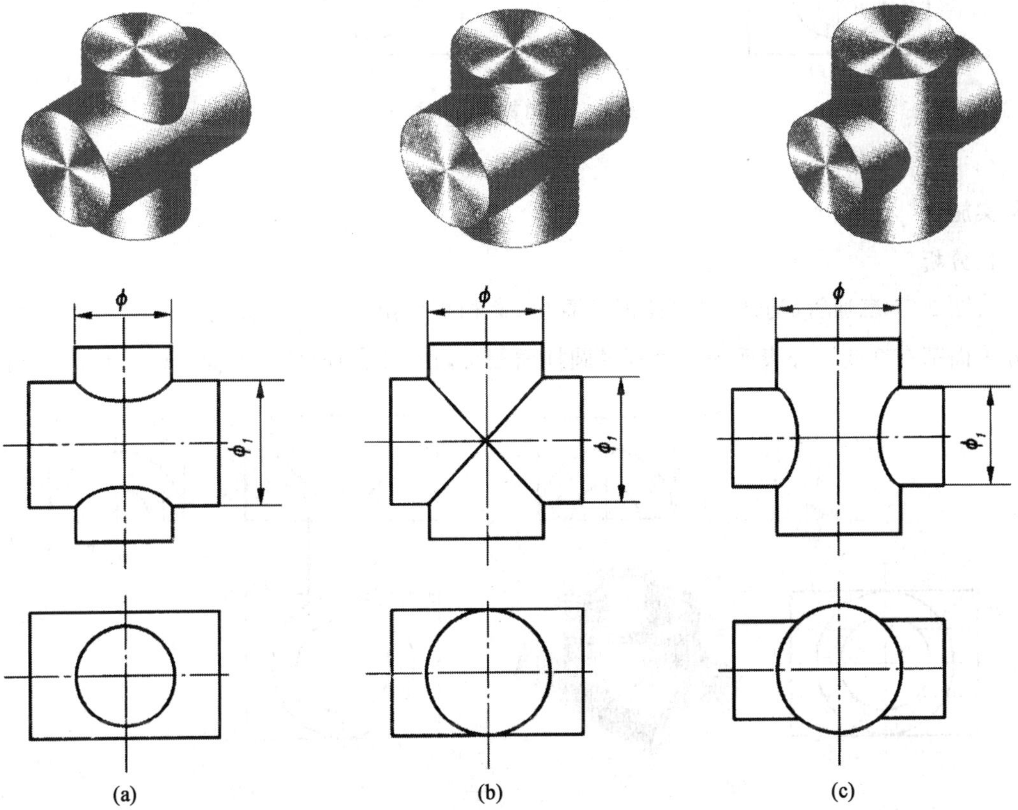

图 2-51 两圆柱正交时相贯线的变化

当 $\phi_1>\phi$ 时，相贯线的正面投影为上下对称的曲线（图 2-51a）。

当 $\phi_1=\phi$ 时，相贯线在空间为两个相交的椭圆，其正面投影为两条相交的直线（图 2-51b）。

当 $\phi_1<\phi$ 时，相贯线的正面投影为左右对称的曲线（图 2-51c）。

从图 2-51a、c 可看出，在相贯线的非积聚性投影上，相贯线的弯曲方向总是朝向较大圆柱的轴线。

(3)工程上两圆柱正交的实例很多，为了简化作图，国家标准规定，允许采用简化画法作出相贯线的投影，即以圆弧代替非圆曲线。当轴线垂直相交，且轴线均平行于正面的两个不等径圆柱相交时，相贯线的正向投影以大圆柱的半径为半径画圆弧即可。简化画法的作图过程如图 2-52 所示。

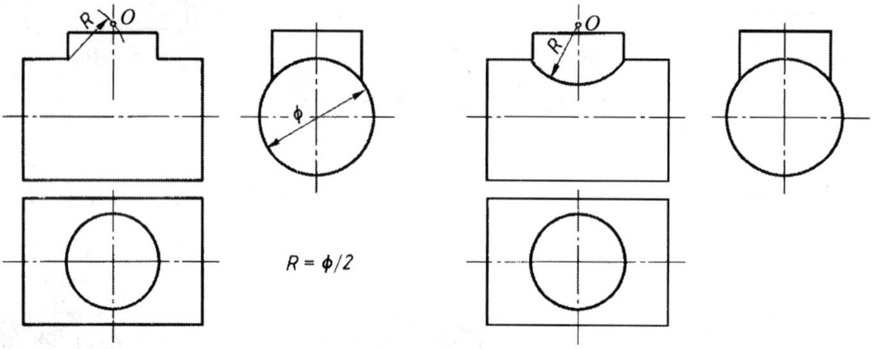

图 2-52　相贯线简化画法

任务实施

1. 分析

由图 2-53 三通管（局部）的立体图可看出，该相贯体由一直立圆筒与一水平半圆筒正交，内外表面都有交线。外表面为两个等径圆柱面相交，相贯线为两条平面曲线（椭圆），其水平投

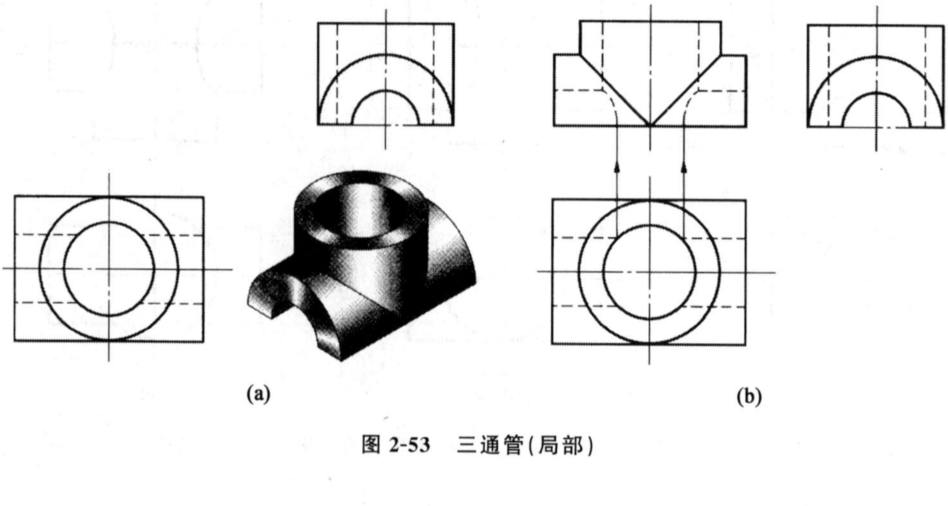

图 2-53　三通管（局部）

影和侧面投影都积聚在它们所在的圆柱面有积聚性的投影上，正面投影为两段直线。内表面的相贯线为两段空间曲线，水平投影和侧面投影也都积聚在圆柱孔有积聚性的投影上，正面投影为两段曲线。

2. 作图

参考作图步骤见图 2-53。图 2-48 三通管的作图方法类似，可自行画出。

知识拓展

一、辅助平面法求相贯线

当两回转体的相贯线不能或不便于利用积聚性直接求出时，可用辅助平面法求解。

所谓辅助平面法就是根据三点共面的原理，利用辅助平面求出两回转体表面上的若干共有点，从而画出相贯线投影的方法。

辅助平面法的作图步骤：

(1)假设辅助平面与两相贯的立体相交。为了作图简便，一般以特殊位置平面为辅助平面，并使辅助平面与相贯立体表面的交线投影简单易画。

(2)分别求出辅助平面与两个相贯立体表面的交线。

(3)求出交线的交点即得相贯线上的点。

(4)判断可见性，顺次连接各点的同面投影即得相贯线的投影。

【例 2-12】求轴线正交的圆柱和圆锥的相贯线。

分析：如图 2-54 所示，圆柱的轴线垂直于侧面，其侧面投影积聚为圆，相贯线的侧面投影重合在这个圆上，所以相贯线的侧面投影已知，故只需求其他两个投影。

在侧面投影中，表示圆柱侧面投影的圆全部在圆锥的侧面投影轮廓线范围内，这说明圆柱面的全部素线都与圆锥相交，并且其侧面投影积聚在整个圆周上，相贯线的最高、最低、最前、最后点可直接从这个圆周上定出。其他点则可用辅助平面法求出。

作图：

(1)求特殊点。如图 2-54a、b、c 所示，圆柱的最高、最低素线与圆锥的交点 A 和 D 是相贯线上的最高、最低点。其侧面投影 a''、d''为圆的最高和最低点。正面投影 a'、d'为圆柱投影外轮廓线与圆锥投影外轮廓线的交点，由 a'、d'可求出 a、d。

圆柱的最前、最后素线与圆锥的交点 C、E 是相贯线上的最前、最后点。其侧面投影为 c''、e''。为了求出 C、E 的其他投影，可过点 C、E 作水平辅助平面 P。即在侧面投影图上过 c''、e''作迹线 P_W，或通过正面投影圆柱中线作 P_V，以 P_V 和 P_W 与圆锥投影外形轮廓线相交的线段长度作为直径，以点 s 为圆心作圆，与圆柱水平投影外形轮廓线相交，其交点即为 C、E 的水平投影 c、e。c、e 是相贯线水平投影的可见与不可见的分界点。

相贯线上的最右点，也可用辅助平面法近似求出，在侧面投影中，从圆的中心向圆锥投影外形轮廓线作垂线，得垂足，如图 2-54c 所示，过垂足作水平辅助平面 R，所求出的 B、F 即为最右点。

(2)求一般点。根据需要在适当位置再作一些水平辅助面，求出相贯线上若干一般点。

(3)将求出的相贯线上的若干点光滑连接，并判别可见性，即得出所求的相贯线，如图 2-54d 所示。由于相贯体前后对称，所以相贯线也前后对称，在正面投影中前后相贯线重合在一起。从上往下看，即在水平投影中，圆柱面的上半部和圆锥面都是可见的，因此，相贯线的水平投影以 c、e 为界，曲线 cde 应画成虚线，其他为粗实线。

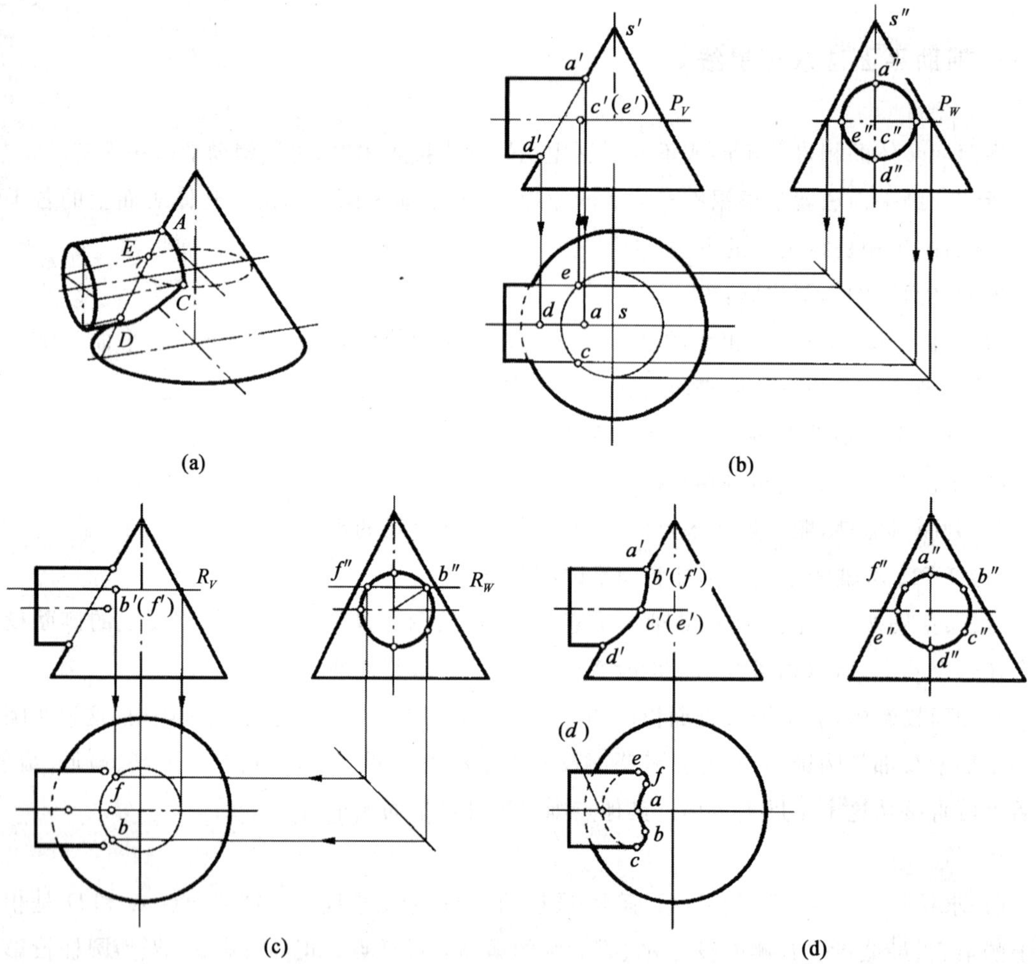

图 2-54 圆柱与圆锥相贯

二、相贯线为平面曲线

(1)两个同轴回转体相交时，它们的相贯线一定是垂直于轴线的圆，当回转体轴线平行于某投影面时，这个圆在该投影面的投影为垂直于轴线的直线(图 2-55)。

(2)当轴线相交的两圆柱或圆柱与圆锥公切于一个球面时，相贯线是平面曲线——两个相交的椭圆。椭圆所在的平面垂直于两条轴线所决定的平面(图 2-56)。

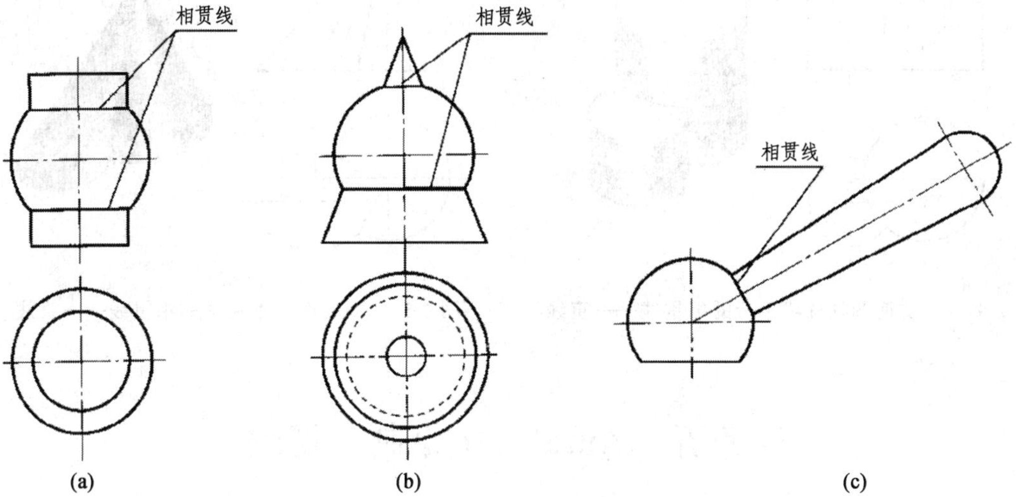

图 2-55　同轴回转体的相贯线——圆

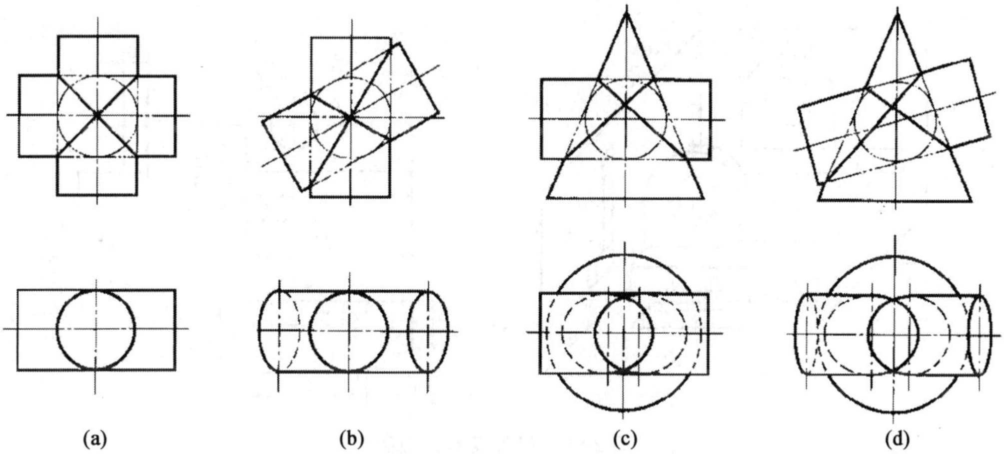

图 2-56　两回转体公切于一个球面的相贯线——椭圆

三、相贯线为直线

当两圆柱的轴线平行时，相贯线为直线(图 2-57)。当两圆锥共顶时，相贯线为直线(图 2-58)。

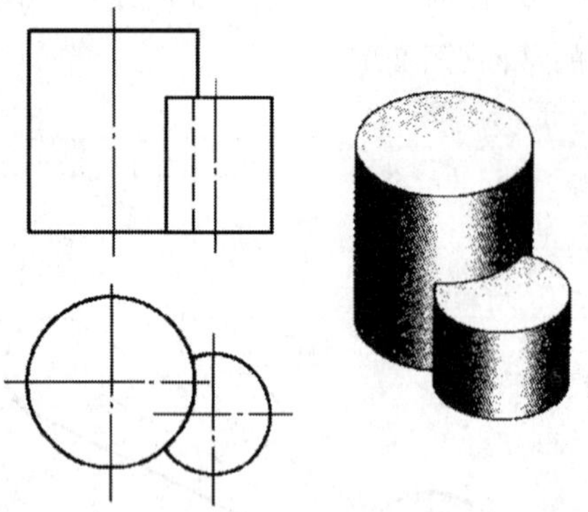

图 2-57 相交两圆柱轴线平行的相贯线——直线

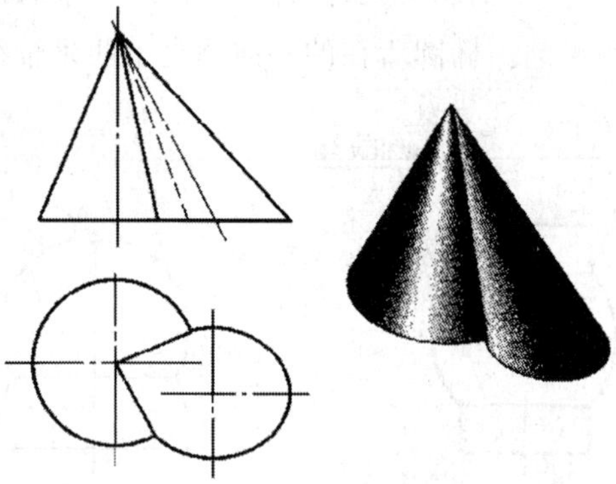

图 2-58 相交两圆锥共顶的相贯线——直线

任务五 AutoCAD 绘制三视图

任务描述

绘制如图 2-59 所示的机架三视图，注意三视图“三等”关系正确。

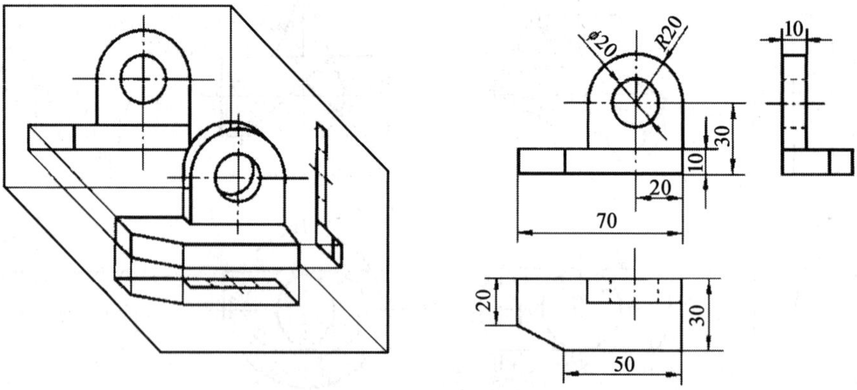

图 2-59 机架及其三视图

知识准备

一、极轴追踪

1. 打开和关闭极轴追踪

在绘图过程中，绘制斜线是比较麻烦的，特别是在指定角度和长度的条件下，利用极坐标输入也很慢，因此 AutoCAD 设置了极轴追踪的模式，以显示图线与水平方向的夹角。

单击状态栏中的“极轴追踪”按钮，当命令行提示“命令：＜极轴开＞”时，“极轴追踪” 打开。再次单击“极轴追踪”按钮，即可关闭“极轴追踪”。

打开“极轴追踪”后，当光标接近设置的增量角的倍数时，绘图区将显示对齐路径和工具栏提示，可以用直接输入距离数值法绘制斜线；若移开光标，则对齐路径和工具栏提示消失。

2. 设置极轴追踪

(1)打开“极轴追踪”选项卡。右击状态栏中的“极轴追踪”按钮，在弹出的快捷菜单中选择“设置”命令，打开“草图设置”对话框，在“极轴追踪”选项卡中勾选“启用极轴追踪”复选框，如图 2-60 所示。

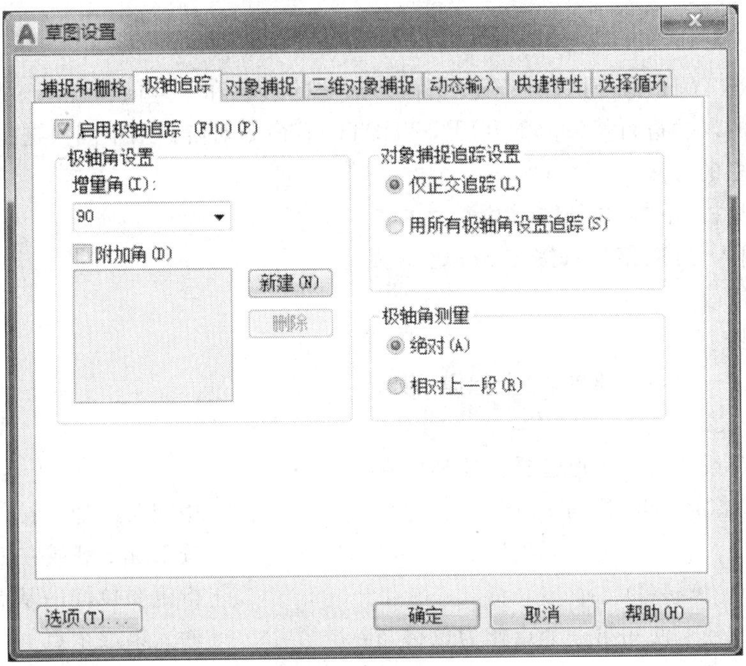

图 2-60　“极轴追踪”选项卡

(2)设置“增量角”。在“极轴角设置”选项组的“增量角”下拉列表框中设置显示极轴追踪对齐路径的极轴角增量。可以直接输入角度，也可以在下拉列表框中选择 90°、45°、30°等中的一个常用角度。当光标移动到增量角的倍数数值的位置时，将显示极轴。

打开“极轴追踪”，则“正交模式”自动关闭，“极轴追踪”与“正交模式”只能二选一，不能同时使用。绘制直线时，确定第一点后，绘图区内显示样式(增量角为 30°)。可以移动光标，确定第二点的方向，即与 x 正方向的夹角，然后利用直接输入距离数值法，在命令行输入线段的长度，绘制图形。

二、对象捕捉追踪

1. 打开和关闭对象捕捉追踪

使用自动对象追踪功能可以快速、精确地定位点，能在很大程度上提高绘图效率。单击状态栏中的“对象捕捉追踪”按钮，当命令行提示“命令：＜对象捕捉追踪开＞”时，“对象捕捉追踪”打开。再次单击“对象捕捉追踪”按钮，则关闭对象捕捉追踪。

2. 设置对象捕捉追踪

右击状态栏中的“对象捕捉追踪”按钮，在弹出的快捷菜单中选择“设置”命令，打开“草图设置”对话框的“对象捕捉”选项卡。在“对象捕捉”选项卡中勾选“启用对象捕捉追踪”复选框。

三、拉伸

1. 功能

利用“STRETCH”命令可以在不改变相邻部分的形状和尺寸的情况下，对图形某个部分在某个方向上的尺寸进行修改。如利用“STRETCH”命令对阶梯轴中间段进行加长。

2. 执行命令的方法

“修改”工具栏：单击“拉伸”按钮。

命令行：输入 STRETCH，按 Enter 键。

菜单栏：“修改”→“拉伸”。

3. 操作步骤

选择“修改”→“拉伸”菜单，命令行提示如下。

命令：_stretch

以交叉窗口或交叉多边形选择要拉伸的对象……

选择对象：指定角点：找到 x 个　　　　* 用交叉选择要拉伸的对象 *

选择对象：　　　　* 按 Enter 键或右击 *

指定基点或[位移(D)]：　　　　* 指定要拉伸的基点 *

指定第二点或＜使用第一个点作为位移＞：　　　　* 输入第二个点 *

任务实施

1. 设置图形界限

根据已知三视图形状及大小选用 A4 图纸，采用 1∶1 比例绘制，设定图形的绘图界限为 210×297。

(1)命令行：limits。

(2)指定左下角点或在屏幕上任拾取一点。

(3)再指定右上角点，在界面提示下输入“@210,297”。

(4)图纸已经设置好界限了，但是看不出来，这时可以将栅格打开，根据需要，对其中的栅格间距进行设置，将“显示超出界限的栅格”按钮取消。

2. 设置图层、线型、颜色

根据视图线型设置 4 个图层：粗实线层，白色、线型 Continuous、线宽 0.7 mm；细实线层，白色、线型 Continuous、线宽 0.35 mm；细点画线层，红色、线型 CENTER2、线宽 0.35 mm；细虚线层，黄色、线型 DASHED2、线宽 0.35 mm。

3. 画图步骤

(1)画作图辅助线。

(2)画主视图。

(3)画俯视图和左视图辅助线。

(4)画俯视图和左视图。

(5)编辑和删除多余线条。

(6)删除多余线段。

知识拓展

缩放

1. 功能

利用“SCALE”命令,能够将选定对象按指定中心点进行比例缩放。缩放有以下两种方式。

(1)选择缩放对象的基点,然后输入缩放比例因子。

(2)输入一个数值或拾取两点来指定一个参考长度,然后再输入新的数值或拾取另外一点,则 AutoCAD 计算两个数值的比例并以此作为缩放比例因子。

2. 执行命令的方法

“修改”工具栏:单击“缩放”按钮。

命令行:输入 SCALE,按 Enter。

菜单栏:“修改”→“缩放”。

3. 操作步骤

选择“修改”→“缩放”菜单,命令行提示如下。

命令:_scale

选择对象:　　* 选择要缩放的对象 *

选择对象:　　* 按 Enter 键或右击 *

指定基点:　　* 指定基点 *

指定比例因子或[复制(C)/参照(R)]<1.0000>:　　* 选择缩放方式 *

4. 有关说明及提示

(1)参照(R):对象将按照参照的方式缩放。需要依次输入参照长度的值和新的长度值。

(2)比例因子(S):按照一定的比例缩放对象,比例因子大于 0 而小于 1,则缩小对象;比例因子大于 1,则放大对象。

项目三
绘制轴测图

项目目标

(1)了解轴测图的形成、性质及常用轴测图的画法。

(2)掌握正等轴测图的画法。

(3)掌握 AutoCAD 绘制轴测图的方法。

项目知识分布图

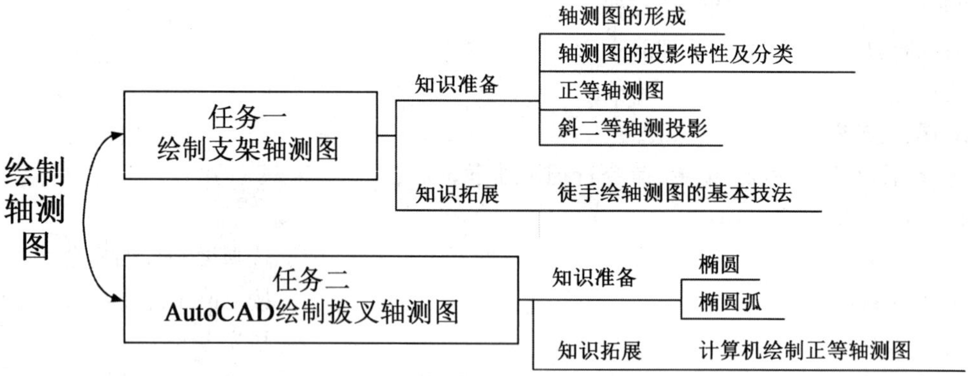

任务一　绘制支架轴测图

任务描述

用正等轴测法绘制如图 3-1 所示支架轴测图。

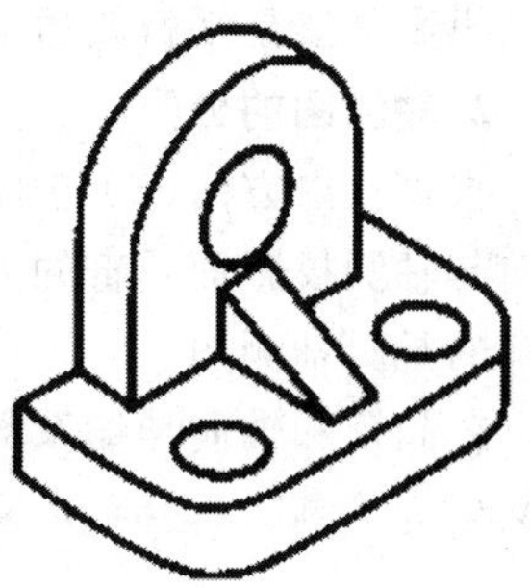

图 3-1　支架

知识准备

一、轴测图的形成

轴测图是用平行投影法(将物体)连同确定其空间位置的直角坐标系，沿不平行于任一坐标面的方向投射在单一投影面(轴测投影面)上得到的具有立体感的图形。如图 3-2 所示，P 平面称为轴测投影面，S 称为轴测投射方向，直角坐标轴 OX、OY 及 OZ 的轴测投影 O_1X_1、O_1Y_1、O_1Z_1 称为轴测轴。轴测轴之间的夹角$\angle X_1O_1Y_1$、$\angle Y_1O_1Z_1$、$\angle Z_1O_1X_1$ 称为轴间角，其中任何一个轴间角不能为零，三个轴间角之和为 360°。

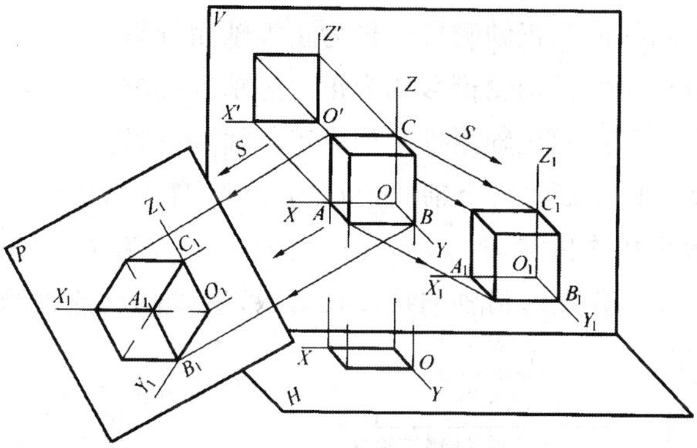

图 3-2　轴测图的形成

图 3-2 中，轴测轴上的单位长度与相应直角坐标轴的单位长度的比值称为轴向变形系数。OX、OY、OZ 轴上的轴向变形系数分别用 p_1、q_1、r_1 表示。

$$p_1=O_1A_1/OA$$
$$q_1=O_1B_1/OB$$
$$r_1=O_1C_1/OC$$

二、轴测图的投影特性及分类

1. 轴测图的投影特性

由于轴测图是用平行投影法绘制的，所以具有平行投影特性：

(1)物体上互相平行的线段,在轴测图上仍互相平行;平行于坐标轴的线段,在轴测图上仍平行于相应的轴,且在作图时可以沿轴测量,即物体上长、宽、高三个方向的尺寸可沿其对应轴直接量取。

(2)物体上不平行于轴测投影面的平面图形在轴测图上变成原形的类似形。如正方形的轴测投影可能是平行四边形,圆的轴测投影可能是椭圆等。

2. 轴测图的分类

根据投射方向(S)与轴测投影面的相对位置,轴测图有正轴测图和斜轴测图之分:按投射方向与轴测投影面垂直的方法画出来的是正轴测图;按投射方向与轴测投影面倾斜的方法画出来的是斜轴测图。

轴间角和轴向伸缩系数是绘制轴测图的两个主要参数。正(斜)轴测图按伸缩系数是否相等又分为等测、二等测和不等测三种。这里仅介绍最常用的正等轴测图和斜二等轴测图的画法。

三、正等轴测图

1. 正等轴测投影的形成及轴间角、轴向变形系数

按照三个轴向变形系数的不同,正轴测投影可分为三种:

三个轴向变形系数均相同的正轴测投影称为正等轴测投影;

两个轴向变形系数相同的正轴测投影称为正二等轴测投影;

三个轴向变形系数均不同的正轴测投影称为正三轴测投影。

如图 3-3 所示正等轴测投影的三个轴间角均为 120°,且 O_1Z_1 与水平方向垂直。正等轴测投影的三个轴向变形系数均相等,即 p_1、q_1、r_1 均为 0.82。为了方便作图,通常采用简化的变形系数,即 $p=q=r=1$。作图时沿轴向按实长量取,这样画出的轴测投影沿各轴向的长度均放大为原长的 1.22 倍。

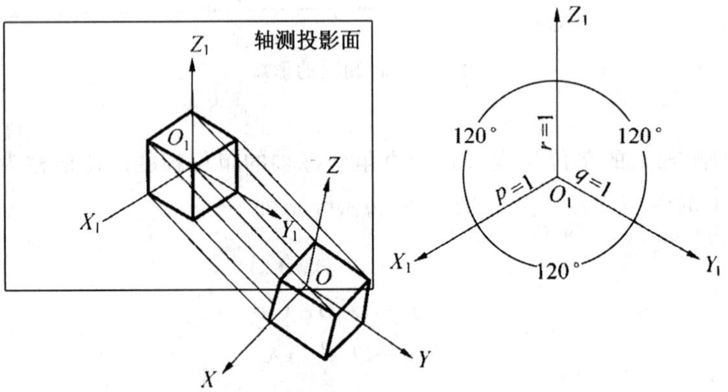

图 3-3 正等轴测投影的轴测轴、轴间角与轴向变形系数

2. 平面立体的正等轴测图的画法

画轴测投影时,首先应对物体进行形体分析,在视图中选定直角坐标系,确定坐标轴,按轴

测轴方向及轴向变形系数作出形体上各点及主要轮廓线的轴测投影,最后将形体上各点的轴测投影作相应的连线,即得形体的轴测投影。

画图时应先画形体上主要表面,后画次要表面;先画顶面,后画底面;先画前面,后画后面;先画左面,后画右面。这样可以避免画不必要的图线。

画轴测图常用的方法有坐标法、切割法和叠加法,坐标法是最基本的方法。

1)坐标法

【例 3-1】作正六棱柱的正等轴测图。

分析:如图 3-4a 所示,正六棱柱的顶面和底面都是处于水平位置的正六边形,在轴测图中,顶面可见,底面不可见,为了减少不必要的作图,因此取顶面的中心 O 为原点,从顶面开始画。

作图步骤如下:

(1)在正六棱柱的两视图中选定原点和坐标轴(图 3-4a);

(2)画轴测轴,分别在 X_1Y_1 上量取 $1_14_1 = 1\ 4$ 和 $A_1B_1 = ab$(图 3-4b);

(3)过 A_1、B_1 作 X_1 轴的平行线,量取 $2_13_1 = 2\ 3$,$5_16_1 = 5\ 6$,连线得顶面轴测投影(图 3-4c);

(4)过点 6_1、1_1、2_1、3_1 向下作 Z_1 轴的平行线,并在各平行线上量取 H,得 7_1、8_1、9_1、10_1 点(图 3-4d);

(5)连接 7_1、8_1、9_1、10_1。擦去多余的作图线并加深,即可得到正六棱柱的正等轴测图(图 3-4e)。

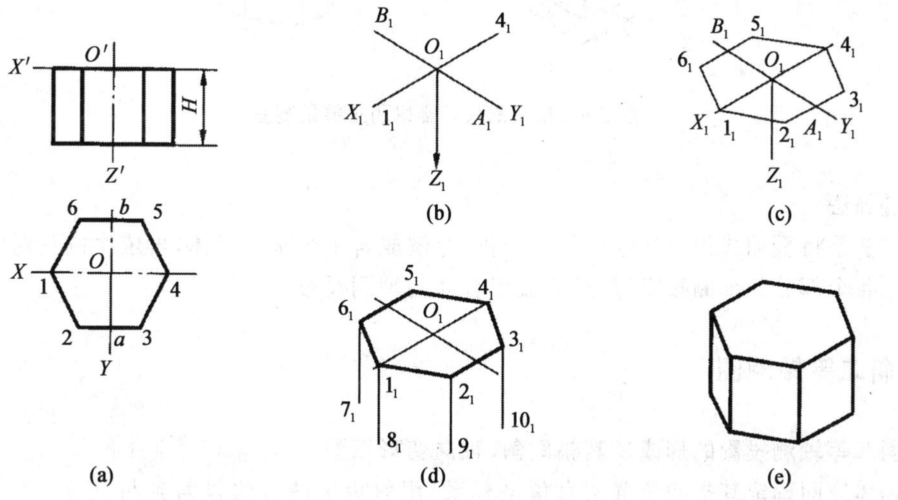

图 3-4　用坐标法画六棱柱的正等轴测图

2)切割法

有些形体是由基本形体切割若干部分得到的。画这种形体的轴测投影应以坐标法为基础,先画出基本形体的轴测投影,然后按形体分析的方法切去应该去掉的部分,从而得到所需的轴测投影,这种方法称为切割法。

【例 3-2】作垫块的正等轴测图。

分析:可以把垫块看成一个长方体用正垂面切去左上角再用铅垂面切去左前角而成。

作图步骤如下:

(1)在正投影图中选择直角坐标系(图 3-5a);

(2)画轴测轴。按尺寸 a、b、h 画出尚未切割时的长方体的正等轴测图(图 3-5b);

(3)根据三视图中尺寸 c 和 d,画出长方体左上角被正垂面切割掉的一个三棱柱后的正等轴测图(图 3-5c);

(4)根据三视图中尺寸 e 和 f,画出左前角被铅垂面切割掉的三棱柱后的垫块的正等轴测图(图 3-5d);

(5)擦去多余的作图线并加深,即可得到垫块的正等轴测图(图 3-5e)。

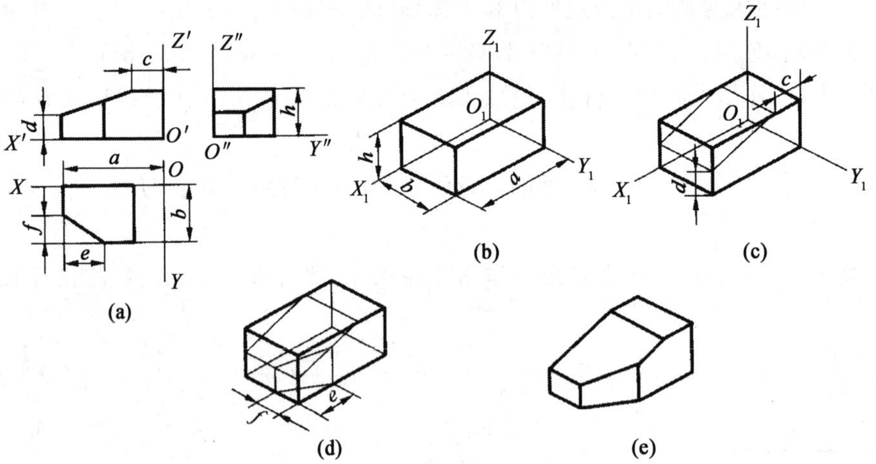

图 3-5 用切割法画物体的正等轴测图

3)叠加法

叠加法是将叠加式组合体通过形体分析,分解成若干个基本形体,再依次按其对应位置逐个地画出各个部分的轴测投影,最后完成组合体的轴测投影。

四、斜二等轴测图

1. 斜二等轴测投影的形成及其轴间角、轴向变形系数

将物体连同确定其空间位置的直角坐标系,用斜投影的方法投射到与 XOZ 坐标面平行的轴测投影面上,此时轴测轴 O_1X_1 和 O_1Z_1 分别为水平方向和铅垂方向,X 轴和 Z 轴的轴向变形系数为 1,它们之间的轴间角为 90°;Y_1 轴与水平线方向呈 45°,Y 轴的轴向变形系数为 0.5,这样所得到的轴测投影图称斜二等轴测图,简称斜二测。斜二等轴测图中轴测轴的位置如图 3-6 所示。

2. 坐标面上圆的斜二等轴测投影的画法

由于斜二等轴测图中 XOZ 坐标面平行于轴测投影面,所以物体上平行于该坐标面的图

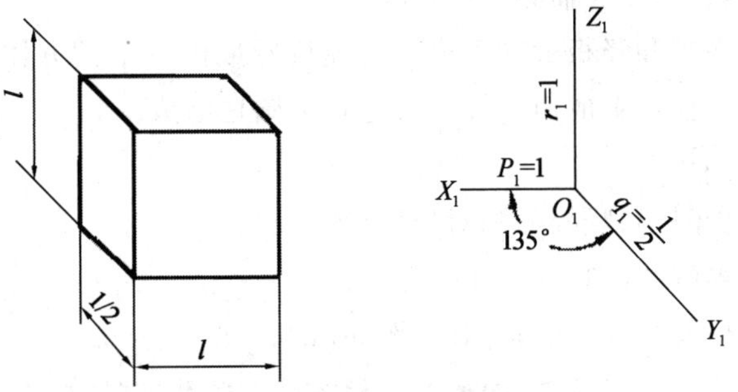

图 3-6 斜二等轴测图轴间角与轴向变形系数

形均反映实形。为了作图方便,一般将物体上圆或圆弧较多的面平行于该坐标面可直接画出圆或圆弧,因此,当物体仅在某一视图上有圆或圆弧投影的情况下,常采用斜二等轴测图来表示。

画斜二等轴测图通常从最前面的面开始,沿 Y 轴方向分层定位,在 XOZ 轴测面上定形,注意 Y 方向的轴向变形系数为 0.5。

3. 斜二等轴测图的画法举例

【例 3-3】作带孔圆台的斜二等轴测图(图 3-7)。

分析:为了作图方便,在视图上选坐标时,使带孔圆台前后底面平行于 XOZ 坐标面。画图时,先确定前后底面中心的位置,画出反映其实形的圆,然后用公切线连接前后底面上两个外圆即可。注意区分可见性。

作图步骤如下:

(1)在投影图中选定坐标轴和原点(图 3-7a);

(2)画轴测轴,并在 Y_1 轴上定出各端面圆心的位置(图 3-7b);

(3)画出前后底面上的圆(图 3-7c);

(4)画圆的公切线,并判别可见性。

(5)擦去多余的图线并加深,完成全图(图 3-7d)。

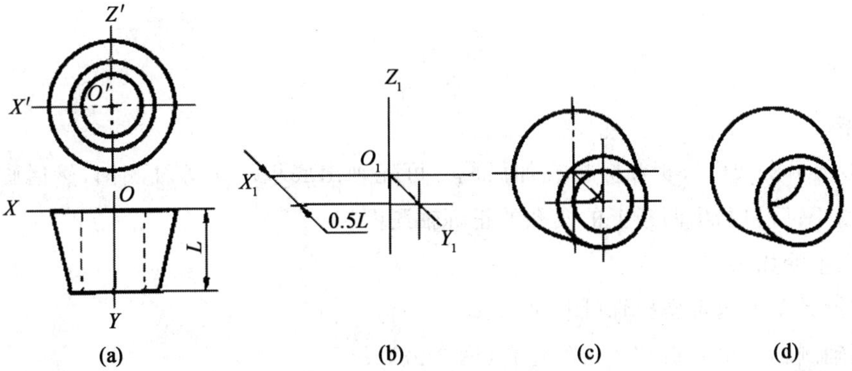

图 3-7 带孔圆台的斜二等轴测图

【例 3-4】作组合体的斜二等轴测图(图 3-8)。

分析：该组合体由底板和竖板叠加而成。底板可看成由一个长方体切割掉两个三棱柱和一个四棱柱而形成的；竖板可看成由四棱柱及挖孔半圆柱组成。

作图步骤如下：

(1)画轴测轴，确定底板和竖板的相对位置(图 3-8b)；

(2)画出长方体的轴测图(图 3-8c)；

(3)画出竖板四棱柱及半圆柱的轴测图(图 3-8d)；

(4)画出长方体底板切去三棱柱、挖槽及竖板挖孔的轴测图(图 3-8e)；

(5)擦去作图线并加深，完成全图(图 3-8f)。

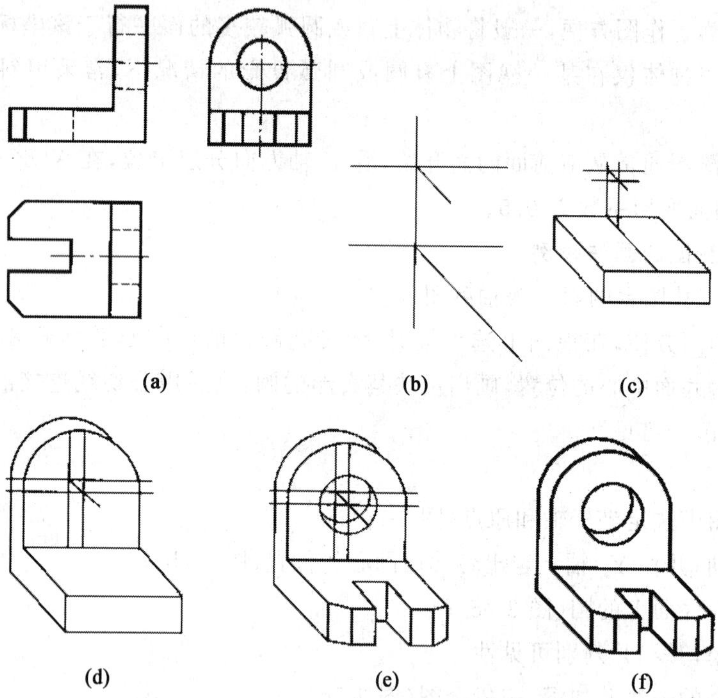

图 3-8　组合体的斜二等轴测图

任务实施

1. 分析

图 3-1 所示支架由底板和竖板叠加而成。可先画出底板的正等轴测图，然后画出竖板的正等轴测图，最后再画出两板上的圆孔的正等轴测图。

2. 作图步骤如下：

(1)在投影图上选定坐标轴(图 3-9a)；

(2)画轴测轴定出底板和竖板的位置(图 3-9b)；

(3)画底板、竖板的主要轮廓(图 3-9c)；

(4)画肋板和圆角(图 3-9d)；

(5)画圆孔(图 3-9e)；

(6)擦去多余图线并加深,完成全图(图 3-9f)。

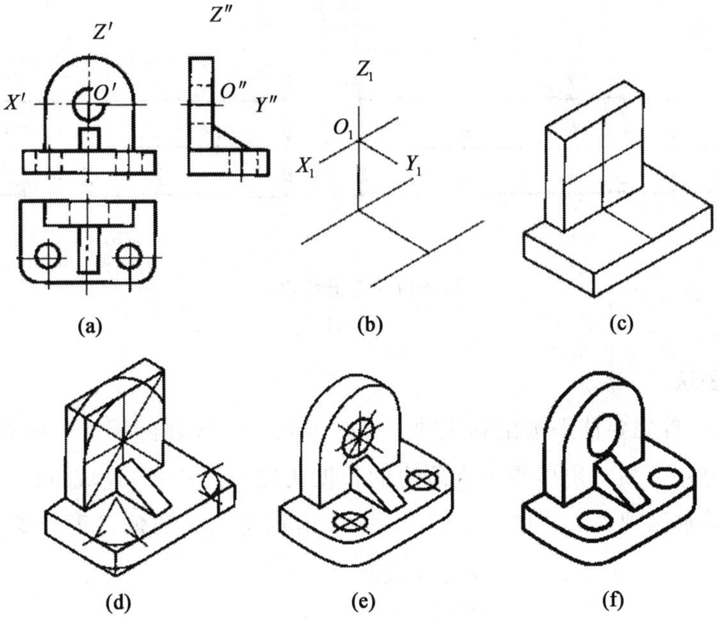

图 3-9　支架的正等轴测图

知识拓展

徒手绘轴测图的基本技法

1. 直线的画法

画轴测草图时,一般先画水平线和垂直线,以确定轴测图的位置和图形的主要基准线。在画直线的运笔过程中,小手指轻抵纸面,视线略超前一些,不宜盯着笔尖,而要目视运笔的前方和笔尖运行的终点。

如图 3-10 所示,画水平线时宜自左向右、画垂直线时宜自上而下运笔。画斜线的运笔方向以顺手为原则,若与水平线相近,自左向右,若与垂直线相近,则自上向下运笔。如果将图纸沿运笔方向略为倾斜,则画线更加顺手。若所画线段比较长,不便于一笔画成,可分几段画出,但切忌一小段一小段画出。

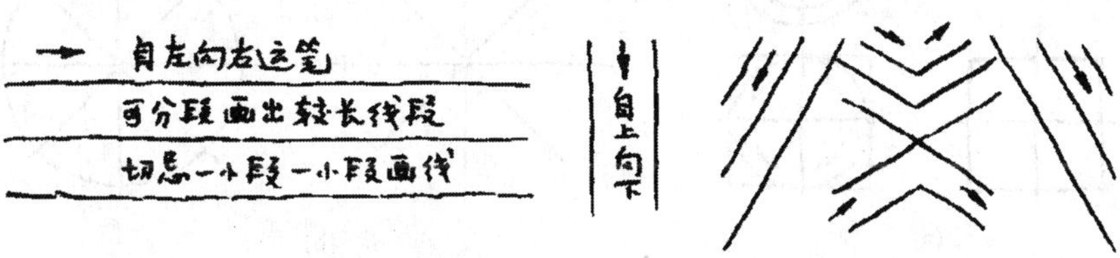

图 3-10　徒手画直线

2. 等分线段

(1)八等分线段(图 3-11a):先目测取得中点 4,再取分点 2、6,最后取其余分点 1、3、5、7。

(2)五等分线段(图 3-11b):先目测以 2∶3 的比例将线段分成不相等的两段,然后将小段平分,较长段三等分。

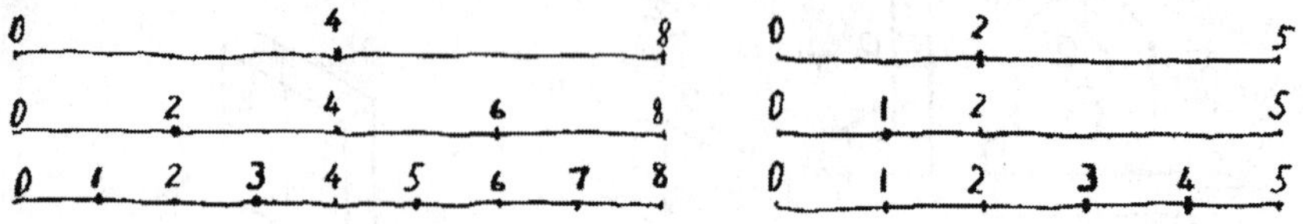

图 3-11　等分线段

3. 常用角度画法

画轴测草图时,首先要徒手画出轴测轴。如图 3-12a,正等轴测图的轴测轴 OX、OY 与水平线呈 30°角,可利用直角三角形两条直角边的长度比定出两端点,连成直线。图 3-12b 所示为斜二等轴测图的轴测轴画法。也可以如图 3-12c 所示将 1/4 圆弧二等分或三等分画出 45°和 30°斜线。

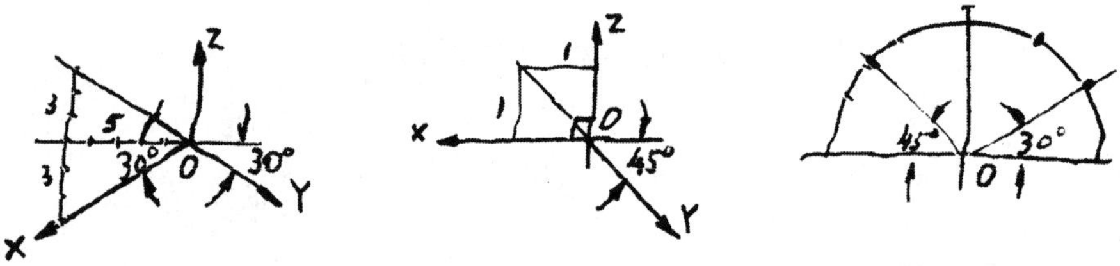

图 3-12　角度画法

4. 徒手画圆、圆角和圆弧

徒手画圆、圆角和圆时,可如图 3-13a 所示,在已绘中心线上按半径目测定出四点,徒手画成圆。也可以过四点先作正方形,再作内切的四段圆弧。此法适合画较小的圆。

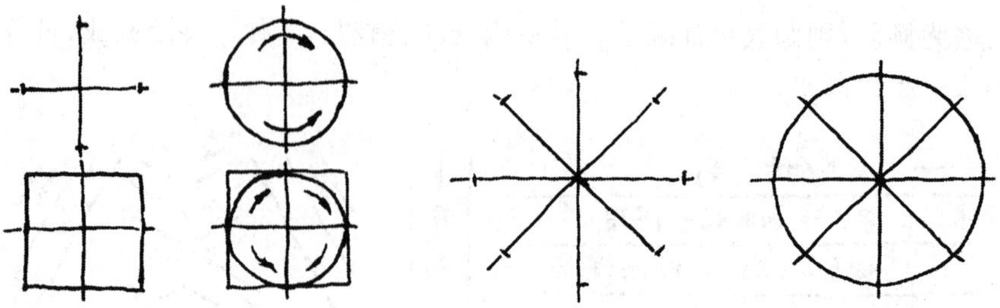

图 3-13　徒手画圆

画直径较大的圆时，只取中心线上的四点不易准确作圆，可如图 3-13b 所示，过圆心再画两条 45°斜线，并在斜线上也目测定出四点，过八点画圆。

画圆角时，先将直线徒手画成相交，作分角线，再在分角线上定出圆心位置，使它与角两边的距离等于圆角半径的大小(图 3-14a)。过圆心向两边引垂线定出圆弧的起点和终点，在分角线上也定出圆周上的一点，然后徒手把三点连成圆弧(图 3-14b)。用类似的方法还可画圆弧连接(图 3-14c)。

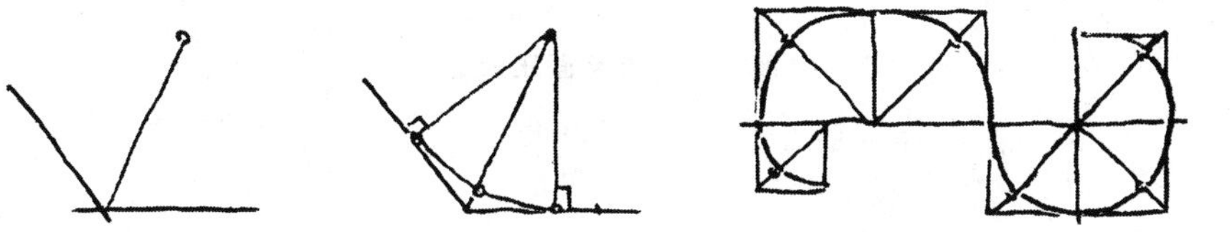

(a)　(b)　(c)

图 3-14　徒手画圆角

5. 徒手画椭圆

徒手画较小的椭圆时，先在中心线上定出长、短轴或共轭轴的四个端点，作矩形或平行四边形，再作四段椭圆弧，如图 3-15a 所示。画较大的椭圆时，可按图 3-15b 所示的画法，在平行四边形的四条边上取中点 1、3、5、7，在对角线上再取四点 2、4、6、8(由 $B7$ 和 $A3$ 的中点 M、N，与 AB 的中点 1 相连接，连线 $1M$ 和 $1N$ 分别与对角线 BD、AC 交于点 8 和 2，再作出它们的对称点 6 和 4)。使椭圆分为八段，然后顺次连接画出(图 3-15c)。

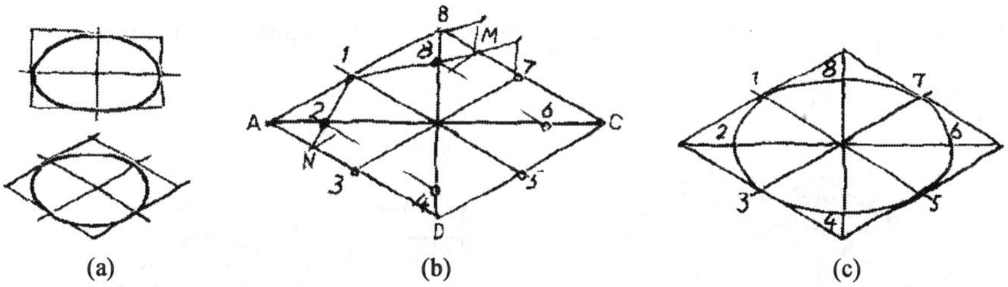

(a)　(b)　(c)

图 3-15　徒手画椭圆

6. 徒手画正六边形

徒手画正六边形的方法如图 3-16 所示，以正六边形的对角距(1 4)为直径画圆，取半径(0 1)中点 K 作垂线与圆周交于点 2、6，再作出对称点 3、5，连接各点即为正六边形(图 3-16a)。类似的方法作出正六边形的正等轴测图(图 3-16b)。

根据简单形体的两视图徒手画出轴测草图，如图 3-17 所示，作图步骤如下(正等轴测)：

(1)圆的轴测投影是椭圆，为了作椭圆方便，通常先画圆的包络正方形。

(2)画圆柱和半圆柱的外切棱柱体的正等轴测图，借助菱形画轴侧图上的椭圆。

(3)检查、描深，完成正等轴测草图。

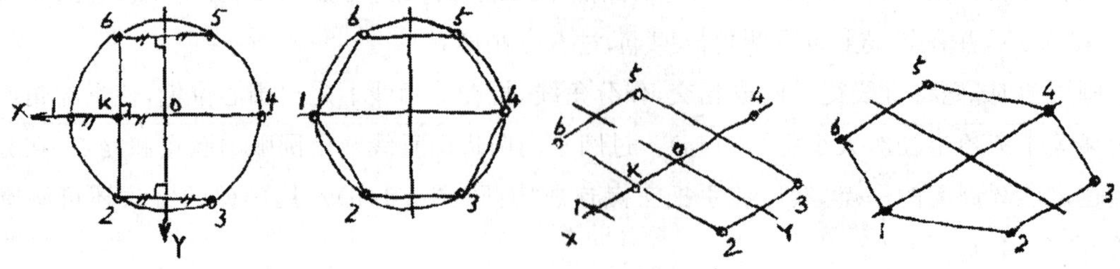

(a) (b)

图 3-16 徒手画正六边形

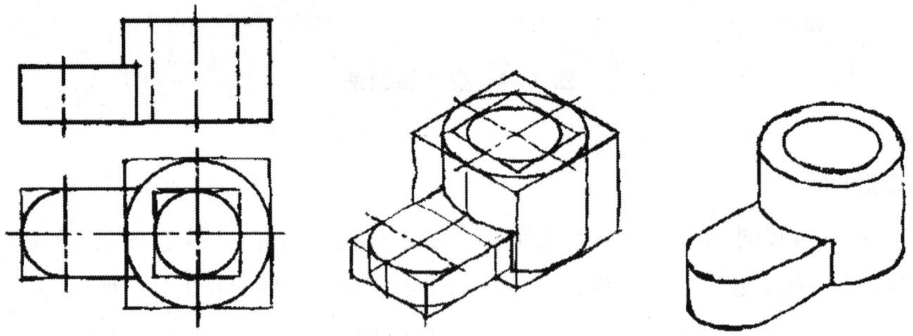

(a) (b) (c)

图 3-17 由单形体的两视图徒手画出轴测草图

草图图形的大小是根据目测估计画出的，目测尺寸比例要准确。初学徒手画草图，可在网格纸上进行，如图 3-18 所示。

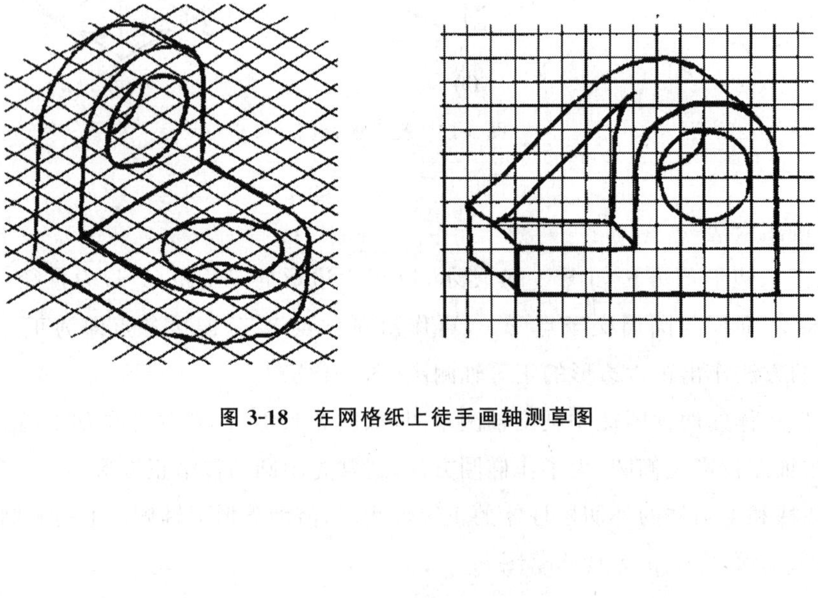

图 3-18 在网格纸上徒手画轴测草图

任务二　AutoCAD 绘制拨叉轴测图

任务描述

对图 3-19 所示拨叉进行分析，利用绘制轴测图相关命令绘制拨叉轴测图。

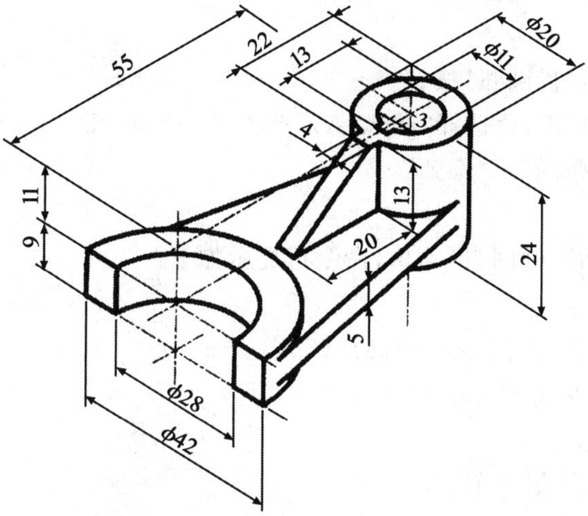

图 3-19　拨叉

知识准备

一、椭圆

1. 功能

利用“ELLIPSE”命令，可以绘制椭圆。绘制椭圆有多种方法，其中包括以椭圆的圆心和半轴绘制椭圆、以椭圆的两个端点和另一条长轴的长度绘制椭圆、以旋转方式绘制椭圆等。

2. 执行命令的方法

“绘图”工具栏：单击“椭圆”按钮。

命令行：输入 ELLIPSE，按 Enter 键。

菜单栏：“绘图”→“椭圆”。

3. 操作步骤

选择“绘图”→“椭圆”→“轴、端点”菜单，命令行提示如下。

命令：_ellipse

指定椭圆的轴端点或[圆弧(A)/中心点(C)]：　　* 指定椭圆的一个轴端点 *

指定轴的另一个端点：　　* 指定椭圆长轴或短轴的一个端点 *

指定另一条半轴长度或[旋转(R)]：　　* 指定椭圆另一条轴的端点 *

4. 有关说明及提示

(1)中心点(C)：用指定的中心点创建椭圆。

(2)端点：定义第一条轴的起点。

(3)旋转(R):通过绕第一条轴旋转定义椭圆的长轴短轴比例。

二、椭圆弧

1. 功能

“椭圆弧”命令用于绘制椭圆弧。

2. 执行命令的方法

“绘图”工具栏:单击“椭圆弧”按钮。

命令行:输入 ELLIPSE,再选择“圆弧(A)”选项,按 Enter 键。

菜单栏:“绘图”→“椭圆”→“圆弧”。

3. 操作步骤

选择“绘图”→“椭圆”→“圆弧”菜单,命令行提示如下。

命令:_ellipse

指定椭圆的轴端点或[圆弧(A)/中心点(C)]:—a

指定椭圆弧的轴端点或[中心点(C)]:

指定轴的另一个端点:

指定另一条半轴长度或[旋转(R)]:

指定起始角度或[参数(P)]:

指定终止角度或[参数(P)/包含角度(I)]:

任务实施

(1)对物体进行形体分析,弄清尺寸关系。

(2)设置绘图环境。

(3)画图时先画主要表面,后画次要表面;先画顶点,后画底面;先画前面,后画后面;先画左面,后画右面。

(4)图形整理。

知识拓展

计算机绘制正等轴测图

如图 3-20 所示正等轴测图,水平方向是一个长方体的板上开一个圆形通孔,并倒有圆角。正立面上结构与水平面相同。侧面上用一个水平面和一个侧垂面截去一个角。

绘图步骤分解:

1. 新建图形

创建一张新图,选择默认设置。

2. 设置对象捕捉

绘制该图形时,会常用到“端点”“中点”“交点”“圆心”和“象限点”,打开“草图设置”对话框,选择“对象捕捉”标签,设置以上捕捉选项。

3. 设置图层

该图形只用到了粗实线，所以可以只设置一个“轮廓线”层，线型为 CONTINUOUS，线宽为 0.5 mm。

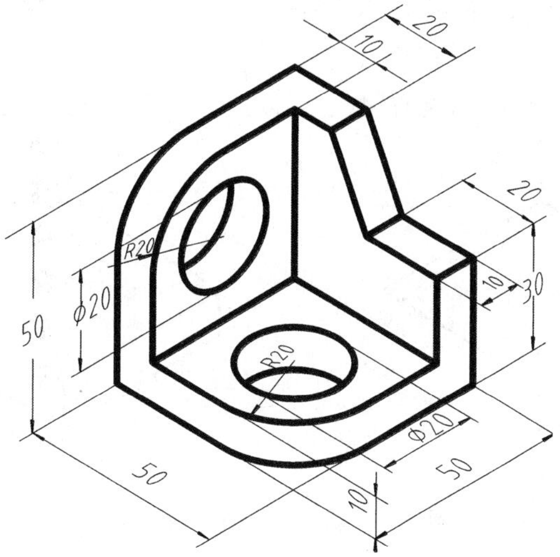

图 3-20　轴测图

4. 设置捕捉类型和样式

单击状态栏按钮，此时光标变成了等轴测方向，如图 3-21 所示。光标方向可通过 F5 键切换。

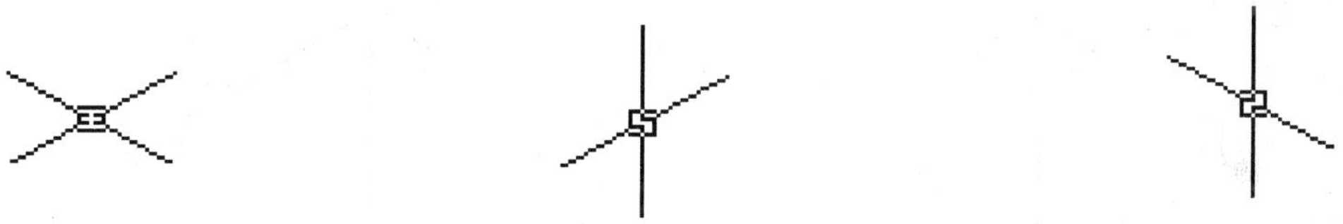

(a) 等轴测上　　(b) 等轴测右　　(c) 等轴测左

图 3-21　等轴测光标

5. 绘制水平底板

1)绘制上表面

按 F5 键，将光标切换至“等轴测上”状态，调用直线命令，打开“正交”，在屏幕上任意一点单击鼠标左键，确定点 A，向左上移动鼠标，输入长度值 40，回车，确定点 B。再向右下移动鼠标，输入长度值 40，回车，确定点 C。依此类推，画出上表面的菱形，如图 3-22 所示。

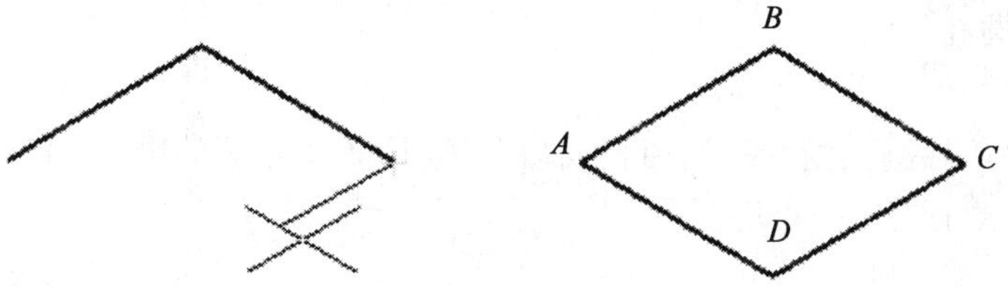

图 3-22　绘制上表面

2)绘制左侧面

按 F5 键,将光标切换至“等轴测左”状态。调用直线命令,捕捉点 A,向下移动鼠标,给出距离 10,回车,确定点 E。向右下移动鼠标,给定距离 40,确定点 F,向上移动鼠标,捕捉端点 D,完成左侧面 $AEFD$ 的绘制,如图 3-23a 所示。

3)绘制前面

按 F5 键,将光标切换至“等轴测右”状态。以同样的方法,绘制前表面线 FGC,得前表面 $FGCD$,如图 3-23b 所示。

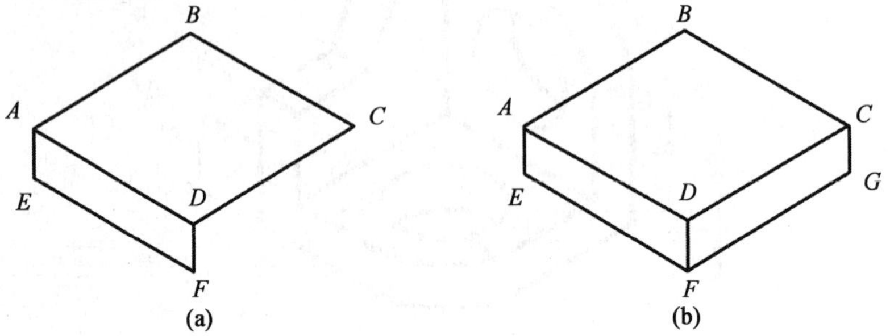

图 3-23 绘制左侧面、前表面

6. 绘制右侧、后侧立板

(1)按 F5 键,切换鼠标方向,按尺寸要求绘制右侧、后侧立板的内侧轮廓线(图 3-24a),再绘制外侧框线。

(2)删除 AE、CG 处线段,如图 3-24b 所示。

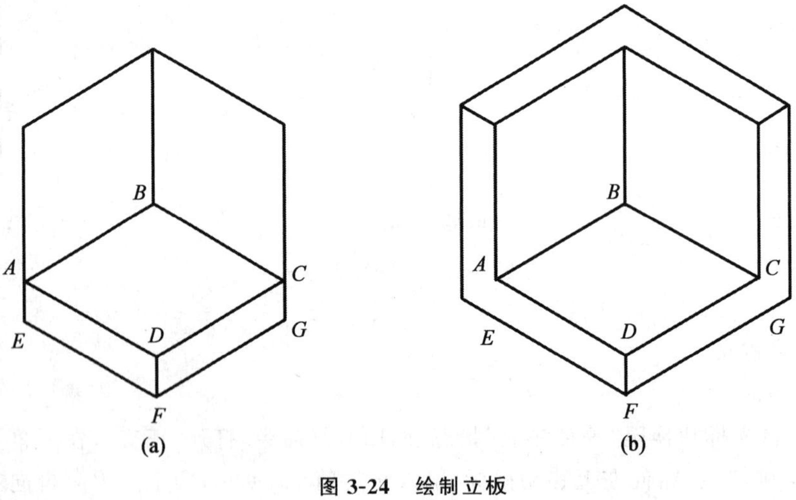

图 3-24 绘制立板

7. 绘制底面圆孔

1)确定椭圆中心

调整光标至“等轴测上”状态,调用直线命令,连接 AB、CD 的中点,AD、BC 的中点,连线的交点 O 为圆孔在上表面的中心。

2)绘制椭圆

单击“绘图”工具栏上的“椭圆”命令按钮,调用椭圆命令:

命令：_ellipse

指定椭圆轴的端点或［圆弧(A)/中心点(C)/等轴测圆(I)］：I　　* 绘制等轴测圆 *

指定等轴测圆的圆心：　　* 捕捉交点 O *

指定等轴测圆的半径或［直径(D)］：10　　* 在表面椭圆完成 *

3)绘制下底面椭圆

调整鼠标至“等轴测左”或“等轴测右”,“正交”处于打开状态,调用复制命令,向下 10 个单位复制刚刚绘制的椭圆,如图 3-25a 所示。

4)修改图形

删除确定中心的辅助直线。

再以上表面椭圆为修剪边界,修剪下底面椭圆线,结果如图 3-25b 所示。

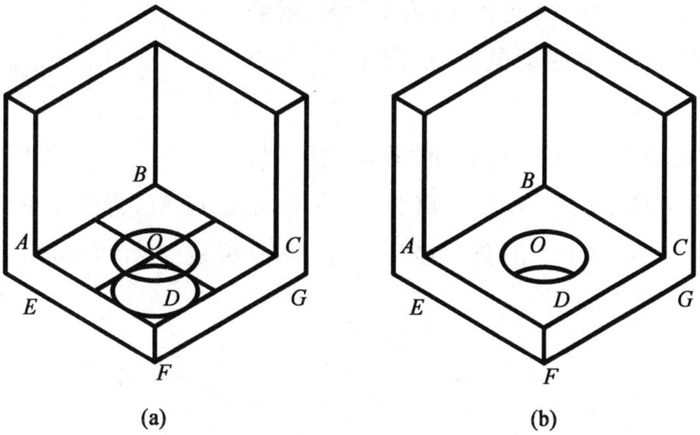

图 3-25　绘制椭圆

8. 绘制底面圆角

调用“椭圆”命令,选择“等轴测圆(I)”选项,以上表面椭圆心为圆心,绘制半径为 20 的椭圆,再向下复制该椭圆,如图 3-26a 所示。

再调用修剪命令修剪图形,结果如图 3-26b 所示。

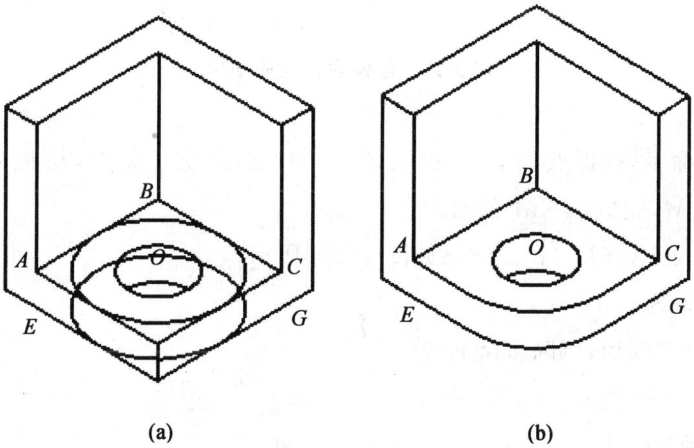

图 3-26　绘制底面圆角

提示、注意、技巧：

此处不能用圆角命令圆角，因为轴测图中的圆角是椭圆弧，而用圆角命令所绘制的弧线为圆弧。

9. 绘制后侧立面的圆孔和倒圆角

调整光标至“等轴测右”状态，以前面的方法绘制圆孔和倒圆角，结果如图 3-27 所示。

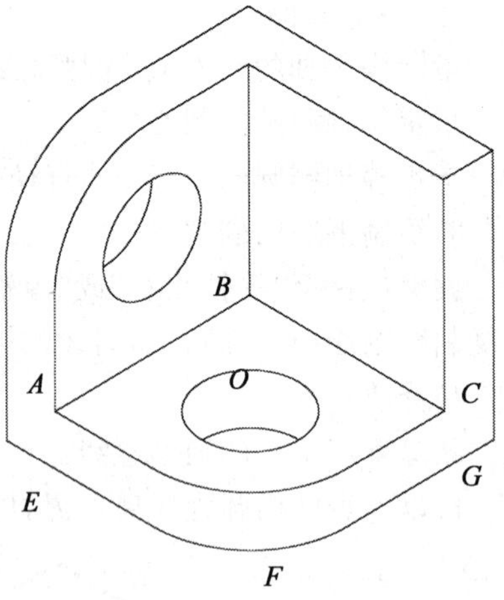

图 3-27　绘制后侧立面结构

10. 绘制右侧结构

(1)将光标调整至“等轴测右”状态，正交处于“开”状态，调用直线命令，捕捉端点 G，向上 30 个单位，绘制直线 GH，向左 10 个单位，确定点 I，按 F5 健，调整光标至“等轴测左”，向左上移动鼠标，给定距离 20 个单位，确定点 J。

(2)再调用直线命令，将光标调整至“等轴测上”状态，捕捉点 Z，向右下移动鼠标，给定距离 20 个单位，确定点 M，再向左下移动鼠标，给定距离 10，确定点 N，按 F8 键，关闭“正交”，捕捉点 J，完成折线 $ZMNJ$ 的绘制，结果如图 3-28a 所示。

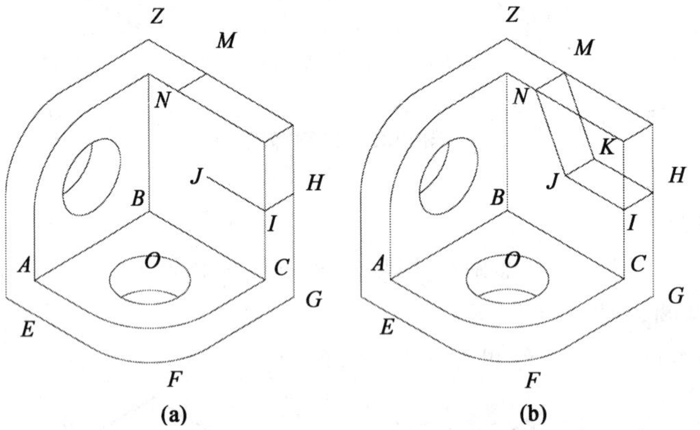

图 3-28　绘制右侧立面结构

(3)调用直线命令，捕捉点 H，“正交”处于“开”状态，给定距离 20，绘制 HK，按 F8 键，关闭“正交”，捕捉点 M，完成 HKM 的绘制。

(4)调用直线命令，连接 JK。结果如图 3-28b 所示。

11. 编辑整理图形

用修剪命令修剪图形，删除多余的线。

12. 保存图形

画好后进行保存操作。

提示、注意、技巧：

直线 HI 与 GF 的距离为 30 个单位，在轴测图中不能用偏移复制方法获得。因为偏移复制所给的距离为原直线与偏移复制的直线间的垂直距离，如图 3-29 所示。

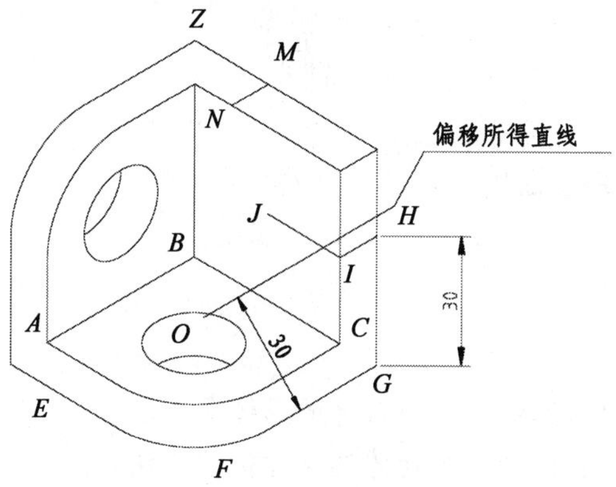

图 3-29　轴测图中偏移直线

项目四
绘制组合体三视图

项目目标

(1)了解组合体的构成,熟练掌握组合体的形体分析法。

(2)掌握组合体的画图、读图和组合体的尺寸标注方法。

(3)掌握 AutoCAD 绘制组合体三视图及正确标注尺寸的方法。

项目知识分布图

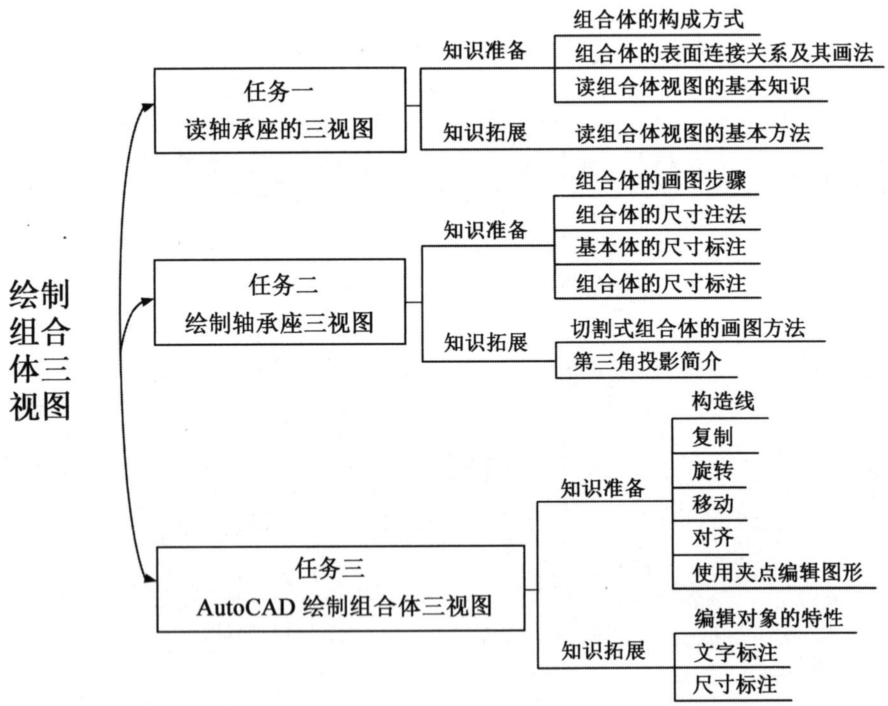

任务一　读轴承座的三视图

任务描述

根据轴承座组合体的特点，逐一将每一部分的几个投影对照进行分析，并确定各部分之间的相对位置和组合形式，理解一个图框为一体的概念，能把轴承座分解成若干基本几何体，再把它们组合为一个整体。

知识准备

一、组合体的构成方式

组合体按其构成的方式，通常分为叠加型和切割型两种。叠加型组合体由若干基本体叠加而成。图 4-1a 所示的螺栓(毛坯)是由六棱柱、圆柱和圆台叠加而成的。切割型组合体则可看成是由基本体经过切割或穿孔后形成的，如图 4-1b 所示的压块(模型)是由四棱柱经过若干次切割再穿孔以后形成的。多数组合体则是既有叠加又有切割的综合型，如图 4-1c 所示的支座。

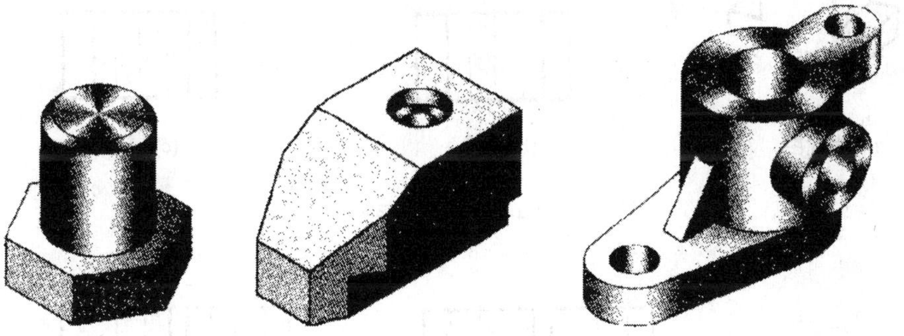

(a) 螺栓　(b) 压块　(c) 支座

图 4-1　组合体

二、组合体的表面连接关系及其画法

组合体中各表面之间的连接关系有不平齐、平齐、相切、相交等几种。

1. 不平齐

如图 4-2 组合体的上下表面不平齐。应在视图中画出结合处的分界线。

2. 平齐

如图 4-3 所示，组合体的上下表面对齐，没有错开，结合处无分界线。

3. 相切

如图 4-4 所示，组合体两表面光滑连接，即相切。结合处是光滑过渡的，不画线。

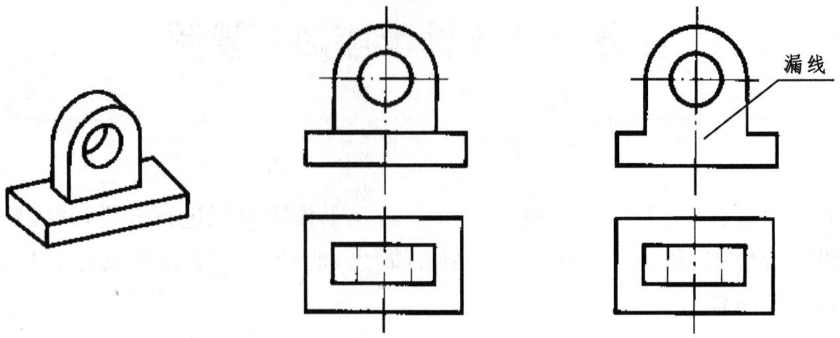

(a) 直观图　(b) 正确　(c) 错误

图 4-2　两表面不平齐

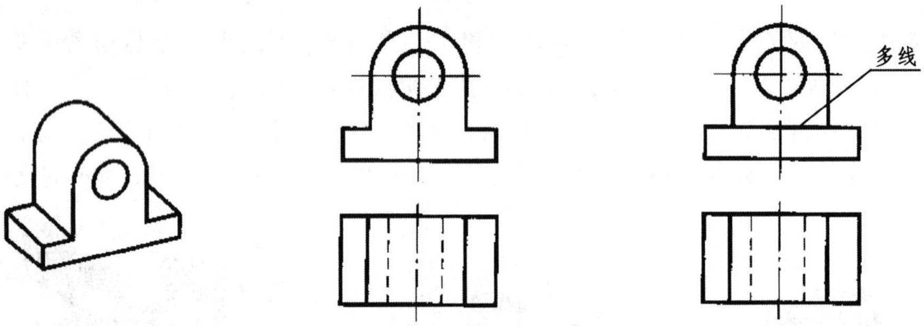

(a) 直观图　(b) 正确　(c) 错误

图 4-3　两表面平齐

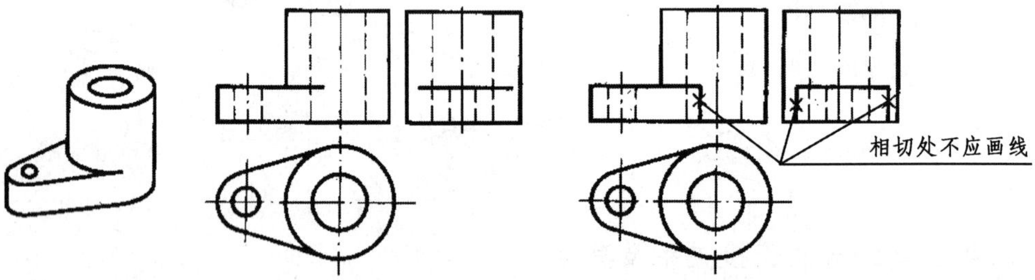

(a) 直观图　(b) 正确　(c) 错误

图 4-4　两表面相切

4. 相交

平面与平面相交，如图 4-5 所示，相交处有分界线，应画出分界线。平面与曲面相交，如图 4-6 所示，相交处有分界线，应画出分界线。曲面与曲面相交，相交处有相贯线，如图 4-7 所示，曲面应画出相贯线。

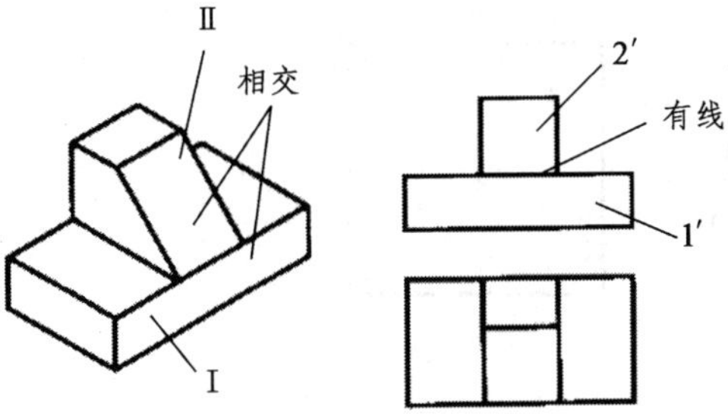

图 4-5　平面与平面相交

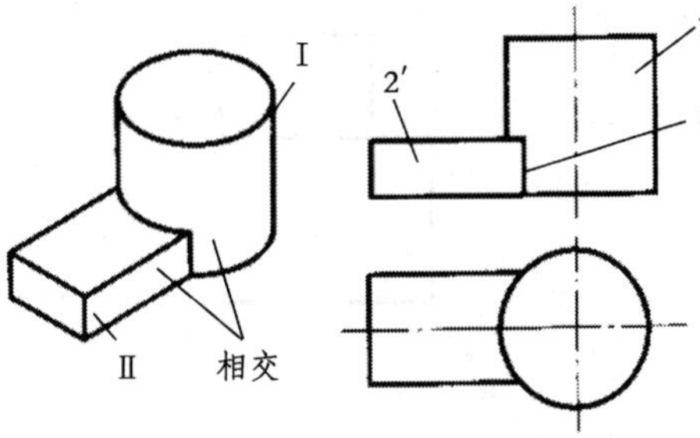

图 4-6　平面与曲面相交

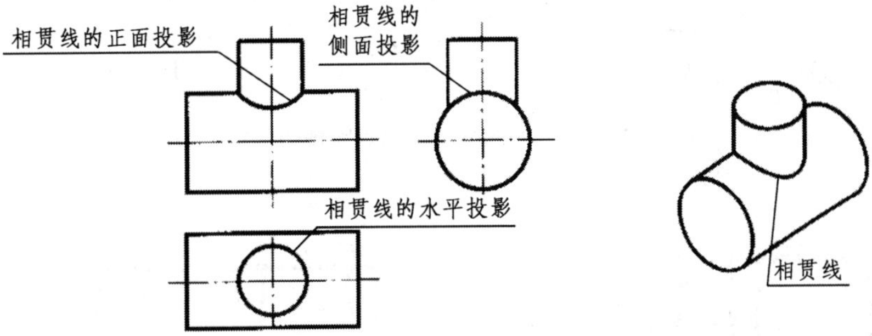

图 4-7　曲面与曲面相交

三、读组合体视图的基本知识

1. 明确视图中图线和线框的含义

视图由若干个封闭线框组成，而线框是由图线所构成的。视图中的每一条直线或曲线，可以代表一条线或代表一个面的投影。

2. 几个视图联系起来看

物体的形状一般是通过几个视图来表达的，每个视图只能反映物体一个方向的形状，因此，仅由一个或两个视图往往不能唯一地表达物体的形状，如图 4-8 所示。

3. 要善于抓特征视图

最能清晰地表达物体的形状特征的视图称为形状特征视图，最能清晰地表达构成组合体的各形体之间的相互位置关系的视图称为位置特征视图。由此可见，抓住特征视图，再配合其他视图，就能比较快地想象出物体的形状。这里应注意，物体上的每一组成部分的特征，并非总是全部集中在某一个视图上，无论哪个视图，只要形状、特征有明显之处，就应从该视图入手进行分析。如图 4-9 两组视图中的俯视图。

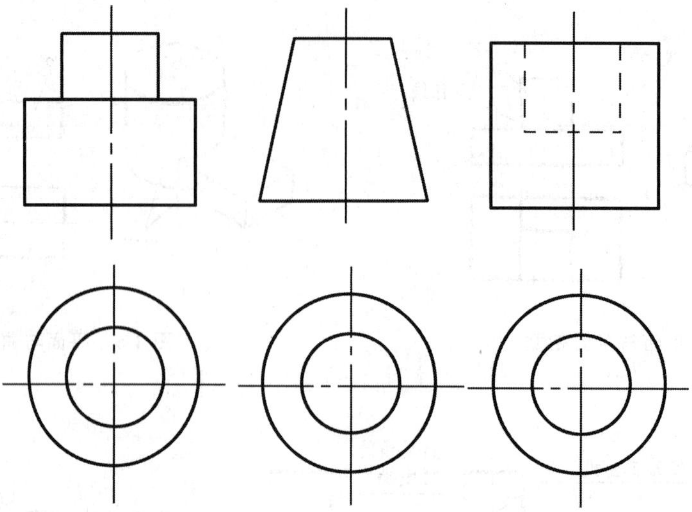

图 4-8 一个视图不能确定物体的形状

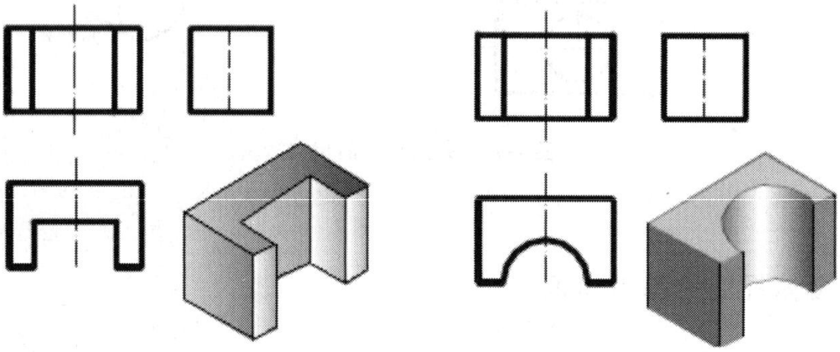

图 4-9 两个视图不能确定物体的形状

任务实施

1. 抓住特征分部分

经分析可知，主视图明显反映了Ⅰ、Ⅱ形体的形状特征，而左视图较明显地反映了形体Ⅲ的形状特征，故该轴承座可大体分为三部分，如图 4-10a 所示。

2. 找准投影想形状

Ⅰ、Ⅱ形体从主视图出发，形体Ⅲ从左视图出发，根据“三等”规律，分别在其他视图上找出对应的投影(如图 4-10 中粗实线所标)，便可想象出它们的形状，如图 4-10b、c、d 中的轴测图所示。

3. 综合起来想整体

Ⅰ形体在底板Ⅲ的上面，两形体的对称面重合且后面平齐；三棱柱肋板Ⅱ在形体Ⅰ的左右两侧，且与其相连，后面是平齐的，从而综合想象出物体的整体形状，如图 4-11 所示。

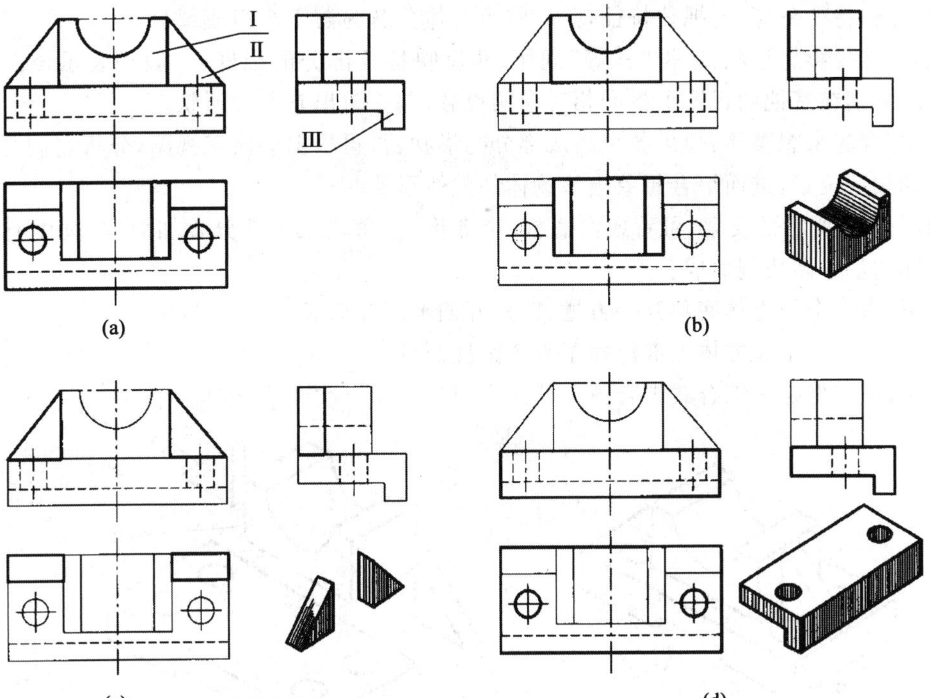

图 4-10　轴承座的读图方法

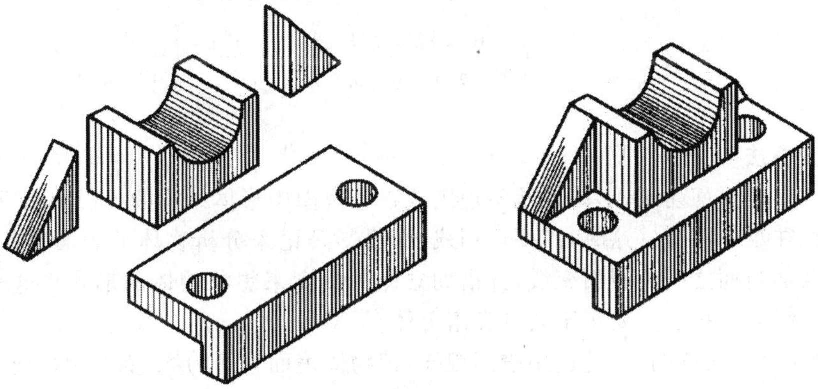

图 4-11　轴承座立体图

知识拓展

读组合体视图的基本方法

1. 形体分析法

假想将组合体分成若干部分，并弄清各部分的形状、大小、位置、组合形式以及表面的连接关系，以便于绘图、看图或尺寸标注。这种分析组合体的方法，称为形体分析法。形体分析法，主要用于叠加类组合体。

(1)抓住特征分部分:抓住特征视图,将组合体分解为若干个组成部分。

(2)找准投影想形状:依据"三等"规律,从反映特征部分的线框(一般是表示该部分形状的)出发,分别在其他两视图上找准相对应的投影,并想象出它们的形状。

(3)综合起来想整体:想出各个组成部分的形状后,再根据整体三视图,分析它们之间的组合形式和相对位置,进而综合想象出该物体的整体形状。

如图 4-12 所示的支架,可看成由底板、半圆槽、三角块三个部分叠加而成,其中有两个部分由不同的基本体切割而成。

底板:由一个长方体底部开一方槽,四角开四个圆孔而成。

半圆槽:由一个长方体上部挖掉了半个圆柱而成。

可见,该支架是一综合式组合体。

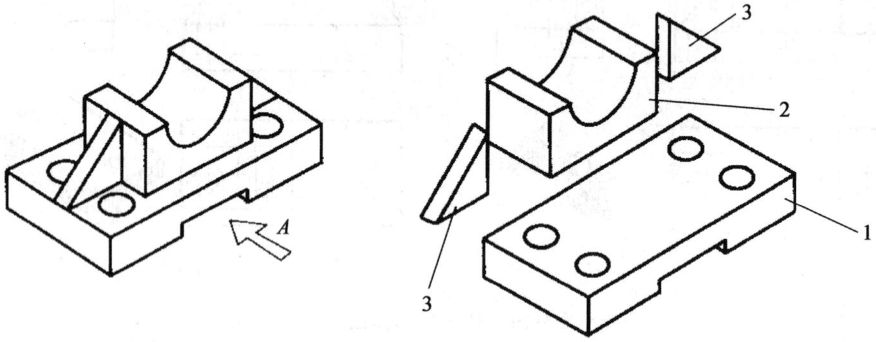

(a) 支架　　(b) 支架分解图

图 4-12　支架

1. 底板　2. 半圆槽　3. 三角块

2. 线面分析法

当形体被多个平面切割,形体形状不规则或在某视图中形体结构的投影关系重叠时,应用形体分析法往往难以读懂。这时,需要运用线、面投影理论来分析物体的表面形状、面与面的相对位置以及面与面之间的表面交线,并借助立体的概念来想象物体的形状。这种方法称为线面分析法。线面分析法主要用于切割类组合体。

(1)用线面分析法读图,就是运用投影规律,把物体表面分解为线、面等组成要素。

(2)通过分析这些要素的投影特点来确定其空间形状和相对位置,进而想象出物体的形状。

大多数组合体需要将两种方法综合起来使用。以形体分析法为主,以线面分析法为辅。

任务二　绘制轴承座三视图

任务描述

绘制如图 4-13 所示轴承座的三视图,首先应利用形体分析方法,读懂图形,弄清图形结构和各图形间的对应关系。

知识准备

一、组合体的画图步骤

无论是叠加式、切割式还是综合式组合体，一般按以下方法和步骤进行分析和画图。

1. 形体分析

画图前，首先对组合体进行形体分析，通过形体分析，弄清该组合体的具体形状、大小和组合方式等。

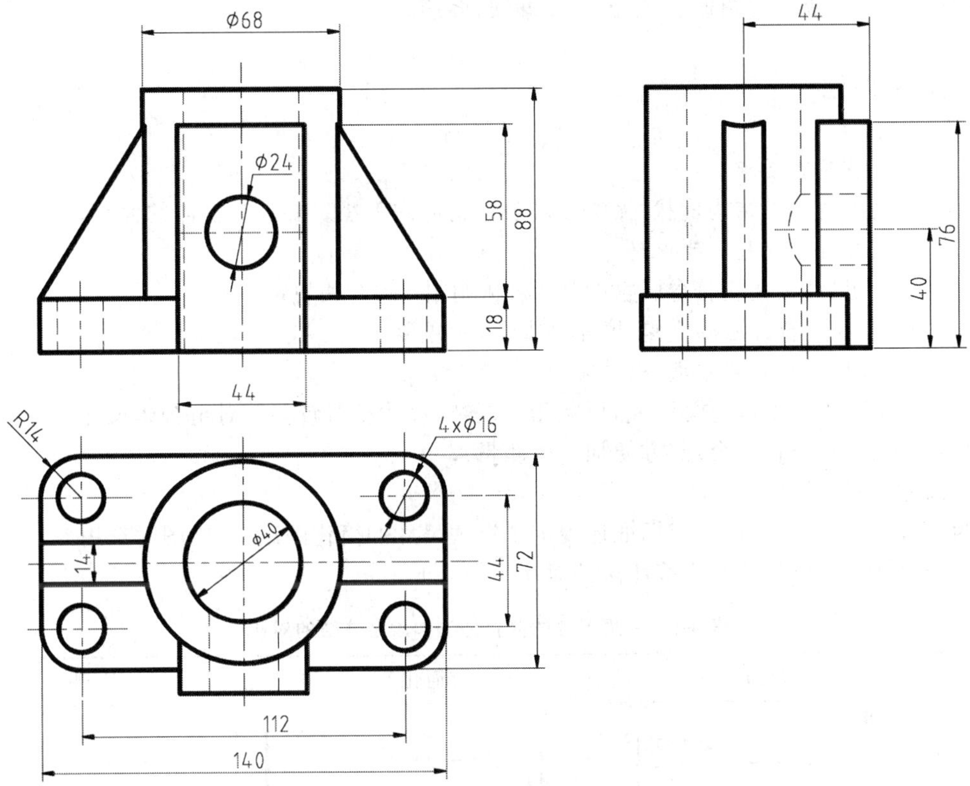

图 4-13　轴承座三视图

2. 确定主视图

三视图中，主视图是最主要的和不可缺少的视图，画图和看图都应从主视图开始。主视图的选择一般根据形体特征原则来考虑，即以最能反映组合体形体特征的那个视图作为主视图，同时兼顾其他两个视图表达的清晰性。选择时还应考虑物体的安放位置，尽量使其主要平面和轴线与投影面平行或垂直，以便使投影能得到实形。主视图应尽量满足下述三个要求：

(1)尽可能多地反映组合体的形状特征及其相关位置；

(2)放置平稳和尽量摆正，同时尽可能地使组合体表面对投影面处于平行或垂直位置；

(3)视图的虚线尽可能少，并注意图面的合理布局和尺寸标注。

3. 其他视图的选择

主视图确定后，其他视图也就随之而定了。

4. 确定比例和图幅

视图确定后，要根据物体的复杂程度和尺寸大小，按照标准的规定选择适当的比例与图幅。选择的图幅要留有足够的空间以便于标注尺寸和画标题栏等。

5. 布置视图位置

布置视图时，应根据已确定的各视图每个方向的最大尺寸，并考虑到尺寸标注和标题栏等所需的空间，匀称地将各视图布置在图幅上。

6. 绘制底稿

一般应从形状明显的视图入手，先画主要部分，后画次要部分；先画看得见的部分，后画看不见的部分；先画圆或圆弧，后画直线。画图时，物体的每一组成部分，最好是三个视图配合着画，这样不但可以提高绘图速度，还能避免漏线、多线。

二、尺寸注法

1. 尺寸标注基本要求

图形表达了物体的结构形状，无法准确表达物体的大小。要反映物体的大小，必须进行尺寸标注。对尺寸标注的基本要求是：

(1)正确。尺寸标注应符合国家标准《机械制图》的有关规定。

(2)完整。尺寸标注必须完整，既不遗漏，也不重复。

(3)清晰。尺寸的布置要整齐、清晰，便于查看。

组合体由若干基本体组合而成，形状相对复杂，尺寸相对较多。对组合体尺寸标注的基本要求是：正确、完整、清晰、合理(方便加工时测量)。

2. 尺寸的简化画法

为了减少绘图工作量，国家标准还规定了有关尺寸的简化画法，供绘图时选用。

常用尺寸的简化注法与规范注法的对比见表 4-1。

表 4-1 常用尺寸的简化注法和规范注法的对比

序号	简化后	简化前	说明
1	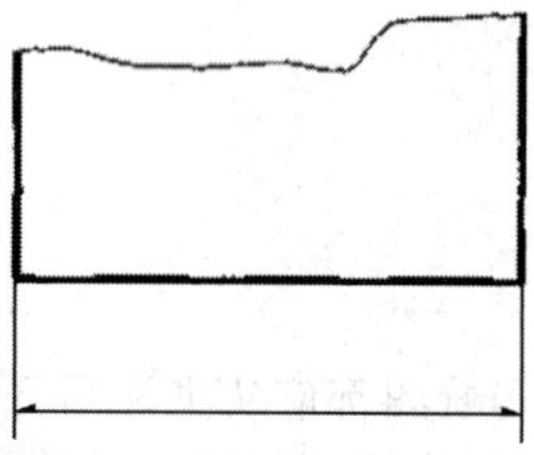	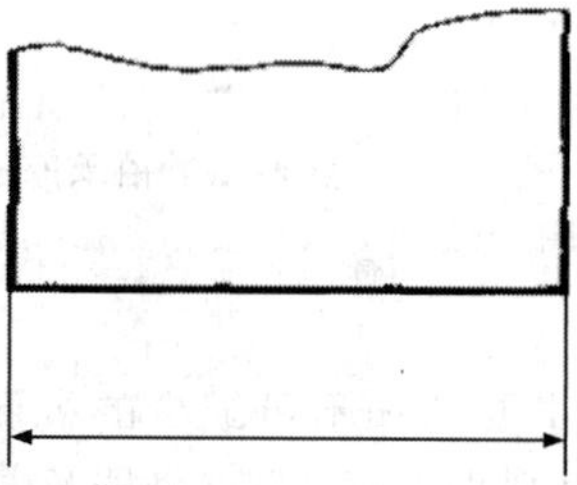	标注尺寸时，可使用单边箭头
2	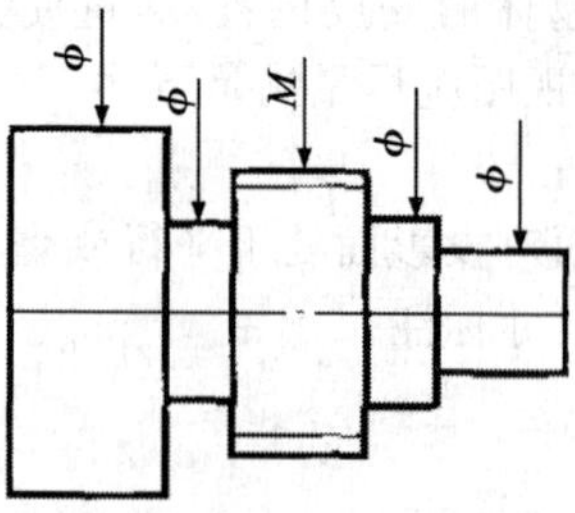	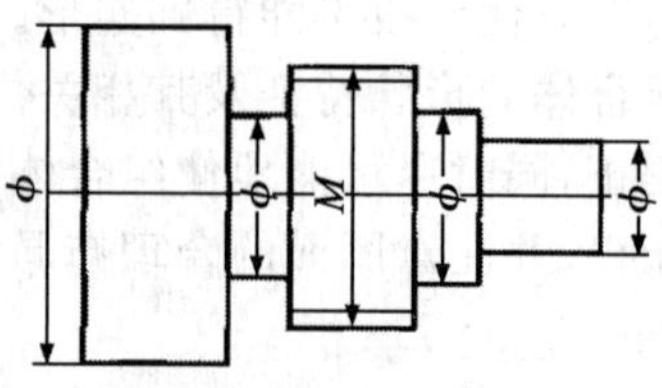	标注尺寸时，可使用带箭头的指引线

续表 4-1

序号	简化后	简化前	说明
3	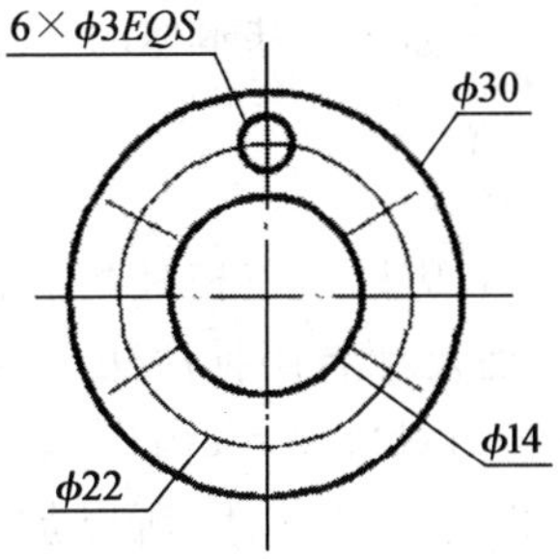	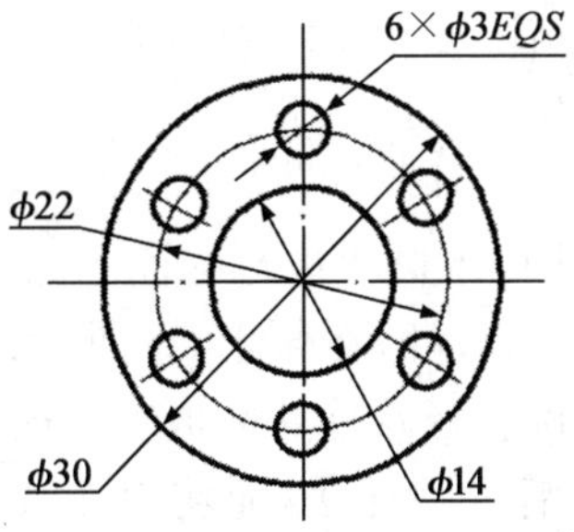	标注尺寸时,也可使用不带箭头的指引线 均布的相同直径的小孔其尺寸标注可采用“6×ϕ3”的形式
4	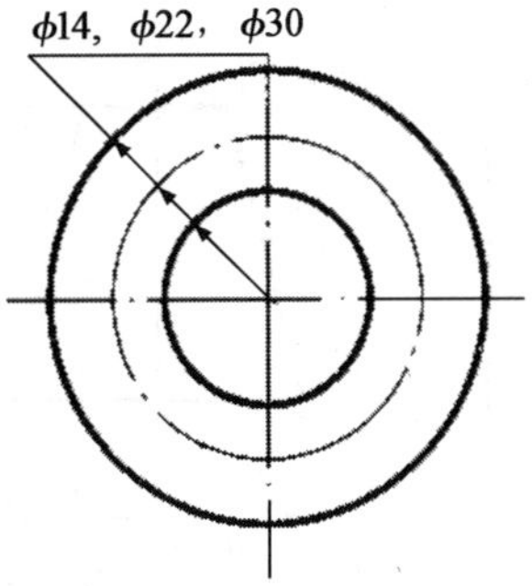	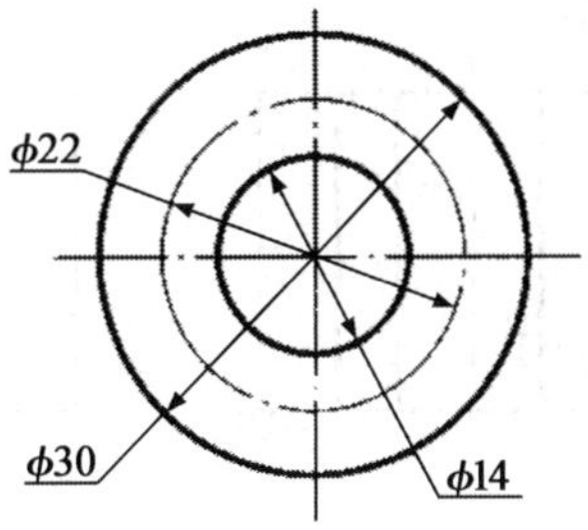	一组同心圆的尺寸,可用共用的尺寸线和箭头依次表示,尺寸数字之间用逗号隔开
5	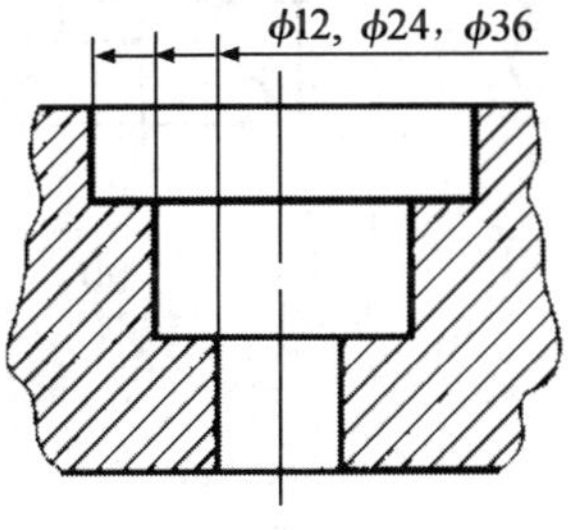	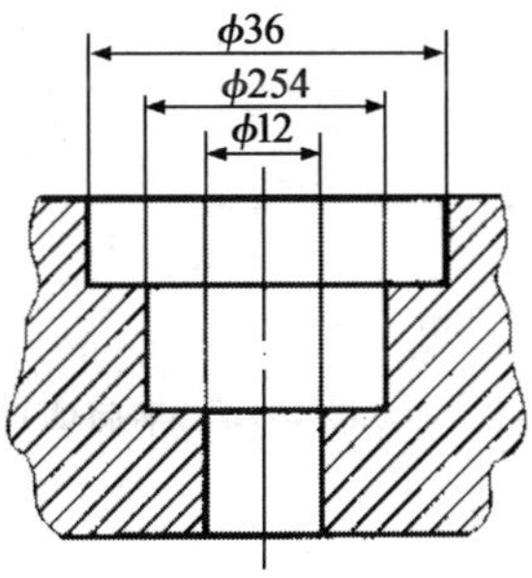	一组台阶孔的尺寸,可用共用的尺寸线和箭头依次表示,尺寸数字之间用逗号隔开
6	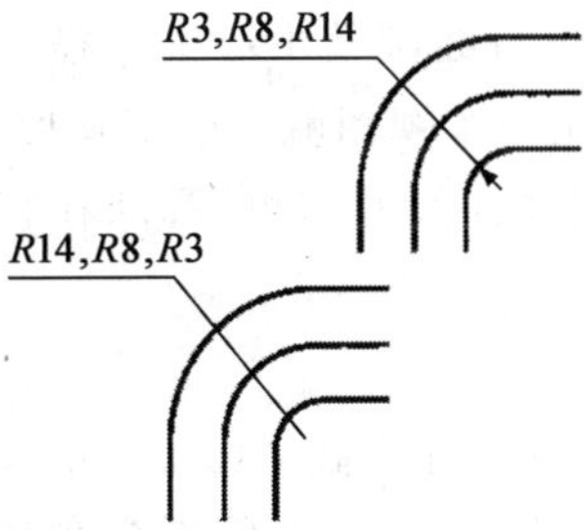	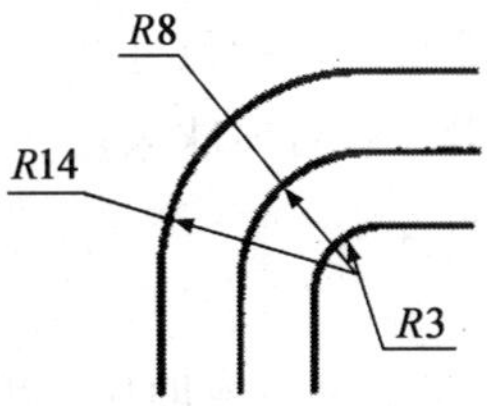	一组同心圆弧或圆心位于一条直线上的多个不同心圆弧的尺寸,可用共用尺寸线和箭头依次表示,尺寸数字之间用逗号隔开

三、基本体的尺寸标注

要掌握组合体的尺寸标注,必须了解和熟悉基本体的尺寸标注。基本体的大小通常由长、宽、高三个方向的尺寸来确定。

1. 平面体

平面体的尺寸应根据其具体形状进行标注。如图 4-14a,应注出三棱柱的底面尺寸和高度。对于图 4-14b 所示的正六棱柱,在标注了高度之后,底面尺寸有两种注法,一种是注出正六边形的对角线尺寸(外接圆直径);另一种是注出正六边形的对边尺寸(内切圆直径,通常也称为扳手尺寸)。常用的是后一种注法,而将对角线尺寸作为参考尺寸,所以加上括号。图 4-14c 所示正五棱柱的底面为正五边形,在标注了高度之后,底面尺寸只需标出外接圆直径。图 4-14d 所示四棱台必须注出上、下底的长、宽和高度。

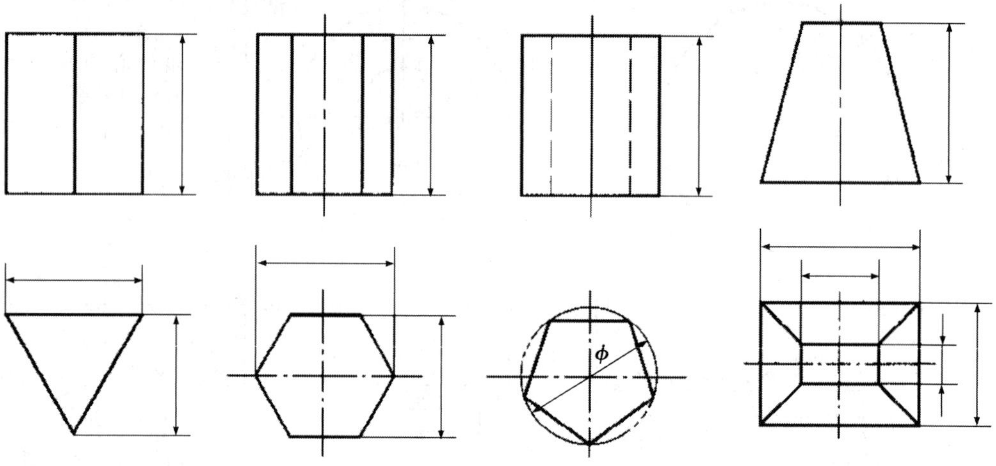

(a) (b) (c) (d)

图 4-14 平面体尺寸标注

2. 曲面体

如图 4-15a、b 所示,圆柱(或圆锥)应注出底圆直径和高度,圆台还要注出顶圆直径。在标注直径时应在数字前加注“ϕ”。图 4-15c 所示的圆环要注出母线圆及中心圆直径。值得注意的是,当完整标注了圆柱(或圆锥)、圆环的尺寸之后,只要用一个视图就能确定其形状和大小,其他视图可省略不画。图 4-15d 所示的圆球只用一个视图加注尺寸即可,圆球在直径数字前应加注“ $S\phi$”。

3. 带切口形体的尺寸标注

对于带切口的形体,除了标注基本形体的尺寸外,还要注出确定截平面位置的尺寸。必须注意,由于形体与截平面的相对位置确定后,切口的交线就完全确定,因此不应在交线上标注尺寸。图中打“ ×”的为多余的尺寸(图 4-16)。

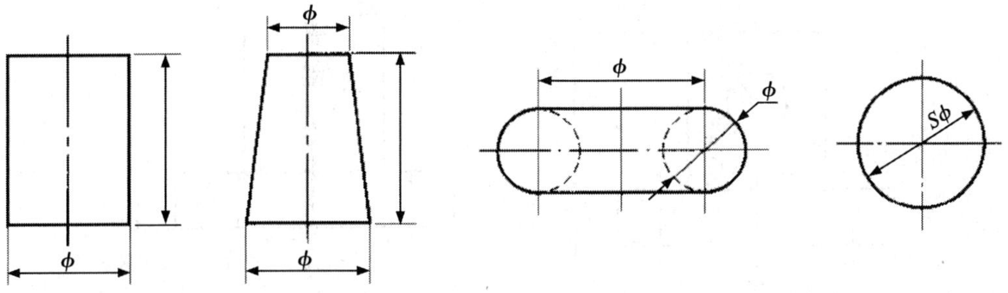

(a) (b) (c) (d)

图 4-15 曲面体尺寸标注

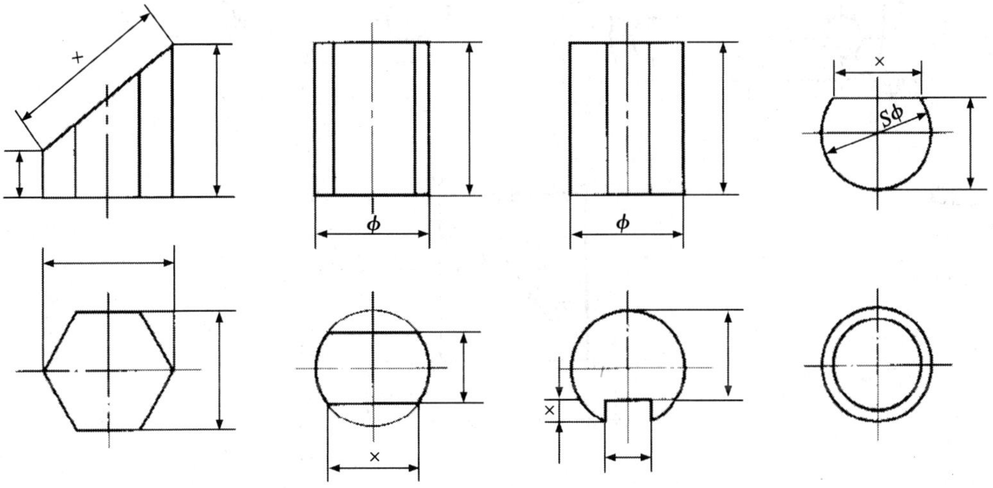

(a) (b) (c) (d)

图 4-16 带切口形体的尺寸标注

四、组合体的尺寸标注

以图 4-17 所示组合体为例，说明组合体尺寸标注的基本方法。

1. 尺寸齐全

要使尺寸标注齐全，既不遗漏，也不重复，应先按形体分析的方法注出各基本形体的尺寸，再确定它们之间的相对位置尺寸，最后根据组合体的结构特点注出总体尺寸。

定形尺寸——确定组合体中各基本形体大小的尺寸。

标注底板长、宽、高尺寸(40、24、8)，底板上圆孔和圆角尺寸(2×ϕ6、R6)。必须注意，相同的圆孔 ϕ6 要注写数量，如 2×ϕ6，但相同的圆角 R6 不注数量，两者都不必重复标注。标注竖板长、宽、高(20,7,22)和圆孔直径，如图 4-17a 所示。

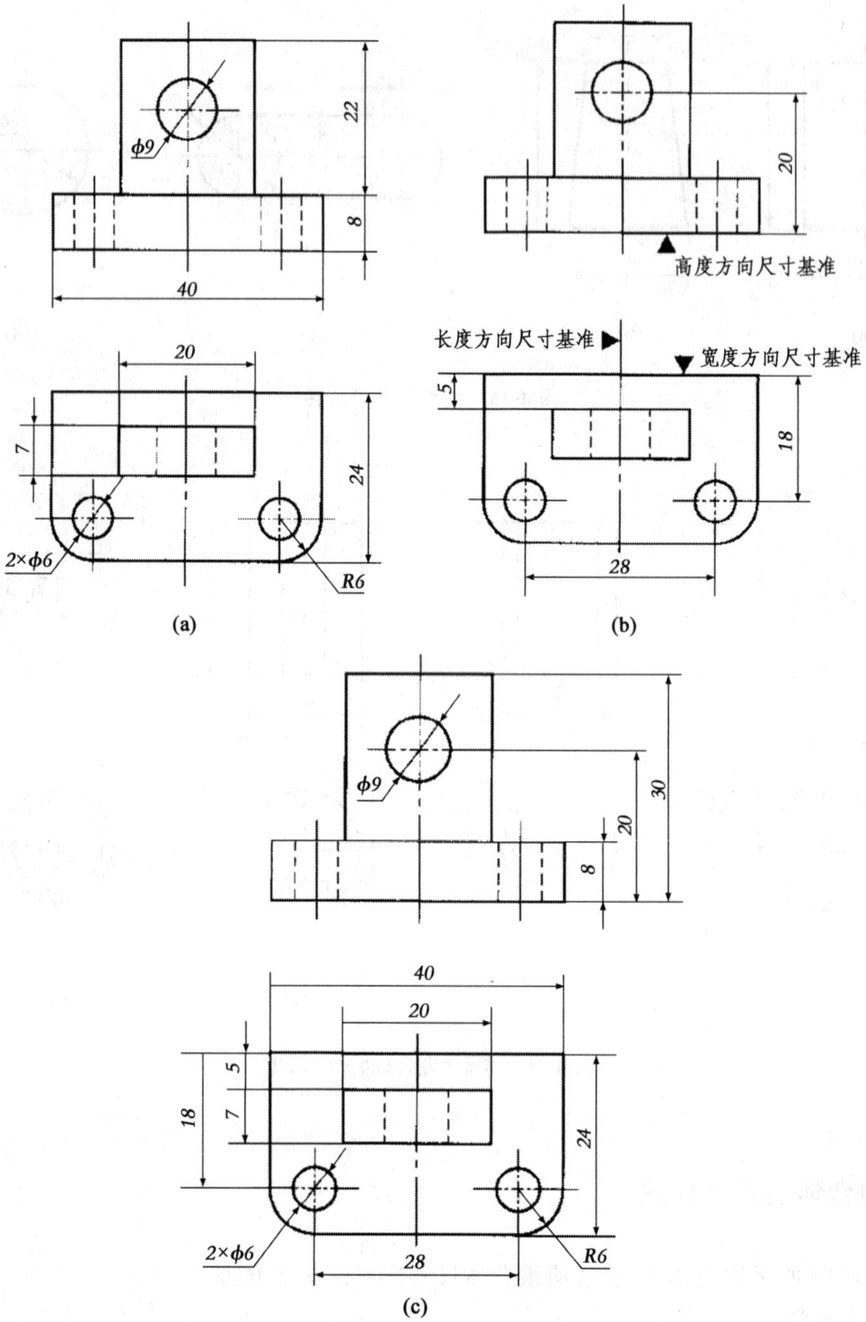

图 4-17　组合体尺寸标注示例

定位尺寸是确定组合体中各基本形体之间相对位置的尺寸(图 4-17b)。标注定位尺寸时,必须在长、宽、高三个方向分别选定尺寸基准,每个方向至少有一个尺寸基准,以便确定各基本形体在各方向上的相对位置。通常选择组合体的底面、端面或对称平面以及回转轴线等作为尺寸基准。如图 4-17b 所示,组合体的左右对称平面为长度方向尺寸基准;后端面为宽度方向尺寸基准；底面为高度方向尺寸基准(图中用符号▲表示基准位置)。由长度方向尺寸基准注出底板上两圆孔的定位尺寸 28，由宽度方向尺寸基准注出底板上圆孔与后端面的定位尺寸 18，竖板与后端面的定位尺寸 5；由高度方向尺寸基准注出竖板上圆孔与底面的定位尺寸 20。

总体尺寸是确定组合体在长、宽、高三个方向的总长、总宽和总高的尺寸。该组合体的总长和总宽尺寸即底板的长 40 和宽 24 不再重复标注。总高尺寸 30 应从高度方向尺寸基准注出。总高尺寸标注以后，原来标注的竖板高度尺寸 22 取消不注(图 4-17c)。

2. 尺寸清晰

标注尺寸时要注意以下几点：

(1)尺寸排列要整齐、清楚。尺寸尽量标注在两个相关视图之间和视图的外面，如图 4-18a 所示。同一方向的尺寸线，最好画在一条线上，不要错开。

(2)定位尺寸标注在形体间的位置特征视图上。

(3)将定形尺寸标注在形体特征明显的视图上，如图 4-18b 所示。

(4)布局清晰应根据尺寸的大小，依次排列，大尺寸在外、小尺寸在内，尽量避免尺寸线与尺寸线、尺寸界线、轮廓线相交。

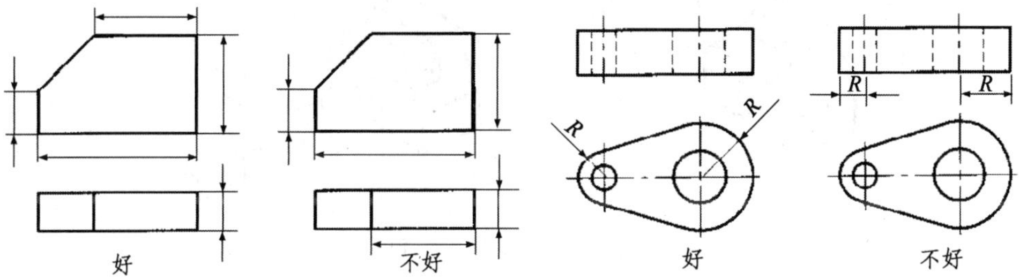

(a)　　(b)

图 4-18　尺寸标注示例

任务实施

1. 形体分析

图 4-13 所示轴承座可分为四部分，长方体的底座、上部的圆柱筒、两侧的肋板和前部带圆孔的长方体立板，空心圆筒位于长方形板的正上方，肋板对称分布在圆筒的左右两侧。

2. 画图步骤

正式画图前，应做好“选比例、定图幅、画图框、画标题栏”等准备工作。绘制该图形时，应首先绘制出中心线，确定出三视图的位置，然后绘制底板的外形结构，其次绘制圆筒，再次绘制两侧的肋板，前部立板，最后绘制各个结构的细小部分。画图时应按每个结构在三个视图中同时绘制，不要一个视图画完之后再去画另一个视图。

(1)绘制中心线等基准线；

(2)绘制底板外形的三视图；

(3)绘制上部圆筒的三视图；

(4)绘制左右肋板的三视图；

(5)绘制前部立板的三视图；

(6)检查、改错、擦去多余的线条；

(7)加深图线。

知识拓展

一、切割式组合体的画图方法

1. 作定位块的三视图(图 4-19a)

形体分析如图 4-19b 所示，该组合体是一个切割式组合体，可看成是由一长方体经四次切割后形成的。

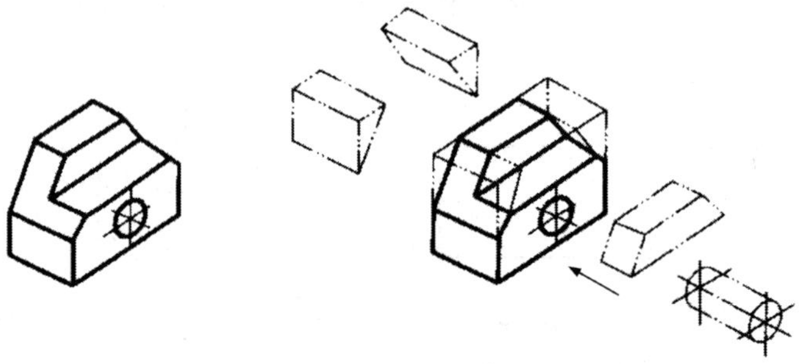

(a) (b)

图 4-19 定位块

2. 确定主视图

分析可知，以图 4-19b 所示箭头方向作为主视图的投影方向，使主视图反映组合体的外形特征。

3. 画图

作图步骤如图 4-20 所示：

(1)画长方体的三视图；

(2)画切去左右两边棱柱后的三视图；

(3)画出切割前面部分后的三视图；

(4)画出切去圆柱后的三视图；

(5)检查、改错、擦去多余线条后加深图线。

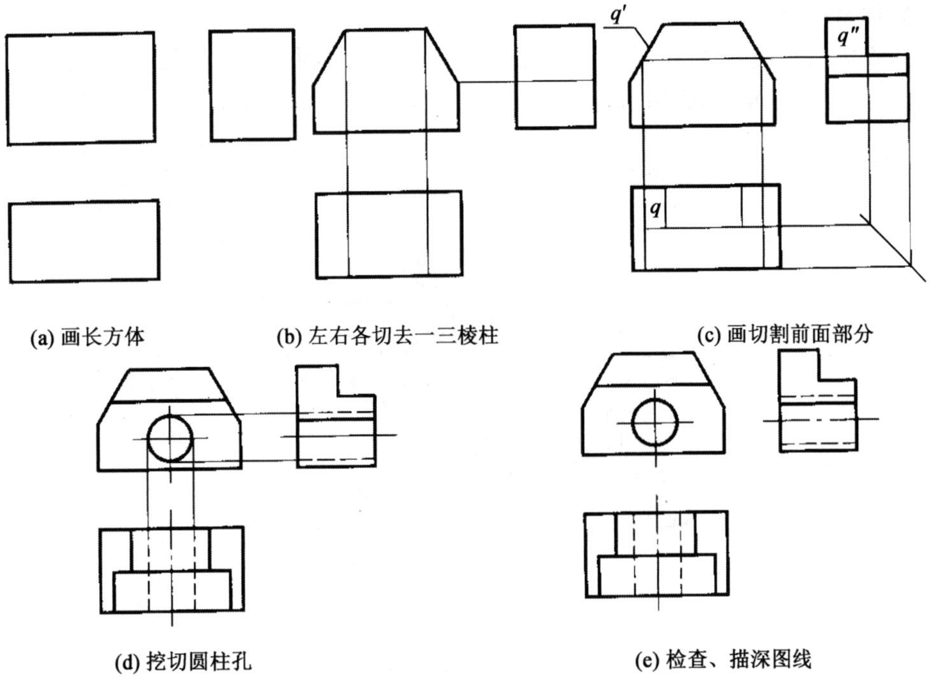

(a) 画长方体　(b) 左右各切去一三棱柱　(c) 画切割前面部分

(d) 挖切圆柱孔　(e) 检查、描深图线

图 4-20　定位块三视图的画图方法

二、第三角投影简介

国际标准规定，在绘图时，可以采用第一角画法，也可采用第三角画法。我国普遍采用的是第一角画法，但美国、日本等一些国家则采用第三角画法。为适应日益发展的国际技术合作与交流，了解第三角画法是必要的。

三个相互垂直的平面将空间分为八个分角，分别称为第一角、第二角、第三角、第四角、第五角、第六角、第七角、第八角，如图 4-21 所示。

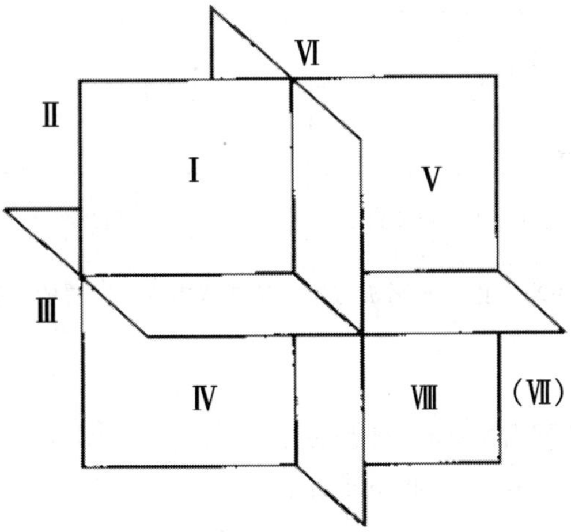

图 4-21　八个分角

1. 投影体系的比较

第一角投影，即将物体置于第一角内，投射方向是“人—物体—投影面”的关系；第三角投影，即将物体置于第三角内，投射方向是“人—投影面—物体”的关系，如图 4-22 所示。

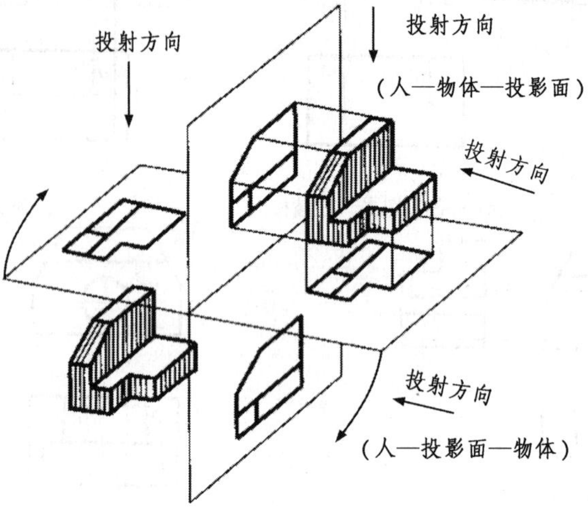

图 4-22 第一角投影与第三角投影的比较

2. 两视图配置的比较

第一角画法，主视、俯视两个视图的配置如图 4-23a 所示。

第三角画法，主视、俯视两个视图的配置如图 4-23b 所示。

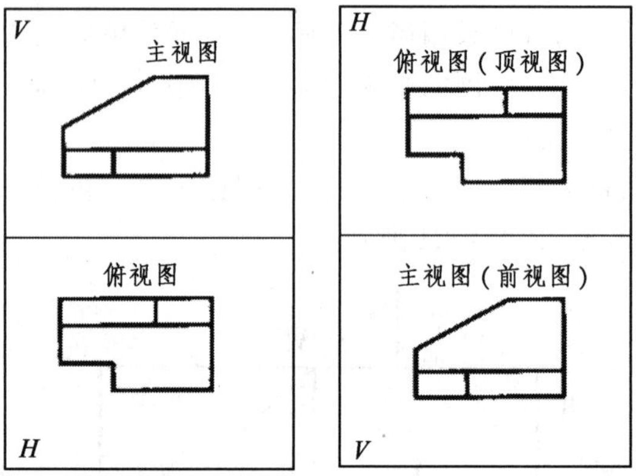

(a) 第一角画法　　(b) 第三角画法

图 4-23 第一角画法与第三角画法中视图配置的比较

3. 三视图配置的比较

第一角画法，三视图的配置如图 4-24 所示。

第三角画法，三视图的配置如图 4-25 所示。

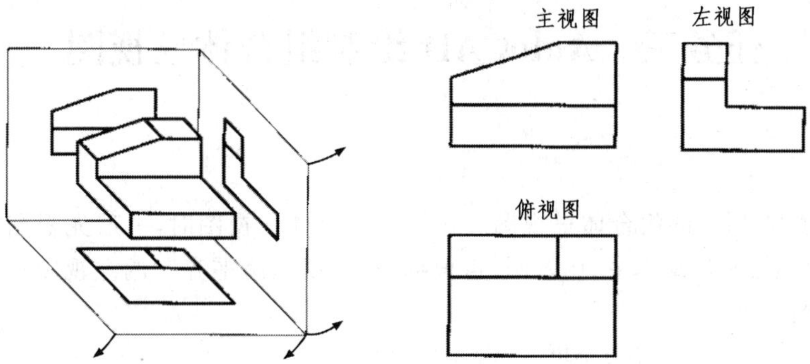

(a) 立体图　　(b) 三视图

图 4-24　第一角投影的三视图

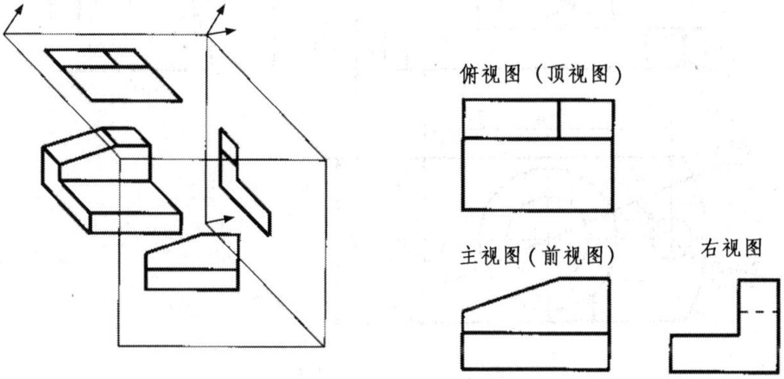

(a) 立体图　　(b) 三视图

图 4-25　第三角投影的三视图

4. 不同画法的标识

为了区别第一角画法和第三角画法，国家标准 GB/T 14692—1993 规定，在图纸的标题栏内设格栏，用专门的识别符号表示，如图 4-26 所示。

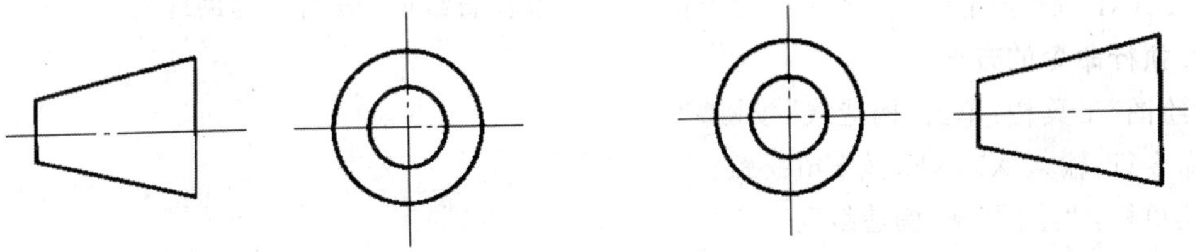

(a) 第一角画法的标识符号　　(b) 第三角画法的标识符号

图 4-26　不同画法的标识符号

任务三　AutoCAD 绘制组合体三视图

任务描述

绘制如图 4-27 所示的组合体三视图。在绘制组合体三视图时，一般先根据“主俯视图长对正”的投影特性绘制与编辑主、俯视图，再根据“主左视图高平齐”“俯左视图宽相等”的投影特性绘制左视图。

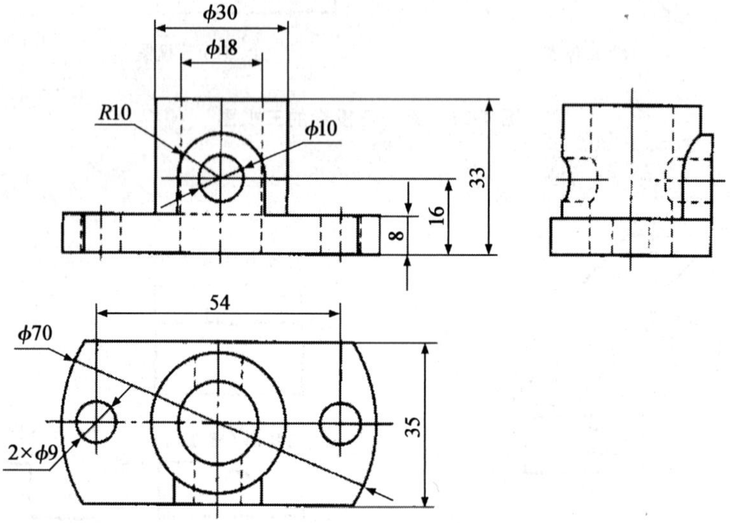

图 4-27　三视图图样

知识准备

一、构造线

1. 功能

“XLINE”命令用于绘制通过给定点的双向无限长直线(一般用于辅助线)。

2. 执行命令的方法

“绘图”工具栏：单击“构造线”按钮。

命令行：输入 XLINE，按 Enter 键。

菜单栏：“绘图”→“构造线”。

3. 操作步骤

选择“绘图”→“构造线”命令，命令行提示如下。

命令：_xline

指定点或[水平(H)/垂直(V)/角度(A)/二等分(B)/偏移(O)]：

指定通过点：

4. 有关说明及提示

(1)水平(H):绘制通过指定点的水平构造线。

(2)垂直(V):绘制垂直构造线,方法与绘制水平构造线相同。

(3)角度(A):绘制与指定直线呈指定角度的构造线。

(4)二等分(B):绘制平分一角的构造线。

(5)偏移(O):绘制与指定直线平行的构造线。

5. 举例

1)画水平或垂直构造线

画水平或垂直构造线的操作步骤如下。

选择"绘图"→"构造线"菜单,命令行提示如下。

指定点或[水平(H)/垂直(V)/角度(A)/二等分(B)/偏移(O)]: * 输入 H 或 V,按 Enter 键 *

指定通过点:　　* 利用合适的定点方式指定构造线经过的点 *

指定通过点:　　* 利用合适的定点方式指定另一条构造线要经过的点或按 Enter 键 *

2)画二等分角的构造线

画二等分角的构造线的操作步骤如下。

选择"绘图"→"构造线"菜单,命令行提示如下。

指定点或[水平(H)/垂直(V)/角度(A)/二等分(B)/偏移(O)]: * 输入 B,按 Enter 键 *

指定角的顶点:　　* 利用合适的定点方式指定需要平分的角的顶点 *

指定角的起点:　　* 利用对象捕捉方式在角的第一条边上指定一点 *

指定角的端点:　　* 利用对象捕捉方式在角的第二条边上指定一点 *

指定角的端点:　　* 按 Enter 键 *

二、复制

1. 功能

利用"COPY"命令可以绘制两个或多个完全相同的图形实体,提高绘图效率。"COPY"命令可以将选定的对象在新的位置上进行一次或多次复制。

2. 执行命令的方法

"修改"工具栏:单击"复制"按钮。

命令行:输入 COPY,按 Enter 键。

菜单栏:"修改"→"复制"。

3. 操作步骤

选择"修改"→"复制"菜单,命令行提示如下。

命令:_copy

选择对象:指定对角点:找到 1 个　　* 单击要复制的对象 *

选择对象:　　* 按 Enter 键确认 *

当前设置: 复制模式=多个

指定基点或[位移(D)/模式(O)]<位移>:指定第二个点或<使用第一个点作为位移>:

* 单击指定基点 *

指定第二个点或[退出(E)/放弃(U)]＜退出＞：　* 单击指定点 *
指定第二个点或[退出(E)/放弃(U)]＜退出＞：　* 单击指定点 *
指定第二个点或[退出(E)/放弃(U)]＜退出＞：　* 单击指定点，按 Enter 键确认 *

三、旋转

1. 功能

"ROTATE"命令用于将选定的对象绕着指定的基点旋转指定的角度。

2. 执行命令的方法

"修改"工具栏：单击"旋转"按钮。

命令行：输入 ROTATE，按 Enter 键。

菜单栏："修改"→"旋转"。

3. 操作步骤

选择"修改"→"旋转"菜单，命令行提示如下。

命令：_rotate
UCS 当前的正角方向：ANGDIR＝逆时针 ANGBASE＝0
选择对象：找到 1 个　* 选择要旋转的对象 *
选择对象：　* 按 Enter 键确认 *
指定基点：　* 指定旋转的基点 *
指定旋转角度，或[复制(C)/参照(R)]＜0＞：　* 输入旋转的角度，按 Enter 键 *

注意：在输入旋转角度时，顺时针旋转角度为负，逆时针旋转角度为正。

四、移动

1. 功能

利用"MOVE"命令，可以将选定的对象从一个位置移到另一个位置。

2. 执行命令的方法

"修改"工具栏；单击"移动"按钮。

命令行：输入 MOVE，按 Enter 键。

菜单栏："修改"→"移动"。

3. 操作步骤

选择"修改"→"移动"菜单，命令行提示如下。

命令：_move
选择对象：　* 选择要移动的对象 *
选择对象：　* 按 Enter 键 *
指定基点或[位移(D)]＜位移＞：　* 指定移动的基点 *
指定第二个点或＜使用第一个点作为位移＞　* 指定移动对象所在的新位置 *

如图 4-28a 中以 A 点作为基点，位移点为 B 点，移动的效果如图 4-28b 所示。

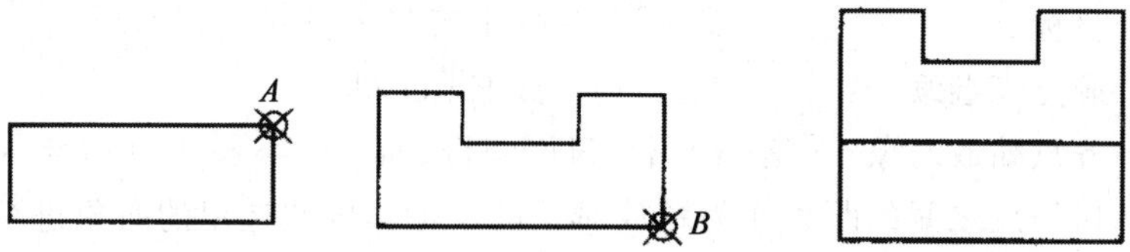

(a) 移动前　(b) 移动后

图 4-28　“移动”命令示例

五、对齐

1. 功能

利用“ALIGN”命令可以将选定的对象移动、旋转或倾斜,使其与另一个对象对齐。

2. 执行命令的方法

命令行:输入 ALIGN 或 AL,按 Enter 键。

菜单栏:“修改”→“对齐”。

3. 操作步骤

1)用一对点对齐两对象

将图 4-29a 所示的两零件对齐,如图 4-29b 所示。操作步骤如下。

(1)在命令行中输入 ALIGN,按 Enter 键。

(2)当命令行提示“选择对象:”时,选择要对齐的对象。

(3)当命令提示“指定第一个源点:”时,利用合适的定点方式指定第一个源点。

(4)当命令提示“指定第一个目标点:”时,指定第一个目标点。

(5)当命令提示“指定第二个源点:”时,按 Enter 键。

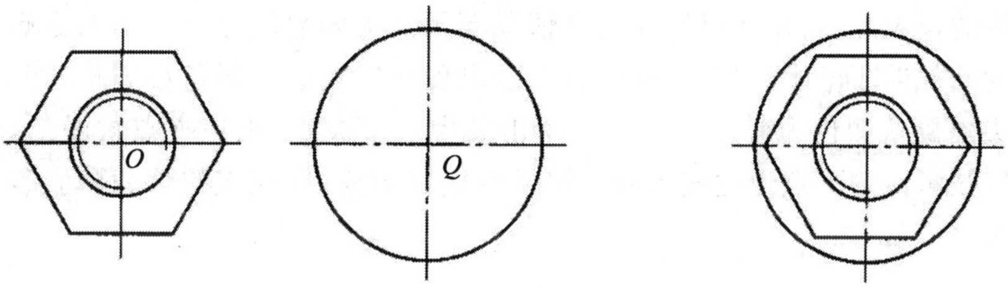

(a) 对齐前　(b) 对齐后

图 4-29　一对点对齐两对象

2)用两对点对齐两对象

将图 4-30a 所示的盘类零件图形与右侧的支座对齐,操作步骤如下。

选择 “修改”→“对齐”菜单,命令行提示如下。

命令:_align

选择对象:　* 选择要对齐的对象 *

指定第一个源点:　* 利用合适的定点方式指定第一个源点 1 *

指定第一个目标点:　* 指定第一个目标点 1′ *

指定第二个源点:　* 在选定的对象上指定第二个源点 2 *

指定第二个目标点：　　　　　　　　　　＊指定第二个目标点 2′＊

指定第三个源点＜继续＞：　　　　　　　＊按 Enter 键＊

是否基于对齐点缩放对象？[是(Y)/否(N)]＜否＞：　　＊按 Enter 键，或输入 Y，以第一目标点和第二目标点之间的距离作为缩放对象的参考长度使选定的对象进行缩放＊

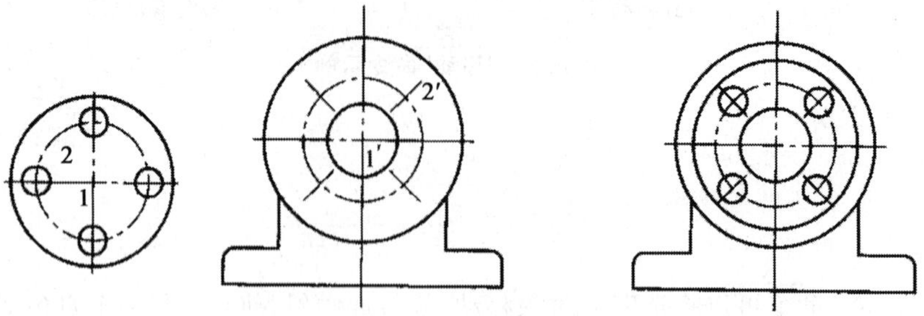

(a) 对齐前　　(b) 对齐后

图 4-30　两对点对齐两对象

六、使用夹点编辑图形

夹点是控制对象的位置和大小的关键点，它提供了一种方便快捷的编辑操作途径。在选取图形对象后，就可以使用夹点对齐对象。

1. 控制夹点显示

选择"工具"→"选项"菜单，打开"选项"对话框，单击"选择集"标签，打开"选择集"选项卡，在该选项卡中可以设置是否启用夹点及夹点的大小、颜色等。

系统默认的设置是"启用夹点"，在这种情况下用户无须启动命令。当命令行中没有需要执行的命令时，单击图形对象，该图形对象上会出现一些实心的彩色小方框，即为夹点，如图 4-31 所示。夹点默认颜色为蓝色。如果再单击其中一个夹点，则该夹点被激活，激活的夹点默认为红色。被激活的夹点通过按 Enter 键或空格键响应，能完成拉伸、移动、复制、旋转、缩放或镜像操作。

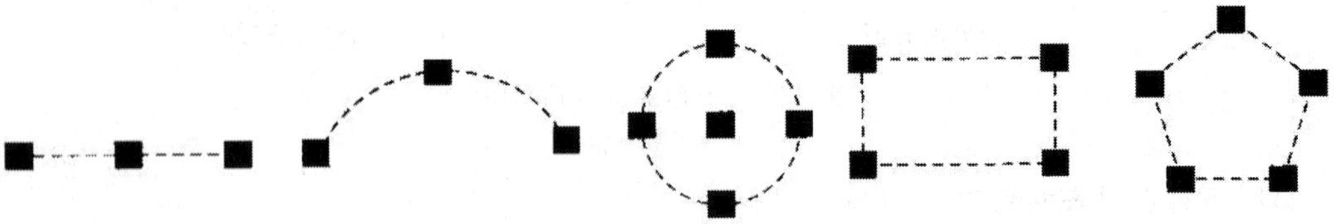

(a)　(b)　(c)　(d)　(e)

图 4-31　夹点

2. 使用夹点编辑

1)使用夹点拉伸对象

如图 4-32 所示，使用夹点拉伸对象的操作步骤如下。

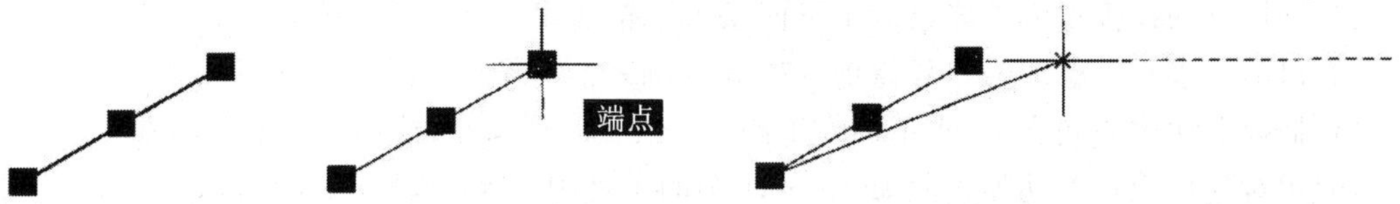

(a) 选择对象　(b) 激活夹点　(c) 移动鼠标拉伸直线

图 4-32　使用夹点拉伸对象

(1)选择对象,则出现蓝色夹点,如图 4-32a 所示。

(2)选择基准夹点,基准夹点变为红色,如图 4-32b 所示。

(3)当命令行提示"指定拉伸点或[基点(B)/复制(C)/放弃(U)/退出(X)]:"时,移动光标,则选定对象随着基准夹点的移动被拉伸,至合适位置后单击,如图 4-32c 所示。还可以输入新点的坐标确定拉伸位置。

(4)按 Esc 键,取消夹点。

2)使用夹点镜像复制对象

(1)选择基准夹点,选择"镜像"选项,指定镜像点。

(2)按 Esc 键,取消夹点。

3)使用夹点移动对象

使用夹点移动对象可以将选定的对象进行移动。

4)使用夹点旋转对象

使用夹点旋转对象可以将选定的对象绕基点进行旋转。

5)使用夹点比例缩放对象

使用夹点比例缩放对象可以将选定的对象进行比例缩放。

任务实施

1. 设置绘图环境

(1)新建图形文件。单击"新建"按钮,在"选择样板"对话框中选择"acdiso.dwt"。

(2)创建图层。利用"LAYER"命令创建图层:"粗实线"图层,设置颜色为绿色,线型为 Continuous,线宽为 0.3 mm;"细点画线"图层,设置颜色为红色,线型为 Center;"虚线"图层,设置颜色为黄色,线型为 Hidden;"尺寸"图层,设置颜色为黄色,线型为 Continuous。将"粗实线"图层设置为当前图层。

(3)设置对象捕捉。利用"草图设置"对话框设置对象捕捉模式为端点、中点、圆心、象限点和交点,并设置极轴角增量为 15°,确定追踪方向。

(4)单击状态栏中的按钮,打开"极轴追踪""对象捕捉""对象捕捉追踪"和"显示线宽"。

(5)设置图形界限。用"LIMIT"命令设置图形界限,左下角为(0,0),右上角为(210,297)。

(6)执行"ZOOM"命令的"全部"选项,显示图形界限。

2. 进行形体分析

通过形体分析,将组合体分解成底板、铅垂圆柱、U 形凸台,注意各部分相对位置。

3. 绘制底板俯视图

(1)绘制底板 ϕ70 mm 的圆。

(2)利用自动捕捉追踪功能绘制上下两条水平轮廓线及中心线。

(3)以两条水平轮廓线为边界修剪 ϕ70 mm 圆多余的圆弧，结果如图 4-33a 所示。

(4)捕捉上述中心线交点，水平向左追踪 27 mm，得到圆心，绘制 ϕ9 mm 小圆。

(5)用对象捕捉追踪功能绘制 ϕ9 mm 小圆的垂直中心线，如图 4-33b 所示。

(6)以垂直中心线为镜像线，镜像复制 ϕ9 mm 小圆及其垂直中心线，如图 4-33c 所示。

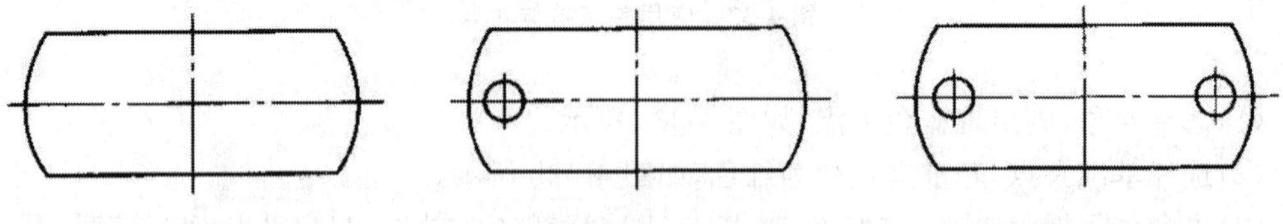

(a) 外形轮廓及中心线　(b) 绘制小圆及其中心线　(c) 镜像复制小圆及其中心线

图 4-33　绘制底板俯视图

4. 绘制底板主视图

(1)绘制底板外形轮廓线，操作步骤如下。

选择“绘图”→“直线”命令，命令行提示如下。

命令：_line 指定第一点：　* 移动光标至点 A，出现端点标记及提示，向上移动光标至合适位置，单击，如图 4-34a 所示 *

指定下一点或[放弃(U)]　* 向右移动光标，水平追踪，输入 70，按 Enter 键 *

指定下一点或[放弃(U)]　* 向上移动光标，垂直追踪，输入 8，按 Enter 键 *

指定下一点或[闭合(C)/放弃(U)]　* 向左移动光标，水平追踪，输入 70，按 Enter 键 *

指定下一点或[闭合(C)/放弃(U)]　* 输入 C，按 Enter 键 *

(2)利用对象捕捉追踪功能绘制主视图上两条垂直截交线，如图 4-34b 所示。

(3)绘制底板主视图上左侧 ϕ9 mm 小圆的中心线和转向轮廓线，再分别将其改到相应的点画线和虚线图层上，并镜像复制；绘制对称中心线，如图 4-34c 所示。

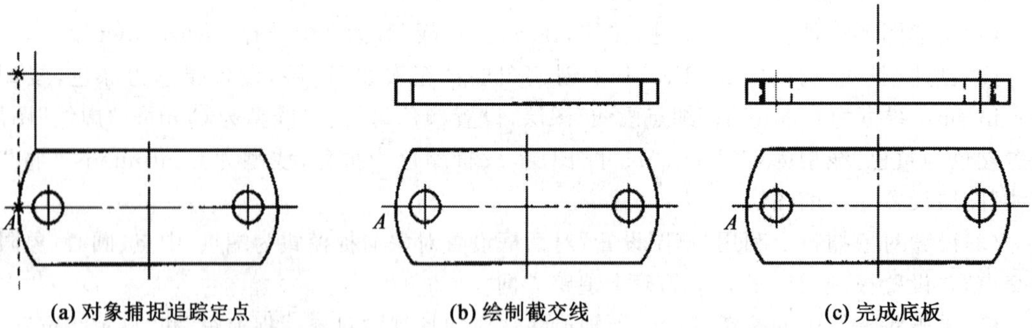

(a) 对象捕捉追踪定点　(b) 绘制截交线　(c) 完成底板

图 4-34　绘制底板主视图

5. 绘制铅垂圆柱及孔的俯视图

在俯视图上捕捉中心线交点作为圆心，绘制铅垂圆柱及孔的俯视图 ϕ30 mm、ϕ18 mm 的圆，如图 4-35a 所示。

6. 绘制主视图上铅垂圆柱及孔的轮廓线

（1）绘制铅垂圆柱主视图的轮廓线。

（2）用同样的方法绘制 ϕ18 mm 孔的主视图的轮廓线，并改为虚线层，如图 4-35b 所示。

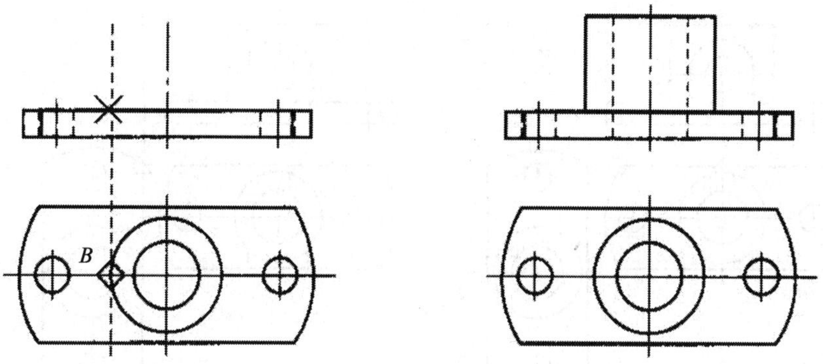

(a) 对象捕捉追踪定点　　(b) 绘制圆柱及孔轮廓线

图 4-35　绘制铅锤圆柱及孔的主视图

7. 绘制 U 形凸台及孔的主视图

（1）捕捉追踪主视图底边中点，如图 4-36a 所示，垂直向上追踪 16 mm，得到圆心，绘制 ϕ20 mm 的圆，再绘制 ϕ10 mm 的同心圆。

（2）绘制 ϕ20 mm 圆的两条垂直切线，如图 4-36b 所示。

（3）以上述两条切线为剪切边界，修剪 ϕ20 mm 圆的下半部分。

（4）绘制 ϕ20 mm 圆的水平中心线，并将其改到“点画线”图层上，如图 4-36c 所示。

（5）将底板主视图上边在 C 点处打断，然后将底板上边在 D 点处打断，将 CD 线改到“虚线”图层上，完成主视图的绘制，如图 4-36d 所示。

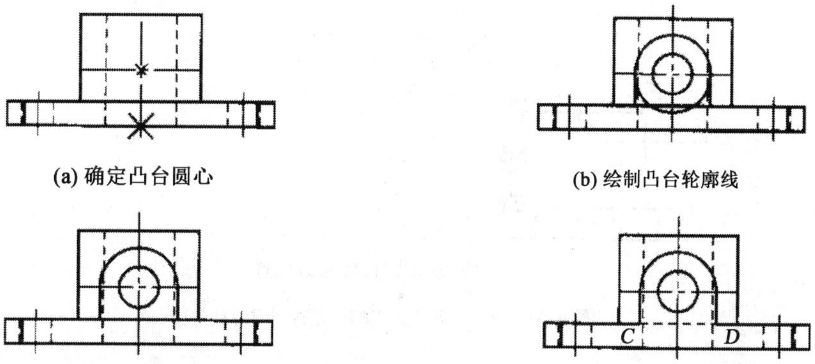

(a) 确定凸台圆心　　(b) 绘制凸台轮廓线

(c) 修剪多余线　　(d) 完成主视图

图 4-36　绘制 U 形凸台主视图

8. 绘制 U 形凸台及孔的俯视图

利用对象捕捉追踪功能绘制凸台俯视图轮廓线及孔的转向轮廓线，并将 ϕ10 mm 孔的转向轮廓线改到“虚线”图层上。

9. 绘制左视图

(1)复制和旋转俯视图至合适的位置,作为辅助图形,如图 4-37a 所示。

(2)利用对象捕捉追踪功能确定左视图位置,如图 4-37b 所示,绘制底板和圆柱左视图。

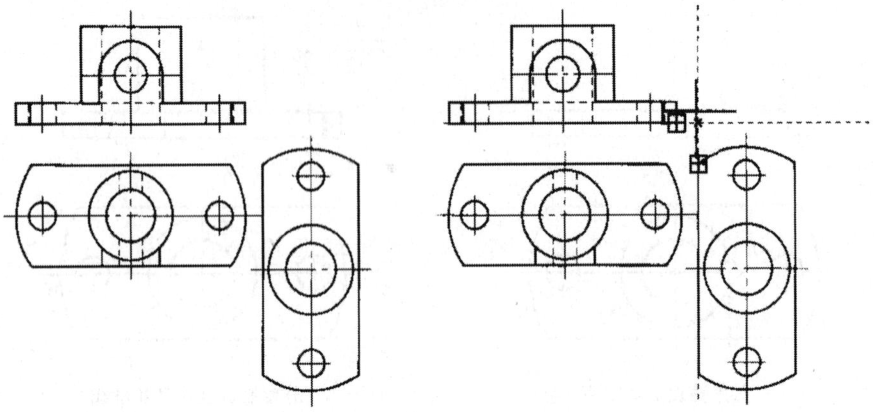

(a) 复制和旋转俯视图　　(b) 确定底板左视图位置

图 4-37　确定左视图位置

(3)绘制 U 形凸台左视图。利用夹点拉伸功能将 E 点垂直向上拉伸至与主视图 U 形凸台的上象限点高平齐位置,如图 4-38a 所示,再将圆柱转向线缩短,如图 4-38b 所示。利用"对象捕捉追踪"绘制孔轴线、凸台半圆柱及孔的转向轮廓线,并修剪多余图线,如图 4-39a 所示。

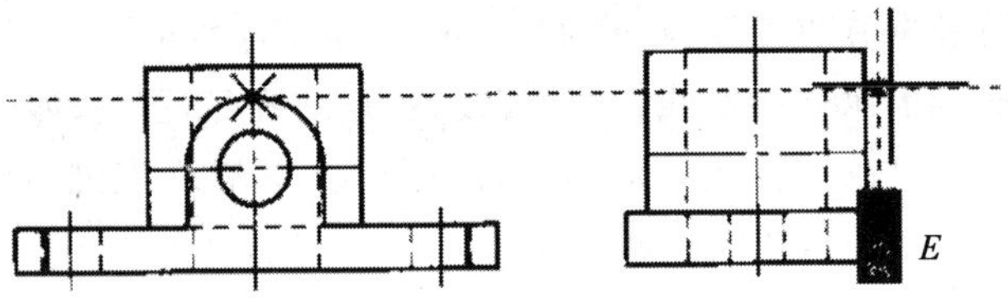

(a) 左视图与主视图高平齐

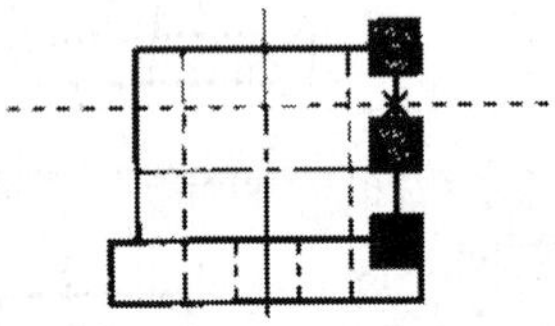

(b) 确定圆柱转向线位置

图 4-38　利用夹点编辑功能拉伸直线

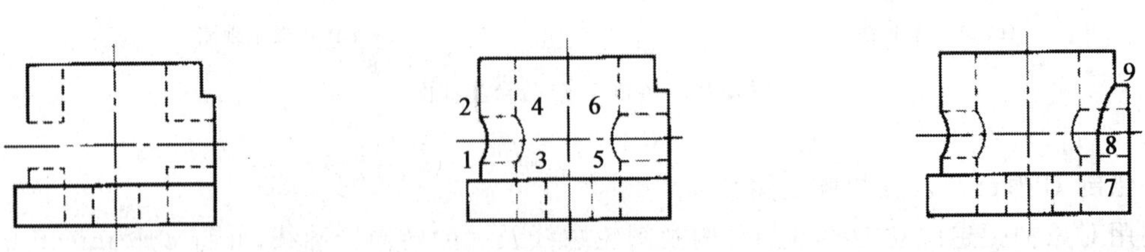

(a) 左视图　　(b) 绘制相贯线　　(c) 绘制截交线及相贯线

图 4-39　绘制左视图的相贯线及截交线

(4)绘制截交线与相贯线。绘制相贯线 12 及其内孔相贯线 34、56，并将相贯线 34、56 改为虚线层，如图 4-39b 所示。利用“对象捕捉追踪”绘制截交线 78，绘制 U 形凸台与 ϕ30 mm 圆柱的外形相贯线 89，完成图形，如图 4-39c 所示。

10. 后续操作

删除复制旋转后的辅助图形，保存图形。

知识拓展

一、编辑对象的特性

1. 定义

利用“PROPERTIES”命令，可以编辑修改对象的图层、颜色、线型形状大小及尺寸特性等特性。

2. 执行命令的方法

“标准”工具栏：单击“特性”按钮。

命令行：输入 PROPERTIES，按 Enter 键。

菜单栏：“修改”→“特性”。

3. 操作步骤

打开“特性”面板，在该对话框中，选中要修改的对象特性，在其后面的文本框中直接输入改变后的值即可。对于颜色、线型、图层等特性，选择后会出现相应的下拉列表框，从其下拉列表中可以设置其属性。

二、文字标注

设置文字样式是进行文字和尺寸标注的首要任务。在 AutoCAD 中，文字样式用于控制图形中所使用文字的字体、高度和宽度系数等。在一幅图形中可定义多种文字样式，以适合不同对象的需要。

1. 创建文字样式

要创建文字样式，可按如下步骤进行操作。

输入命令，打开“文字样式”对话框，如图 4-40 所示。

样式工具栏：

下拉菜单：“格式”→“文字样式”。

命令窗口：STYLE

默认情况下，文字样式名为 Standard，字体为 txt. shx，高度为 0，宽度因子为 1。如要生成新的文字样式，可在该对话框中单击“新建”按钮，打开“新建文字样式”对话框，在“样式名”编辑框中输入文字样式名称，如图 4-41 所示。

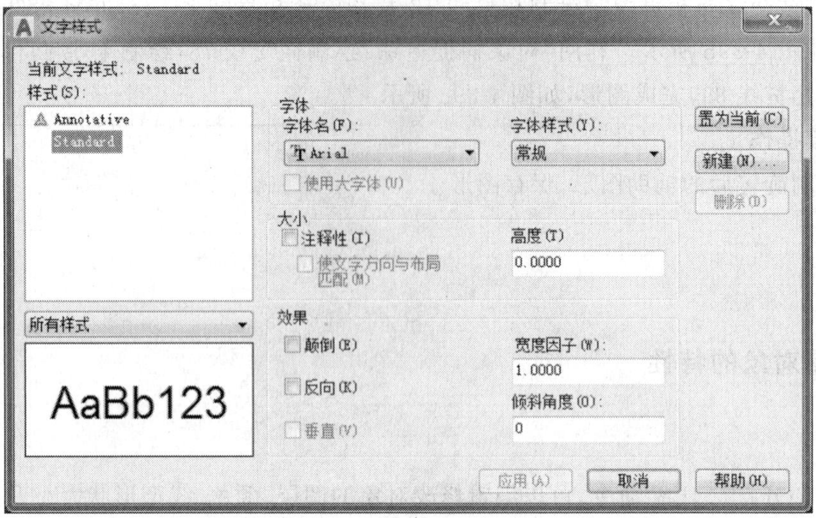

图 4-40 “文字样式”对话框

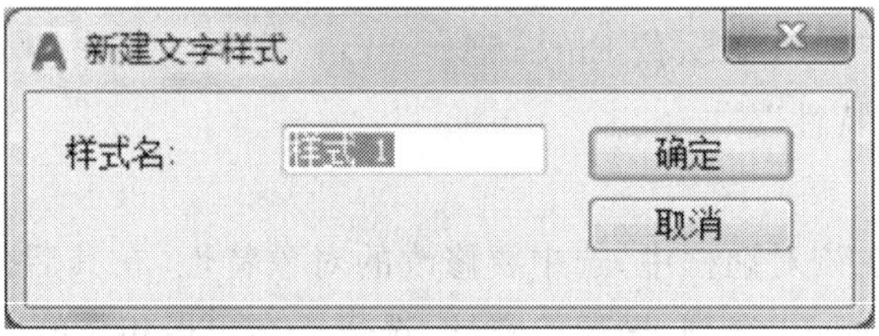

图 4-41 “新建文字样式”对话框

单击“确定”按钮，返回“文字样式”对话框。

2.“文字样式”中各选项的设置

1)字体设置区

(1)“字体”：用于选择字体。如选择“gbenor. shx”。

(2)选择“使用大字体”复选框，可创建支持汉字等大字体的文字样式，此时“大字体”下拉列表框被激活，从中选择大字体样式，用于指定大字体的格式，如汉字等亚洲型大字体，常用的字体样式为 gbcbig. shx。

(3)“高度”：用于设置键入文字的高度。若设置为 0，输入文字时将提示指定文字高度。

2)效果设置区

设置字体的效果，如颠倒、反向、垂直和倾斜等，如图 4-42 所示。在具体设置时应注意：

(1)倾斜角度：该选项与输入文字时“旋转角度(R)”的区别在于，“倾斜角度”是指字符本身的倾斜度，“旋转角度(R)”是指文字行的倾斜度，如图 4-42 右边所示。

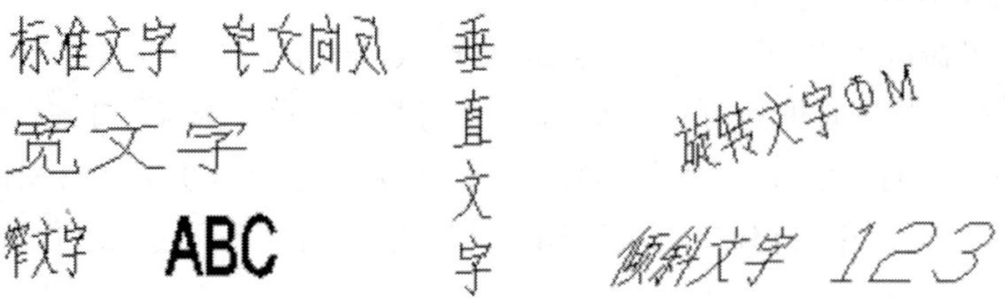

图 4-42　字体效果

(2)宽度因子:用于设置字体宽度。如将仿宋体改设为长仿宋体,其宽度因子应设置为0.67。

(3)设置颠倒、反向、垂直效果可应用于已输入的文字,而高度、宽度比例和倾斜度效果只能应用于新输入的文字。

3)重命名

单击“重命名”按钮,可打开“重命名文字样式”对话框,重命名选中的文字样式。

4)删除

单击“删除”按钮,可删除指定的文字样式。

3.单行文字

1)输入单行文字

单行文字常用于标注文字、标注块文字等内容。写单行文字的步骤如下:

下拉菜单:绘图→文字→单行文字

命令行:DTEXT(DT)

AutoCAD 提示:

当前文字样式:Standard　文字高度:2.5

指定文字的起点或[对正(J)/样式(S)]:单击一点　　* 在绘图区域中确定文字的起点 *

指定高度: 输入字高数值　　* 输入文字高度 *

指定文字的旋转角度:输入角度值　　* 输入文字旋转的角度 *

输入文字 :输入文字　　* 输入文字内容 *

按 Enter 键换行。如果希望结束文字输入,可再次按 Enter 键。

2)设置单行文字的对齐方式

在创建单行文字时,AutoCAD 将提示:

指定文字的起点或[对正(J)/样式(S)]:

其中,输入“J”选择“对正”选项可以设置文字对齐方式;输入“S”选择“样式”选项可以设置文字使用的样式。

输入“J”, AutoCAD 提示:

输入选项[对齐(A)/调整(F)/中心(C)/中间(M)/右(R)/左上(TL)/中上(TC)/右上(TR)/左中(ML)/正中(MC)/右中(MR)/左下(BL)/中下(BC)/右下(BR)]: TL 回车　* 键入选项关键字 TL,选择左上对齐方式 *

3)有关说明及提示

(1)对正。当命令行提示“指定文字的起点或[对正(J)/样式(S)]:”时,输入 J,按 Enter 键,可以设置文字的排列方式。此时命令行提示“输入选项[对齐(A)/布满(F)/居中(C)/中间(M)/右对齐(R)/左上(TL)/中上(TC)/右上(TR)/左中(ML)/正中(MC)/右中(MR)/左下(BL)/中下(BC)/右下(BR)]:”,通过输入不同选项,选择不同的文字对正方向。

(2)样式。当命令行提示“指定文字的起点或[对正(J)/样式(S)]:”时,输入 S,按 Enter 键,可以设置当前使用的文字样式。此时命令行提示“输入样式名或[?]＜Standard＞:”,此时可以直接输入文字样式的名称,也可输入“?”,按 Enter 键。

4)文字控制符

在图形中书写文字时,除了可以输入汉字、英文字符、数字和常用符号外,AutoCAD 还提供了控制码及部分特殊控制符。AutoCAD 的控制符由两个百分号(%%)及一个字符构成。这些符号不能直接从键盘输入,要使用文字控制符输入。常用的文字控制符见表 4-2。

表 4-2 常用的文字控制符

控制符	功能	控制符	功能
%%C	标注直径符号 ϕ	%%O	打开或关闭文字上线
%%D	标注度符号(°)	%%U	打开或关闭文字下线
%%P	标注正负公差符号±	%%%	标注百分号符号%

4. 多行文字

使用多行文字可以创建较为复杂的文字说明,如图样的技术要求等。在 AutoCAD 中,多行文字是通过多行文字编辑器来完成的。多行文字编辑器包括一个“文字格式”工具栏和一个快捷菜单。

1)输入多行文字

绘图工具栏:

下拉菜单:“绘图”→“文字”→“多行文字”

命令 :MTEXT(MT)(T)

AutoCAD 提示:

当前文字样式:Standard 文字高度:2.5

指定第一角点:单击一点 * 在绘图区域中要注写文字处指定第一角点 *

指定对角点或[高度(H)/对正(J)/行距(L)/旋转(R)/样式(S)/宽度(W)/栏(C)]:

2)有关说明及提示

(1)高度(H):设置字体高度。

(2)对正(J):用来设置文字的对正方式。

(3)行距(L):可以设置行距。

(4)旋转(R):可以设置字体的倾斜角度。

(5)样式(S):设置当前使用的文字样式。

(6)宽度(W):设置标尺的长度数值。

(7)栏(C):设置栏的参数。

3)多行文字编辑器

选择“绘图”→“文字”→“多行文字”菜单,当命令行提示“指定对角点或[高度(H)/对正(J)/行距(L)/旋转(R)/样式(S)/宽度(W)/栏(C)]:”时,单击指定矩形区域的另一角点,将打开“多行文字”编辑器,如图 4-43 所示。

图 4-43　“多行文字”编辑器

(1)“文字格式”工具栏

“文字格式”工具栏用于控制所标注文字的字符格式,包括文字的字体、字高、样式和颜色等,其各按钮功能如下。

①字体:从下拉列表框中选择字体。

②字高:在输入框中输入字高值或在其下拉列表框中选择字高值。

③颜色:在下拉列表中选择颜色,一般选择随层。

④堆叠:单击“堆叠/非堆叠”按钮,可以创建堆叠文字(堆叠文字是一种垂直对齐的文字或分数)。在使用时,需要分别输入分子和分母,其间使用“/”“#”或“'”分隔,然后选择这一部分文字,单击该按钮即可。

(2)文字输入框

①标尺:设置段落首行文字及段落其他行文字的缩进,还可设定制表位。

②快捷菜单:右击文字输入框,弹出快捷菜单,该菜单包含了标准编辑选项和多行文字特有的选项。

5. 编辑文字

1)编辑单行文字

对单行文字的编辑主要包括两个方面的内容:修改文字内容和修改文字样式。如果要修改文字内容,直接双击文字即可。如果要修改文字样式,有以下两种办法。

(1)修改当前使用的文字样式。

(2)在“特性”面板中修改。选中需要编辑的单行文字,单击“修改”工具栏中的“特性”按钮图,或右击在弹出的快捷菜单中选择“特性”命令,打开“特性”面板,如图 4-44 所示。

2)编辑多行文字

编辑多行文字的方法较简单,先选中需要编辑的多行文字,然后双击即可打开“多行文字”编辑器,即可编辑文字。或者在选中的多行文字上右击弹出快捷菜单,如图 4-45 所示,选择“编辑多行文字”选项,也可打开“多行文字”编辑器。

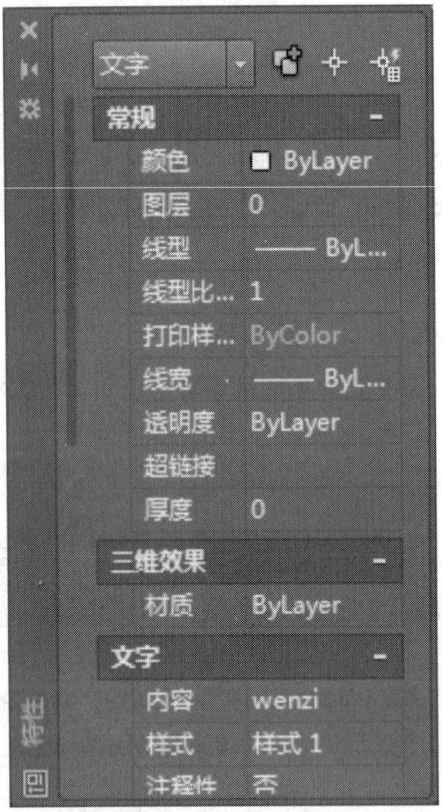

图 4-44 “特性”面板

图 4-45 “编辑多行文字”快捷菜单

三、尺寸标注

1. 尺寸标注的规则与组成

尺寸标注是零件加工、制造、装配的重要依据，是绘图过程中的重要环节。尺寸标注包括标注尺寸和注释两个部分。AutoCAD 中的尺寸标注采用半自动方式，系统按图形的测量值和标注样式进行标注。尺寸标注样式是一组尺寸变量设置的集合，它用于控制尺寸标注的外观形状，如尺寸线间的距离、箭头的形式和大小、尺寸数字标注的位置等。

1)尺寸标注的规则

在 AutoCAD 中，对绘制的图形进行尺寸标注时应遵循以下规则。

(1)物体的真实大小应以图样上所标注的尺寸数值为依据，与图形的大小及绘图的比例无关。

(2)图样中的尺寸以毫米为单位时，不需要标注计量单位的代号或名称。如采用其他单位，则必须注明相应计量单位的代号或名称，如度、厘米和米等。

(3)图样中所标注的尺寸为该机件的最后完工尺寸，否则应另加说明。

(4)一般机件的每一尺寸只标注一次，应标注在最后反映该结构最清晰的图形上。

2)尺寸标注的组成

在机械制图或其他工程绘图中，一个完整的尺寸标注应由标注文字、尺寸线、尺寸界线和起止符组成。

2. 尺寸标注的类型

AutoCAD 提供了十余种标注工具以标注图形对象，分别位于“标注”菜单或“标注”工具栏中，可以对角度、直径、半径、线性、对齐、连续、圆心及基线等进行标注。

3. 标注样式的设置

1)功能

在 AutoCAD 中，使用标注样式可以控制标注的格式和外观，建立强制执行的绘图标准，有利于对标注格式及用途进行修改。

2)操作步骤

(1)建立用于尺寸标注的文字样式。为了方便在尺寸标注时修改所标注的各种文字，应建立专用于尺寸标注的文字样式。在建立尺寸标注文字类型时，应将文字高度设置为 0，如果文字类型的默认高度值不为 0，则“标注样式”对话框中“文字”选项卡中的“文字高度”命令将不起作用。建立用于尺寸标注的文字样式其操作步骤如前面内容所述。

(2)设置尺寸标注样式。标注样式是尺寸标注对象的组成方式。诸如标注文字的位置和大小，箭头的形状等。设置尺寸标注样式可以控制尺寸标注的格式和外观，有利于执行相关的绘图标准。

在 AutoCAD 中，如果在绘图时选择公制单位，则系统自动提供一个默认的 ISO-25(国际标准化组织)标注样式。单击“样式”工具栏命令图标，在弹出的“标注样式管理器”对话框中，单击该对话框中 修改(M)... 按钮，出现“修改标注样式”对话框，如图 4-46 所示。单击各选项卡可以显示各选项卡设置的详细内容。

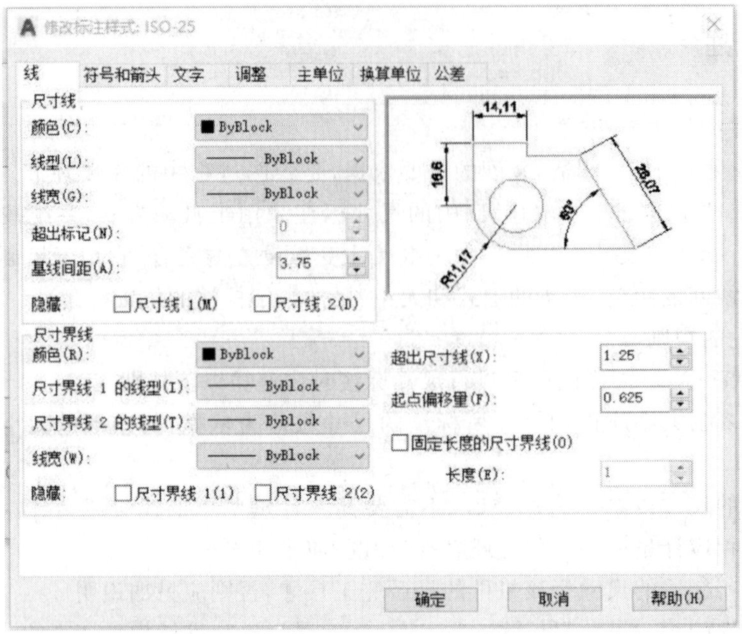

图 4-46 “修改标注样式”对话框

①“直线和箭头”:用于设置尺寸线、尺寸界线、箭头和圆心标记的格式和位置。

②“文字”:用于设置标注文字的外观、位置和对齐方式。

③“调整”:用来设置文字与尺寸线的管理规则以及标注特征比例。

④“主单位”:用于设置线性尺寸和角度标注单位的格式和精度等。

⑤“换算单位”:用于设置换算单位的格式。

⑥“公差”:用来设置公差值的格式和精度。

各选项的详细操作将在后面详细叙述。

(3)新建标注样式。

打开“标注样式管理器”对话框。

样式工具栏:

选择“格式”→“标注样式”菜单,打开“标注样式管理器”对话框,如图 4-47 所示。

在“标注样式管理器”对话框中,可以进行相关功能的设置,主要功能如下。

①预览:预览已有的尺寸标注样式的效果。

②置为当前:将某种标注样式设置为当前使用的样式。

③新建:新建标注样式。

④修改:修改标注样式中的某些参数。

⑤替代:使用该方法可在不修改当前标注样式的情况下修改尺寸标注的参数设置。

⑥比较:将两个或两个以上的标注样式进行比较。

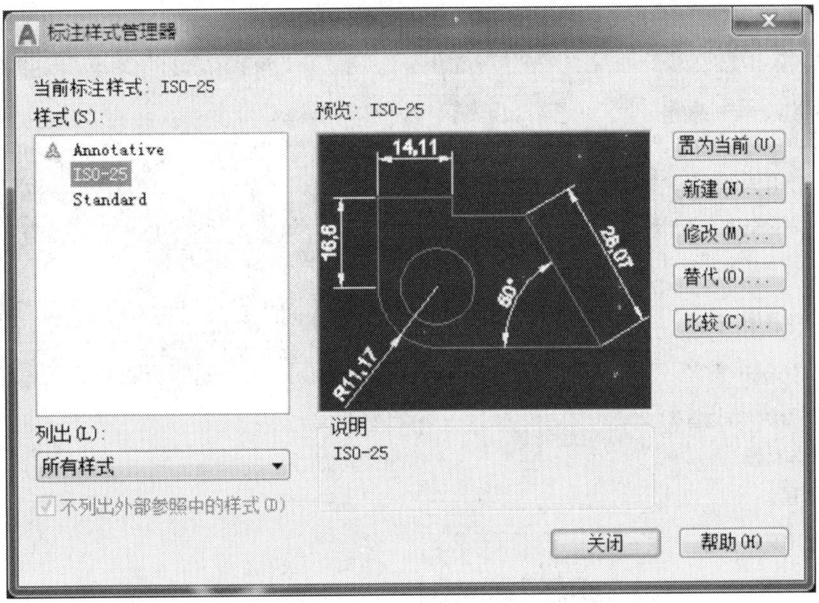

图 4-47　“标注样式管理器”对话框

打开“创建新标注样式”对话框。

单击“新建”按钮，打开“创建新标注样式”对话框，如图 4-48 所示。“创建新标注样式”对话框中相关选项的主要功能如下。

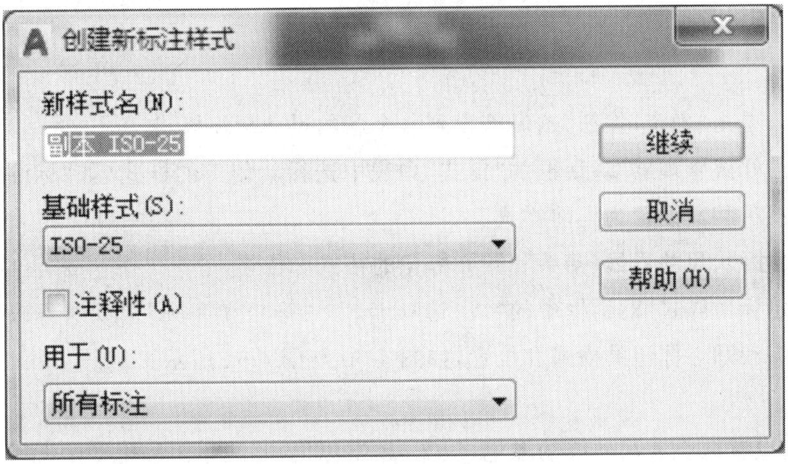

图 4-48　“创建新标注样式”对话框

①“新样式名”的文本框中可为新建的样式命名。

②在“基础样式”下拉列表框中选择一个标注样式作为新建样式的基础样式。

③在“用于”下拉列表框中设置标注的类型(直径、半径、角度、所有标注等)。

④单击“继续”按钮，打开“新建标注样式”对话框，如图 4-49 所示。在该对话框中，选择文字标注样式是“标注尺寸文字”(用前述的文字标注样式命令所设置)，文字高度为 3.5。利用“直线和箭头”“文字”“主单位”等 6 个选项卡可以设置标注样式的所有内容。

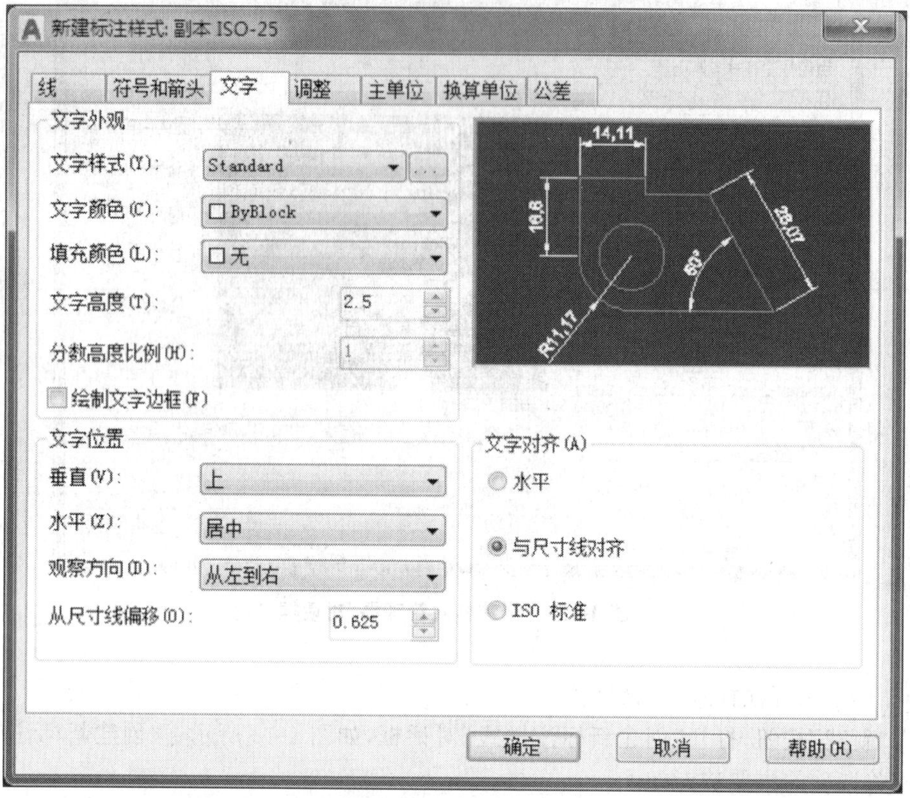

图 4-49 新建标注样式

设置完毕，单击“确定”按钮，这时将得到一个新的尺寸标注样式。

⑤在“标注样式管理器”对话框的“样式”列表中选择新创建的样式(如“标注样式”)，单击“置为当前”按钮，将其设置为当前样式。

4. 设置尺寸线、尺寸界线、箭头和圆心标记的格式和位置

利用“新建标注样式”对话框中的“线”选项卡，和“符号和箭头”选项卡可以设定尺寸线、尺寸界线、箭头和圆心标记的格式和位置，如图 4-50 与图 4-51 所示。

1)尺寸线

“尺寸线”设置区设置尺寸线的颜色、线宽、超出标记、基线间距和隐藏情况等，设置时要注意以下几点。

(1)颜色和线宽：用于设置尺寸线的颜色和线宽。默认情况下，尺寸线的颜色和线宽都是“ByBlock”(随块)。

(2)超出标记：用于控制在使用倾斜、建筑标记、积分箭头或无箭头时，尺寸线延长到尺寸界线外面的长度。

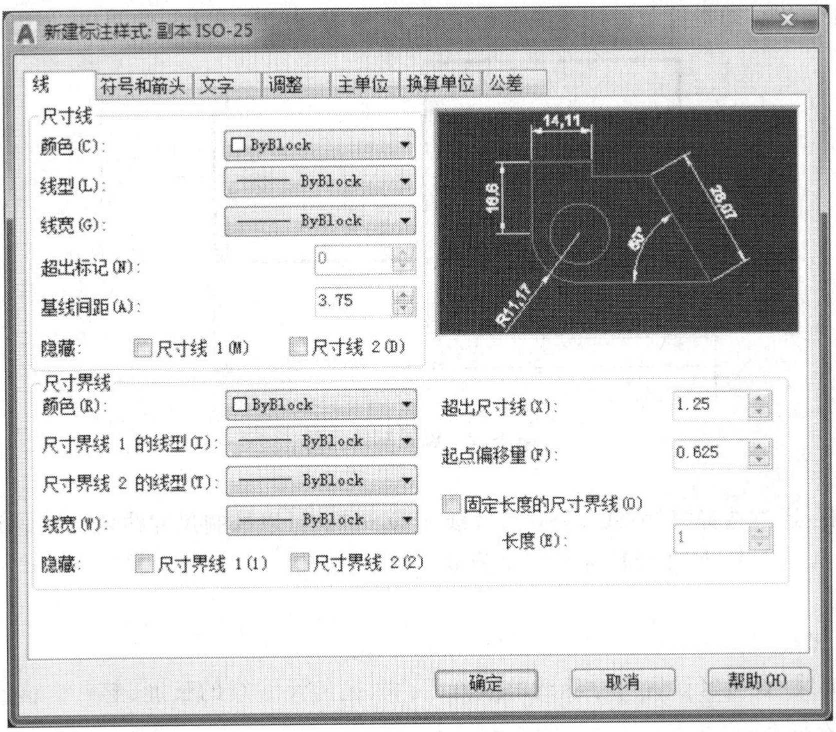

图 4-50 定义标注样式的线样式

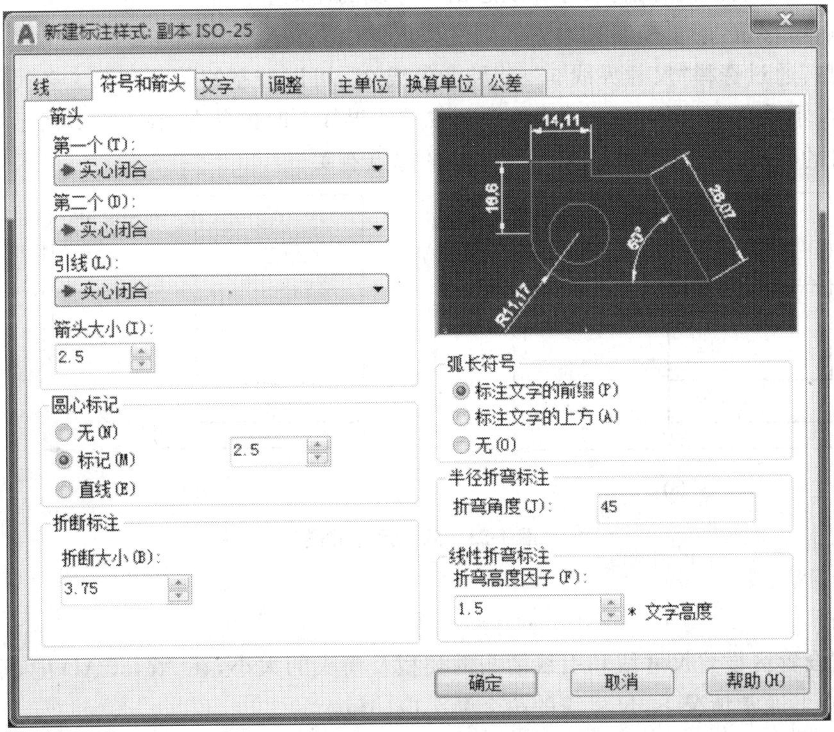

图 4-51 定义标注样式的符号和箭头样式

(3)基线间距:即指控制使用基线型尺寸标注时,两条尺寸线之间的距离,如图 4-52 所示。

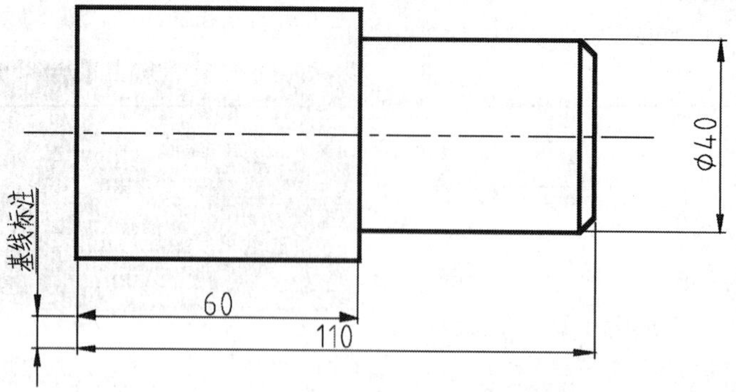

图 4-52 设置基线间距

(4)隐藏:通过选择“尺寸线 1”和“尺寸线 2”复选框,可以控制尺寸线两个组成部分的可见性。在 AutoCAD 中,尺寸线被标注文字分成两部分,即使标注文字未被放置在尺寸线内也是如此。

2)尺寸界线

“尺寸界线”设置区设置尺寸界线的颜色、线宽、超出尺寸线的长度、起点偏移量和隐藏控制等,其意义如下:

(1)颜色和线宽:设置尺寸界线的颜色和线宽。

(2)超出尺寸线:用于控制尺寸界线超出尺寸线的距离。

(3)起点偏移量:用于控制尺寸界线到定义点的距离。

(4)隐藏:通过选择“尺寸界线 1”和“尺寸界线 2”,可以控制第 1 条和第 2 条尺寸界线的可见性,定义点不受影响,图 4-53a 所示的是隐藏尺寸界线 1 时的状况;图 4-53b 所示的是隐藏尺寸界线 2 时的状况。尺寸界线 1、2 与标注时的起点有关。

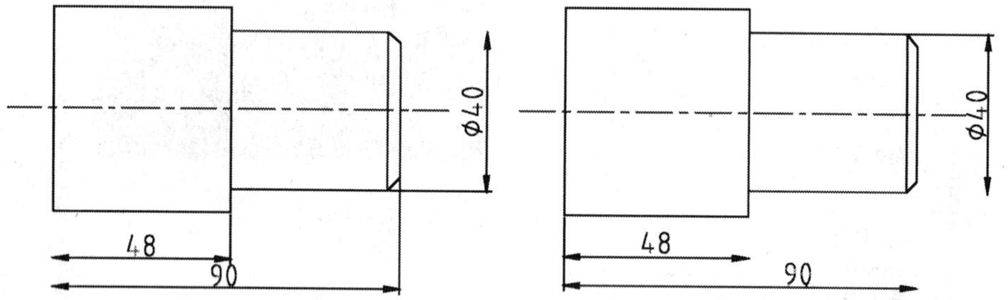

(a) (b)

图 4-53 隐藏尺寸界线

3)箭头

“箭头”设置区设置尺寸线和引线箭头的类型及箭头的大小,在 AutoCAD 中,系统提供了约 20 种箭头。通常情况下,尺寸线的两个箭头应一致。

4)圆心标记

“圆心标记”设置区设置圆心标记的类型、大小和有无。可通过下拉列表框进行选择。其中，圆心标记类型若选择“标记”，则在圆心位置以短十字线标注圆心，该十字线的长度由“大小”编辑框设定；若选择“直线”，则圆心标注线将延伸到圆外，“大小”编辑框用于设置中间小十字标记和标注线延伸到圆外的尺寸，如图 4-54 所示。

在图样中显示标注圆心标记的操作如下：

在“标注”工具栏中单击⊙按钮，然后在图样中单击圆或圆弧，即可将圆心标记放在圆或圆弧的圆心，如图 4-54 所示的小圆的圆心标记。要修改圆心标记的类型和大小，可打开“修改标注样式”对话框，然后在“直线和箭头”选项卡的“圆心标记”设置区中设置圆心类型为“直线”，标记结果如图 4-54 所示的大圆的圆心标记。

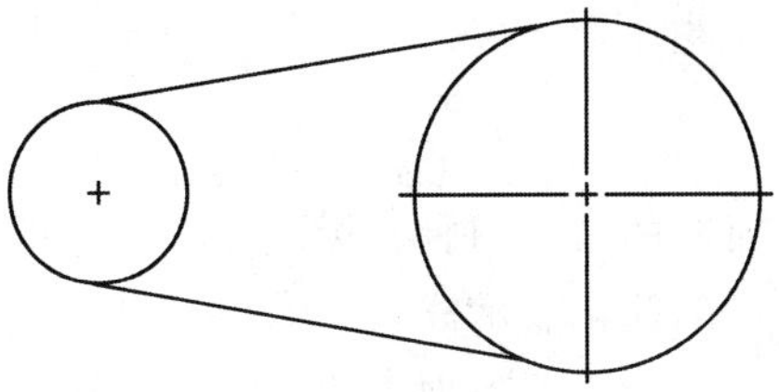

图 4-54　圆心标记

项目五
机件表达

项目目标

（1）掌握视图、剖视图、断面图的概念、画法、标注方法和适用条件。
（2）了解局部放大图和常用的简化表示法。
（3）初步应用各种表达方法，完整、清晰地表达机件的内外结构形状。
（4）熟练掌握图案填充命令，能够在工程设计中绘制各种断面图与剖视图。

项目知识分布图

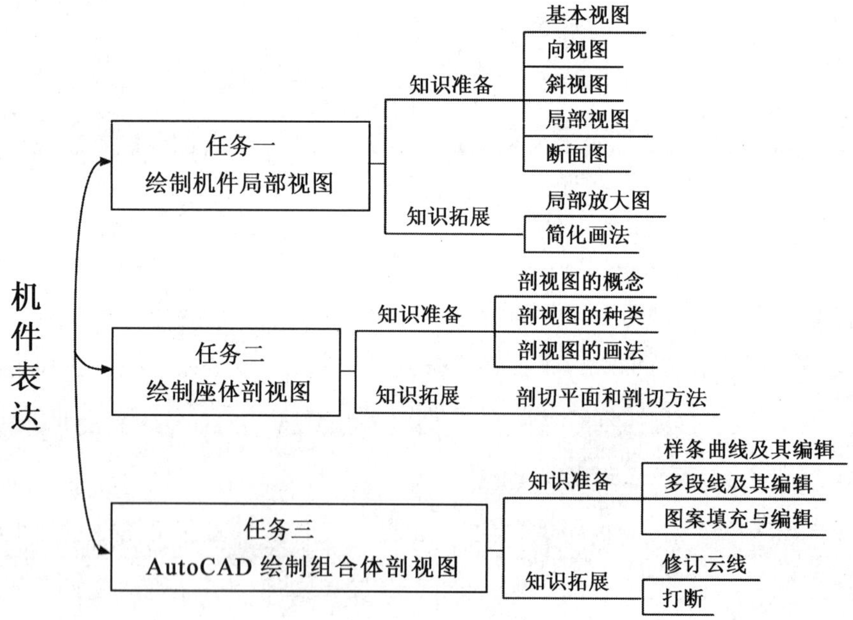

任务一　绘制机件局部视图

任务描述

绘制图 5-1 中机件 A、B 两处的局部视图。

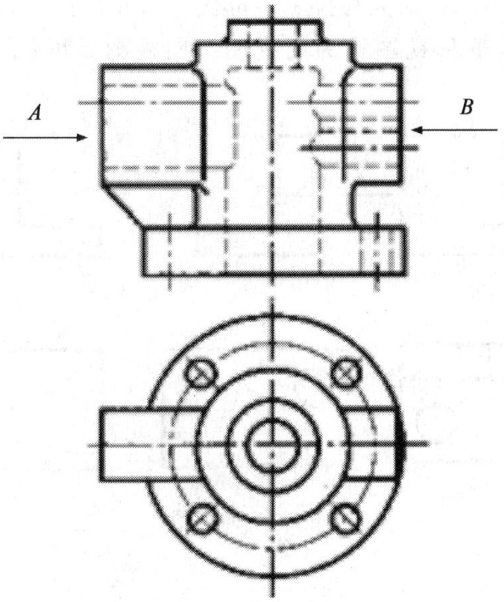

图 5-1　机件图样

知识准备

一、基本视图

根据国标规定，在原有三个投影面的基础上，可再增设三个投影面，组成一个正六面体，这六个投影面称为基本投影面，如图 5-2 所示。

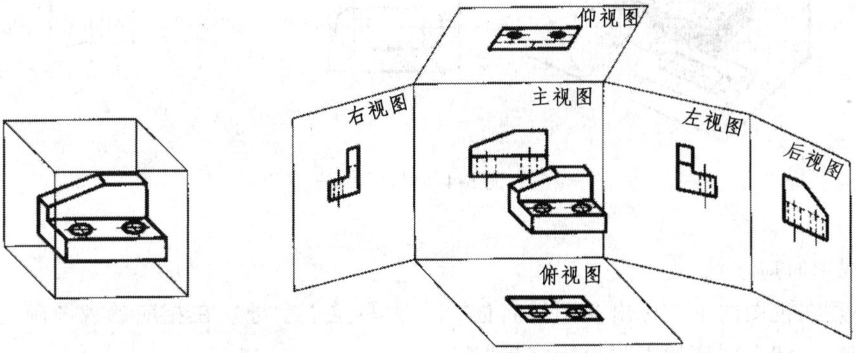

图 5-2　六个基本视图的形成及展开

六个基本视图之间仍然符合长对正、高平齐、宽相等的投影规律。制图时应根据零件的形状和结构特点，选用其中必要的几个基本视图。

二、向视图

在实际制图时，如不能按图 5-2 配置视图或各视图不画在同一张图纸上时，应在视图的上方标出视图的名称“X”(这里“X”为大写拉丁字母代号)，并在相应的视图附近用箭头指明投射方向，并注上同样的字母，这种视图称为向视图。向视图是可以自由配置的视图，如图 5-3 所示。

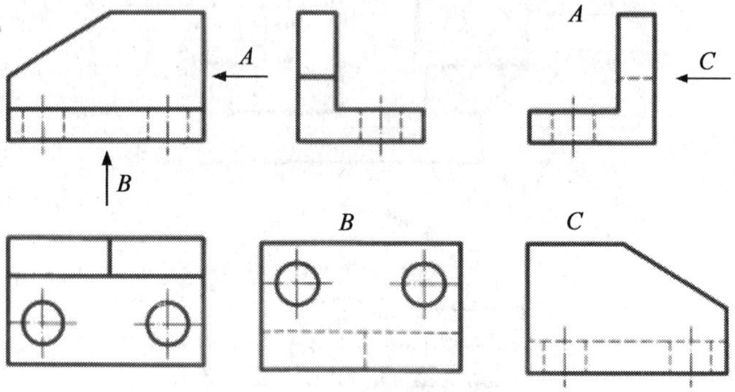

图 5-3 向视图

三、斜视图

为反映倾斜结构实形，将机件向不平行于基本投影面的平面投射所得到的视图称为斜视图，如图 5-4 所示。

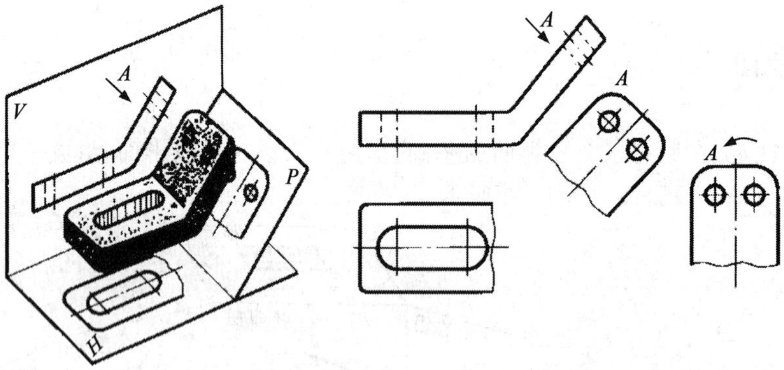

图 5-4 斜视图

画斜视图时应注意：

(1)必须在视图的上方标出视图的名称“X”(大写拉丁字母)，在相应的视图附近用箭头指明投射方向，并注上同样的大写拉丁字母“X”。

(2)斜视图一般按投影关系配置，必要时也可配置在其他适当的位置。

(3)在不致引起误解时,允许将斜视图旋转配置,旋转符号的箭头指向应与旋转方向一致。

(4)画出倾斜结构的斜视图后,通常用波浪线断开,不画其他视图中已表达清楚的部分。

四、局部视图

将机件的某一部分向基本投影面投射所得到的视图称为局部视图,如图 5-5 所示。

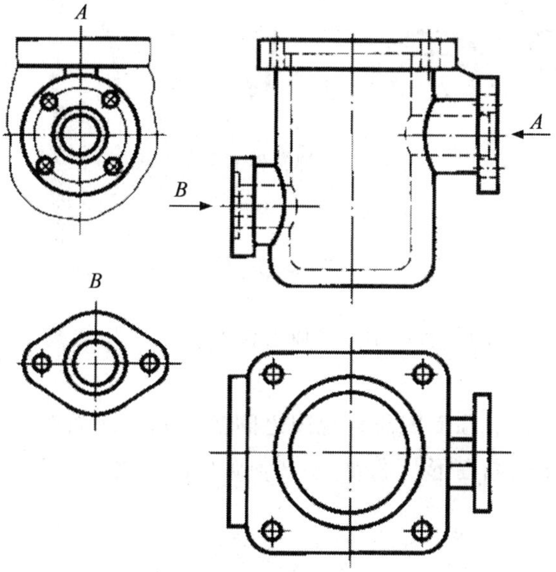

图 5-5　局部视图

画局部视图时应注意:

(1)画局部视图时可按向视图的配置形式配置并标注。一般在局部视图上方标出视图的名称"X",在相应的视图附近用箭头指明投射方向,并注上同样的字母。当局部视图按基本视图的配置形式配置,中间又没有其他图形隔开时,则不必标注。

(2)局部视图的断裂边界应以波浪线或双折线来表示。当所表示的局部结构是完整的且外轮廓又封闭时,断裂边界可省略不画。用波浪线作为断裂边界线时,波浪线不应超过断裂机件的轮廓线,应画在机件的实体上,不可画在机件的中空处。图 5-6 是一块用波浪线断开的空心圆板的正误对比画法。

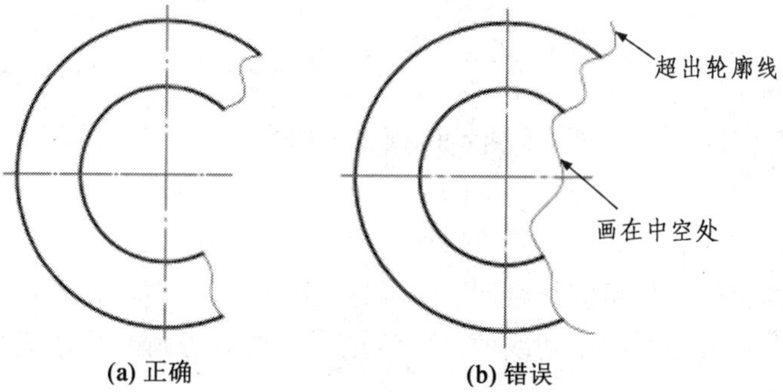

图 5-6　波浪线的正误画法

(3)对于对称结构的机件,将其视图只画一半或四分之一的画法也符合局部视图的定义,可将其视为是以细点画线作为断裂边界的局部视图的特殊画法,此时应在细点画线的两端画出两条与其垂直的细实线,如图 5-7 所示。

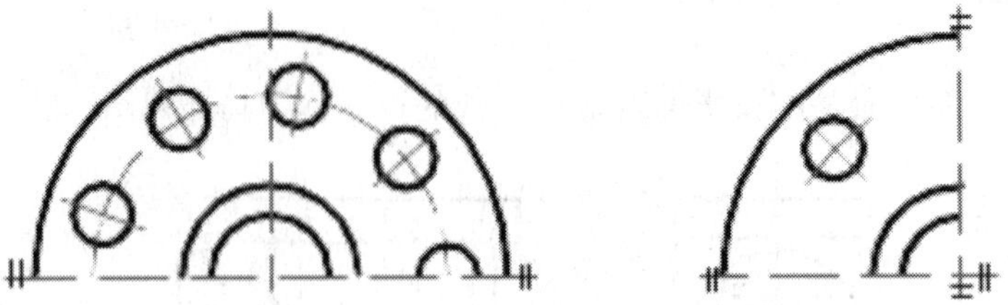

图 5-7 对称机件的局部视图

五、断面图

用剖切面假想地将物体的某处断开,仅画出该剖切面与物体接触部分的图形,这种图形称为断面图,简称断面。

画断面图时,应特别注意断面图与剖视图之间的区别。断面图只画出物体被切处的断面形状,而剖视图除了画出其断面形状之外,还必须画出断面之后所有的可见轮廓。断面图的种类如下。

1. 移出断面图

画在视图之外的断面图,称为移出断面图,如图 5-8 所示。

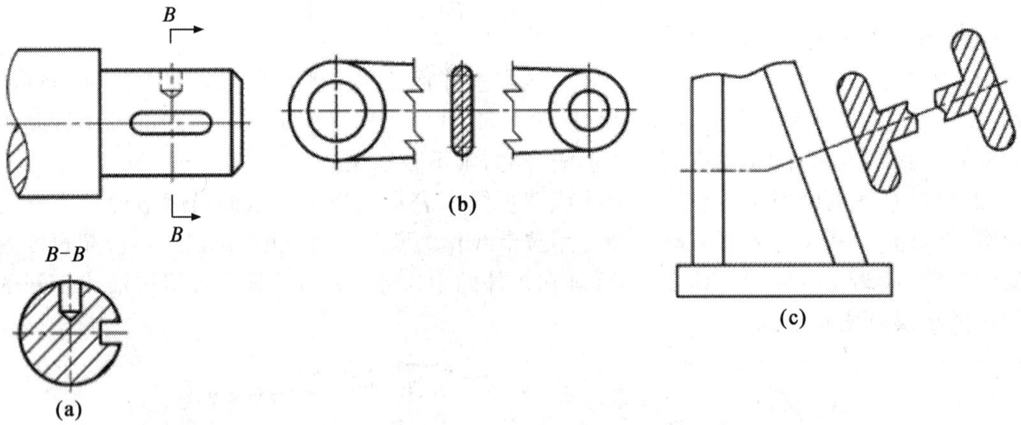

图 5-8 移出断面图

画移出断面时,应注意:

(1)移出断面的轮廓线用粗实线绘制。

(2)移出断面图尽可能画在剖切线的延长线上。必要时可画在其他适当位置,如图 5-9 中的 *A-A* 断面。

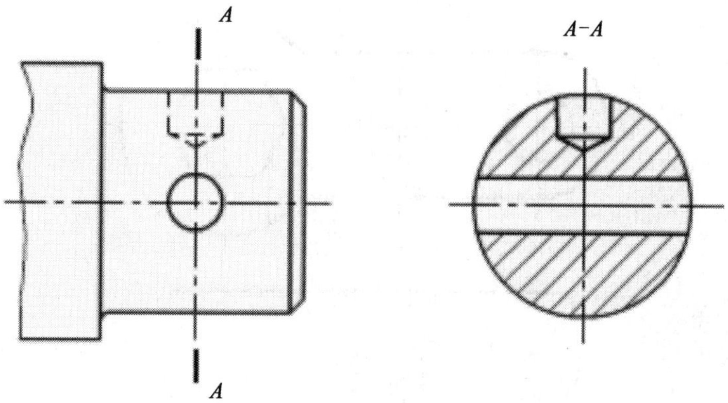

图 5-9　移出断面图的画法(一)

(3)当剖切平面通过由回转面形成的孔或凹坑等结构的轴线时,这些结构应按剖视图画出。

(4)剖切平面一般应垂直于被剖切部分的主要轮廓线。当遇到如图 5-8c 所示的肋板结构时,可用两个相交的剖切平面,分别垂直于左、右肋板进行剖切。这时所画的断面图,中间一般应断开。

移出断面图的标注,应掌握:

(1)当断面图画在剖切线的延长线上时,如果对称则不必标注;若不对称则须用剖切符号表示剖切位置和投射方向。

(2)当断面图按投影关系配置,均不必标注箭头。

(3)当断面图配置在其他位置时,若对称则不必标注箭头;若不对称时,应画出剖切符号(包括箭头),并用大写字母标注断面图名称。如图 5-8a 所示。

(4)配置在视图中断处的对称断面图,不必标注。如图 5-10 所示。

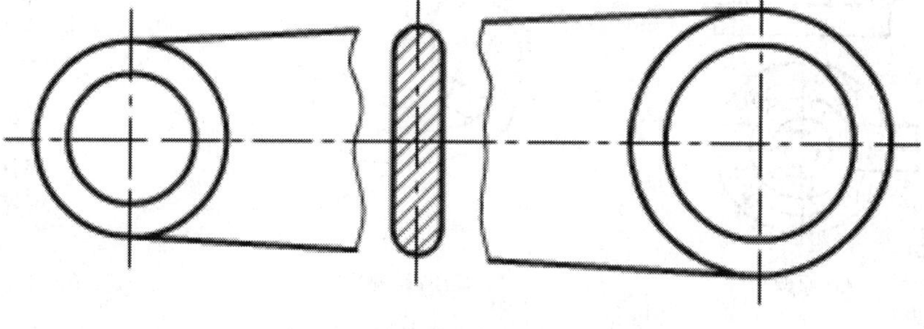

图 5-10　移出断面图的画法(二)

2. 重合断面图

剖切后将断面图形重叠在视图上,这样得到的断面图,称为重合断面图。如图 5-11 所示。重合断面图的轮廓线用细实线绘制。

重合断面图若为对称图形,不必标注。若图形不对称,当不致引起误解时,也可省略标注。重合断面图是重叠画在视图上的,一般多用在断面形状较简单的情况下。

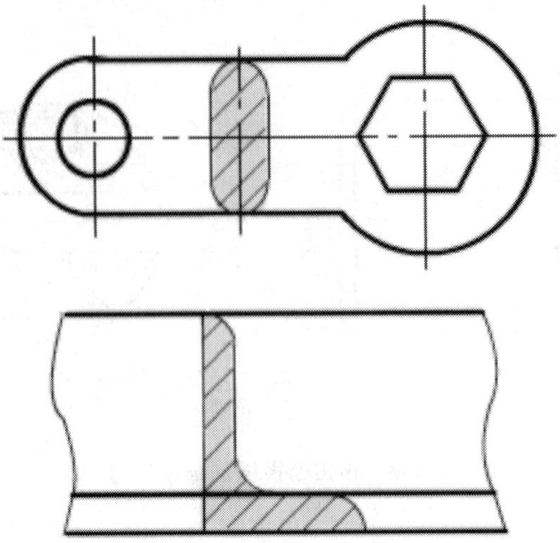

图 5-11 重合断面图的画法

任务实施

(1)首先看懂该立体的形状,如图 5-12b 所示。

(2)然后分析该题的主、俯视图已经将机件的主要结构形状表达清楚,只有左右局部结构未表达,不必再画左、右完整的视图,而只需画出未表达清楚的左、右两部分的局部结构,如图 5-12c 所示。画图时应注意:*A* 向局部视图因所表达的局部结构不完整,断裂边界用波浪线画出;*B* 向局部视图因所表达的局部结构完整,且其外形轮廓线自成封闭,与其他部分截然分开,波浪线可省略不画。

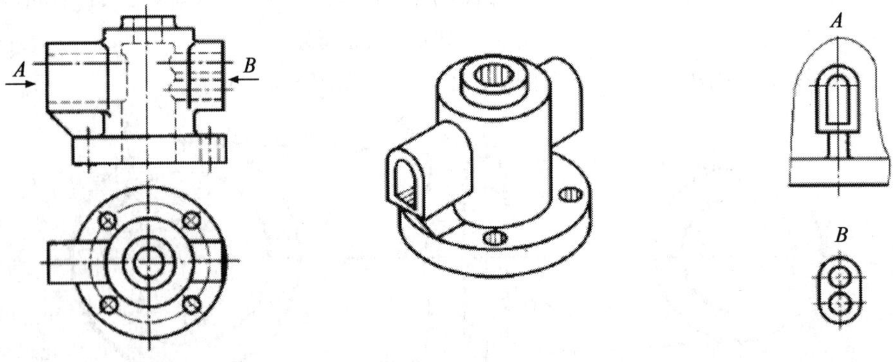

(a) 原题 (b) 轴测图 (c) 局部视图

图 5-12 机件图

知识拓展

一、局部放大图

如图 5-13 所示机件上的一些细小结构,在视图上由于图形过小而表达不清,或标尺寸有困难,这时可以用大于原图形所采用的比例单独画出这些结构,这种图形称为局部放大图。

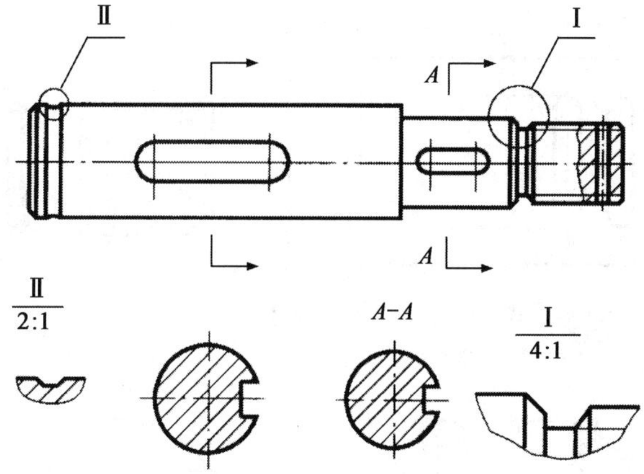

图 5-13　局部放大图(一)

画局部放大图时，一般用细实线规整地圈出被放大部位，当同一机件上有几个被放大的部分时，应用罗马数字依次标明被放大部位，并在局部放大图的上方用分数形式标注出罗马数字和所采用的比例。局部放大图应尽量配置在被放大部位的附近。若机件上被放大的部位仅有一处时，则只需在放大图上方注明所采用的比例即可。局部放大图可以画成视图、剖视图、断面图，与被放大部分的表达方法无关，如图 5-14 所示。

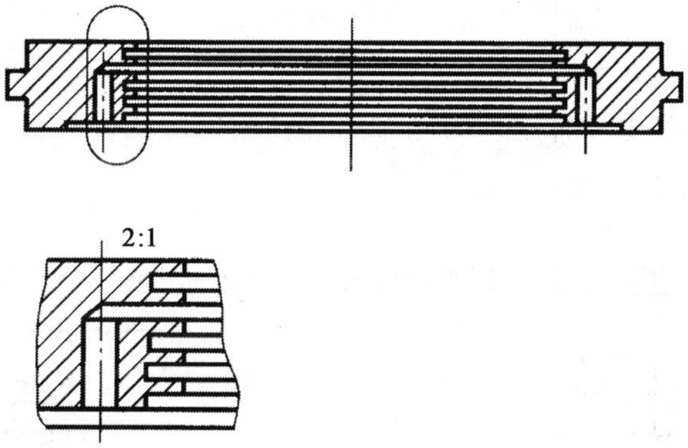

图 5-14　局部放大图(二)

二、简化画法

在机械制图国家标准的“图样画法”中，对机械制图规定了一些简化画法、规定画法和其他表示方法，这些表达方法在绘图和读图中经常会遇到，所以必须掌握。

1. 相同结构要素的简化画法

当机件具有若干相同结构(齿、槽、孔等)，并按一定规律分布时，只需要画出几个完整的结构，其余用细实线连接，并注明该结构的总数，如图 5-15 所示。

2. 对称机件的简化画法

在不致引起误解时，对称机件的视图可画出略大于一半，并以波浪线断开，或只画二分之一、四分之一，并在对称中心线的两端画出两条与其垂直的平行细实线，如图 5-16 所示。

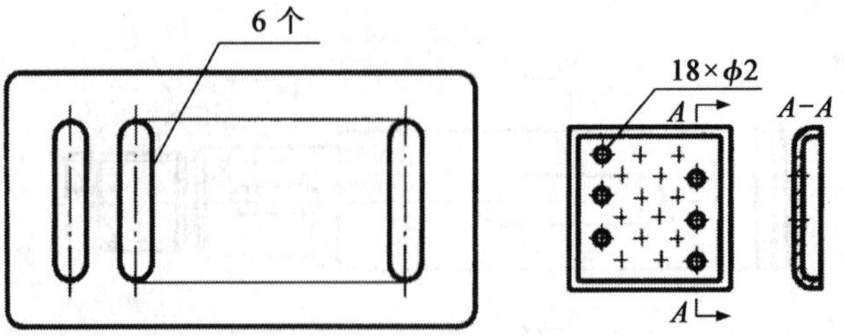

图 5-15 相同结构要素的简化画法

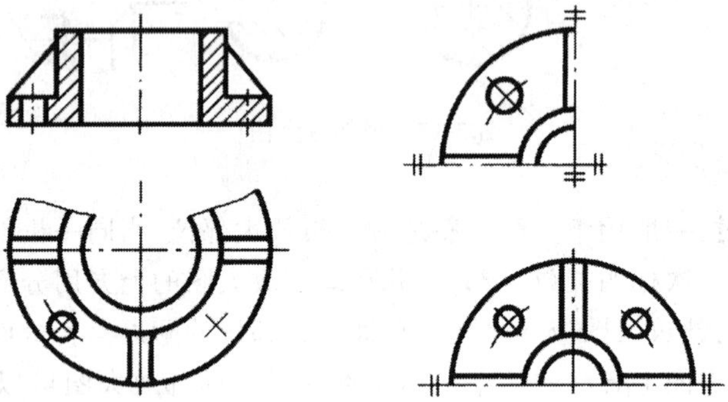

图 5-16 对称机件的简化画法

3. 均匀分布孔的简化画法

对圆柱形法兰及其类似零件上均匀分布的直径相同的孔(圆孔、螺孔、沉孔等),可按图 5-17 所示的方法表示。

4. 平面的表达方法

当图形不能充分表达平面时,可用平面符号(两相交细实线)表示,如图 5-18 所示。

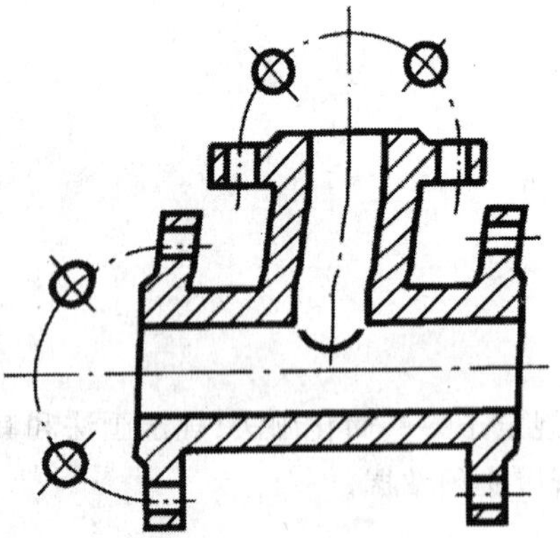

图 5-17 均匀分布孔的简化画法

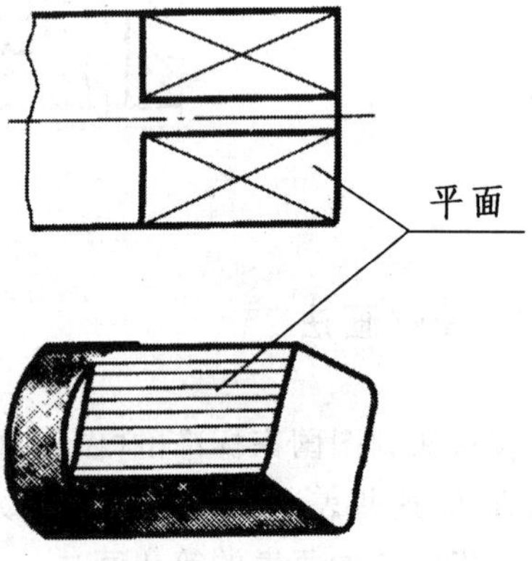

图 5-18 平面的表达方法

5. 移出断面图的简化画法

在不致引起误解的情况下,零件图中的移出断面图,允许省略剖面符号,但须按标准规定标注,如图 5-19 所示。

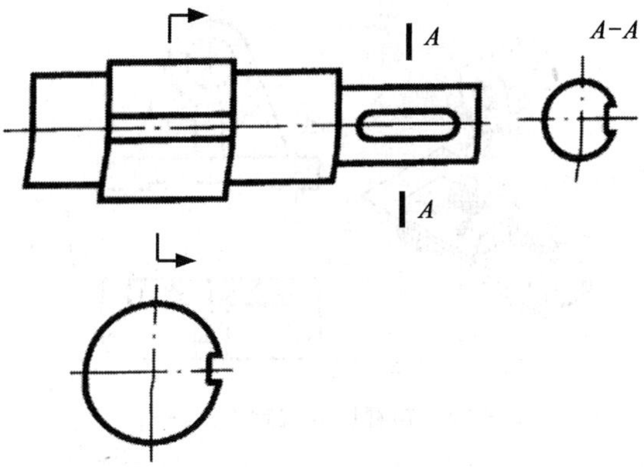

图 5-19　移出断面图的简化画法

6. 细小结构的简化画法

机件上较小的结构，如小圆角、小倒角、交线等，在一个图形上已表示清楚时，其他图形可简化或省略，如图 5-20 所示。

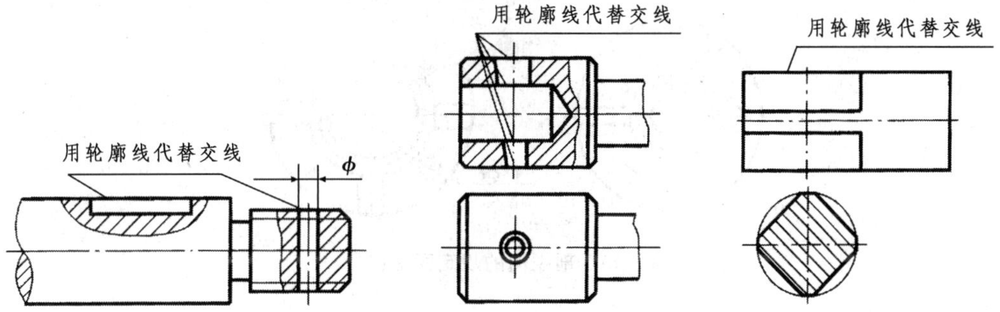

图 5-20　细小结构的简化画法

7. 折断画法

当较长机件(如轴、杆、型材等)沿长度方向的形状一致或按一定规律变化时，可断开后缩短绘制。采用这种画法时，尺寸应按原长标注，如图 5-21 所示。

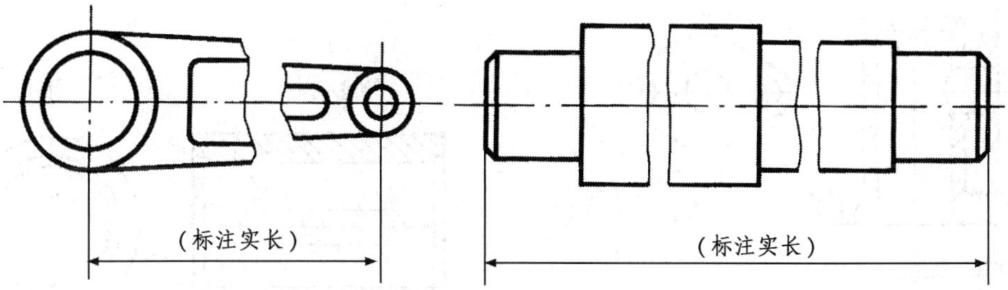

图 5-21　折断画法

8. 剖视图的规定画法

(1)对于机件的肋、轮幅及薄壁等，如按纵向剖切，这些结构都不画剖面符号，而用粗实线将它们与邻接部分分开，如图 5-22 所示。

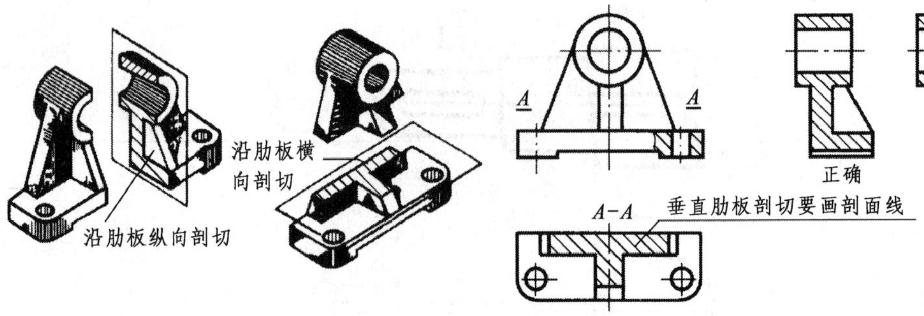

图 5-22　剖视图的规定画法(一)

(2)当零件回转体上均匀分布的肋、轮辐、孔等结构不位于剖切平面上时,可将这些结构旋转到剖切平面再画出,如图 5-23 所示。

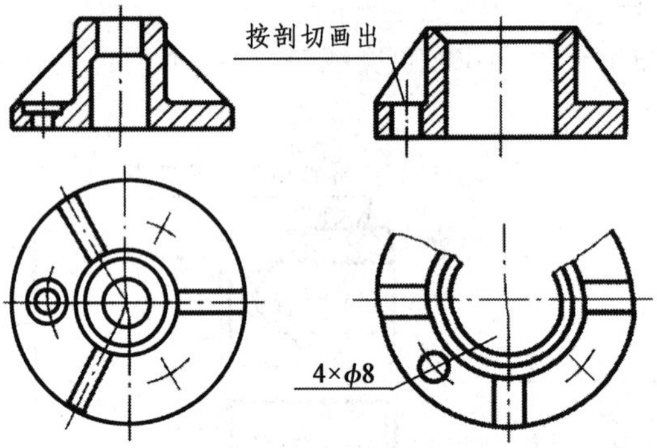

图 5-23　剖视图的规定画法(二)

(3)在剖视图中可再作一次局部剖,俗称"剖中剖",采用这种表达方法时,两个剖面的剖面线方向和间隔应一致,但要相互错开,并用引出线标注其名称"X—X";当剖切位置明显时,也可省略标注,如图 5-24 所示。

(4)需要表示位于剖切平面之前的结构时,这些结构可按假想投影的轮廓线绘制,如图 5-25 所示。

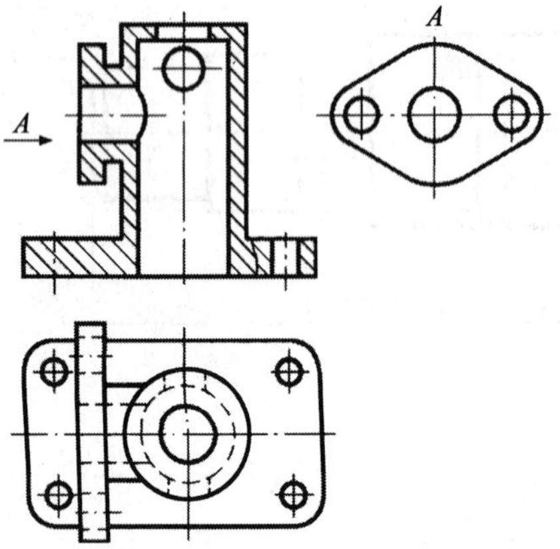

图 5-24　剖视图的规定画法(三)

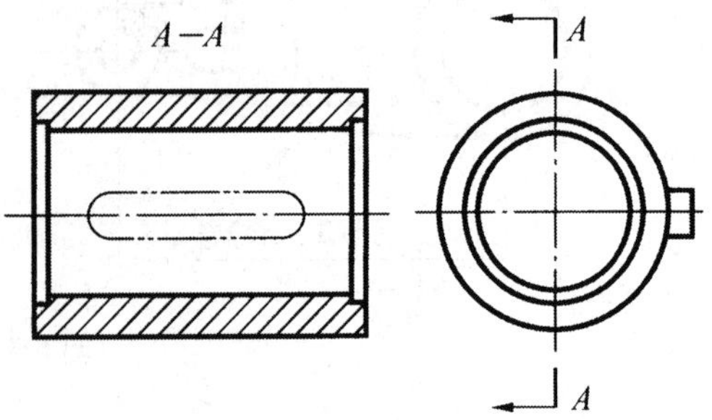

图 5-25　剖视图的规定画法(四)

任务二　绘制座体剖视图

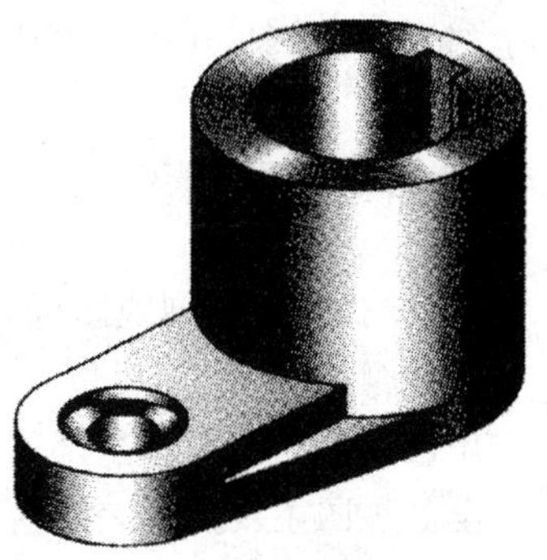
图 5-26　座体

任务描述

绘制如图 5-26 所示座体的剖视图。

知识准备

一、剖视图的概念

如图 5-27 所示，用假想的剖切面将机件剖开，将处在观察者与剖切面之间的部分移去，而将其余部分向投影面投射所得到的图形，称为剖视图，简称剖视。

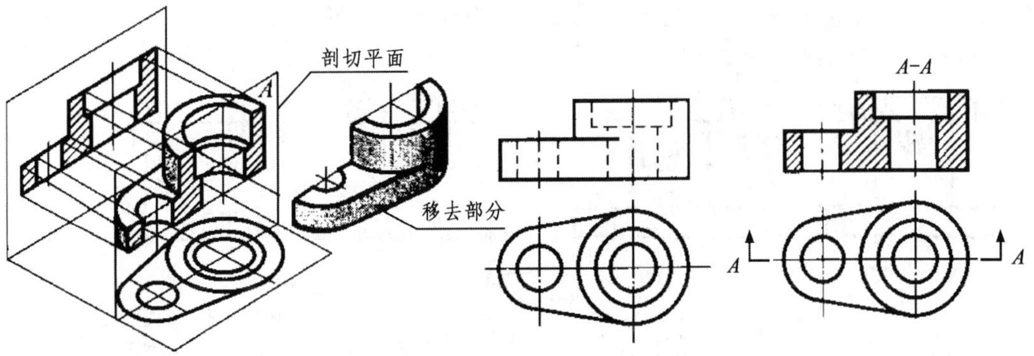

(a) 直观图　(b) 视图　(c) 剖视图

图 5-27　剖视图的形成

画剖视图时应注意的几个问题：

(1)确定剖切面位置时一般选择所需表达的内部结构的对称面，并且平行于基本投影面。

(2)画剖视图时将机件剖开是假想的，并不是真把机件切掉一部分，因此除了剖视图之外，并不影响其他视图的完整性。

(3)留在剖切面之后的可见部分，一般均应向投影面投射。应特别注意空腔中线、面的投影。剖面线的画法如图 5-28 所示。

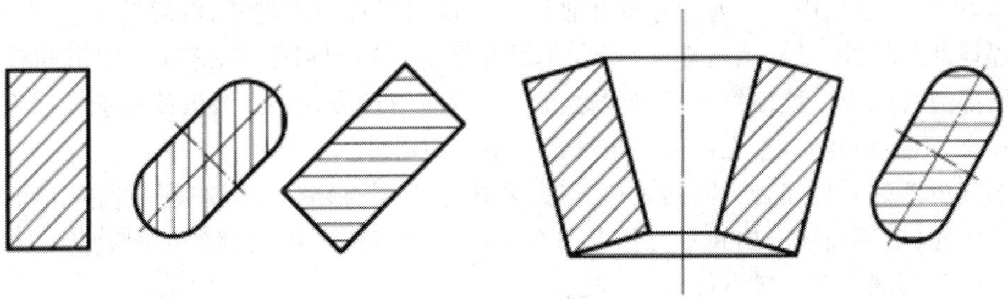
图 5-28　剖面线的画法

(4)剖视图中,凡是已表达清楚的结构,虚线应省略不画。

二、剖视图的种类

按剖切的范围,剖视图可分为全剖视图、半剖视图和局部剖视图三类。

1. 全剖视图

用剖切平面把机件全部剖开所得的剖视图称为全剖视图。

全剖视图主要用于表达内部复杂的不对称的机件,或外形简单的回转体。图 5-27c 为全剖视图。

2. 半剖视图

如图 5-29 所示的机件,在主视图上,其内部结构用虚线表达不够清楚,如果主视图采用全剖视图,则机件前方的圆孔和凸台被剖去,外形无法表达。但这个机件左右对称,所以在垂直于对称平面的投影面上的图形,以对称中心线为界一半画剖视,一半画视图,这样的图形叫作半剖视图。由于半剖视图是取视图和剖视图各一半合并起来的,所以在同一个图形上清楚地表达了机件的内外结构形状。

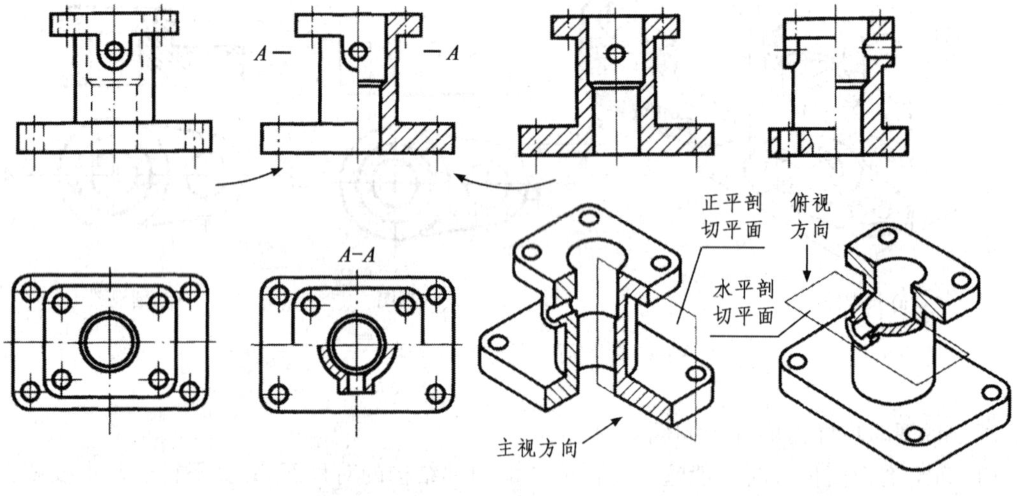

图 5-29 半剖视图

3. 局部剖视图

如图 5-30 所示的机件,在主视图中只有左端的孔需要剖开表示,不必要画出全剖视图或半剖视图,这时可假想用一个通过左端孔轴线的平面将机件局部剖开,然后进行投影。用剖切平面局部地剖开机件,以显示这部分形状,并用波浪线表示剖切范围,这样的图形叫作局部剖视图。局部剖视图中的波浪线可以看作是机件断裂面的投影,因此,波浪线不能与图形中其他的图线重合,不要穿空而过,也不能超出图形轮廓线,如图 5-31 所示。

局部剖视图是一种较为灵活的表达方法,常用于内、外形状都需要表达的不对称机件;对于机件上的孔、槽等局部结构和不宜作半剖视的机件也可以采用局部剖视图表达。对于剖切位置明显的局部剖视图一般不标注。

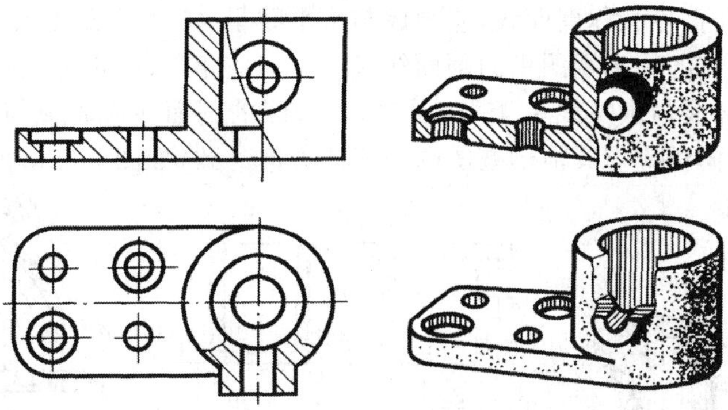

图 5-30　局部剖视图

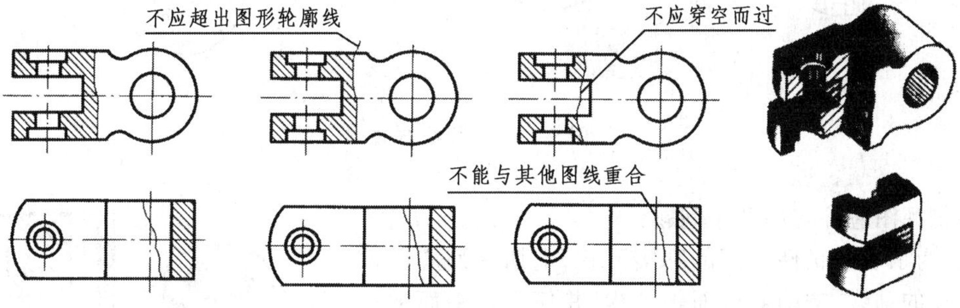

图 5-31　局部剖视图中波浪线的画法

三、剖视图的画法

机件上被剖切平面剖到的实体部分叫断面。为了区分机件被剖切到的实体部分和未被剖切到的部分,根据国家标准《技术制图　图样画法　剖面区域的表示法》(GB/T 17453—2005)中的规定,在断面上要画出剖面符号。各种材料的剖面符号如表 5-1 所示。

表 5-1　材料的剖面符号《机械制图　剖面区域的表示法》(GB/T 4457.5—2013)

金属材料(已有规定剖面符号者除外)	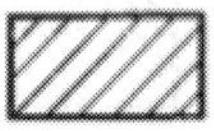	线圈绕组元件	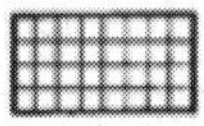	转子、电枢、变压器和迭钢片	
非金属材料(已有规定剖面符号者除外)	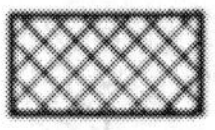	型砂、填砂、粉末冶金、砂轮、陶瓷刀片、硬质合金刀片	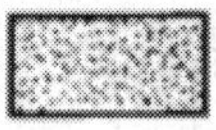	基础周围的泥土	
木质胶合板(不分层数)		玻璃及供观察用的其他透明材料		格网(筛网、过滤网)	
混凝土		钢筋混凝土	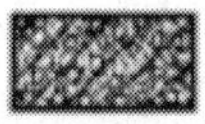	砖	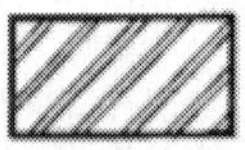
木材(纵剖面)		木材(横剖面)	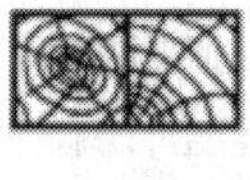	液体	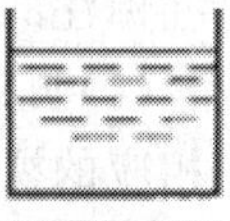

金属材料的剖面符号又称剖面线，应画成与水平线呈 45°的等距细实线，剖面线可向左或向右倾斜，同一机件在各个剖视图中的剖面线倾斜方向应相同，间距应相等，如图 5-32a 所示。当图形中的主要轮廓线与水平线呈 45°左右时，则该图的剖面线应画成与水平线呈 30°或 60°的细实线，其倾斜方向仍应与其他剖视图的剖面线方向一致，如图 5-32b 所示。

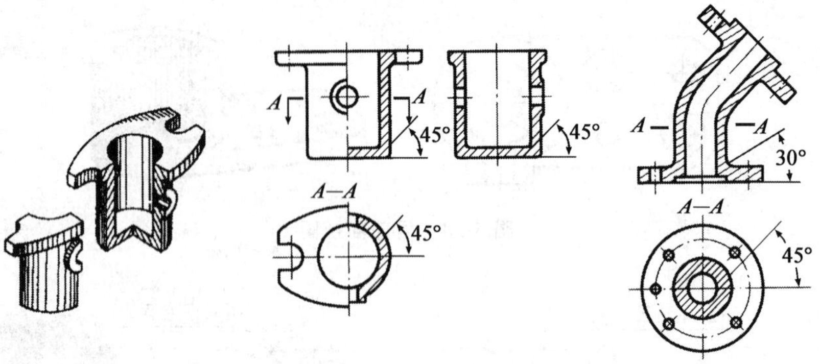

(a) (b)

图 5-32 剖面线方向

画剖视图应注意的几个问题：

(1)为了表达机件内部的真实形状，剖切平面应通过机件上孔的轴线、槽的对称面等结构，并使剖切平面平行或垂直于某一基本投影面。

(2)由于剖切是假想的，因此，当机件的某一个视图画成剖视图后，其他视图仍应完整地画出。

(3)在剖视图中，一般应省略虚线。对于没有表达清楚的结构，在不影响剖视图清晰，同时可以减少一个视图的情况下，可画少量虚线。如图 5-33 所示用虚线表示机件底板的厚度。

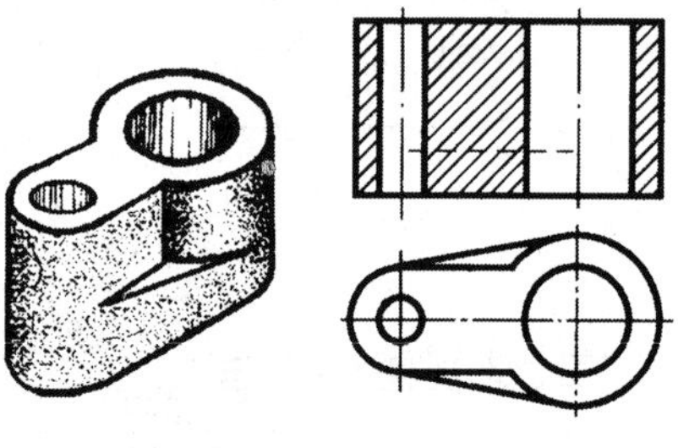

图 5-33 应画虚线的剖视图

(4)剖切平面后的可见轮廓应全部画出，不得遗漏，如图 5-34 所示剖视图中阶梯孔的台阶线。

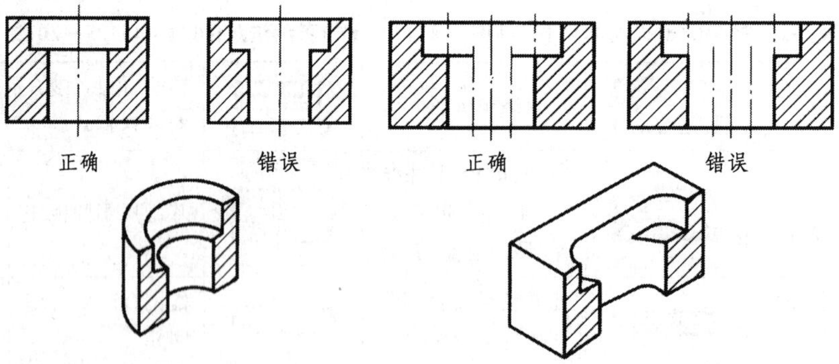

图 5-34 孔的剖视图画法

标注剖视图应注意的几个问题：

(1)画剖视图时，一般应在剖视图的上方用大写的拉丁字母标注出视图的名称“$X—X$ ”，在相应的视图上用剖切符号标注剖切位置，剖切符号是线宽的 1～1.5 倍，长为 5～10 mm 的粗实线。剖切符号不得与图形的轮廓线相交，在剖切符号的附近标注出相同的字母。在剖切符号的外侧画出与其垂直的箭头表示投射方向。

(2)当剖视图按投影关系配置，中间又无其他图形隔开时，可省略箭头，见图 5-32b。

(3)当单一的剖切平面通过机件的对称平面或基本对称平面，且剖视图按投影关系配置，中间又没有其他图形隔开时，可省略标注。

画半剖视图应注意的几个问题：

(1)半个视图与半个剖视图的分界线应是细点画线，不是粗实线。

(2)因为图形对称，内部结构形状已在半个剖视图中表达清楚，一般在另外半个视图上不需要再画虚线。

(3)半剖视图标注的方法及省略标注的情况与全剖视图完全相同。半剖视图主要用于表达内外结构形状都比较复杂的对称或基本对称的机件。

任务实施

(1)确定剖切面的位置，剖切平面位置选择通过机件上孔和槽的前后对称面，可以省略标注。

(2)画剖视图先画出剖切平面与机件实体接触部分的投影，即剖面区域的轮廓线；再画出剖切平面之后的机件可见部分的投影。

(3)在剖面区域内画剖面线，描深图线，标注符号和视图名称，校核，完成作图。见图 5-35。

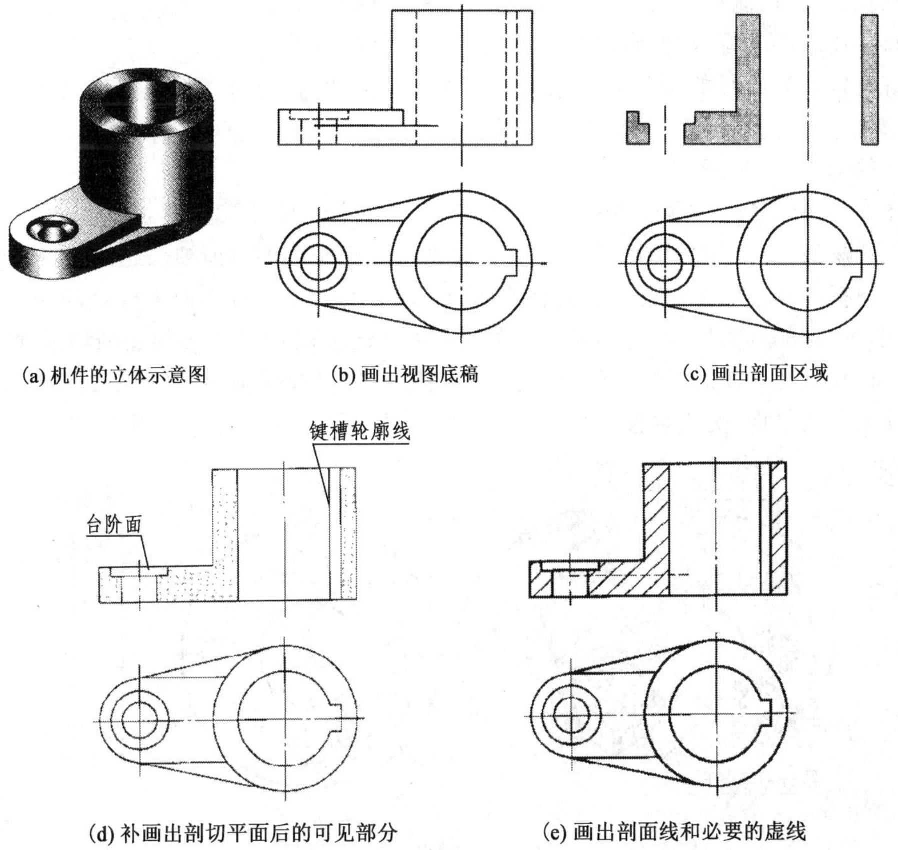

(a) 机件的立体示意图　(b) 画出视图底稿　(c) 画出剖面区域

(d) 补画出剖切平面后的可见部分　(e) 画出剖面线和必要的虚线

图 5-35　座体剖视图

知识拓展

剖切平面和剖切方法

根据剖切平面的不同，剖切方法还可以分为单一剖、斜剖、旋转剖、阶梯剖和复合剖等。

1. 单一剖

用一个平行于基本投影面的剖切面（通常用平面，也可以用柱面）剖开机件的方法称为单一剖。前面所介绍的全剖视图、半剖视图、局部剖视图的例子均为单一剖。

2. 斜剖

如图 5-36 所示的机件倾斜部分的内形，在基本图形上不能反映实形，只有用与基本投影面倾斜的平面剖切，再投影到与剖切平面平行的投影面上，得到的图形才能反映倾斜结构的内部真实形状。

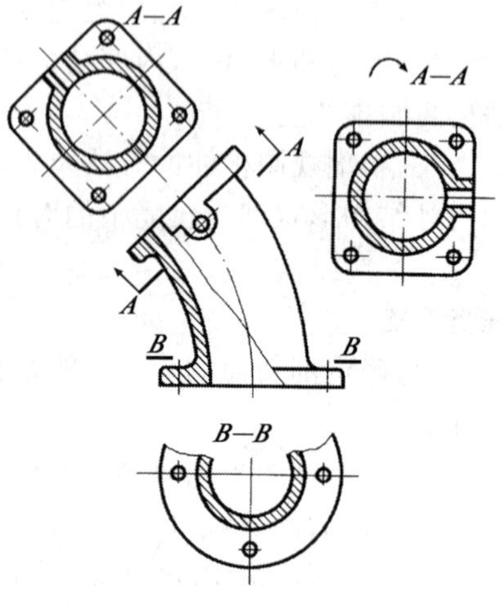

图 5-36 斜剖

这种用不平行于任何基本投影面的剖切平面剖开机件的方法称为斜剖。在采用斜剖绘制剖视图时，必须标注剖切位置，并用箭头指明投影方向，注明剖视名称。注意字母一律水平书写，与倾斜部分的方向无关。斜剖视图最好配置在箭头所指的方向，以保持投影关系。必要时，也可以平移到其他适当位置。在不致引起误解时，允许将图形旋转后再画出。

3. 旋转剖

如图 5-37 所示为一端盖，其内部形状用单一剖切平面剖切不能完全表达，可以采用两个相交的剖切平面，并让其交线与回转轴重合，使两个剖切平面通过所要表达的孔、槽剖开机件，并将被倾斜平面切到的结构要素及其有关部分旋转到与选定的投影面平行后，再进行投影，以反映被剖切结构的真实形状，这样就可以在同一剖视图上表达出两个相交剖切平面所剖切到的结构。但在剖切平面后的其他结构，一般仍按原来位置投射画出，如图 5-38 所示。这种用两个相交的剖切平面（交线垂直于某一基本投影面）剖开机件的方法称为旋转剖。

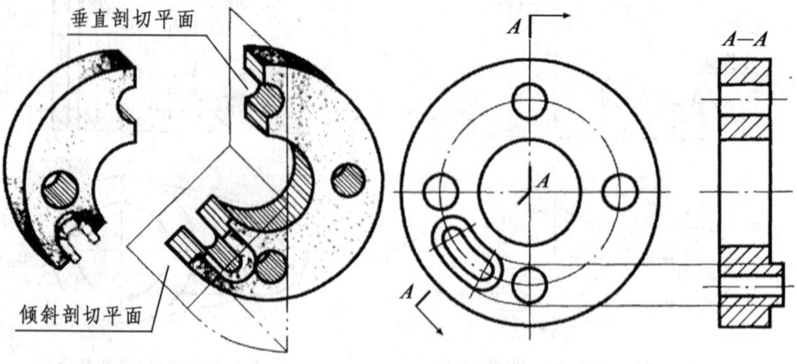

图 5-37 旋转剖(一)

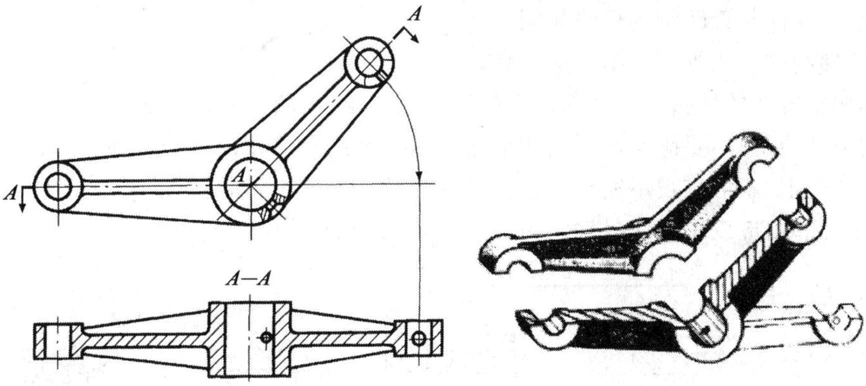

图 5-38　旋转剖(二)

采用旋转剖画剖视图时,必须标出剖切位置,在它的起止和转折处标出相同字母,在起、止处画出箭头指明投影方向,在剖视图上方用字母注出名称。

当剖切后产生不完整要素时,应将此部分按不剖画图,如图 5-39 所示。

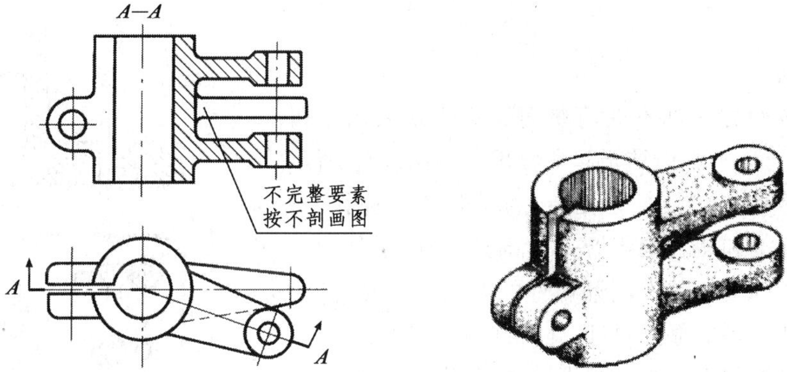

图 5-39　旋转剖(三)

4. 阶梯剖

如图 5-40 所示的机件内孔较多,层次较多,用一个剖切平面不能全部表示出来,在这种情况下,可用一组互相平行的剖切平面依次地把它们呈阶梯状切开,这样可以在同一个剖视图上表达多个剖切平面所剖切到的结构。这种用几个平行于某一投影面的剖切平面剖开机件的方法称为阶梯剖。

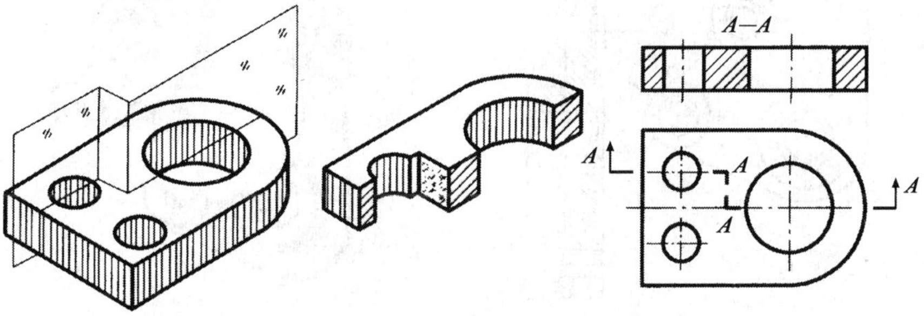

图 5-40　阶梯剖(一)

阶梯剖的标注与旋转剖的标注相同。

采用阶梯剖的方法画剖视图时应注意以下几个问题：

(1)剖切位置线的转折处不应与图上的轮廓线重合，如图 5-41b 所示。

(2)在剖视图上，不要画出两个剖切平面转折处的投影，如图 5-41c 所示。

(3)剖视图上，不应出现不完整要素。只有当两个要素在图形上具有公共对称中心时才允许各画一半，此时，应以中心线或轴线为界，如图 5-41d 所示。

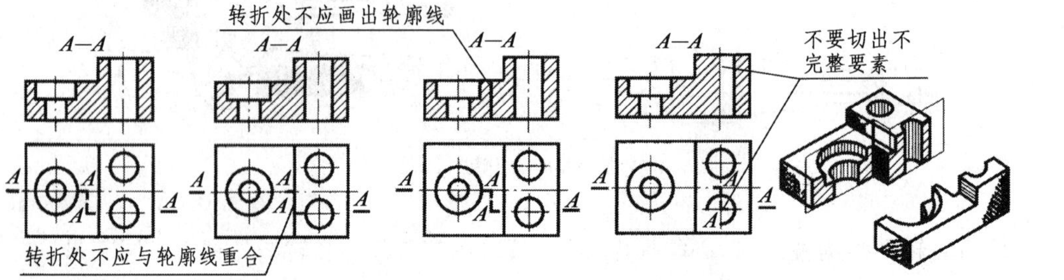

(a) 正确　(b) 错误　(c) 错误　(d) 错误

图 5-41　阶梯剖(二)

5. 复合剖

在以上各种方法都不能简单而又集中地表示出机件的内形时，可以把它们结合起来应用。如图 5-42 所示的机件内部结构形状较多且复杂，为了表达各种孔、槽等结构用阶梯剖和旋转剖组合一起剖开机件，这种用几个平行或相交的剖切平面剖开机件的方法称为复合剖。倾斜平面剖切不到的部分，采用旋转剖的画图方法。

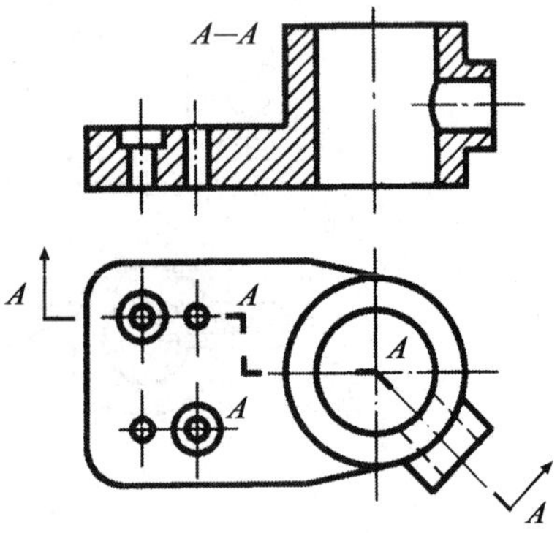

图 5-42　复合剖(一)

采用复合剖的方法画剖视图时通常用展开画法，标注时用“X—X 展开”，如图 5-43 所示。其标注方法与旋转剖和阶梯剖的标注方法相同。

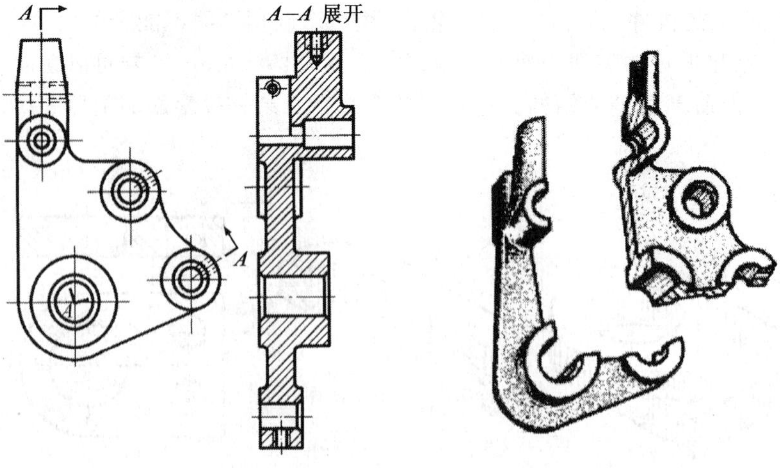

图 5-43　复合剖(二)

任务三　AutoCAD 绘制组合体剖视图

任务描述

绘制图 5-44 所示的剖视图，利用绘图辅助功能、“样条曲线”“多线段”及其编辑命令，按照三视图的投影规律绘制，并填充图案，最后利用“删除”“修剪”命令整理图形，无须标注尺寸。

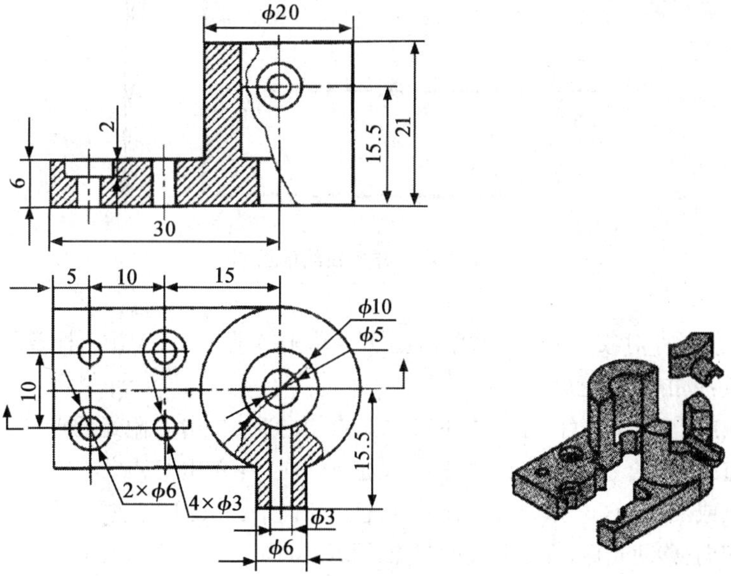

图 5-44　绘制剖视图样例

知识准备

一、样条曲线及其编辑

1. 功能

利用“SPLINE”命令，可以通过一系列给定的点生成光滑的曲线，这种曲线称为样条曲线。在机械图样的绘制过程中，可以通过“SPLINE”命令绘制局部剖视图中的波浪线及形体断开处的断开线。与拟合曲线相比，样条曲线具有更高的精度，占用的内存和磁盘空间也更多。

2. 执行命令的方法

“绘图”工具栏：单击“样条曲线”按钮。

命令行：输入 SPLINE，按 Enter 键。

菜单栏：“绘图”→“样条曲线”。

3. 操作步骤

选择“绘图” →“样条曲线”菜单，命令行提示如下。

命令：_spline

指定第一个点或[对象(O)]：

指定下一点：

指定下一点或[闭合(C)/拟合公差(F)]<起点切向>：

指定下一点或[闭合(C)/拟合公差(F)]<起点切向>：

指定起点切向：

指定端点切向：

应用 AutoCAD 绘制一样条曲线，如图 5-45 所示。

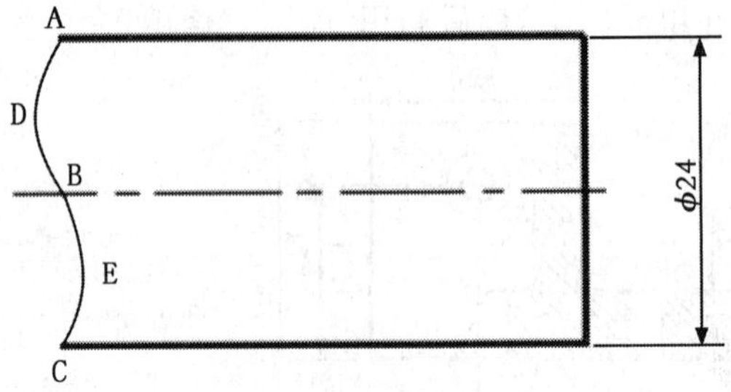

图 5-45　样条曲线的绘制

指定第一个点或 [对象(O)]：<对象捕捉 开>单击 A 点。 ＊A 作为样条曲线的第一点＊

指定下一点：单击 D 附近的点。

指定下一点或 [闭合(C)/拟合公差(F)] <起点切向>：单击 E 附近的点。

指定下一点或 [闭合(C)/拟合公差(F)] <起点切向>：单击 C 点。

指定下一点或 [闭合(C)/拟合公差(F)] <起点切向>： ＊回车选择起点切向＊

指定起点切向：移动光标，改变曲线的起点的切线方向。 ＊使曲线形状达到令人满意的效果＊

指定端点切向：移动光标，改变曲线的终点的切线方向。 ＊使曲线形状达到令人满意的效果＊

图形绘制完成。

4. 有关说明及提示

(1)样条曲线主要用于绘制机械制图中的波浪线、截交线、相贯线，以及地理图中的地貌等。

(2)起点切向：通过按 Enter 键，提示确定始末点的切向，然后结束该命令。

(3)指定下一点：提示输入下一个经过点。如果输入经过点，则上述提示反复出现，直到回车结束。

(4)闭合(C)：将生成闭合的样条曲线，并享有相同的切向。

(5)拟合公差(F)：提示输入样条曲线的偏差距离，默认情况下为 0，保证样条曲线穿过经过点。

二、多段线及其编辑

1. 功能

多段线是指相连的多段直线和弧线组成的一个复合实体，可为其指定一定的线宽。它与直线实体相比更加灵活，可直可曲，且宽度可以自定义，可宽可窄，可以宽度一致，也可以粗细变化。整条多段线是一个单一实体，便于编辑。

2. 执行命令的方法

“绘图”工具栏：单击“多段线”按钮。

命令行：输入 PLINE 或 PL，按 Enter 键。

菜单栏：“绘图”→“多段线”。

3. 操作步骤

对于多段线中各段线条可以有不同的线宽，并且有些线宽可以是渐变的，如图 5-46 所示箭头的绘制。已知此图中 *AB* 的线宽为 0，*BC* 段 *B* 端的宽度为 4，*C* 端的宽度为 0。

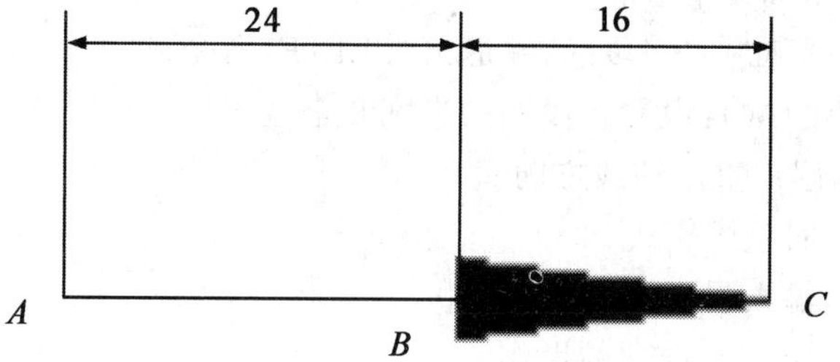

图 5-46　多段线的应用

绘图步骤如下：

输入多段线命令。

AutoCAD 提示：

命令：_pline

指定起点：

当前线宽为 0.5000　　* 提示当前线宽 *

指定下一个点或 [圆弧(A)/半宽(H)/长度(L)/放弃(U)/宽度(W)]：W

　　* 根据已知条件，需对线宽进行重新设置，因此选择此选项 *

指定起点宽度 <0.5000>：0

　　* 由 A 点作起点，A 处的线宽为 0 *

指定端点宽度 <0.0000>：

　　* B 处的线宽与 A 点相同，取系统的默认值 *

指定下一个点或 [圆弧(A)/半宽(H)/长度(L)/放弃(U)/宽度(W)]：<正交 开> 24

　　* 将光标拖向右方，输入 AB 的长度值 24，结束 AB 直线的绘制 *

指定下一点或 [圆弧(A)/闭合(C)/半宽(H)/长度(L)/放弃(U)/宽度(W)]：W

　　* 开始绘制 BC 段线，需要对线宽进行重新设置，因此选择此项 *

指定起点宽度 <0.0000>：4

　　* 输入 B 点的线宽值 4 *

指定端点宽度 <4.0000>：0

　　* 输入 C 点的线宽值 0 *

指定下一点或 [圆弧(A)/闭合(C)/半宽(H)/长度(L)/放弃(U)/宽度(W)]：16

　　* 指定 BC 的长度值 16 *

指定下一点或［圆弧(A)/闭合(C)/半宽(H)/长度(L)/放弃(U)/宽度(W)］:

* 按 Enter 键结束图形的绘制 *

图形绘制完成。

4. 有关说明及提示

(1)指定下一点:默认值为直线,输入 A 按 Enter 键,转为圆弧,圆弧过前一段线的终点,并与前一段线(圆弧或直线)在连接点处相切。

(2)角度(A):提示用户给定包络角。

(3)圆心(CE):提示圆弧中心。

(4)闭合(CL):用圆弧封闭多段线,并退出“PLINE”命令。

(5)半宽(H)和宽度(W):设置多段线的半宽和全宽。

(6)方向(0):提示用户重定切线方向。

(7)直线(L):切换回直线模式。

(8)半径(R):提示输入圆弧半径。

(9)放弃(U):取消上一次选项的操作。

(10)第二个点(S):选择二点圆弧中的第二点。

5. 多段线的编辑

选择“修改”→“对象”→“多段线”菜单,或在命令行中输入 PEDIT,按 Enter 键,即可进行多段线的编辑。“PEDIT”命令有以下主要功能。

(1)移动、增加或删除多段线的顶点。

(2)可以为整个多段线设定统一的宽度值或分别控制各段的宽度。

(3)用样条曲线或双圆弧曲线拟合多段线。

(4)将开式多段线闭合或使闭合多段线变为开式。

(5)将“LINE”命令绘制的多线段合并为多段线。

6. 提示、注意、技巧

(1)当多段线的宽度大于 0 时,如果绘制闭合的多段线,一定要用“闭合”选项才能使其完全封闭。否则起点与终点会出现一段缺口,如图 5-47 所示,图 5-47a 为使用“闭合”选项的情况,图 5-47b 为没有使用闭合选项的情况。

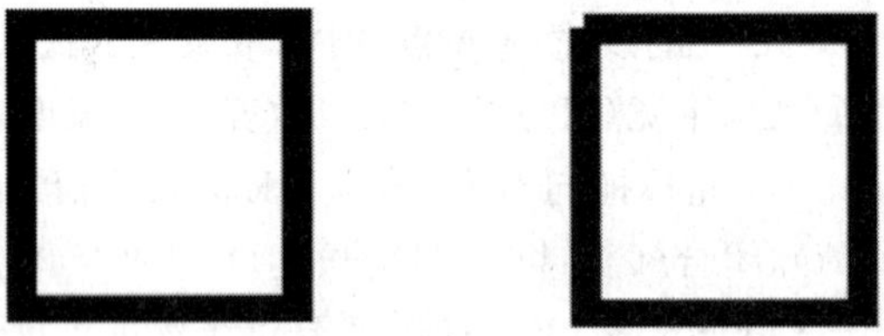

(a) (b)

图 5-47 封口的区别

(2)在绘制多段线的过程中如果选项“U”,则取消刚刚绘制的那一段多段线,当确定刚画的多段线有错误,选择此项。

(3)多段线起点宽度值以上一次输入值为默认值,而终点宽度值是以起点宽度值为默认值。

(4)当使用分解命令对多段线进行分解时,多段线的线宽信息将被丢失。

三、图案填充与编辑

1. 功能

“BHATCH”命令可用于对封闭图形填充图案，以区分图形的不同部分，以及标明剖面图中的不同材质。

2. 执行命令的方法

“绘图”工具栏：单击“图案填充”按钮。

命令行：输入 BHATCH(BH/H)，按 Enter 键。

菜单栏：“绘图”→“图案填充”。

绘制平面图形，如图 5-48 所示。

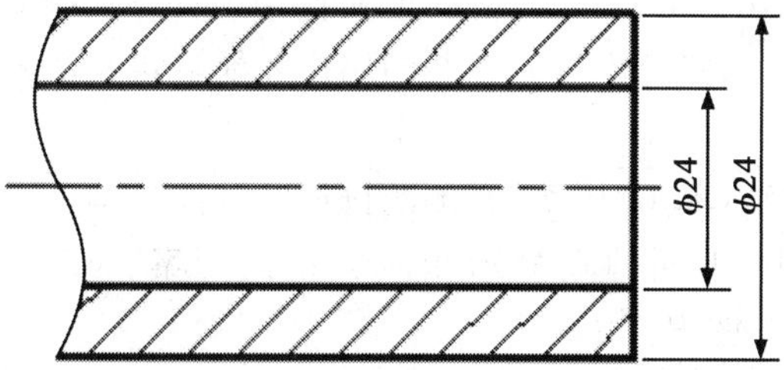

图 5-48　平面图形的绘制

通过绘制此图形，学习图案填充功能的应用。

进行上述操作后打开“边界图案填充”对话框，如图 5-49 所示。在对话框中对各选项进行如图所示设置。单击拾取点按钮，对话框消失，提示行提示：选择内部点。

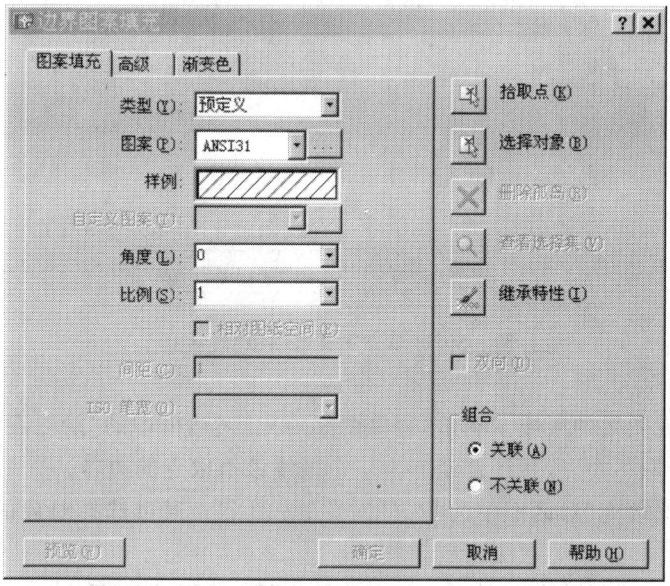

图 5-49　“边界图案填充”对话框

此时单击要填充图案的封闭区域,即图形的上部分及下部分,回车结束操作,“边界图案填充”对话框再次出现,单击“预览”按钮 预览(W) ,对话框消失,可对填充情况进行预览。此时系统提示:拾取或按 Esc 键返回到对话框或 ＜单击右键接受图案填充＞。如果结果不符合要求,则按 Esc 键重新回到“边界图案填充”对话框,可重新进行填充设置,如果结果符合要求,则单击右键结束图形的绘制。

3. 有关说明及提示

(1)图案的选择和使用。AutoCAD 提供实体填充以及 50 多种行业标准填充图案,可以使用它们区分对象的部件或表现对象的材质。AutoCAD 还提供 14 种符合 ISO(国际标准化组织)标准的填充图案。系统提供三种类型的图案可供用户选择。

预定义:指图案已经在 ACAD. PAT 文本文件中定义好。

用户定义:使用当前线型定义的图案。

自定义:指定义在除 ACAD. PAT 外的其他文件中的图案。设计填充图案定义要求具备一定的知识、经验和耐心。只有熟悉填充图案的用户才能自定义填充图案,因此建议新用户不要进行此操作。

选择预定义的图案方法:单击“图案”右侧的按钮 ... ,打开“填充图案选项板”对话框,如图 5-50 所示。在该对话框中,不同的页显示相应类型的图案。双击图案或单击图案后单击 确定 按钮,即选中了该图案。

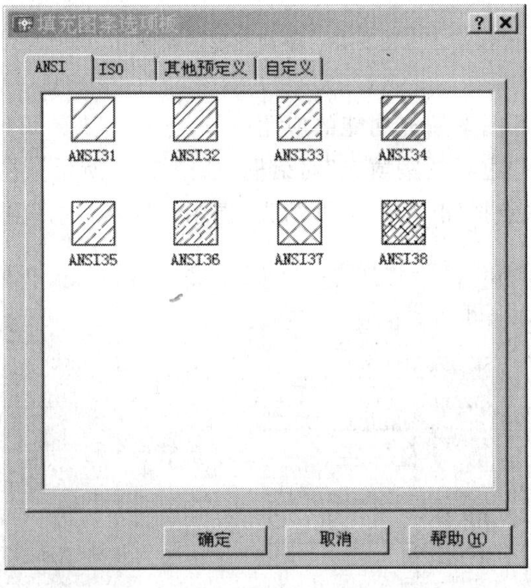

图 5-50 “填充图案选项板”对话框

(2)定义要填充图案的区域。利用“边界图案填充”对话框中的“拾取点”按钮。在要填充图案的区域内拾取一个点,系统自动产生一个围绕该拾取点的边界。

利用“边界图案填充”对话框中的“选择对象”按钮。通过选择对象的方式来产生一封闭的填充边界。

(3)在选择对象时,一般应用“拾取点”来选择边界。这种方法既快又准确,“选择对象”只是作为补充手段。

任务实施

1. 准备实施

设置绘图环境，创建图层，设置对象捕捉。

2. 布图

打开“中心线”图层，利用“LINE”命令绘制图中的主要中心线。应注意安排中心线的位置要考虑给尺寸标注留出空间。

3. 画机件的主、俯视图

画出机件的主、俯视图，其中的波浪线用“SPLINE”命令绘制，如图 5-51 所示。

4. 画剖面线

画剖面线的方法和步骤如下。

(1)选择“绘图”→“图案填充”菜单，打开“图案填充和渐变色”对话框。

(2)在“图案填充”选项卡的“类型和图案”选项区中，设置“类型”为“预定义”，“图案”为“ANSI31”；在“角度和比例”选项区中，设置“角度”为“0°”，“比例”为“2”，在“边界”选项区中，单击“添加：拾取点”按钮，返回绘图区，拾取要填充的区域，按 Enter 键，“图案填充和渐变色”对话框再次打开，单击“预览”按钮，则在绘图区出现预览，如果对预览效果满意，则按 Enter 键。如果对预览效果不满意，则按 Esc 键，返回“图案填充和渐变色”对话框，在该对话框中对相应参数进行修改，最后单击“确定”按钮，完成图案的填充。最终效果如图 5-52 所示。

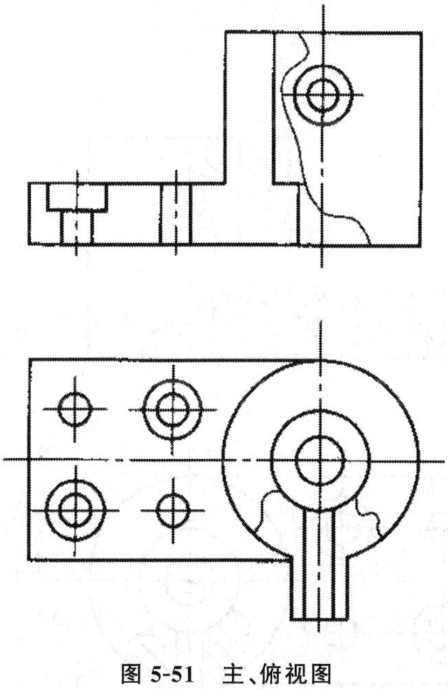

图 5-51　主、俯视图

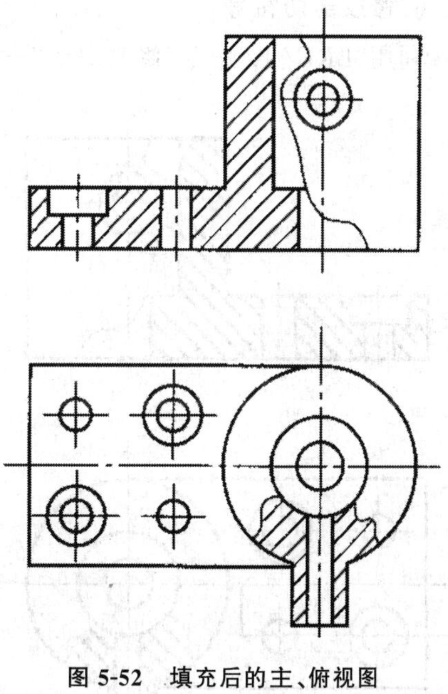

图 5-52　填充后的主、俯视图

5. 画剖切符号

俯视图中的剖切符号用“PLINE”命令绘制，如图 5-53 所示。

操作步骤如下。

选择“绘图”→“多段线”命令，命令行提示如下。

命令:_pline

指定起点:　　　　* 指定第一点 *

指定下一个点或[圆弧(A)/半宽(H)/长度(L)/放弃(U)/宽度(W)]

　　　　* 输入 W,按 Enter 键,设置箭头宽度 *

指定起点宽度＜5.1096＞:　　　　* 输入 0,按 Enter 键,设置箭头起点线宽为 0 *

指定端点宽度＜0.0000＞:　　　　* 输入 1,按 Enter 键,设置箭头终点线宽为 1 *

指定下一个点或[圆弧(A)/半宽(H)/长度(L)/放弃(U)/宽度(W)]:

　　　　* 绘制箭头 *

指定下一个点或[圆弧(A)/闭合(C)/半宽(H)/长度(L)/放弃(U)/宽度(W)]:

　　　　* 输入 W,按 Enter 键,设置线宽 *

指定起点宽度＜1.0000＞:　　　　* 输入 1,按 Enter 键,设置箭头起点线宽为 1 *

指定端点宽度＜1.0000＞:　　　　* 输入 0,按 Enter 键,设置箭头终点线宽为 0 *

指定下一个点或[圆弧(A)/闭合(C)/半宽(H)/长度(L)/放弃(U)/宽度(W)]:

　　　　* 指定箭头终点 *

指定下一个点或[圆弧(A)/闭合(C)/半宽(H)/长度(L)/放弃(U)/宽度(W)]:

　　　　* 按 Enter 键 *

6. 修改剖切符号

利用"BREAK"命令,修改剖切符号,如图 5-54 所示。

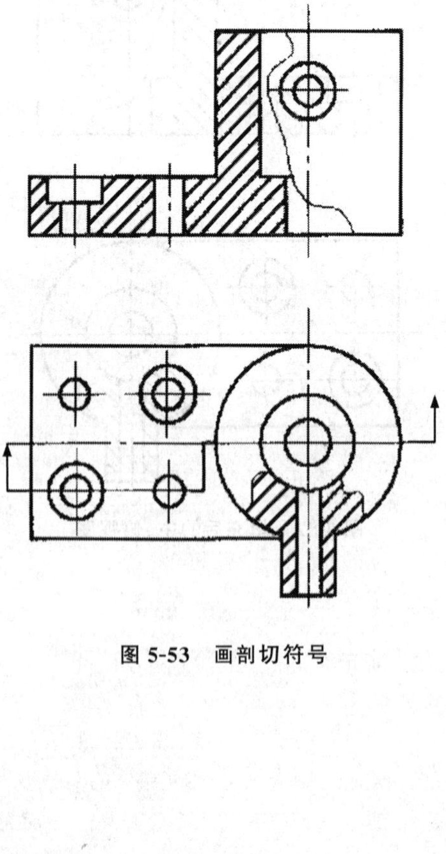

图 5-53　画剖切符号

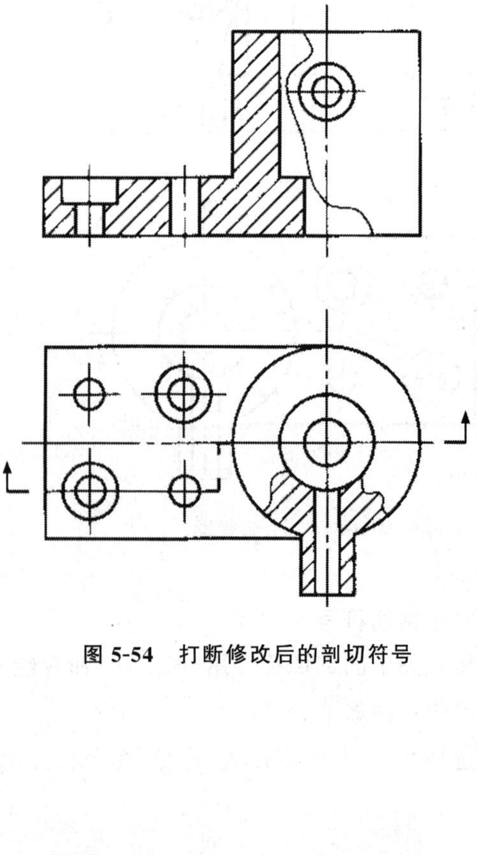

图 5-54　打断修改后的剖切符号

知识拓展

一、修订云线

1. 功能

利用“REVCLOUD”命令，可以方便地绘制图形、轮廓线、地图的边界以及签名等。

2. 执行命令的方法

“绘图”工具栏：单击“修订云线”按钮。

命令行：输入 REVCLOUD，按 Enter 键。

菜单栏：“绘图”→“修订云线”。

3. 操作步骤

选择“绘图”→“修订云线”菜单，命令行提示如下。

命令：_revcloud

最小弧长：15　最大弧长：15　样式：普通　　* 默认弧长与样式 *

指定起点或[弧长(A)/对象(O)/样式(S)]<对象>：　　* 指定起点 *

沿云线路径引导十字光标...　* 指定云线路径，直至右击或按 Enter 键，结束路径的选择 *

反转方向[是(Y)/否(N)]<否>：　　* 按 Enter 键。系统默认反转方向为否 *

修订云线完成。

二、打断

1. 功能

利用“BREAK”命令，可以将某实体(直线、圆弧、圆等)部分删除或断开为两个实体。

2. 执行命令的方法

“修改”工具栏：单击“打断”按钮。

命令行：输入 BREAK，按 Enter 键。

菜单栏：“修改”→“打断”。

3. 操作步骤

选择“修改”→“打断”菜单，命令行提示如下。

命令：_break

选择对象：　　* 指定要打断的对象，同时也指定了第一个打断点 *

指定第二个打断点 或[第一点(F)]：　* 指定第二个打断点 *

打断完成。

项目六
绘制标准件与常用件

项目目标

(1)了解各种标准件与常用件的名称、种类及作用,并掌握它们的规定画法和标注。

(2)掌握螺纹、螺纹连接的规定画法及其标注,能看懂具有螺纹要素的各类零件图。

(3)了解螺纹及其他常用件有关的工艺结构及其画法。

(4)掌握用 AutoCAD 绘制标准件和常用件的方法。

项目知识分布图

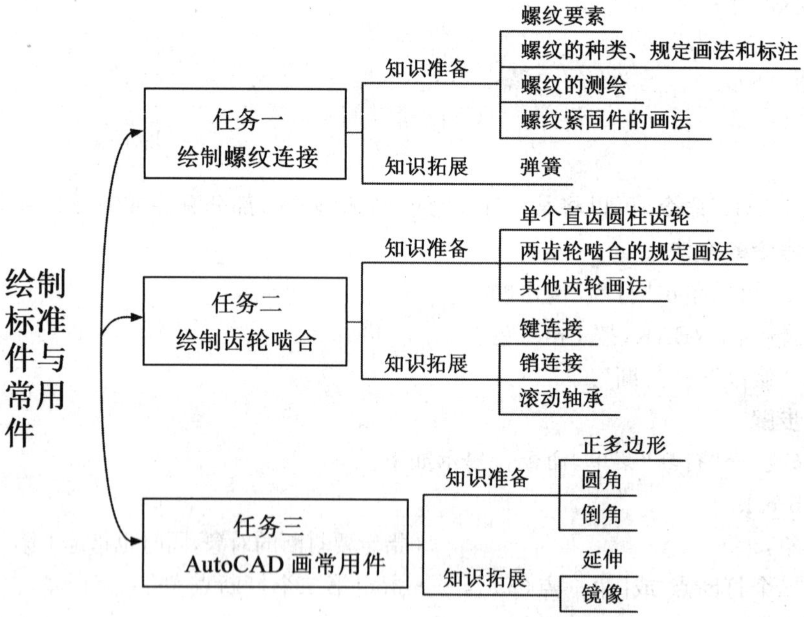

任务一　绘制螺纹连接

任务描述

根据螺纹规定画法，完成螺栓连接装配图和螺钉连接图。

知识准备

一、螺纹要素

螺纹是指在圆柱或圆锥表面上沿着螺旋线所形成的具有规定牙型的连续凸起和沟槽。在圆柱或圆锥外表面上形成的螺纹，称为外螺纹；在圆柱或圆锥内表面上形成的螺纹，称为内螺纹。内螺纹、外螺纹成对使用，用于各种机械连接、传递运动和动力。螺纹具有以下要素。

1. 牙型

在通过螺纹轴线的剖面上，螺纹的轮廓形状称为螺纹牙型。相邻两牙侧面间的夹角称为牙型角。常用的标准螺纹有三角螺纹、管螺纹、梯形螺纹、锯齿形螺纹等。

2. 螺纹的直径

(1)大径：和外螺纹的牙顶、内螺纹的牙底相重合的假想柱面或锥面的直径。外螺纹的大径用 d 表示，内螺纹的大径用 D 表示。

(2)小径：和外螺纹的牙底、内螺纹的牙顶相重合的假想柱面或锥面的直径。外螺纹的小径用 d_1 表示，内螺纹的小径用 D_1 表示。

(3)中径：在大径和小径之间，设想有一柱面(或锥面)，在其轴剖面内，素线上的牙宽和槽宽相等，则该假想柱面的直径称为中径，外螺纹中径用 d_2 表示，内螺纹中径用 D_2 表示。

螺纹的公称直径是指螺纹的大径。螺纹大径、小径和中径如图 6-1 所示。

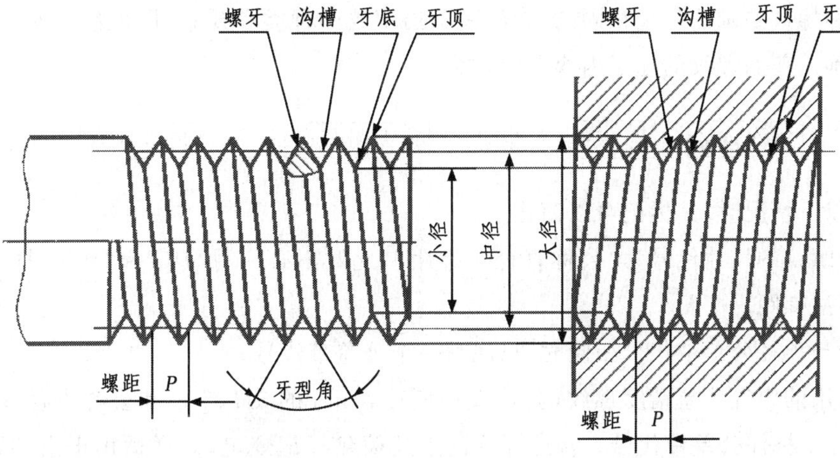

(a) 外螺纹　　(b) 内螺纹

图 6-1　螺纹直径

3. 线数 n

形成螺纹的螺旋线条数称为线数。有单线螺纹和多线螺纹之分。

4. 螺距 P 和导程 P_h

相邻两牙在中径线上对应两点间的轴向距离称为螺距。同一条螺旋线上的相邻两牙在中径线上对应两点间的轴向距离称为导程。线数 n、螺距 P、导程 P_h 之间的关系为：

$$P_h = n \cdot P$$

5. 旋向

沿轴线方向看顺时针方向旋入的螺纹称为右旋螺纹；沿轴线方向看逆时针方向旋入的螺纹称为左旋螺纹。常用的螺纹为右旋螺纹。

螺纹的牙型、大径、螺距、线数和旋向称为螺纹五要素，理论上只有这五个要素都相同的外螺纹和内螺纹才能相互旋合。

二、螺纹的种类、规定画法和标注

1. 螺纹的种类

螺纹按用途不同，可分为两种：

(1)连接螺纹：起连接作用的螺纹。常用的有四种标准螺纹，即：粗牙普通螺纹、细牙普通螺纹、管螺纹和锥管螺纹。管螺纹又分为非密封管螺纹和密封管螺纹(参见附表 2)。

(2)传动螺纹：用于传递动力和运动的螺纹。常用的有梯形螺纹和锯齿形螺纹。

2. 螺纹的规定画法

按《机械制图　螺纹及螺纹紧固件表示法》(GB/T 4459.1—1995)，见表 6-1。

3. 螺纹的标注

由于各种螺纹的画法都是相同的，无法表示出螺纹的种类和要素，因此绘图时，必须通过标记予以明确。普通螺纹的标记内容及格式为：

[特征代号]　[公称直径]×[P_h 导程 P 螺距]－[公差带代号]－[旋合长度代号]－[旋向代号]

当遇有以下情况时，其标记可以简化：

(1)单线螺纹的尺寸代号为“公称直径×螺距”，此时不必注写“P_h”和“P”字样。当为粗牙螺纹时，不注螺距。

(2)中径与顶径公差带代号相同时，只注写一个公差带代号。

(3)最常用的中等公差精度螺纹(公称直径≤1.4 mm 的 5H、5g 和公称直径≥1.6 mm 的 6H 和 6g)不标注公差带代号。普通螺纹的上述简化标记规定，同样适用于内外螺纹配合(即螺纹副)的标记。

各种常用螺纹的标注方法如表 6-2 所示。

表 6-1　螺纹的规定画法

外螺纹的画法 牙顶用粗实线表示，牙底用细实线表示。在不反映圆的视图上，牙底的细实线应画入倒角，螺纹终止线用粗实线表示。在比例画法中螺纹小径可按大径的 0.85 倍绘制。在反映圆的视图上，小径用大约 3/4 圈的细实线圆弧表示，倒角圆不画，如右图所示	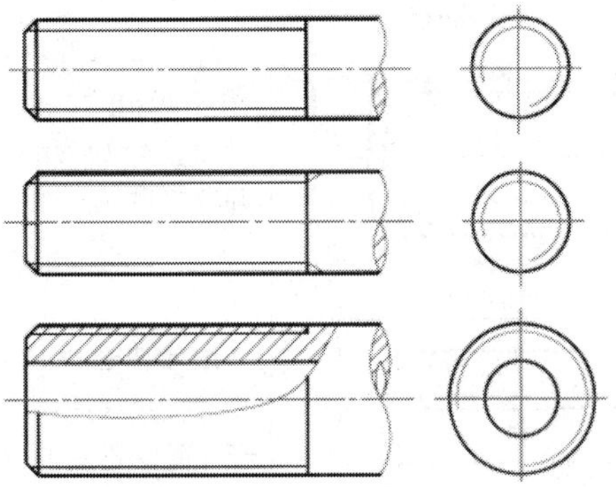
内螺纹的画法 在剖视图中内螺纹牙顶用粗实线表示，牙底用细实线表示。采用比例画法时，小径可按大径的 0.85 倍绘制。剖面线画到粗实线，螺纹终止线用粗实线绘制。在反映圆的视图中，大径用约 3/4 圈的细实线圆弧绘制，倒角圆不画	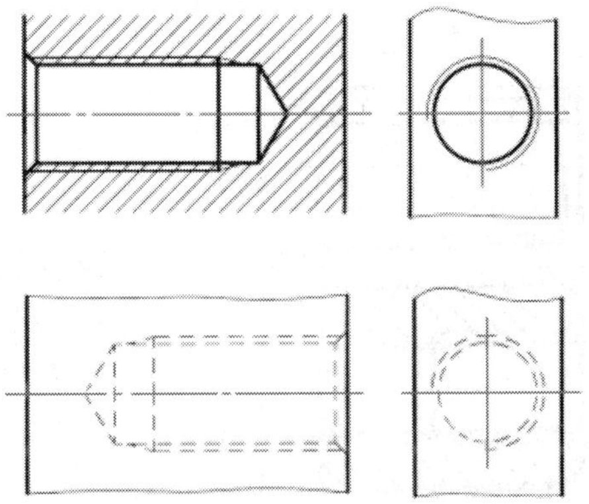
螺纹连接的画法 在剖视图中，内、外螺纹的旋合部分按外螺纹的画法绘制，其余不重合部分按各自原有的画法绘制。表示内、外螺纹大径的细实线和粗实线，以及表示内、外螺纹小径的粗实线和细实线应分别对齐。在剖切平面通过螺纹轴线的剖视图中，实心螺杆按不剖绘制	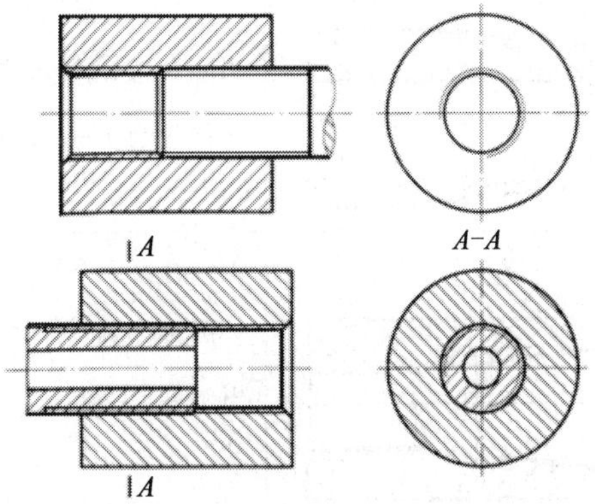

表 6-2 螺纹的标记及其图样标注

螺纹种类		标记及其标注示例	标记的识别	标注要点说明
紧固螺纹	普通螺纹（M）	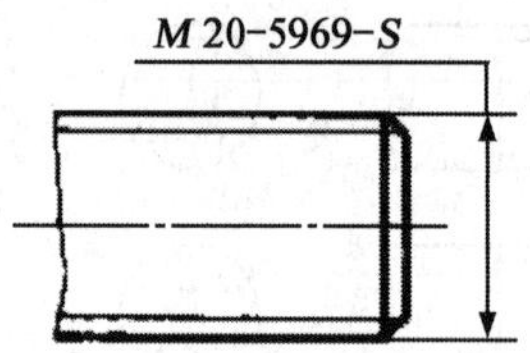	粗牙普通螺纹，公称直径为 20，右旋，中径、顶径公差带分别为 $5g$、$6g$，短旋合长度	1. 粗牙螺纹不注螺距，细牙螺纹标注螺距（螺距参见附表 1） 2. 右旋省略不注，左旋以“LH”表示（各种螺纹皆如此） 3. 中径、顶径公差带相同时，只注一个公差带代号。中等公差精度（如 $6H$，$6g$）不注公差带代号 4. 旋合长度分短（S）、中（N）、长（L）三种，中等旋合长度不注 5. 螺纹标记应直接注在大径的尺寸线或延长线上
		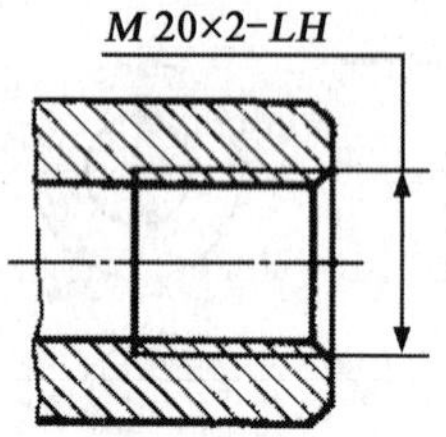	细牙普通螺纹，公称直径为 20，螺距 2，左旋，中径、顶径公差带皆为 $6H$，中等旋合长度	
G 管螺纹	55° 非密封管螺纹（G）	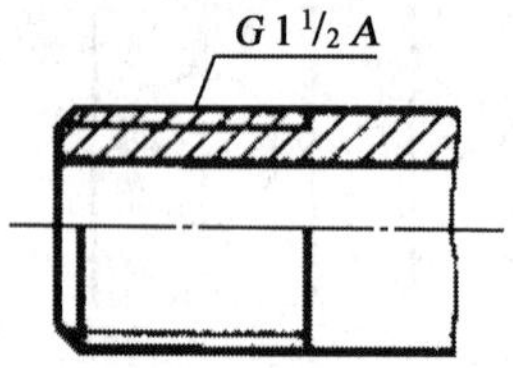	55°非密封管螺纹尺寸代号为 1 $\frac{1}{2}$，公差为 A 级，右旋	1. 管螺纹的尺寸代号是指管子内径（通径）“英寸”的数值，不是螺纹大径 2. 55°非密封管螺纹，其内、外螺纹都是圆柱管螺纹 3. 外螺纹的公差等级代号分为 A，B 两级。内螺纹公差等级只有一种，不标记
		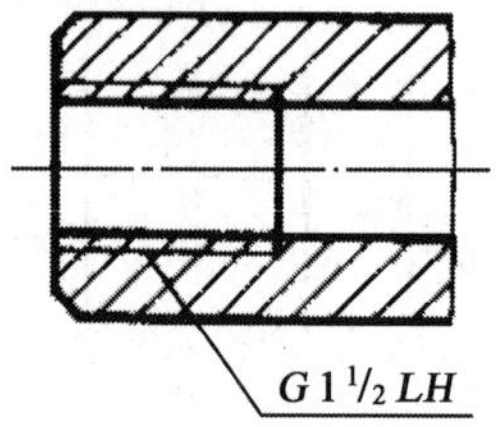	55°非密封管螺纹尺寸代号为 1 $\frac{1}{2}$，左旋	
	55° 密封管螺纹（R_1）（R_2）（R_c）（R_p）	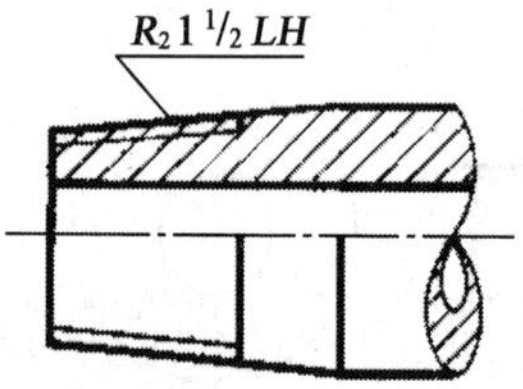	R_2 表示与圆锥内螺纹相配合的圆锥外螺纹，尺寸代号为 1 $\frac{1}{2}$，左旋	1. 55°密封管螺纹，只注螺纹特征代号、尺寸代号和旋向 2. 55°密封管螺纹一律标注在引出线上，引出线应由大径处引出或由对称中心线处引出 3. 55°密封管螺纹的特征代号为： R_1 表示与圆柱内螺纹相配合的圆锥外螺纹 R_2 表示与圆锥内螺纹相配合的圆锥外螺纹 R_c 表示圆锥内螺纹 R_p 表示圆柱内螺纹
		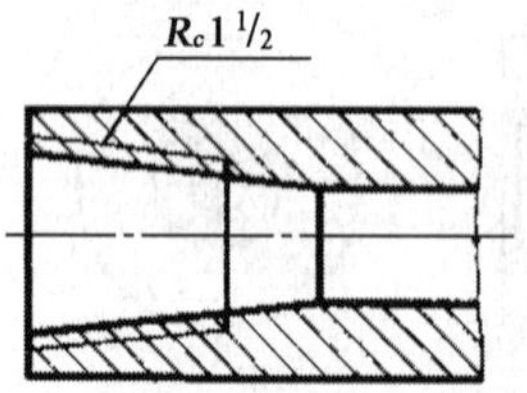	圆锥内螺纹，尺寸代号为 1 $\frac{1}{2}$，右旋	
		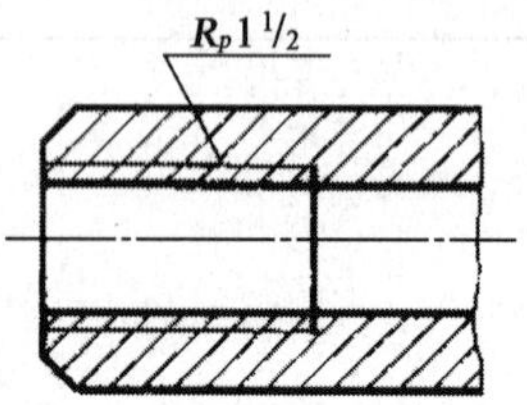	圆柱内螺纹，尺寸代号为 1 $\frac{1}{2}$，右旋	

续表 6-2

螺纹种类		标记及其标注示例	标记的识别	标注要点说明
传动螺纹	梯形螺纹（T_r）	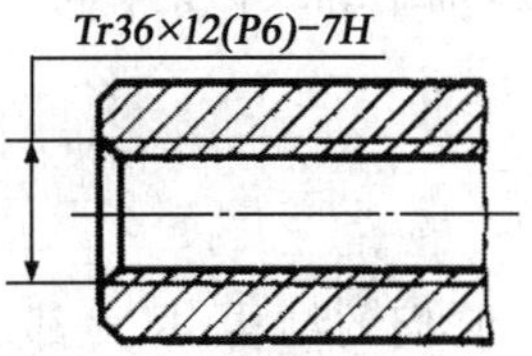	梯形螺纹，公称直径为36，双线，导程12，螺距6，右旋，中径公差带为7H，中等旋合长度	1. 单线螺纹标注螺距，多线螺纹标注导程 2. 两种螺纹只标注中径公差带代号 3. 旋合长度只有中等旋合长度（N）和长旋合长度（L）两组 4. 中等旋合长度规定不标
	锯齿形螺纹（B）	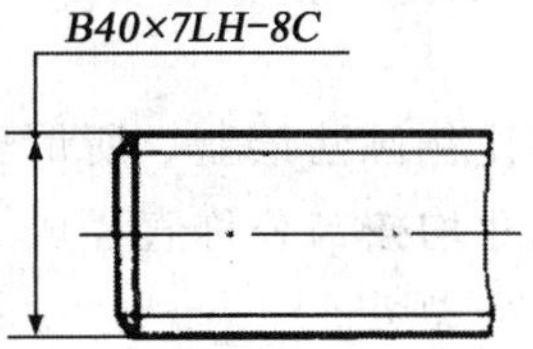	锯齿形螺纹，公称直径为40，单线，螺距7，左旋，中径公差带为8C，中等旋合长度	

三、螺纹的测绘

测绘螺纹时，可采用如下步骤：

（1）确定螺纹的线数和旋向。

（2）测量螺距。可用拓印法，即将螺纹放在纸上压出痕迹，量出几个螺距的长度 L，如图 6-2 所示。然后，按 $P=L/n$ 计算出螺距。若有螺纹样板，可直接确定牙型及螺距，如图 6-3 所示。

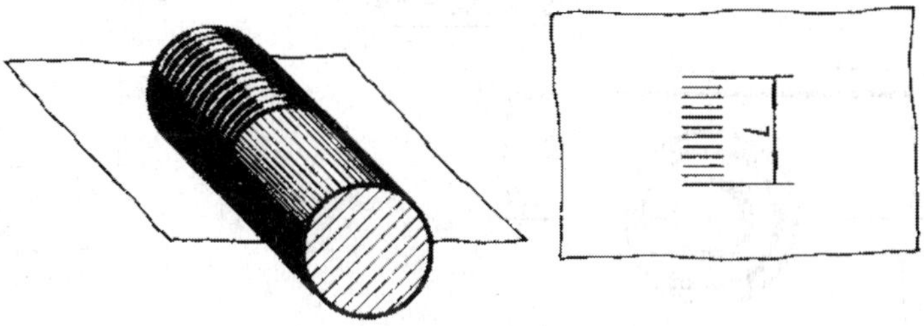

图 6-2　拓印法

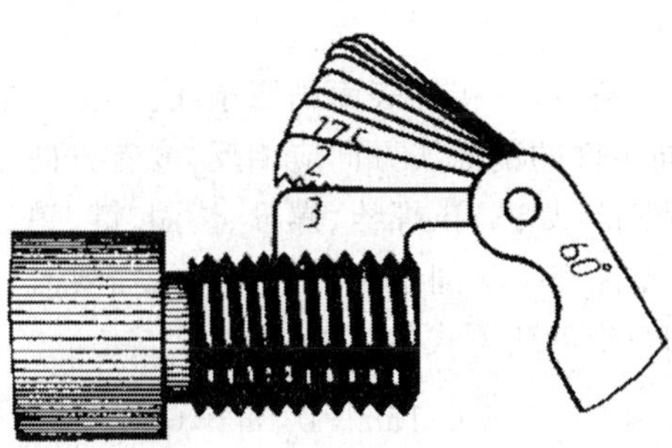

图 6-3　用螺纹样板测量

(3)用游标卡尺测大径。内螺纹的大径无法直接测出,可先测出小径,再据此由螺纹标准中查出螺纹大径;或测量与之相配合的外螺纹制件,再推算出内螺纹的大径。

(4)查标准、定标记。根据牙型、螺距及大径,查有关标准,确定螺纹标记。

四、螺纹紧固件的画法

常用螺纹紧固件有螺栓、双头螺柱、螺钉、螺母和垫圈。它们的结构、尺寸都已分别标准化,称为标准件,使用或绘图时,可以从相应标准中查到所需的结构尺寸。

1. 螺栓连接

螺栓连接的紧固件有螺栓、螺母和垫圈。紧固件一般用比例画法绘制。所谓比例画法就是以螺栓上螺纹的公称直径为主要参数,其余各部分结构尺寸均按与公称直径成一定比例关系绘制,如图 6-4 所示。画螺栓紧固件的装配图时,应遵守以下规定:

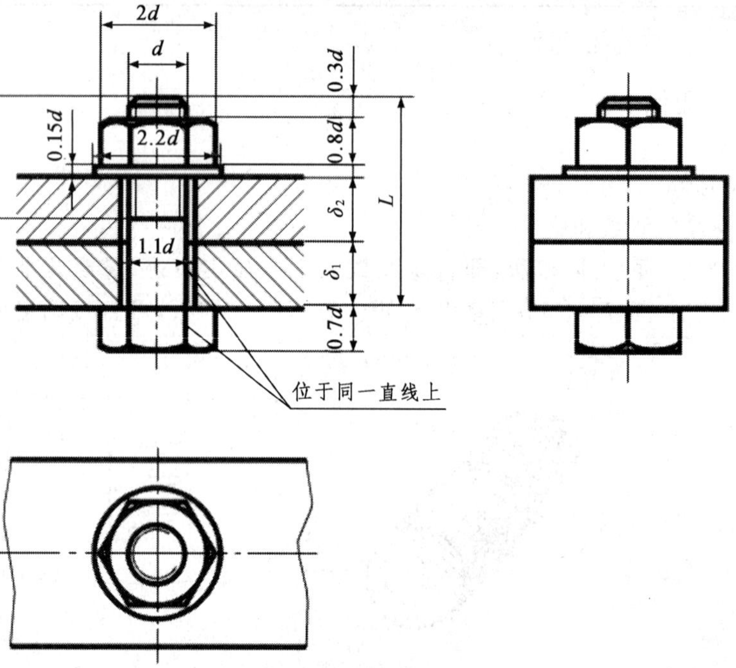

图 6-4 螺栓连接比例画法

(1)两零件接触表面画一条线,不接触表面画两条线。

(2)两零件邻接时,不同零件的剖面线方向应相反,或者方向一致、间隔不等。

(3)对于紧固件和实心零件(如螺钉、螺栓、螺母、垫圈、键、销、球及轴等),若剖切平面通过它们的基本轴线时,则这些零件都按不剖绘制,仍画外形;需要时,可采用局部剖视。

如图 6-4 所示,螺栓长度 L 可按下式估算:

$$L \geqslant \delta_1 + \delta_2 + 0.15d + 0.8d + (0.2 \sim 0.3)d$$

式中,L——螺栓有效长度;

d——公称直径;

δ_1、δ_2——被连接件的厚度(已知条件)。

根据上式的估算值,从有关手册中选取与估算值相近的标准长度值作为 L 值。

在装配图中,螺栓连接也可采用简化画法。但应注意,螺母、螺栓的六方倒角省略不画后,螺栓上螺纹端面的倒角也应省略不画。

2. 双头螺柱连接

双头螺柱连接常用于被连接件之一太厚而不能加工成通孔的情况。双头螺柱两端均加工有螺纹,一端和被连接件旋合,另一端穿过另一被连接件的通孔,加上垫圈,旋紧螺母。

双头螺柱连接的比例画法如图 6-5 所示。

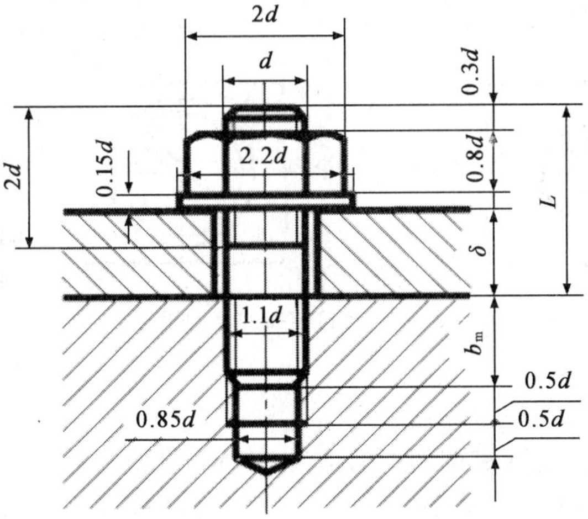

图 6-5　双头螺柱连接的比例画法

螺柱的公称长度 L 可按下式估算:

$$L \geqslant \delta + 0.15d + 0.8d + (0.2 \sim 0.3)d$$

式中,L——螺栓有效长度;

d——公称直径;

δ——被连接件的厚度(已知条件)。

根据上式的估算值,对照有关手册中螺柱的标准长度系列,选取与估算值相近的标准长度值作为 L 值。

3. 螺钉连接

螺钉连接一般用于受力不大而又不经常拆卸的地方。被连接的零件中一个为通孔,另一个为不通的螺纹孔。螺钉连接的比例画法,其旋入端与螺柱相同,被连接板孔部画法与螺栓相同。螺钉的螺纹终止线应画在两个被连接件的结合面之上,这样才能保证螺钉的螺纹长度与螺孔的螺纹长度都大于旋入深度,使连接牢固。

螺钉头部结构有圆柱头和沉头螺钉等,这些结构的比例画法如图 6-6 所示。

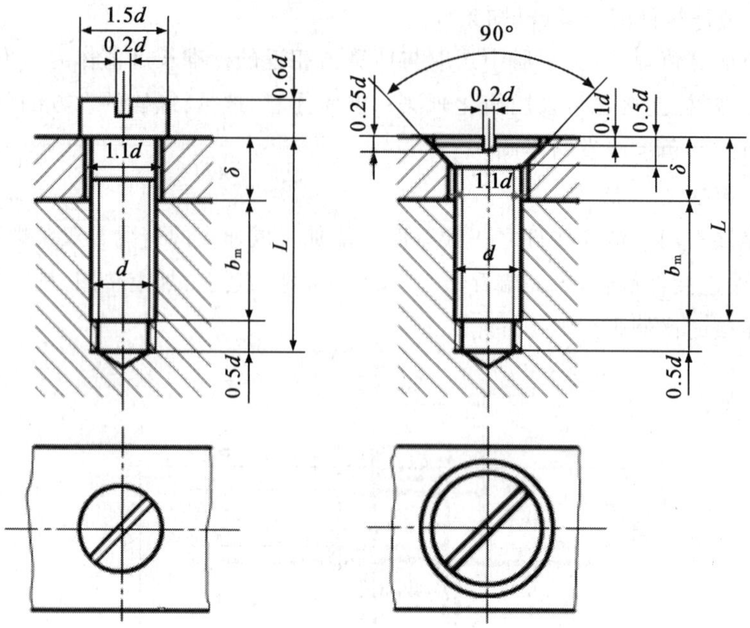

图 6-6 螺钉连接的比例画法

任务实施

(1)指出图 6-7 中螺栓连接装配图中的错误,并加以改正。

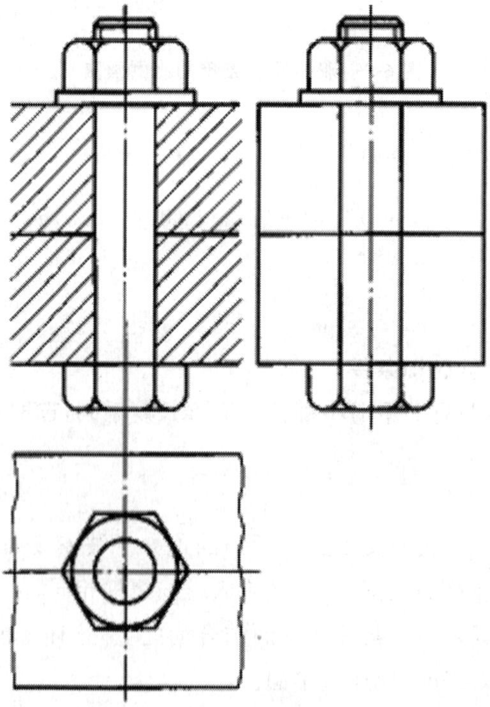

图 6-7 螺栓连接

(2)画出两板的螺栓连接图。

已知两板厚 $d_1=d_2=20$ mm,板长为 24 mm,宽为 50 mm。

参看《六角头螺栓》(GB/T 5782—2016)、《Ⅰ型六角头螺母》(GB/T 6170—2015)和《平垫圈 A 级》(GB/T 97.1—2002),确定参数。

要求:按比例 1∶1 画出螺栓装配图的三视图(主视图作全剖视)。

(3)画出零件的螺钉连接图。

已知:上板厚 $d_1=8$ mm,下板厚 $d_2=32$ mm,材料为铸铁。

知识拓展

弹簧

弹簧是机械、电器设备中常用的零件,其种类很多,常见的有圆柱螺旋弹簧、板弹簧、平面涡卷弹簧等。圆柱螺旋弹簧又分为压缩弹簧、拉伸弹簧和扭转弹簧,如图 6-8 所示。

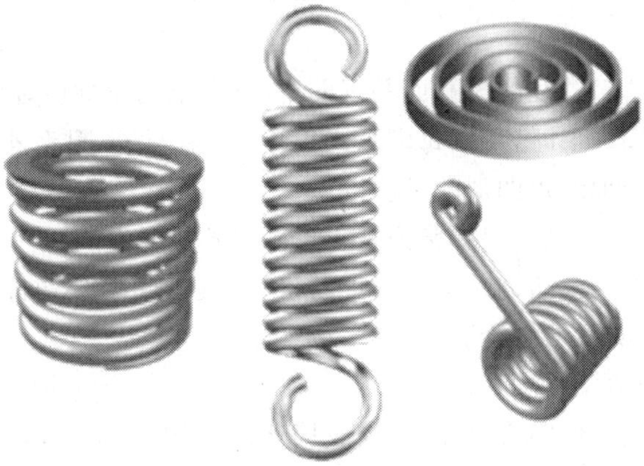

图 6-8　常见的弹簧种类

1. 圆柱螺旋压缩弹簧各部分的名称及尺寸计算

簧丝直径 d——制造弹簧所用金属丝的直径。

弹簧外径 D_2——弹簧的最大直径。

弹簧内径 D_1——弹簧的内孔最小直径。

弹簧中径 D——弹簧轴剖面内簧丝中心所在柱面的直径。

有效圈数 n——保持相等节距且参与工作的圈数。

支承圈数 n_2——为了使弹簧工作平衡,端面受力均匀,制造时将弹簧两端压紧靠实,并磨出支承平面。这些圈主要起支承作用,所以称为支承圈。支承圈数表示两端支承圈数的总和,一般为 1.5、2、2.5 圈。

总圈数 n_1——有效圈数 n 和支承圈数 n_2 的总和。

节距 t——相邻两有效圈上对应点间的轴向距离。一般 $t=\frac{D}{3}\sim\frac{D}{2}$。

自由高度 H_0——未受载荷作用时的弹簧高度(或长度)。$H_0=nt+(n_2-0.5)d$。

展开长度 L——制造弹簧时所需的金属丝长度。

旋向——与螺旋线的旋向意义相同，分为左旋和右旋两种。

2. 圆柱螺旋压缩弹簧的画法

1)弹簧的画法

《机械制图　弹簧表示法》(GB/T 4459.4—2003)对弹簧的画法做了如下规定，如图 6-9 所示。

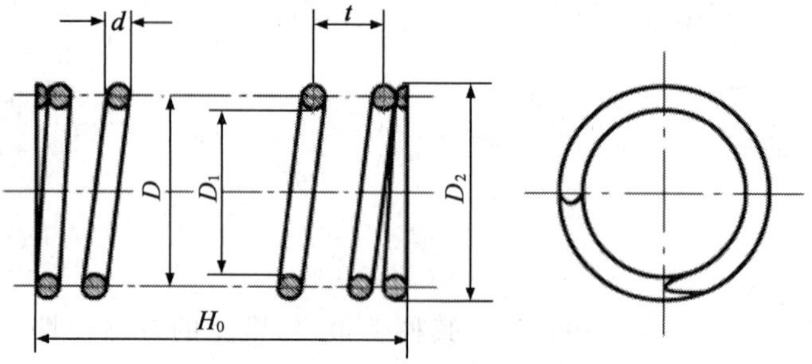

图 6-9　圆柱螺旋压缩弹簧的画法

(1)在平行于螺旋弹簧轴线的投影面的视图中，其各圈的轮廓应画成直线；

(2)有效圈数在 4 圈以上时，可以每端只画出 1～2 圈(支承圈除外)，其余省略不画，当中间部分省略后，允许适当地缩短图形的长度。

(3)螺旋弹簧均可画成右旋，但左旋弹簧不论画成左旋或右旋，一律要注写旋向“左”字；

(4)螺旋压缩弹簧如要求两端并紧且磨平时，不论支承圈多少均按支承圈为 2.5 圈绘制，必要时也可按支承圈的实际结构绘制。

2)装配图中弹簧的简化画法

在装配图中，弹簧被看作实心物体，被弹簧挡住的结构一般不画，可见部分应画至弹簧的外轮廓或弹簧中径。当簧丝直径小于 2 mm 的弹簧被剖切时，其剖面可以涂黑，也可以采用示意画法，如图 6-10 所示。

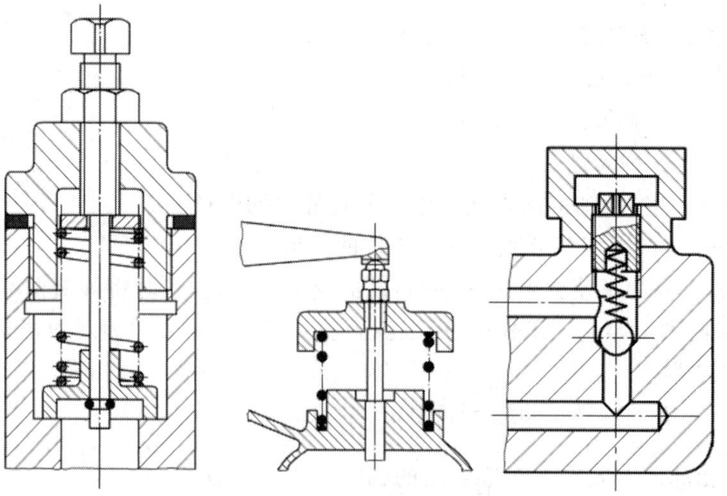

图 6-10　装配图中弹簧的画法

任务二　绘制齿轮啮合

任务描述

利用实物模型的课件，完成一对直齿圆柱齿轮啮合图的绘制。

知识准备

常见的传动齿轮有三种：圆柱齿轮传动——适用于两轴线平行的传动；圆锥齿轮传动——适用于两轴线相交的传动；蜗轮蜗杆传动——适用于两轴线垂直交叉的传动；齿轮齿条传动是圆柱齿轮传动的特例。如图 6-11 所示。

(a) 圆柱齿轮传动　(b) 圆锥齿轮传动　(c) 蜗轮蜗杆传动　(d) 齿轮齿条传动

图 6-11　常见的齿轮传动形式

一、单个直齿圆柱齿轮

1. 直齿圆柱齿轮各部分的名称及参数

包括：齿数 z、齿顶圆直径 d_a、齿根圆直径 d_f、分度圆直径 d、齿高 h、齿顶高 h_a、齿根高 h_f、齿距 p、齿厚 s、模数 m 等，如图 6-12 所示。

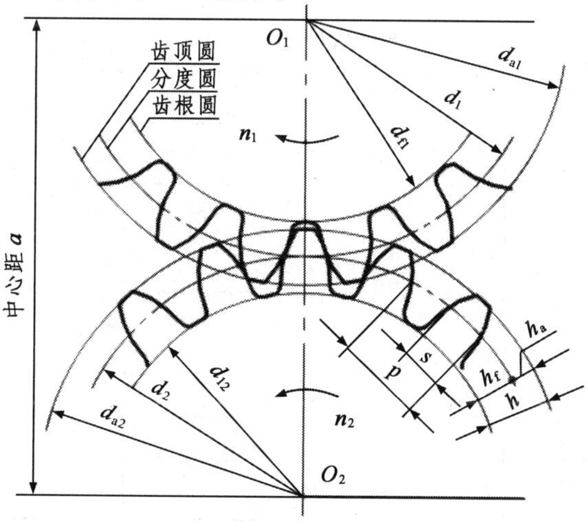

图 6-12　直齿圆柱齿轮各部分名称或代号

(1)齿顶圆直径:通过齿轮轮齿顶端的圆的直径,用 d_a 表示。

(2)齿根圆直径:通过齿轮轮齿根部的圆的直径,用 d_f 表示。

(3)分度圆直径:分度圆是一个假想圆,在该圆上的齿厚 s 与齿槽宽 e 相等,分度圆直径用 d 表示。

(4)齿顶高:分度圆到齿顶圆之间的径向距离,称为齿顶高,用 h_a 表示。

(5)齿根高:分度圆到齿根圆之间的径向距离,称为齿根高,用 h_f 表示。

(6)齿高:齿顶圆到齿根圆之间的径向距离,称为齿高,用 h 表示,$h=h_a+h_f$。

(7)齿厚:在分度圆上,同一齿两侧齿廓之间的弧长,称为齿厚,用 s 表示。

(8)齿槽宽:在分度圆上,齿槽宽度的一段弧长称为齿槽宽,用 e 表示。

(9)齿距:在分度圆上,相邻两齿同侧齿廓之间的弧长,称为齿距,用 p 表示。

(10)齿形角:渐开线圆柱齿轮基准齿形角为 20°,用字母 α 表示。

(11)中心距:两圆柱齿轮轴线之间的最短距离称为中心距,用 a 表示。

(12)齿数:一个齿轮的轮齿总数,以 z 表示。

(13)模数:由于齿轮分度圆的周长为 zp,则 $d=zp/\pi$,为了计算方便,令 $m=p/\pi$,即将齿距 p 除以圆周率 π 所得的商,称为齿轮的模数,用代号 m 表示,尺寸单位为 mm。由此得出:$d=mz$,$m=d/z$。两齿轮啮合,其模数必须相等。

模数是设计、制造齿轮的重要参数。模数大,齿距 p 也大,齿厚 s 和齿高 h 也随之增大,因而齿轮的承载能力也增大。为了便于设计和加工,模数已标准化,其数值见表 6-3。

表 6-3 圆柱齿轮模数(摘自 GB/T 1357—2008) mm

第一系列	1, 1.25, 1.5, 2, 2.5, 3, 4, 5, 6, 8, 10, 12, 16, 25, 32, 40, 50
第二系列	1.125, 1.375, 1.75, 2.25, 2.75, 3.5, 4.5, 5.5, (6.5), 7, 9, 11, 14, 18, 22, 28, 36, 45

注:选用圆柱齿轮模数时,应优先选用第一系列,还应避免采用第二系列中的模数 6.5。

已知模数 m 和齿数 z 时,齿轮的其他参数均可以计算出来,计算公式见表 6-4。

表 6-4 直齿圆柱齿轮各几何要素的尺寸计算

基本几何要素:模数 m;齿数 z		
名称	代号	计算公式
齿距	p	$p=\pi m$
齿顶高	h_a	$h_a=m$
齿根高	h_f	$h_f=1.25m$
齿高	h	$h=2.25m$
分度圆直径	d	$d=mz$
齿顶圆直径	d_a	$d_a=m(z+2)$
齿根圆直径	d_f	$d_f=m(z-2.5)$

2. 直齿圆柱齿轮的画法

单个齿轮的画法如图 6-13 所示。齿顶圆和齿顶线用粗实线绘制，分度圆和分度线用细点画线表示，齿根圆和齿根线用细实线绘制(也可省略不画)。在剖视图中，齿根线用粗实线绘制。当剖切平面通过轮齿时，轮齿一律按不剖绘制。除轮齿部分外，齿轮的其他部分结构均按真实投影画出。

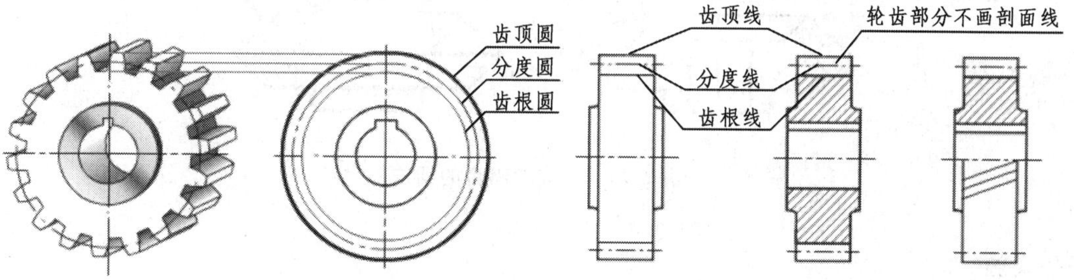

(a) 外形及视图　(b) 全剖　(c) 半剖(斜齿)

图 6-13 圆柱齿轮的画法

二、两齿轮啮合的规定画法

(1)在垂直于圆柱齿轮轴线的投影面的视图中，啮合区内的齿顶圆均用粗实线绘制，两节圆(分度圆)相切。

(2)在平行于圆柱齿轮轴线的投影面的视图中，啮合区的齿顶线不需画出，节线用粗实线绘制，其他处的节线用细点画线绘制。

(3)在通过轴线的剖视图中，啮合区内将一个齿轮的轮齿用粗实线绘制，另一个齿轮的轮齿被遮挡的部分画成细虚线(也可省略不画)，而且一个齿轮的齿顶线与另一个齿轮的齿根线之间应有 $0.25m$ 的间隙。

(4)齿轮、齿条的啮合画法，齿条可以看成是直径无穷大的齿轮，这时的齿顶圆、分度圆、齿根圆和齿廓都是直线。它的模数与其啮合齿轮的模数相同，画法与两圆柱齿轮的啮合画法是一样的。

三、其他齿轮画法

1)斜齿圆柱齿轮

斜齿圆柱齿轮简称斜齿轮，斜齿轮的齿在一条螺旋线上，螺旋线和轴线的夹角称为螺旋角，用 β 表示。斜齿轮的画法和直齿轮相同，当需要表示螺旋线方向时，可用三条与齿向相同的细实线表示。

2)直齿圆锥齿轮

直齿圆锥齿轮的基本形体结构由前锥、顶锥、背锥等组成。齿轮啮合的画法如图 6-14 所示。安装准确的标准锥齿轮，两分度圆锥相切，两分锥角 δ_1 和 δ_2 互为余角，啮合区轮齿的画法同直齿圆柱齿轮。

图 6-14 锥齿轮啮合的画法

任务实施

1. 参数计算

根据模数、齿数算出两直齿圆柱齿轮的分度圆、齿顶圆、齿根圆尺寸。

2. 绘图步骤

在反映圆的视图上，齿顶圆用粗实线绘制，两齿轮的分度圆相切，齿根圆省略不画；在不反映圆的视图上，采用剖视图时，在啮合区域，一个齿轮的轮齿用粗实线绘制，另一个齿轮的轮齿按被遮挡处理，齿顶线用细虚线绘出；齿顶线和齿根线之间的缝隙为 0.25m（m 为模数），如图 6-15 所示。

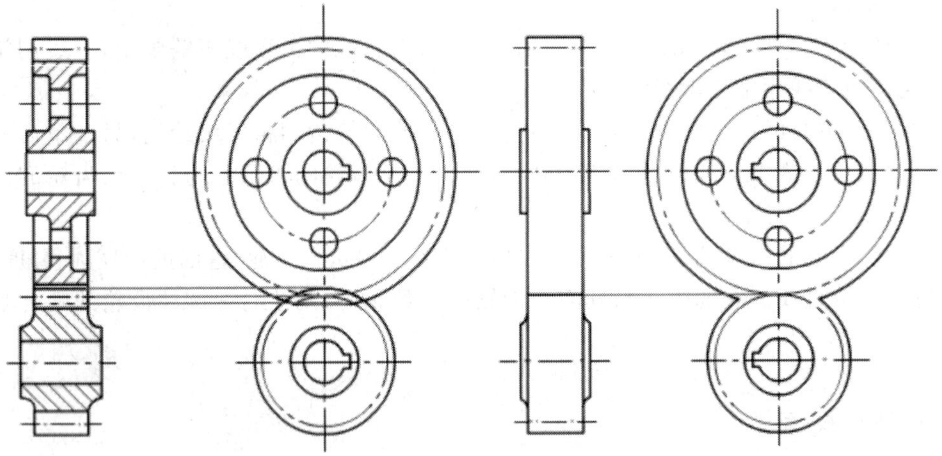

图 6-15 直齿圆柱齿轮啮合画法

知识拓展

一、键连接

键主要用于轴和轴上的零件（如齿轮、皮带轮等）间的连接，以传递扭矩。将键嵌入轴上的键槽中，再把齿轮装在轴上，当轴转动时，通过键连接，齿轮也将和轴同步转动，达到传递动力的目的。

1. 常用键及其标记

常用的键有普通平键、半圆键和钩头楔键等。普通平键又有 A 型、B 型和 C 型三种，表 6-5 列出了几种常用键的标准编号、形式和标记示例。

表 6-5　键及其标记示例

名称	图例	标记示例
普通平键 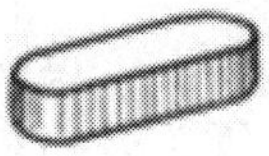	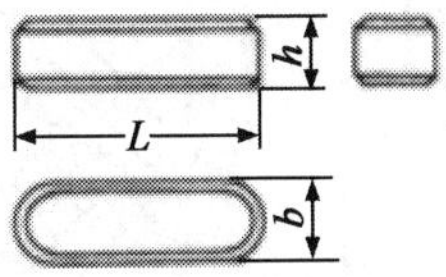	GB/T 1096—2003 键 $b \times h \times L$
半圆键 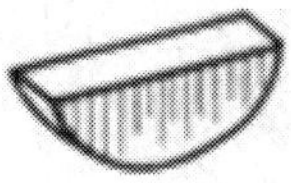	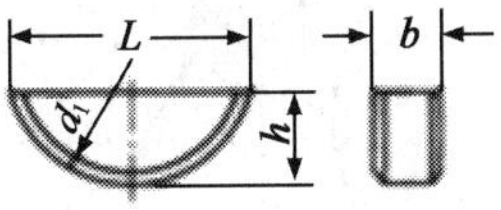	GB/T 1099—2003 键 $b \times h \times L$
钩头楔键 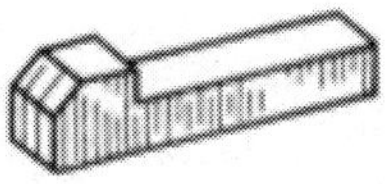	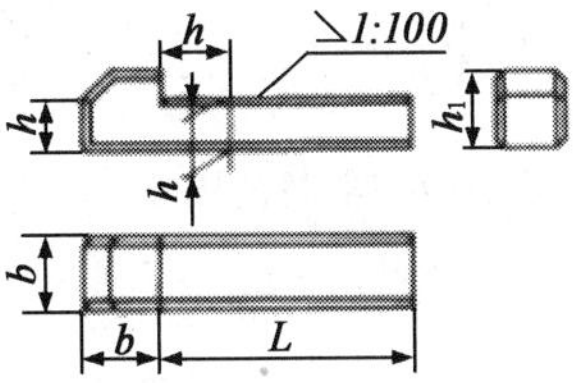	GB/T 1099—2003 键 $b \times h \times L$

2. 键连接的画法及尺寸标注

1)普通平键连接画法

普通平键的长度 L 和宽度 b 要根据轴的直径 d 和传递的扭矩大小从标准中选取适当值。轴上的键槽若在前面，局部视图可以省略不画，键槽在上面时，键槽和外圆柱面产生的截交线可用柱面的转向轮廓线代替，如图 6-16 所示。

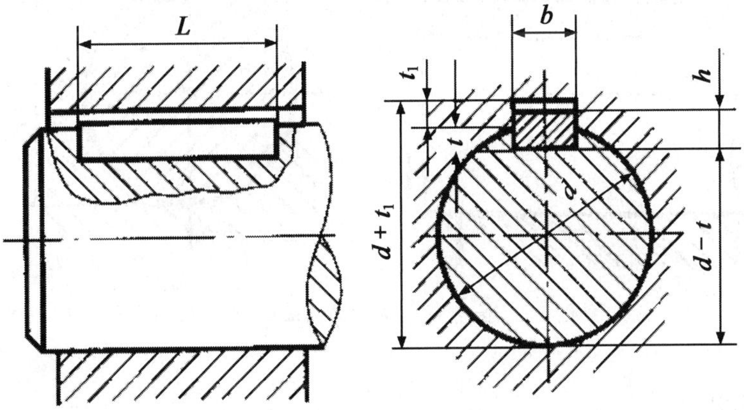

图 6-16　普通平键连接

2)半圆键连接画法

半圆键连接常用于载荷不大的传动轴上,其工作原理和画法与普通平键相似,键槽的表示方法和装配画法如图 6-17 所示。

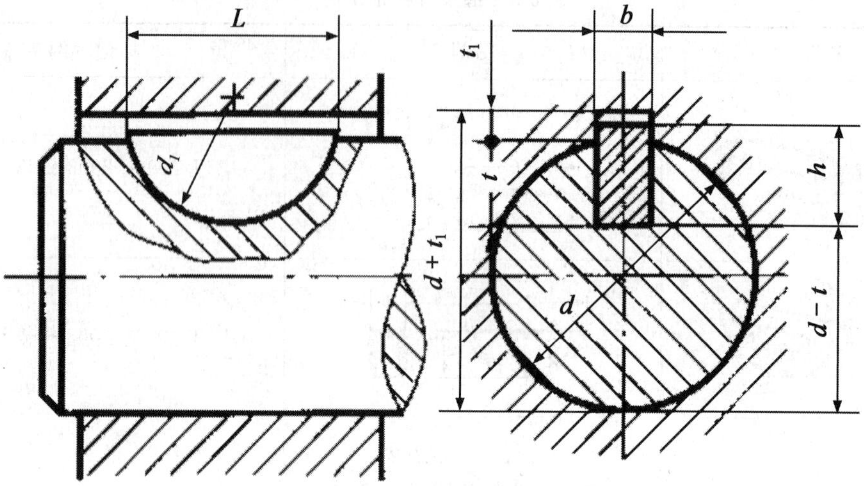

图 6-17　半圆键连接

3)钩头楔键连接画法

钩头楔键的上顶面有 1∶100 的斜度,装配时将键沿轴向嵌入键槽内,靠键的上、下面将轴和轮连接在一起,键的侧面为非工作面,其装配图的画法如图 6-18 所示。

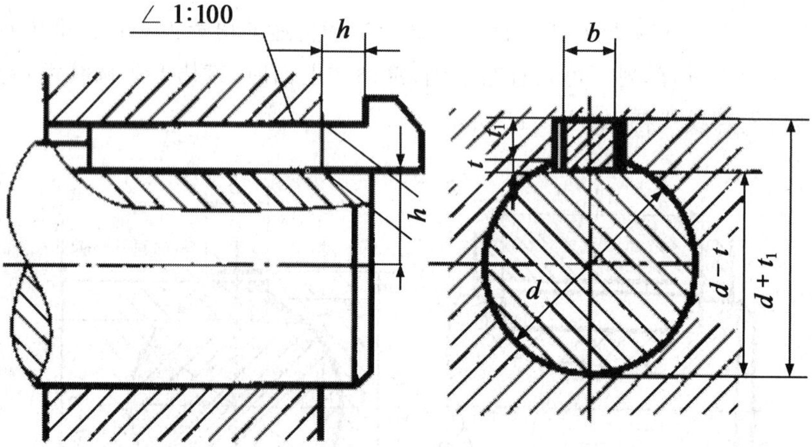

图 6-18　钩头楔键连接

3. 花键表示法

见表 6-6,来源为《矩形花键尺寸、公差和检验》(GB/T 1144—2001)。

表 6-6　花键表示法

外花键的画法和标记 外花键的标注可采用一般尺寸标注法和标记标注法两种。如右图示	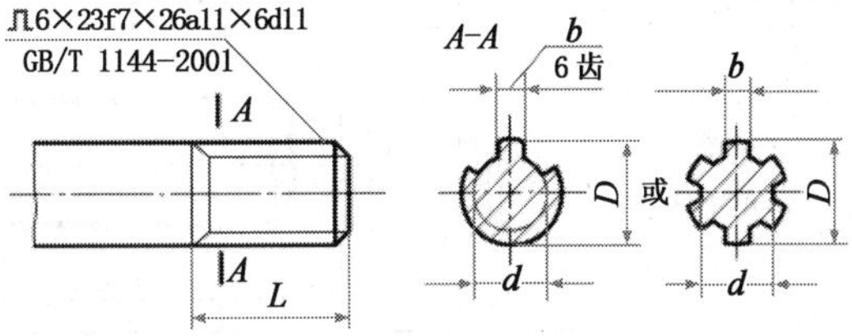
内花键画法及标记 当采用剖视时，若平行于键齿剖切，键齿按不剖绘制，且大、小径均用粗实线绘制。在反映圆的视图上，大径用细实线圆表示。内花键的标记中表示公差带的偏差代号用大写字母表示	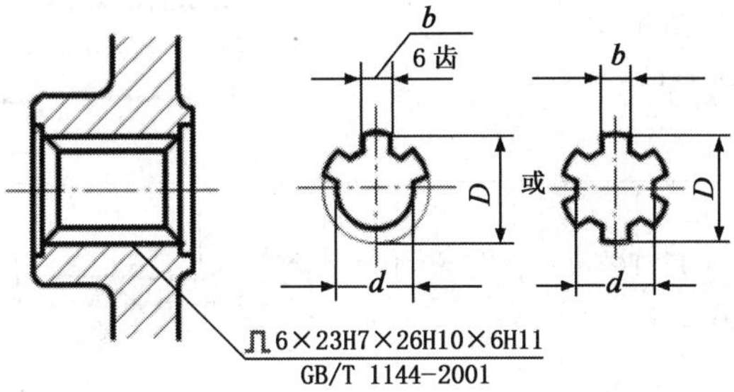
矩形花键的连接画法 与螺纹连接画法相似，花键连接的画法为公共部分按外花键绘制，不重合部分按各自的画法规定绘制	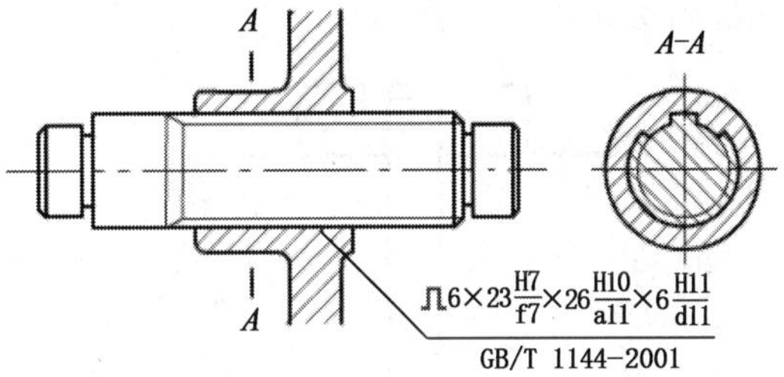

二、销连接

常用的销有圆柱销、圆锥销、开口销等，如图 6-19 所示。

(a) 圆柱销　　(b) 圆锥销　　(c) 开口销

图 6-19　销

圆柱销和圆锥销起定位和连接作用，开口销常与六角开槽螺母配合使用，它穿过螺母上的槽和螺杆上的孔以防螺母松动或限定其他零件在装配体中的位置。销的画法和标记见表 6-7，其尺寸参见附表 10 至附表 12。

表 6-7 销的图例及标记示例

名称及标准编号	图例	标记示例
圆柱销 GB/T 119.1—2000	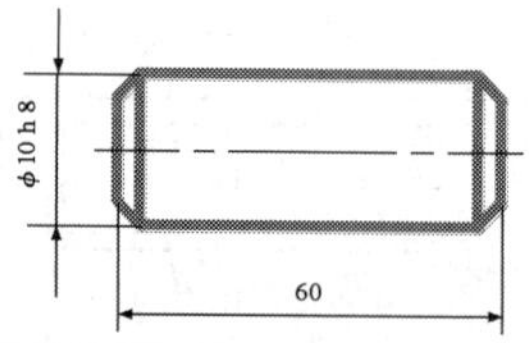	销 GB/T 119.1 10×60
圆锥销 GB/T 117—2000	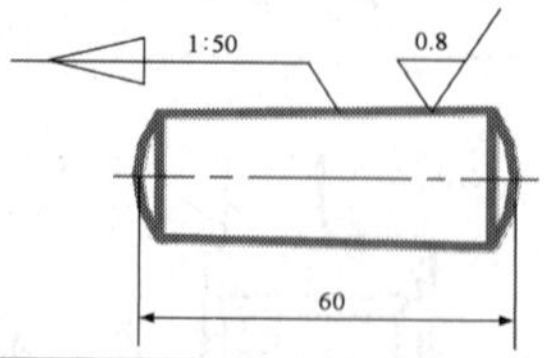	销 GB/T 117 10×60 (注:圆锥销的公称直径指的是小头的直径)
开口销 GB/T 91—2000	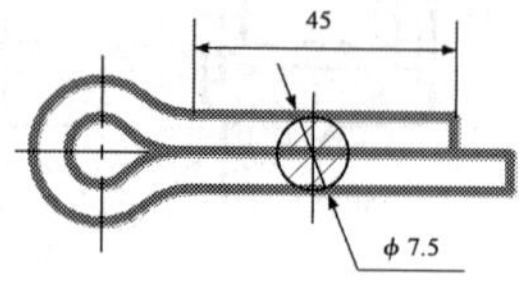	销 GB/T 91 8×45

销连接的画法如图 6-20 所示:

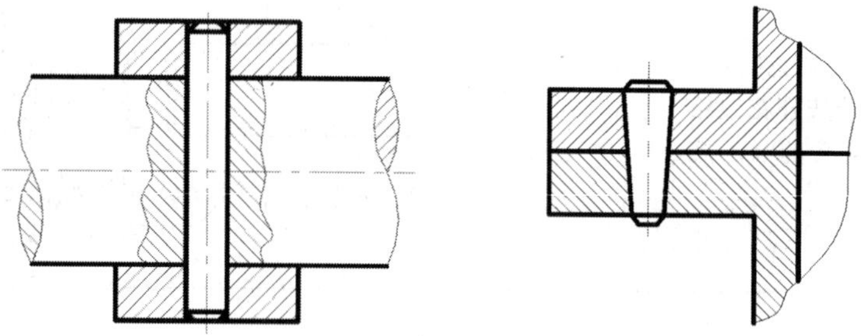

(a) 圆柱销连接　　(b) 圆锥销连接

图 6-20 销连接的画法

三、滚动轴承

1. 滚动轴承的结构和类型

滚动轴承的结构一般由四部分组成,如图 6-21 所示。

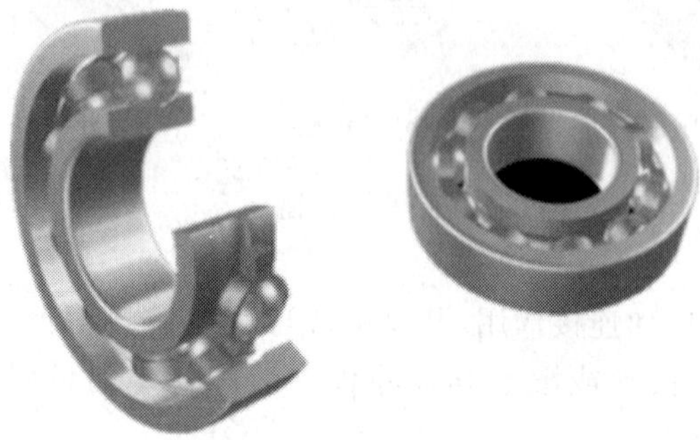

图 6-21 滚动轴承的结构

外圈：装在机体或轴承座内，一般固定不动。

内圈：装在轴上，与轴紧密配合在一起，且随轴一起旋转。

滚动体：装在内、外圈之间的滚道中，有滚珠、滚柱、滚锥等几种类型。

保持架：用以均匀分隔滚动体，防止它们相互之间的摩擦和碰撞。

2. 滚动轴承的代号

滚动轴承的代号由前置代号、基本代号、后置代号构成，其排列形式如下：

前置代号	基本代号	后置代号

基本代号表示滚动轴承的基本类型、结构和尺寸，是滚动轴承代号的基础，基本代号由轴承类型代号、尺寸系列代号和内径代号构成。

轴承类型代号用数字和字母表示，其含义见表 6-8。

表 6-8　滚动轴承类型代号

代号	0	1	2	3	4	5
轴承类型	双列角接触球轴承	调心球轴承	调心滚子轴承和推力调心滚子轴承	圆锥滚子轴承	双列深沟球轴承	推力球轴承
代号	6	7	8	N	U	QJ
轴承类型	深沟球轴承	角接触深沟球轴承	推力圆柱滚子轴承	圆柱滚子轴承	外球面球轴承	四点接触球轴承

尺寸系列代号由滚动轴承的宽(高)度系列代号和直径代号组成，用两位阿拉伯数字表示，主要作用是区别内径相同而宽度和外径不同的轴承，其具体内含表示见表 6-9。

表 6-9　向心轴承、推力轴承尺寸系列代号

直径系列代号	向心轴承									推力轴承		
	宽度系列代号									高度系列代号		
	8	0	1	2	3	4	5	6	7	9	1	2
	尺寸系列代号											
7	—	—	17	—	37	—	—	—	—	—	—	—
8	—	08	18	28	38	48	58	68	—	—	—	—
9	—	09	19	29	39	49	59	69	—	—	—	—
0	—	00	10	20	30	40	50	60	70	90	10	—
1	—	01	11	21	31	41	51	61	71	91	11	—
2	82	02	12	22	32	42	52	62	72	92	12	22
3	83	03	13	23	33	43	53	63	73	93	13	23
4	—	04	—	24	—	—	—	—	74	94	14	24
5	—	—	—	—	—	—	—	—	—	95	—	—

内径代号表示轴承的公称内径，一般用两位阿拉伯数字表示，内径在 10～495 mm 以内的表示方法如表 6-10 所示。

表 6-10 轴承公称内径代号

内径代号	00	01	02	03	04 以上
内径数值/mm	10	12	15	17	将代号数字乘以 5 为内径数值

前置和后置代号是轴承在结构、形状、尺寸、公差、技术要求等有改变时，在其基本代号左、右添加的补充代号，其具体内容可查阅标准。例如，滚动轴承标记代号的含义：

(1)轴承 30203

3 0 2 03

- 03 —— 表示内径，d=17 mm
- 2 —— 表示直径系列（指相同内径尺寸的轴承有不同外径尺寸），“2”为轻窄系列
- 0 —— 表示轴承的宽度系列，“0”为正常系列
- 3 —— 表示类型，“3”为圆锥滚子轴承

(2)轴承 6206

6 2 06

- 06 —— 表示轴承内径，$d = 6\times5$ mm = 30 mm
- 2 —— 表示轴承尺寸系列代号，“(0)2”，宽度系列代号为 0，常省略不注，直径系列代号 2
- 6 —— 表示轴承类型，“6”表示深沟球轴承

3. 滚动轴承的画法

1)简化画法

有通用画法或特征画法两种，但在同一图样中一般只采用其中的一种画法。

(1)通用画法。在剖视图中，当不需要确切地表示滚动轴承的外形轮廓、载荷特性、结构特征时，可用矩形线框及位于线框中央正立的十字形符号表示。矩形线框和十字形符号均用粗实线绘制，十字符号不应与矩形线框接触。通用画法应绘制在轴的两侧，如图 6-22 所示。

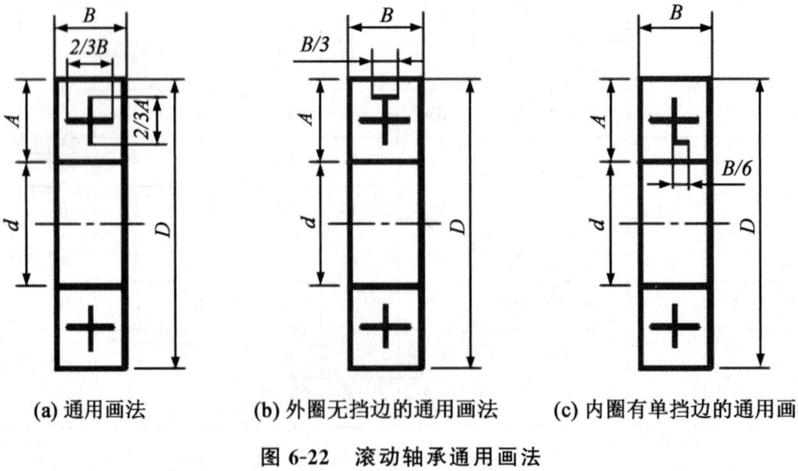

(a) 通用画法　(b) 外圈无挡边的通用画法　(c) 内圈有单挡边的通用画法

图 6-22 滚动轴承通用画法

(2)特征画法。在剖视图中,如需较形象地表示滚动轴承的结构特征时,可采用在矩形线框内画出其结构要素符号的方法表示。常用滚动轴承的特征画法的尺寸比例示例见表6-11。

2)规定画法

采用规定画法绘制滚动轴承的剖视图时,轴承的滚动体不画剖面线,其各套圈等可画成方向和间隔相同的剖面线;滚动轴承的保持架及倒角等可省略不画。规定画法一般绘制在轴的一侧,另一侧按通用画法绘制,如表6-11所示。

表6-11　滚动轴承的画法

名称和标准号	查表主要依据	画法		装配示意图
		特征画法	规定画法	
深沟球轴承(GB/T 276—2013)	D d B	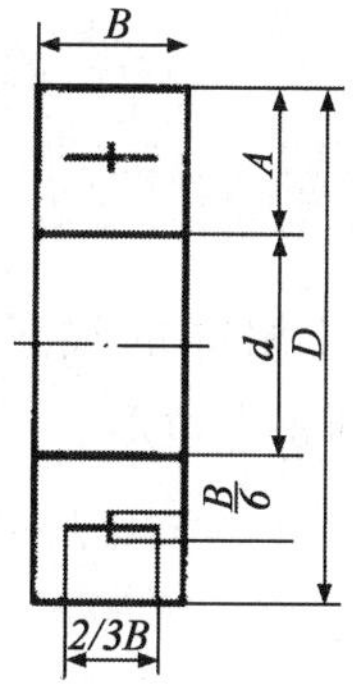	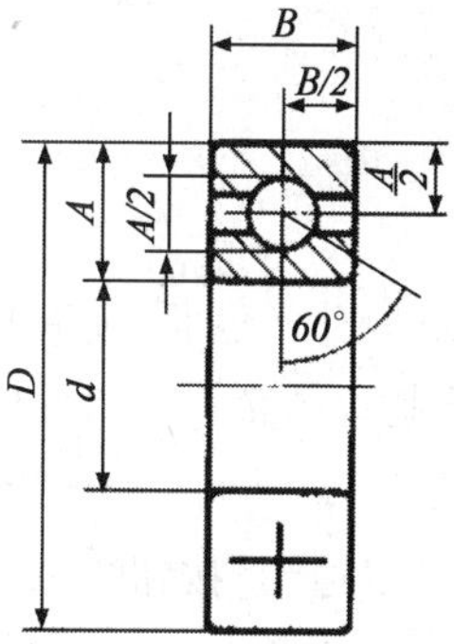	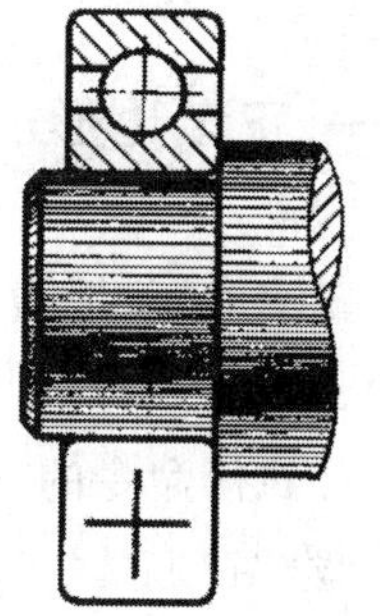
圆锥滚子轴承(GB/T 276—2013)	D d B T C	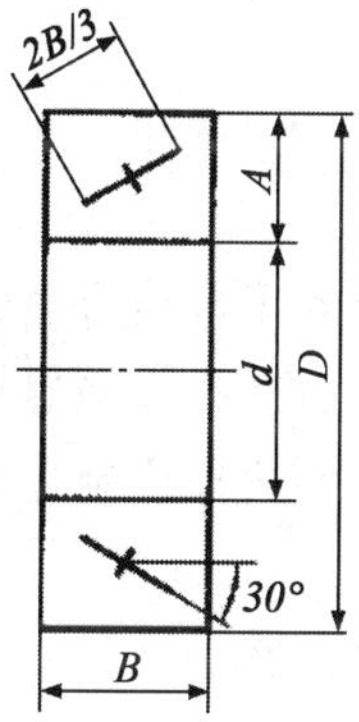	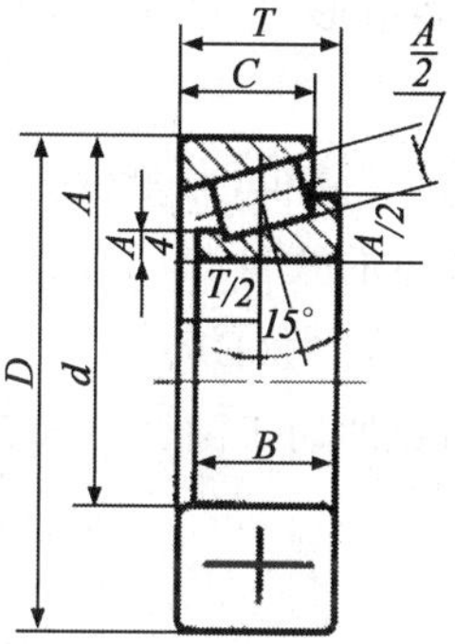	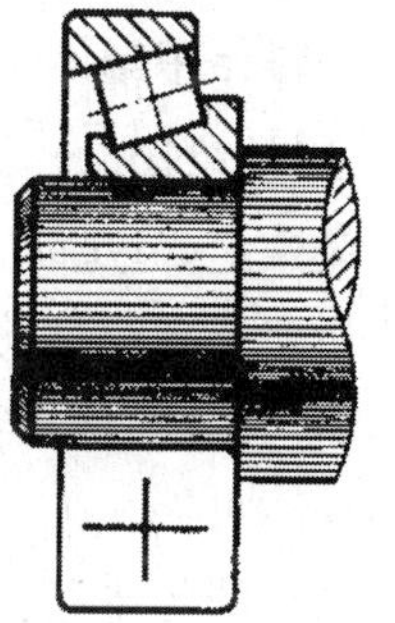
推力球轴承(GB/T 276—2013)	D d T	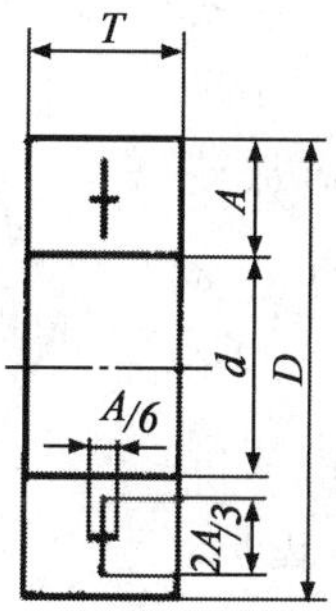	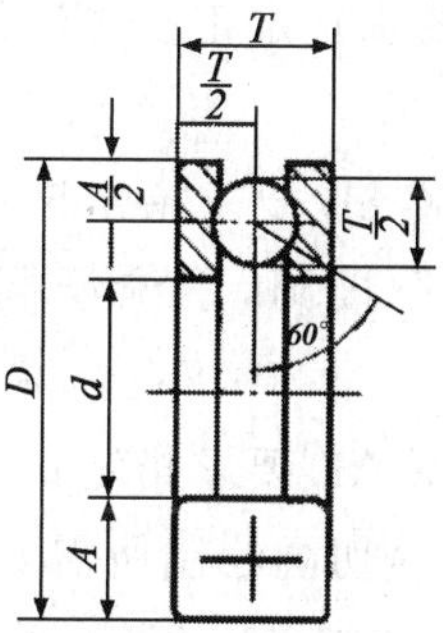	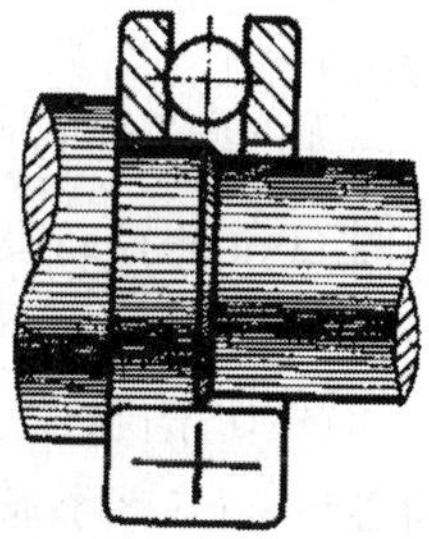

任务三 AutoCAD 画常用件

任务描述

按通用画法绘制滚动轴承 6206 并按规定画法绘制 M12 螺栓。绘制标准件时，标准件的尺寸依据有关标准查到，灵活运用“正多边形”“倒角”“圆角”“延伸”和“镜像”命令绘制图形。

知识准备

一、正多边形

正多边形是指由三条以上（包括三条）各边长相等的线段构成的封闭实体。利用“POLYGON”命令，可以绘制边数范围为 3～1 024 的正多边形。

1. 执行命令的方法

“绘图”工具栏：单击“正多边形”按钮。

命令行：输入 POLYGON，按 Enter 键。

菜单栏：“绘图”→“正多边形”。

2. 操作步骤

选择“绘图”→“正多边形”菜单，命令行提示如下。

命令：_polygon 输入边的数目＜4＞： * 输入正多边形边的数目，按 Enter 键 *

指定正多边形的中心点或[边(E)]： * 单击选择正多边形的中心 *

输入选项[内接于圆(I)/外切于圆(C)]＜I＞： * 选择绘制正多边形的方式，默认为内接于圆 *

指定圆的半径： * 输入圆的半径 *

3. 有关说明及提示

(1)边(E)：AutoCAD 要求指定正多边形的边数及一条边的两个端点。

(2)内接于圆(I)：AutoCAD 要求指定该正多边形外接圆的圆心和半径，通过该外接圆，系统绘制所需的正多边形。

(3)外切于圆(C)：AutoCAD 要求指定正多边形内切圆的圆心和半径，系统通过该内切圆绘制所需要的正多边形。图 6-23 所示为圆的内接、外切正六边形。

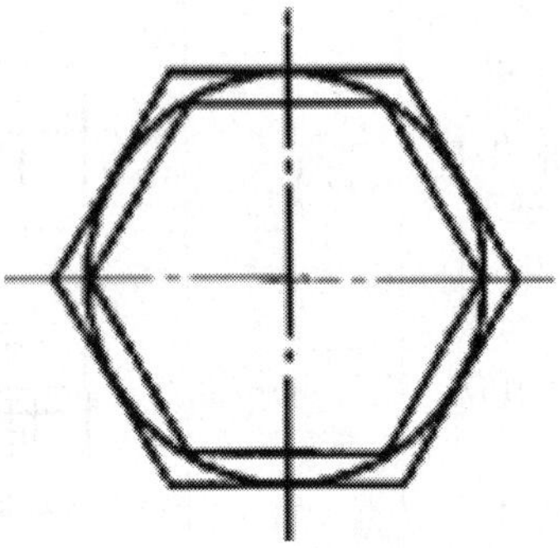

图 6-23 内接、外切正六边形

二、圆角

1. 功能

利用“FILLET”命令，可以用指定的半径对选定的两个对象(直线、圆弧或圆)或者对整条多段线进行光滑的圆弧连接。

2. 执行命令的方法

“修改”工具栏：单击“圆角”按钮。

命令行：输入 FILLET，按 Enter 键。

菜单栏：“修改”→“圆角”。

3. 操作步骤

选择“修改”→“圆角”菜单，命令行提示如下。

命令：_fillet

当前设置：模式＝剪，半径＝0.0000

选择第一个对象或[放弃(U)/多段线(P)/半径(R)/修剪(T)/多个(M)]：

输入 B，按 Enter 键

指定圆角半径＜0.0000＞：　*输入 10，按 Enter 键*

选择第一个对象或[放弃(U)/多段线(P)/半径(R)/修剪(T)/多个(M)]

选择要倒圆角的第一条边

选择第二个对象，或按住 Shift 键选择要应用角点的对象：

选择要倒圆角的第二条边

4. 说明及提示

(1)多段线(P)：用于对多段线的所有顶点进行修圆角。

(2)半径(R)：用于确定过渡圆弧的半径。

(3)修剪(T)：用于设定是否裁剪过渡圆角。

(4)多个(M)：重复多个角的圆弧过渡。

三、倒角

1. 功能

“CHAMFER”命令可以用一条斜线连接两条不平行的直线。倒角有两种方式，一种是指定两边距离倒角，一种是指定距离和角度倒角。

2. 执行命令的方法

“修改”工具栏：单击“圆角”按钮中右边的倒三角，选择“倒角”按钮。

命令行：输入 CHAMFER，按 Enter 键。

菜单栏：“修改”→“倒角”。

3. 操作步骤

选择“修改”→“倒角”菜单，命令行提示如下。

命令：_chamfer

(“修剪”模式)当前倒角距离 1＝0.0000，距离 2＝0.0000　*系统提示当前倒角的距离*

选择第一条直线或[放弃(U)/多段线(P)/距离(D)/角度(A)/修剪(T)/方式(E)/多个(M)]: * 输入 D,按 Enter 键 *

指定第一个倒角距离＜2.0000＞: * 输入 2,按 Enter 键 *

指定第二个倒角距离＜2.0000＞: * 输入 2,按 Enter 键 *

选择第一条直线或[放弃(U)/多段线(P)/距离(D)/角度(A)/修剪(T)/方式(E)/多个(M)]: * 选择要倒角的第一条边 *

选择第二条直线,或按住 Shift 键选择要应用角点的直线: * 选择要倒角的第二条边 *

4.说明及提示

(1)多段线(P):对多段线指定统一的倒角过渡,即多段线的倒角距离一致。

(2)角度(A):用于确定过渡圆弧的包络角。

(3)修剪(T):倒角时是否裁剪原来的对象,默认设置为裁剪。

(4)多个(M):重复多个角的倒角过渡。

任务实施

1.绘制滚动轴承 6206

1)准备实施

设置绘图环境,创建图层,设置对象捕捉。

2)绘图

对称图形先绘制一半,如图 6-24 所示。利用“MIRROR”命令绘制另一半,步骤如下。

(1)选择“修改”→“镜像”菜单,当命令行提示“选择对象:”时,指定对角点,将对象全选中,命令行提示“找到 6 个对象”。

(2)当命令行提示“选择对象:”时,按 Enter 键确认。

(3)当命令行提示“指定镜像线的第一点:”时,单击指定镜像线的第一点。

(4)当命令行提示“指定镜像线的第二点:”时,单击指定镜像线的第二点。

(5)当命令行提示“要删除源对象吗?[是(Y)/否(N)]＜N＞:”时,输入 Y,按 Enter 键,镜像效果如图 6-25 所示。

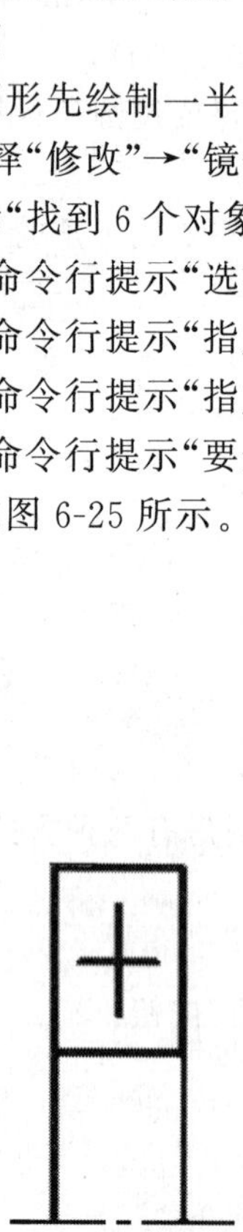

图 6-24　一半滚动轴承

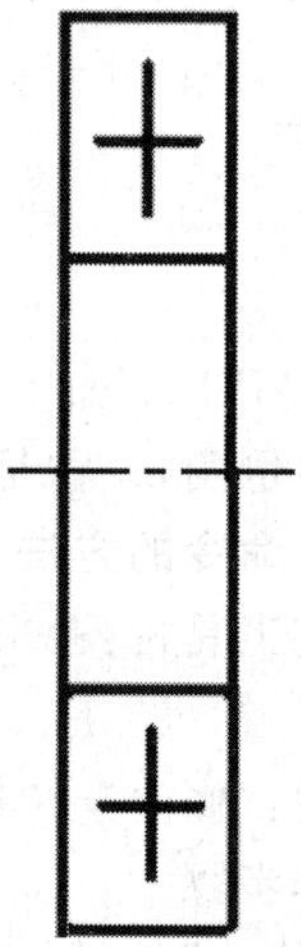

图 6-25　镜像后的滚动轴承

2. 绘制 *M*12 螺栓

M12 螺栓的规定画法如图 6-26 所示。

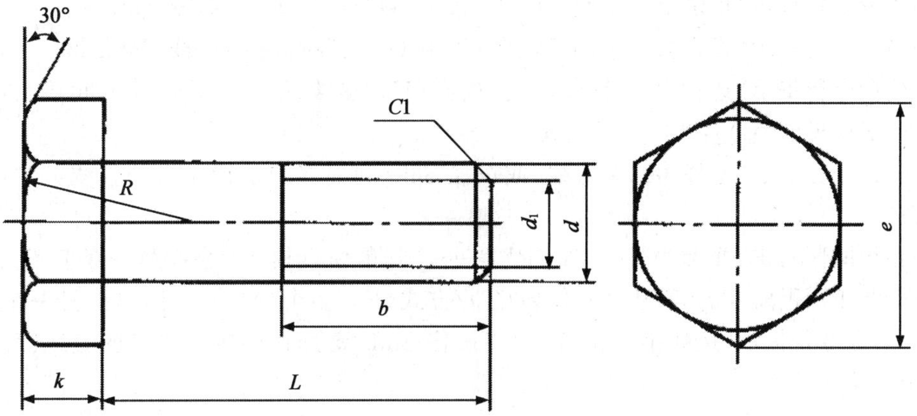

图 6-26　M12 螺栓的规定画法

1)准备实施

(1)查找 M12 螺栓的尺寸。

(2)设置绘图环境,创建图层,设置对象捕捉。

2)绘制右视图

根据 M12 螺栓的尺寸,首先绘制一个 ϕ18 mm 的圆,然后绘制六边形,步骤如下。

(1)选择"绘图"→"正多边形"菜单,当命令行提示"命令:_ polygon 输入边的数目<6>:"时,输入 6,按 Enter 键。

(2)当命令行提示"指定正多边形的中心点或[边(E)]:"时,单击指定圆心为多边形的中心点。

(3)当命令行提示"输入选项[内接于圆(I)/外切于圆(C)]<C>:"时,输入 C,按 Enter 键。

(4)当命令行提示"指定圆的半径:"时,输入 9,按 Enter 键,效果如图 6-27 所示。

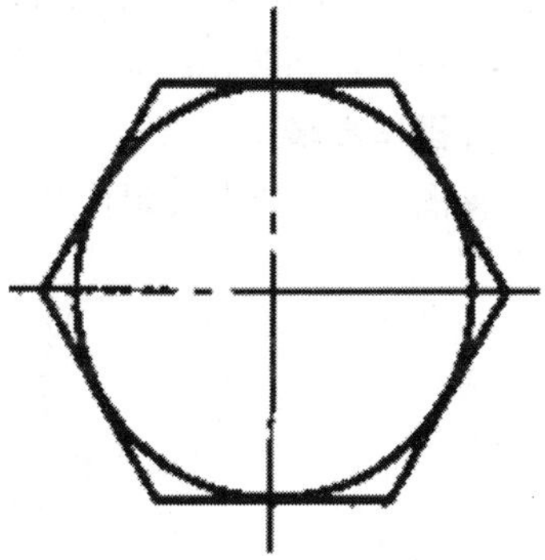

图 6-27　绘制正六边形

3)利用"旋转"命令调整

(1)选择"修改"→"旋转"菜单,当命令行提示"UCS 当前的正角方向:　ANGDIR=顺时针 ANGBASE=0　选择对象:"时,选择要旋转的对象。

(2)当命令行提示"选择对象:"时,按 Enter 键结束选择对象。

(3)当命令行提示"指定基点:"时,单击指定中心为旋转基点。

(4)当命令行提示"指定旋转角度,或[复制(C)/参照(R)]<0>:"时,输入－30,按 Enter 键。

4)绘制主视图并倒角

倒角的步骤如下。

(1)选择"绘图"→"倒角"菜单,当命令行提示"("修剪"模式)当前倒角距离 1=2.0000,距离 2=2.0000 选择第一条直线或[放弃(U)/多段线(P)/距离(D)/角度(A)/修剪(T)/方式(E)/多个(M)]:"时,输入 D,按 Enter 键。

(2)当命令行提示"指定第一个倒角距离<2.0000>:"时,输入 2,按 Enter 键。

(3)当命令行提示"指定第二个倒角距离<2.0000>:"时,输入 2,按 Enter 键。

(4)当命令行提示"选择第一条直线或[放弃(U)/多段线(P)/距离(D)/角度(A)/修剪(T)/方式(E)/多个(M)]:"时,单击角的第一条边。

(5)当命令行提示"选择第二条直线,或按住 Shift 键选择要应用角点的直线:"时,单击角的第二条边。

(6)在绘图区右击,重复"CHAMFER"命令。当命令行提示"选择第一条直线或[放弃(U)/多段线(P)/距离(D)/角度(A)/修剪(T)/方式(E)/多个(M)]:"时,单击另一个角的第一条边。当命令行提示"选择第二条直线,或按住 Shift 键选择要应用角点的直线:"时,单击另一个角的第二条边。

知识拓展

一、延伸

1. 功能

利用"EXTEND"命令,能够将选中的对象(直线、圆弧等)延伸到指定的边界。

2. 执行命令的方法

"修改"工具栏:单击"修剪"按钮中右边的倒三角,选择"延伸"按钮。

命令行:输入 EXTEND,按 Enter 键。

菜单栏:"修改"→"延伸"。

3. 操作步骤

将图 6-28a 的直线延伸至与圆相交,效果如图 6-28b 所示,操作步骤如下。

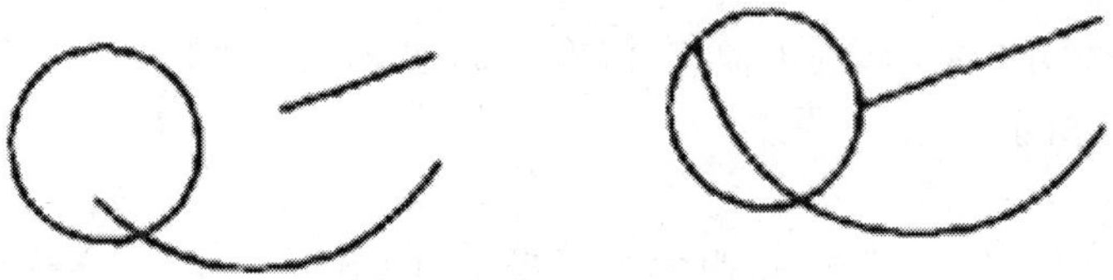

(a) 延伸前　　(b) 延伸后

图 6-28　延伸效果示例

选择"修改"→"延伸"菜单,命令行提示如下。

命令:_extend

当前设置:投影=UCS,边=延伸

选择边界的边…

选择对象或<全部选择>:　　* 选择需要延伸的圆 *

选择对象：　　* 按 Enter 键 *

选择要延伸的对象，或按住 Shift 键选择要修剪的对象，或[栏选(F)/窗交(C)/投影(P)/边(E)/放弃(U)]：　　* 选择靠近圆一侧的直线 *

选择要延伸的对象，或按住 Shift 键选择要修剪的对象，或[栏选(F)/窗交(C)/投影(P)/边(E)/放弃(U)]　　* 选择靠近直线一侧的圆弧 *

选择要延伸的对象，或按住 Shift 键选择要修剪的对象，或[栏选(F)/窗交(C)/投影(P)/边(E)/放弃(U)]：　　* 按 Enter 键 *

二、镜像

1. 功能

利用"MIRROR"命令，可以绘制完全对称的图形。以选定的镜像线为对称轴，生成与选定对象完全对称的镜像，原来的选定对象可以删除或保留。

2. 执行命令的方法

"修改"工具栏：单击"镜像"按钮。

命令行：输入 MIRROR，按 Enter 键。

菜单栏："修改"→"镜像"。

3. 操作步骤

选择"修改"→"镜像"菜单，命令行提示如下。

命令：_mirror

选择对象：找到 1 个　　* 选择要镜像的对象 *

选择对象：找到 1 个，总计 2 个　　* 选择要镜像的对象 *

选择对象：找到 1 个，总计 3 个　　* 继续选择要镜像的对象 *

选择对象：　　* 按 Enter 键 *

指定镜像线的第一点：　　* 选择镜像线的第一点 *

指定镜像线的第二点：　　* 选择镜像线的第二点 *

要删除源对象吗？[是(Y)/否(N)] ＜N＞：　　* 选择是否删除源对象，按 Enter 键确认，系统默认不删除源对象。如果要删除源对象，输入 Y，按 Enter 键 *

项目七
绘制零件图

项目目标

(1)理解零件图的内容和作用。
(2)了解各类典型零件的结构特点和表达特点。
(3)了解零件上常见工艺结构的用途。
(4)掌握零件图上粗糙度、尺寸公差及形位公差等技术要求的标注。
(5)初步掌握零件图的尺寸标注方法。
(6)能识读中等复杂程度的零件图。
(7)会用 AutoCAD 绘制零件图。

项目知识分布图

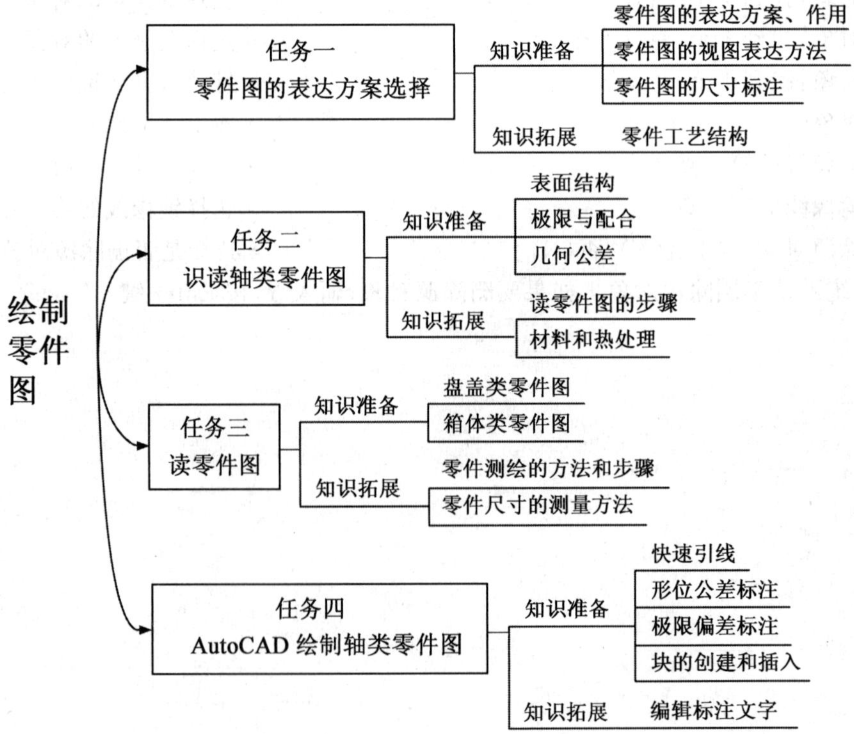

任务一　零件图的表达方案选择

任务描述

根据轴测图，正确选择零件图的表达方案。

知识准备

一、零件图的表达方案、作用

零件图不仅反映了设计者的设计意图，而且表达了零件的各种技术要求，如尺寸精度、表面粗糙度等。

图 7-1 是球阀阀盖的零件图，从图中可知，一张完整的零件图应包括以下内容。

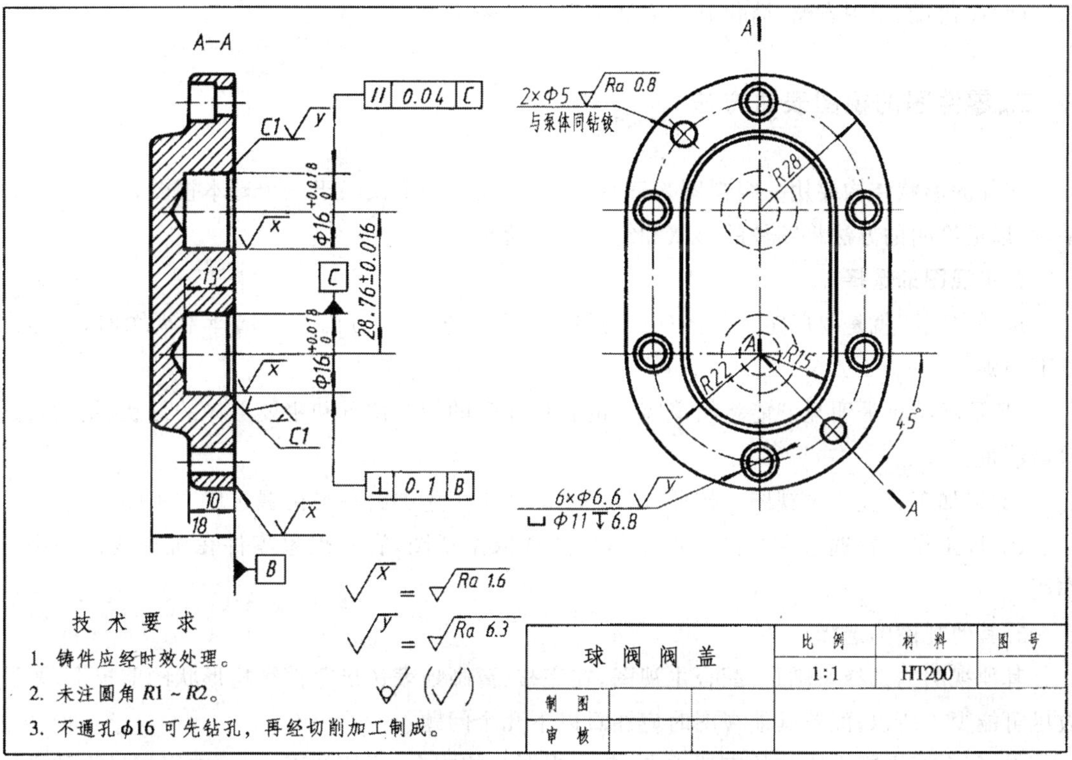

图 7-1　球阀阀盖零件图

1. 一组视图

在零件图中须用一组视图来表达零件的形状和结构，应根据零件的结构特点选择适当的剖视、断面、局部放大图等表示法，用最简明的方案将零件的形状、结构表达出来。

2. 完整的尺寸

零件图上的尺寸不仅要标注得完整、清晰，而且还要注得合理，能够满足设计意图，适宜于加工制造，便于检验。

3. 技术要求

零件图上的技术要求包括表面粗糙度、尺寸极限与配合、表面形状公差和位置公差、表面处理、热处理、检验等要求，零件制造后要满足这些要求才能算是合格的产品。

4. 标题栏

零件图标题栏的内容一般包括零件名称、材料、数量、比例、图的编号以及设计、描图、绘图、审核人员的签名等。填写标题栏时，应注意以下几点：

(1)零件名称：标题栏中的零件名称要精练，如"轴""齿轮""泵盖"等，不必体现零件在机器中的具体作用。

(2)图样代号：图样代号可按隶属编号和分类编号进行编制。机械图样一般采用隶属编号。图样编号要有利于图纸的检索。

(3)零件材料：零件材料要用规定的牌号表示，不得用自编的文字或代号表示。

(4)简化：能采用省略、简化画法表达的要尽量采用。

二、零件图的视图表达方法

零件的形状结构要用一组视图来表示，这一组视图并不仅限于三个基本视图，可采用各种手段，以最简明的方法将零件的形状和结构表达清楚。

1. 主视图的选择

选择主视图就是要确定零件的摆放位置和主视图的投射方向。在选择主视图时，要考虑以下原则：

(1)形状特征最明显。能将组成零件的各形体间的相互位置和主要形体的形状、结构表达得最清楚。

(2)以加工位置为主视图。按照零件在主要加工工序中的装夹位置选取主视图。

(3)以工作位置选取主视图。按工作位置选取主视图，容易想象零件在机器或部件中的作用。

2. 其他视图的选择

其他视图的选择原则是：配合主视图，在完整、清晰地表达出零件结构形状的前提下，视图数尽可能少。所以，配置其他视图时应注意以下几个问题：

(1)每个视图都有明确的表达重点，各个视图互相配合、互相补充，表达内容尽量不重复。

(2)根据零件的内部结构选择恰当的剖视图和断面图。

(3)对尚未表达清楚的局部形状和细小结构，补充必要的局部视图和局部放大图。

3. 典型零件的表达方法

1)轴套类零件

轴套类零件包括轴、螺杆、阀杆和空心套等。轴类零件在机器中主要起支承和传递动力的作用。套的主要作用是支承和保护转动零件，或用来保护与它外壁相配合的表面。

(1)结构特点。从图 7-2 的轴可以看出常用轴所具有的结构：轴的主体是由几段不同直径的圆柱体(或圆锥体)所组成，构成阶梯状。轴上常加工有键槽、螺纹、挡圈槽、倒角、退刀槽和中心孔等结构。

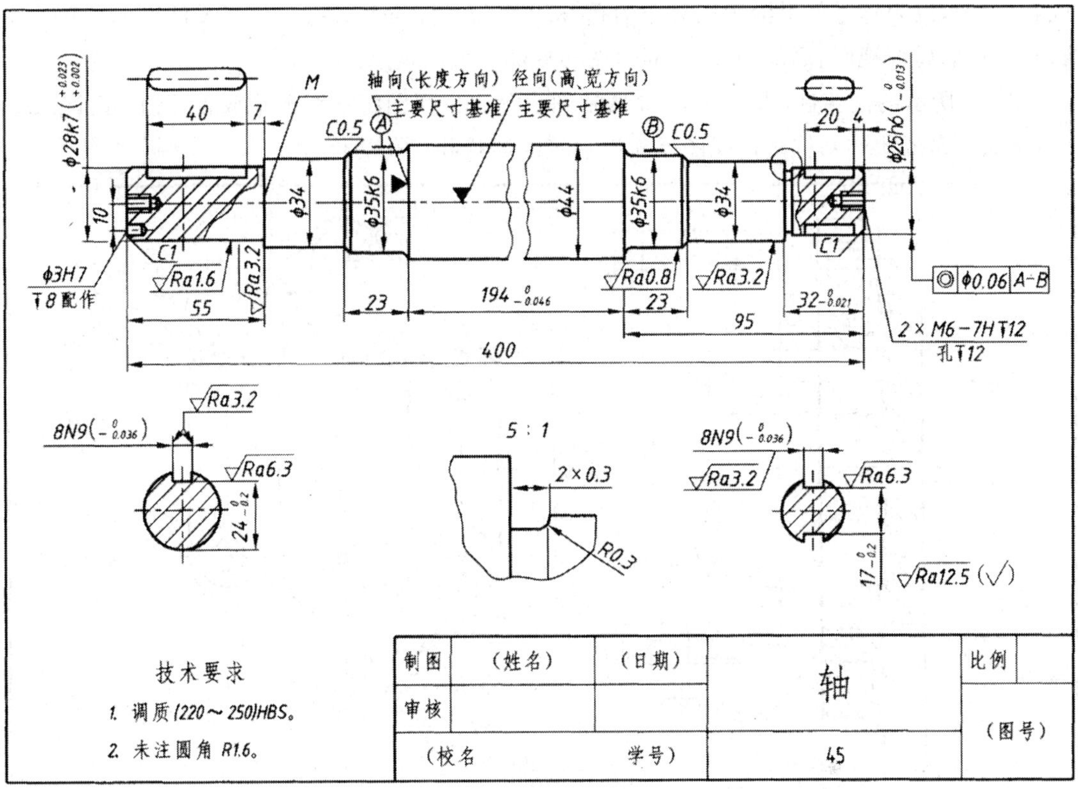

图 7-2　轴零件图

(2)视图选择。轴类零件多在车床和磨床上加工。为了加工时看图方便，轴类零件的主视图按其加工位置选择，一般将轴线水平放置，用一个基本视图来表达轴的主体结构，如图 7-2 所示。这样，既清楚地反映出阶梯轴的各段形状及相对位置，也反映出了各局部结构的轴向位置。

轴上的局部结构，一般采用局部视图、局部剖视图、断面图、局部放大图来表达。如图 7-2 所示，用局部剖视图、移出断面图和局部视图来表达左、右两端键槽的形状、位置和深度，用局部放大图表达退刀槽和销孔的结构等。此外，对形状简单且较长的轴段，常采用断开后缩短的方法表达。

套类零件的表达方法与轴类零件相似，当其内部结构复杂时，常用剖视图来表达。

2)轮盘类零件

轮盘类零件一般包括手轮、带轮、齿轮、法兰盘、端盖和盘座等。这类零件在机器中主要起传递动力、支承、轴向定位及密封作用。

(1)结构特点。轮盘类零件的基本形状是扁平的盘状,由几个回转体组成,其轴向尺寸往往比其他两个方向的尺寸小得多,零件上常见的结构有凸缘、凹坑、螺孔、沉孔、肋等结构。

(2)视图选择。由于轮盘类零件的主要加工表面以车削为主,所以其主视图也应按加工位置布置,将轴线放成水平,且多将该视图作全剖视,以表达其内部结构。除主视图外,还需用左(或右)视图,以表达零件上沿圆周分布的孔、槽及轮辐、肋条等结构。对于零件上的一些小的结构,可选取局部视图、局部剖视图、断面图和局部放大图表示。

图 7-3 所示的法兰盘,采用了主、左两视图表示。主视图将轴线水平放置,且作了全剖视,表达了法兰盘的主体结构。左视图反映出端盖的形状和沉孔的位置。

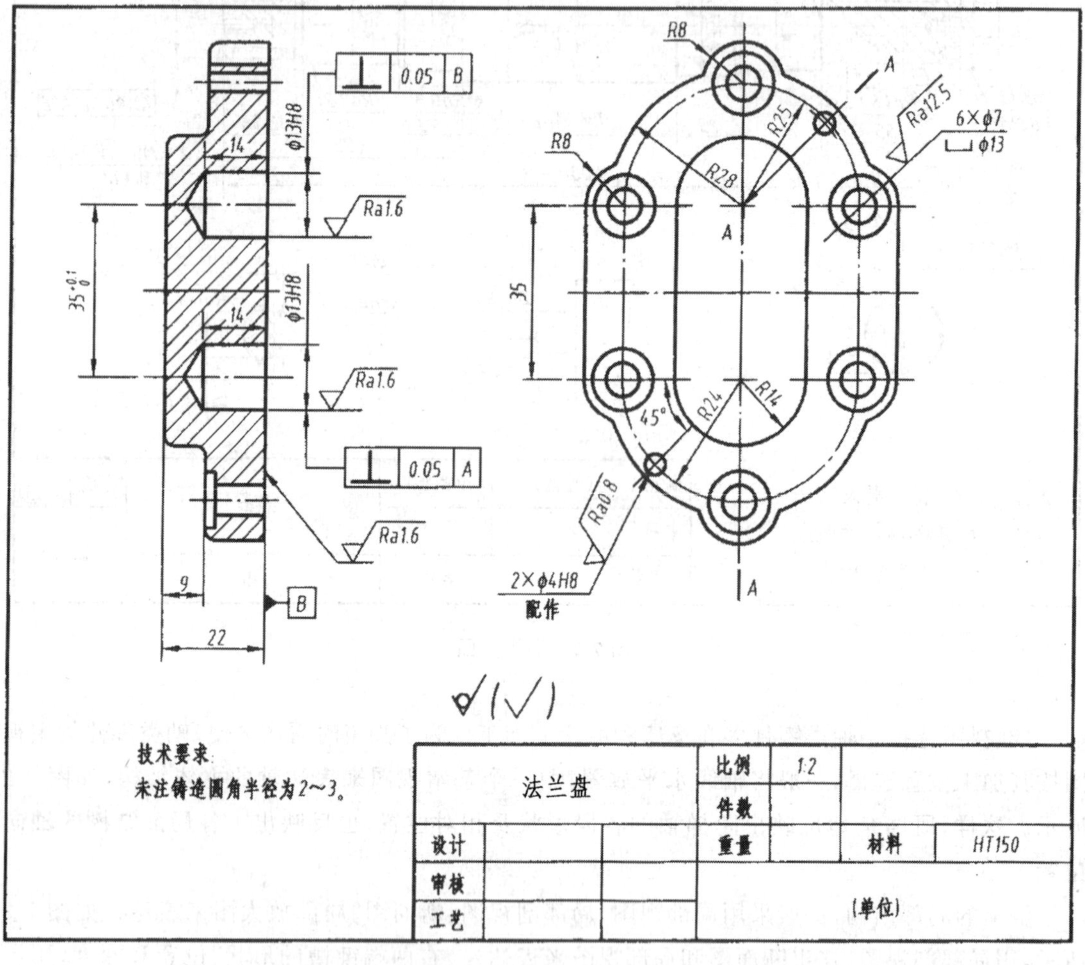

图 7-3 法兰盘零件图

3)叉架类零件

叉架类零件包括拨叉、连杆、杠杆和各种支架等。拨叉主要用在机床和内燃机等各种机器的操纵机构上,起操纵和调速作用。支架主要起支承和连接作用。

(1)结构特点。叉架类零件形式多样,结构较为复杂,多为铸件,经多道工序加工而成。

这类零件一般由三部分构成,即支承部分、工作部分和连接部分。连接部分多为肋板结构，且形状弯曲、扭斜的较多。支承部分和工作部分，细部结构也较多，如圆孔、螺孔、油孔、油槽、凸台和凹坑等。

(2)视图选择。由于叉架类零件的加工工序较多，其加工位置经常变化，因此选择主视图时，主要考虑零件的形状特征和工作位置。

这类零件一般需用两个或两个以上的基本视图表达。为了表达零件上的弯曲或扭斜结构，还要常常采用斜视图、局部视图、用斜剖切平面剖切的剖视图和断面图等表达方法。

这类零件的工作位置有时不固定，甚至是倾斜的，因此在选择视图时，应将零件摆正，再将反映形状特征明显的方向作为主视图的投射方向，如图 7-4 所示。

图 7-4 为支架零件图，俯视图和左视图采用了局部剖视图，此外采用了一个局部视图和一个移出断面来表达凸台和肋板的形状。

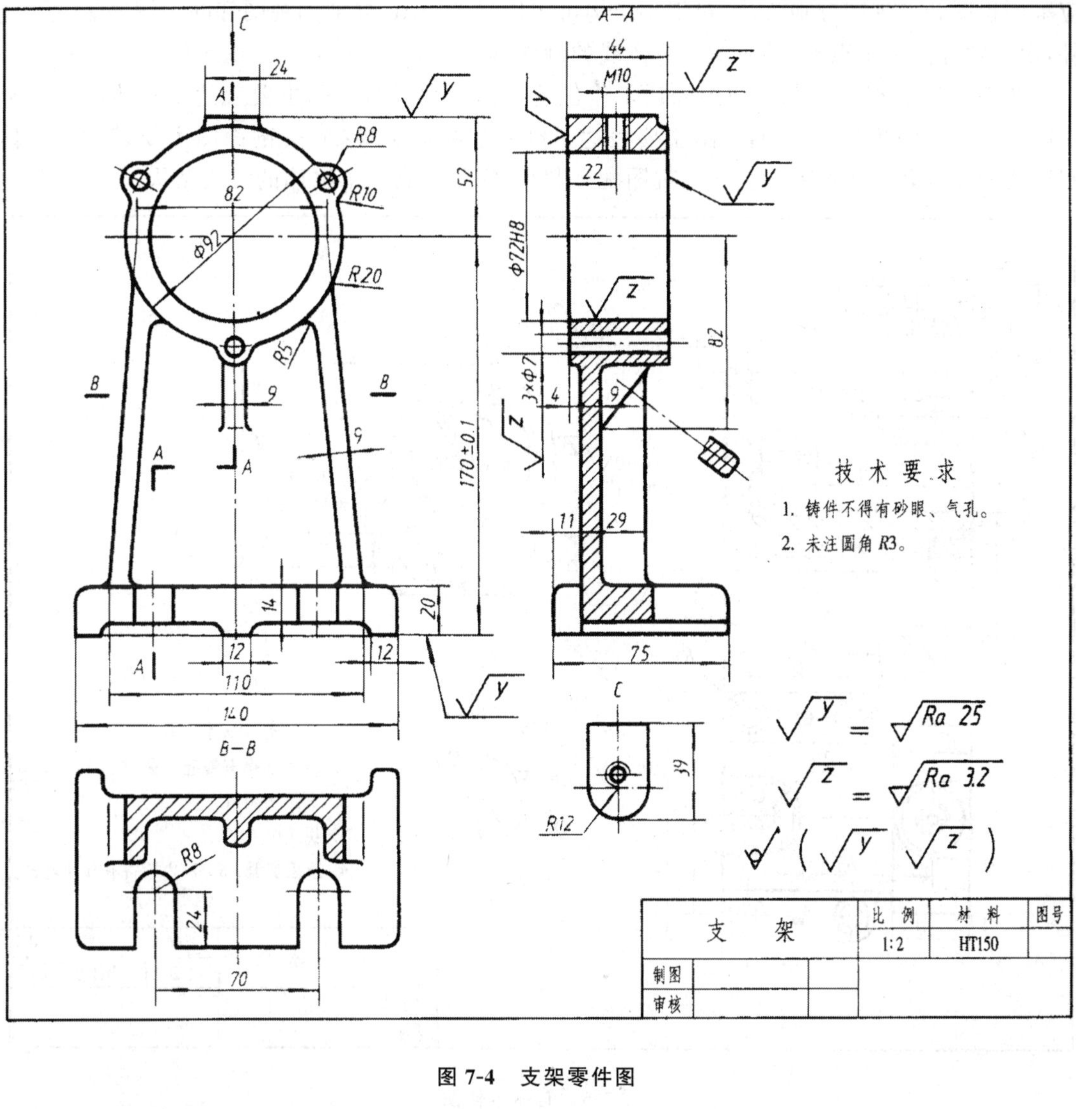

图 7-4　支架零件图

4)箱体类零件

箱体类零件包括各种箱体、壳体、泵体以及减速机的机体等。这类零件主要用来支承、包容和保护体内的零件,也起定位和密封作用。

(1)结构特点。箱体类零件多为铸件,内、外结构比前三类零件都复杂。它们通常都有一个由薄壁所围成的较大空腔和与其相连供安装用的底板;在箱壁上有多个向内或向外伸延的供安装轴承用的圆筒或半圆筒,且在其上、下常有肋板加固。此外,箱体类零件上还有许多细小结构,如凸台、凹坑、起模斜度、铸造圆角、螺孔、销孔和倒角等。

(2)视图选择。箱体类零件由于结构复杂,加工位置变化也较多,所以一般以零件的工作位置和最能反映其形状特征及各部分相对位置的一面作为主视图的投射方向。

表达箱体类零件,一般需用三个以上的基本视图和其他视图,并常常取剖视。当零件的外部、内部结构都较复杂,其投影并不重叠时,常采用局部剖视;投影重叠时,外部、内部结构形状应采用视图和剖视图分别表达;对细小结构可采用局部视图、局部剖视图和断面图来表达。此外,由于铸件上圆角很多,还应注意过渡线的画法等。

图 7-5 为缸体零件图,主视图采用工作位置,且采用全剖视图,主要表达了缸体的结构形状以及各形体的相互位置;俯视图主要表达了缸壁的结构形状;A-A 剖面图主要表达了缸体螺纹孔的位置和缸体的形状。几个视图配合起来,完整地表示了缸体的复杂结构。

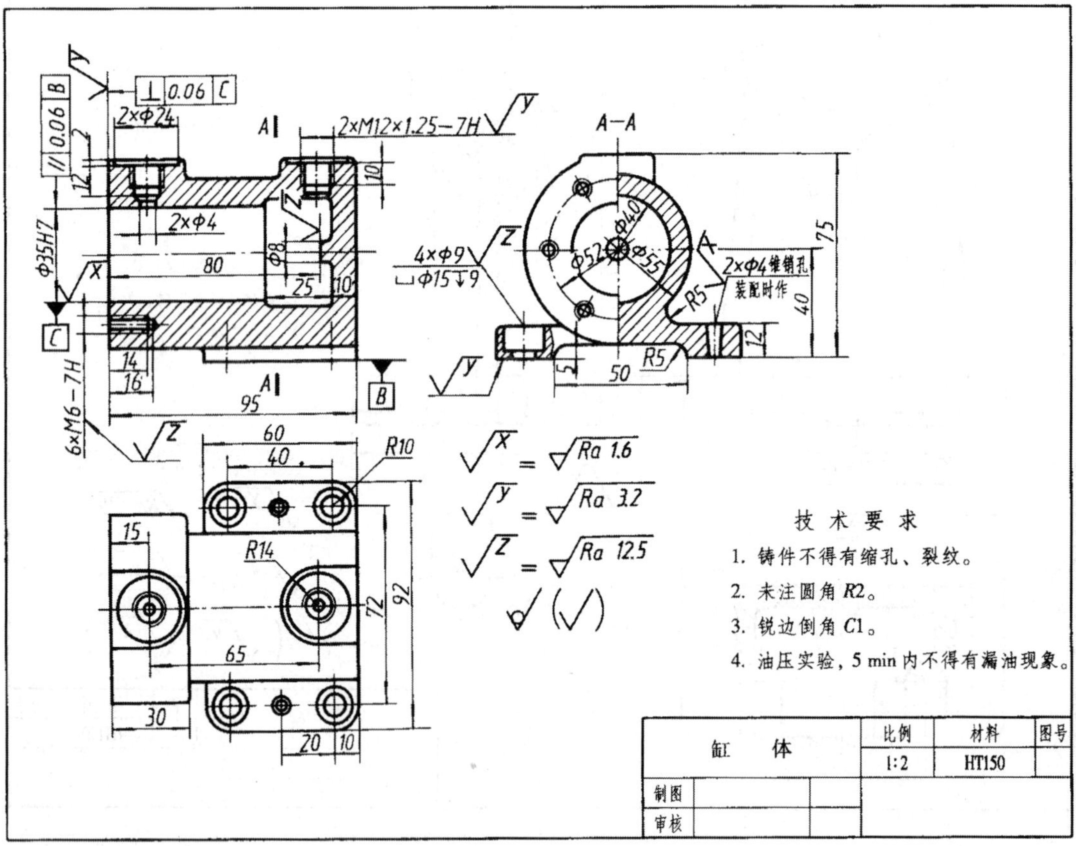

图 7-5　缸体零件图

三、零件图的尺寸标注

1. 正确选择尺寸基准

零件在设计、制造和检验时，计量尺寸的起点为尺寸基准。根据基准的作用不同，分为设计基准、工艺基准、测量基准等，如图 7-6 所示。

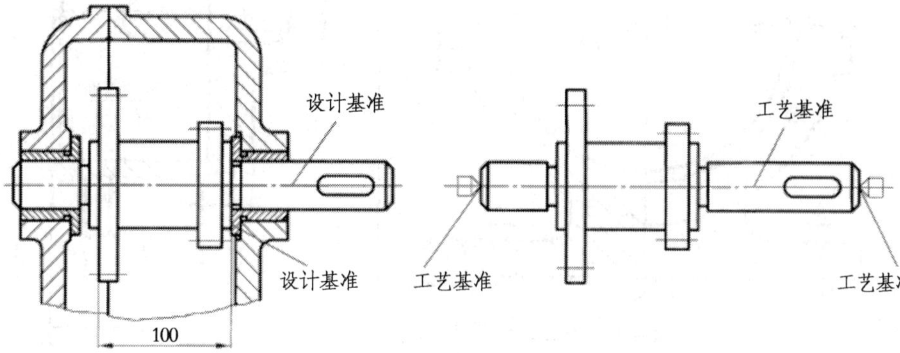

图 7-6　设计基准与工艺基准

设计基准——设计时确定零件表面在机器中位置所依据的点、线、面。

工艺基准——加工制造时，确定零件在机床或夹具中位置所依据的点、线、面。

测量基准——测量某些尺寸时，确定零件在量具中位置所依据的点、线、面。

零件长、宽、高三个方向的尺寸都至少有一个尺寸基准。同一方向上可以有多个尺寸基准，但其中必定有一个是主要的，称为主要基准，其余的称为辅助基准。

主要基准应与设计基准和工艺基准重合，工艺基准应与设计基准重合，这一原则称为“基准重合原则”。当工艺基准与设计基准不重合时，主要尺寸基准要与设计基准重合。

可作为设计基准或工艺基准的点、线、面主要有：对称平面、主要加工面、安装底面、端面、孔轴的轴线等。这些平面、轴线常常是标注尺寸的基准。

零件的长、宽、高三个方向上都各有一个主要基准，还可有辅助基准，如图 7-7 所示。

2. 尺寸标注要点

1)零件的重要尺寸必须从基准直接注出

加工好的零件尺寸存在误差，为使零件的重要尺寸不受其他尺寸的影响，应在零件图中把重要尺寸直接从尺寸基准注出，不可通过几个尺寸累加的形式进行标注。重要尺寸指影响产品性能、工作精度和配合的尺寸，非主要尺寸指非配合的直径、长度、外轮廓尺寸等尺寸，如图 7-8 所示。

2)尺寸配置的形式

(1)基准型尺寸配置。如图 7-9a 所示，这种尺寸配置形式的优点是，任一尺寸的加工误差不影响其他尺寸的加工精度。

(2)连续型尺寸配置。如图 7-9b 所示，这种尺寸标注的形式，总尺寸的误差是各段尺寸误

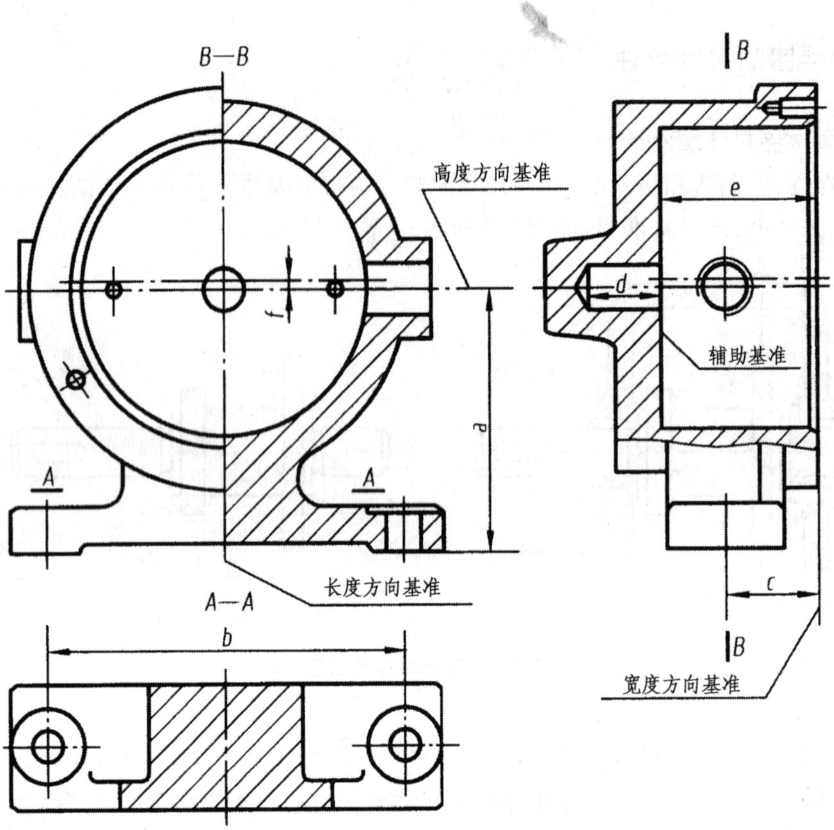

图 7-7 零件的尺寸基准

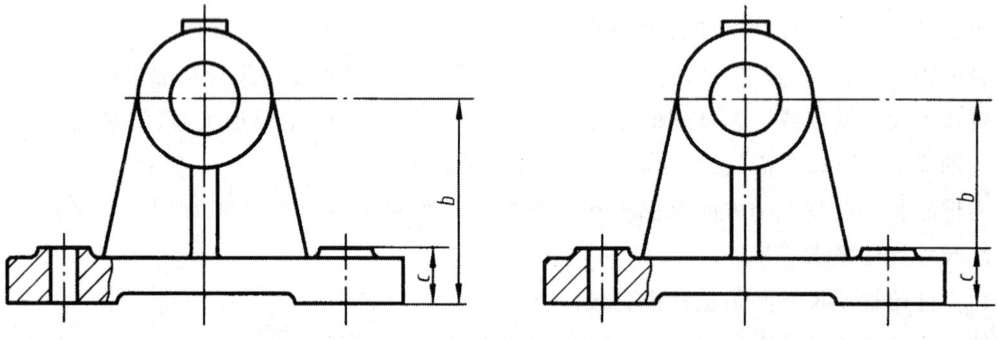

(a)正确 (b)错误

图 7-8 重要尺寸的标注

差之和。

(3)综合型尺寸配置。如图 7-9c 所示,综合型尺寸配置是上述两种尺寸配置形式的综合。这种尺寸配置形式,各尺寸的加工误差都累加到空出不注的一个尺寸上,如图 7-9d 中的尺寸。

注意:在注尺寸时,要避免形成封闭尺寸链,如图 7-10 所示。

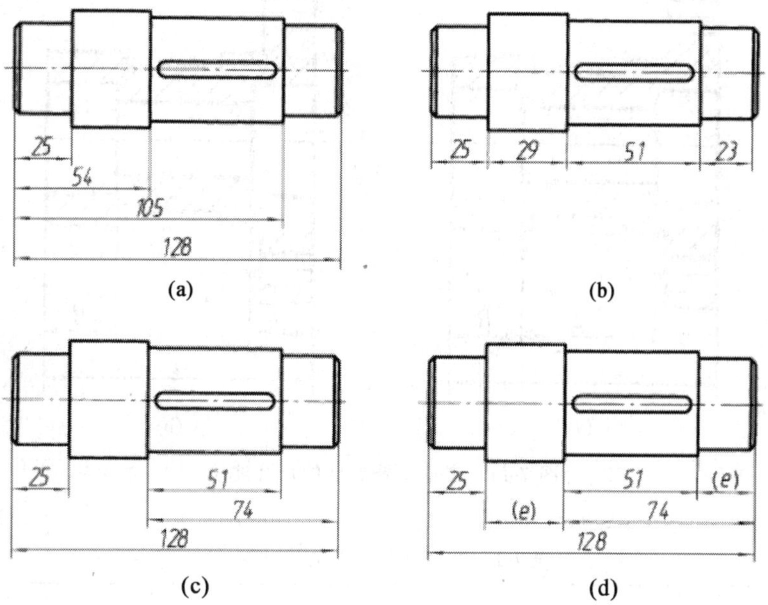

图 7-9　尺寸配置的形式

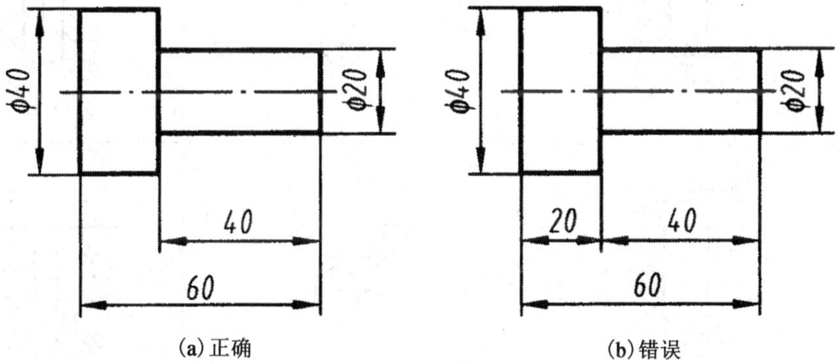

图 7-10　避免形成尺寸链

3)标注的尺寸要便于测量

在满足设计要求的前提下,应尽量考虑使用通用测量工具进行测量,避免或减少使用专用量具。如图 7-11a 中所注长度方向的尺寸 A 在加工和检验时测量均较困难。图 7-11b 所示的标注形式,测量较为方便。

4)常见孔的尺寸注法

零件上常见孔的尺寸注法见表 7-1。

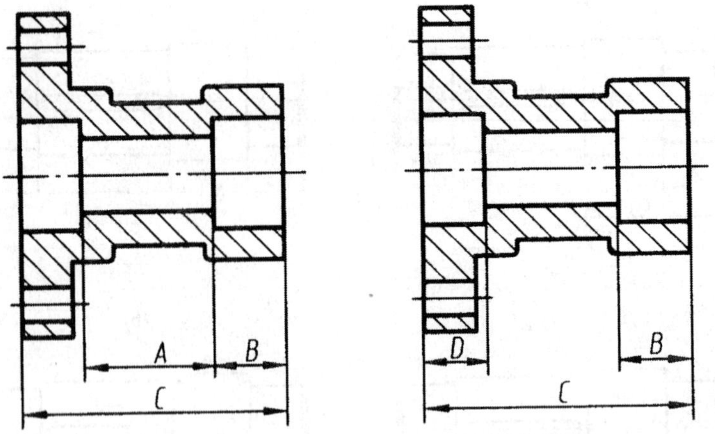

(a) (b)

图 7-11 考虑测量方便的尺寸注法

表 7-1 零件上常见孔的尺寸注法

类型	旁注法		一般注法
光孔	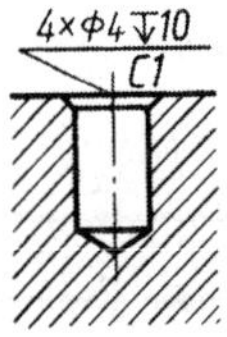	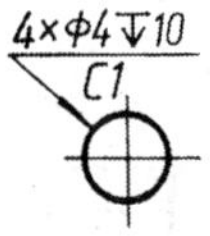	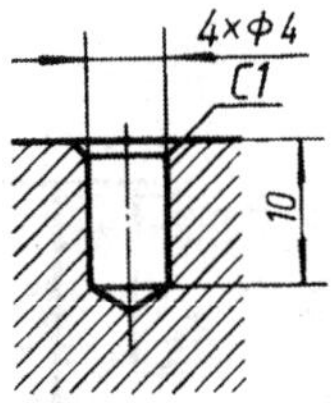
	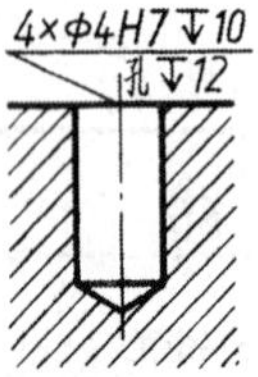	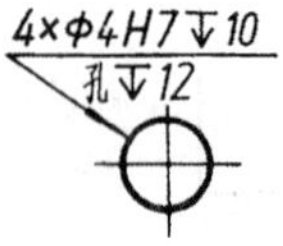	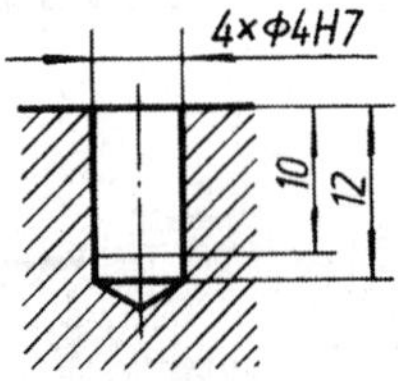
锪孔	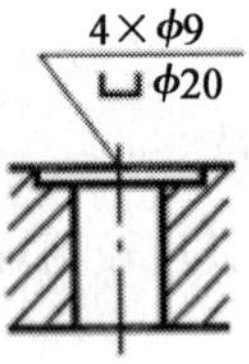	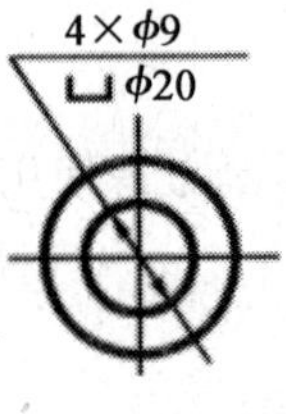	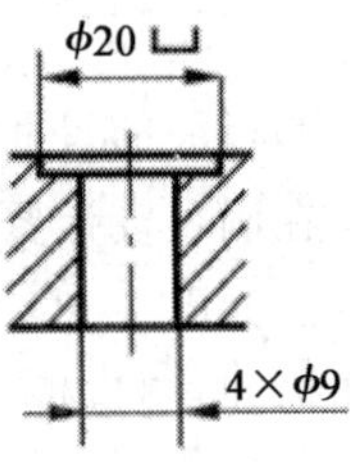

续表 7-1

<table>
<tr><th>类型</th><th colspan="2">旁注法</th><th>一般注法</th></tr>
<tr><td rowspan="2">沉孔</td><td>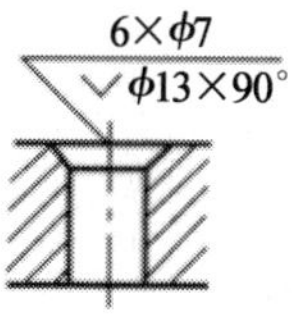</td><td>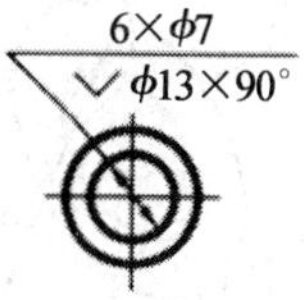</td><td>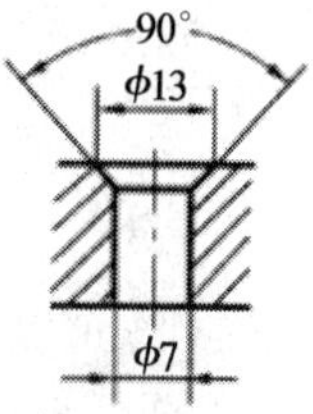</td></tr>
<tr><td>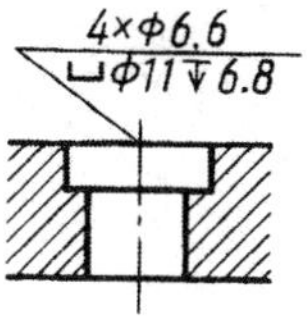</td><td>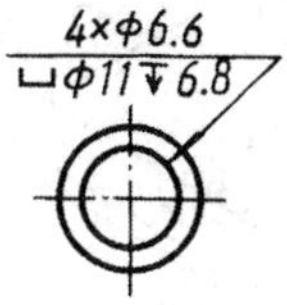</td><td>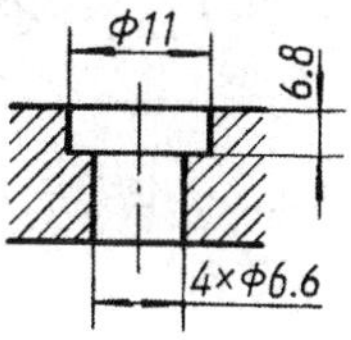</td></tr>
<tr><td rowspan="3">螺孔</td><td>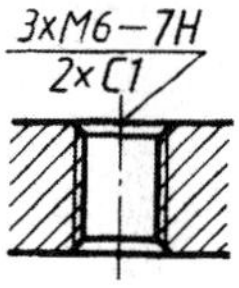</td><td>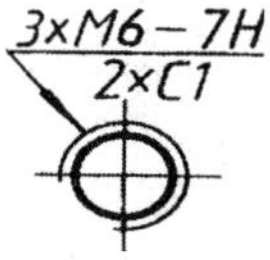</td><td>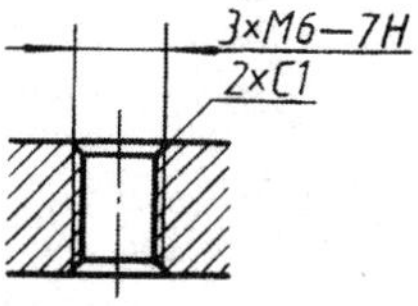</td></tr>
<tr><td>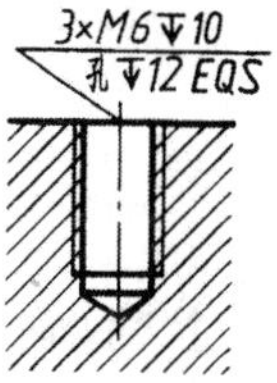</td><td>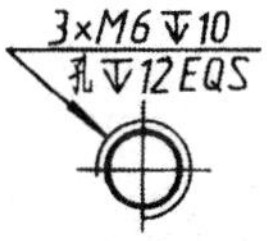</td><td>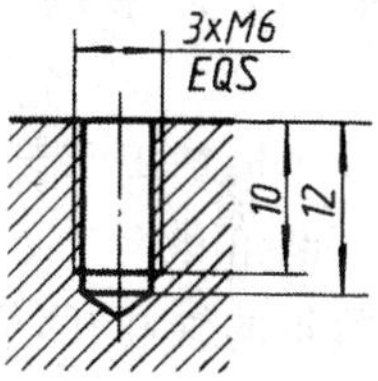</td></tr>
<tr><td>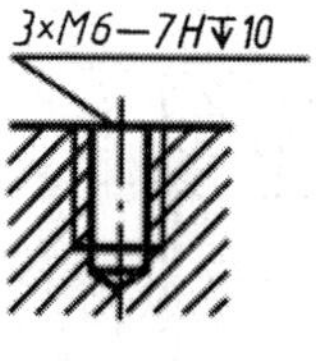</td><td>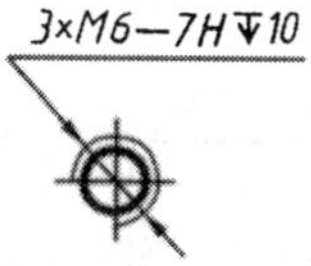</td><td>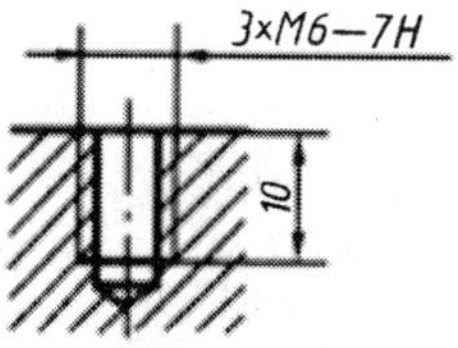</td></tr>
</table>

任务实施

根据图 7-12 所示轴测图，选择合适的表达方案。

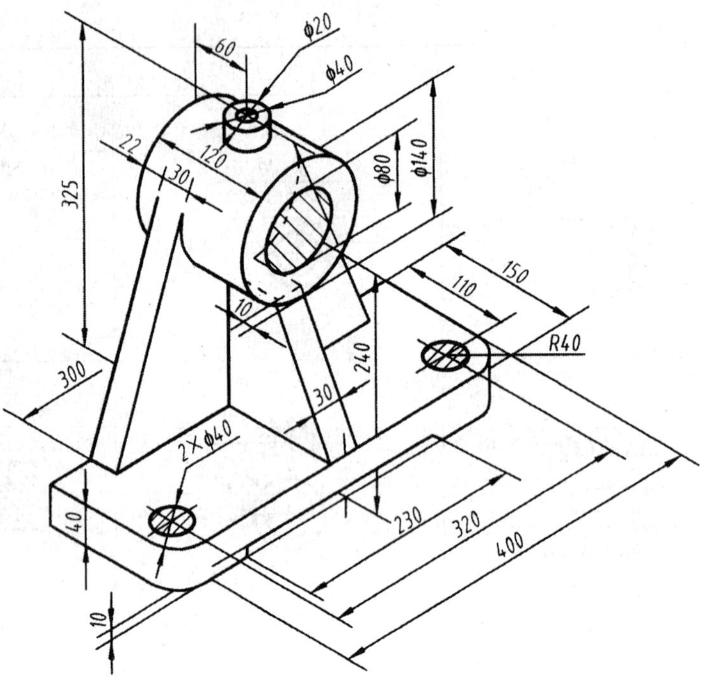

图 7-12 轴测图

知识拓展

零件工艺结构

1. 机械加工工艺结构

1)圆角和倒角

阶梯的轴和孔,为了在轴肩、孔肩处避免应力集中,常以圆角过渡。轴和孔的端面上加工成 45°或其他度数的倒角,其目的是为了便于安装和操作安全。轴、孔的标准倒角和圆角的尺寸可由《零件倒圆与倒角》(GB/T 6403.4—2008)查得。其尺寸标注方法如图 7-13 所示。

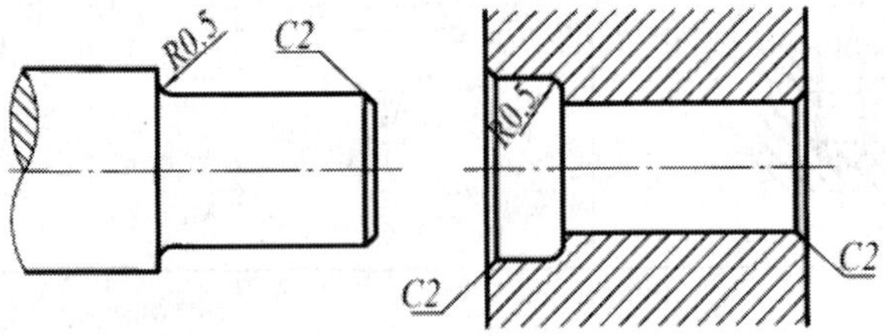

图 7-13 轴、孔的倒角及圆角图

2)钻孔结构

钻孔时,应尽量使钻头垂直于孔端面,否则易将孔钻偏或将钻头折断。当孔的端面是斜面或曲面时,应先把该平面铣平或制作成凸台或凹坑等结构。用钻头加工盲孔时,由于钻头尖部有 120°的圆锥面，所以不通孔的底部总有一个 120°圆锥面。扩孔加工也将在直径不等的两柱面孔之间留下 120°的圆锥面。

3)退刀槽和越程槽

在加工中，为了使刀具易于退出，常在加工表面的台肩处先加工出退刀槽或越程槽。常见的有螺纹退刀槽、砂轮越程槽等。退刀槽的尺寸标注形式，一般可按“槽宽×直径”或“槽宽×槽深”标注。越程槽一般用局部放大图画出。

4)工艺凸台和凹坑

为了减少加工表面，使配合面接触良好，常在两接触面处制出凸台和凹坑。其尺寸标注如图 7-14 所示。

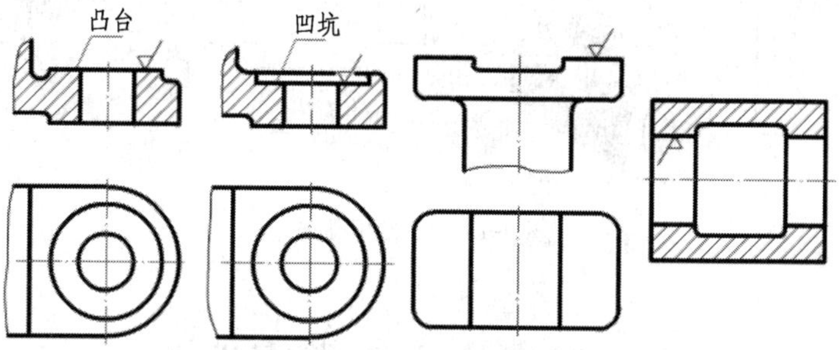

图 7-14　工艺凸台和凹坑

2. 铸件工艺结构

1)壁厚和铸造圆角

铸件各部分壁厚应尽量均匀，在不同壁厚处应使厚壁与薄壁逐渐过渡，以免铸件在冷却过程中，在较厚处形成热节，产生缩孔。铸件上相邻两表面相交处应做成圆角(图 7-15)。铸造圆角的大小一般为 $R3$～$R5$，可集中标注在右上角，或写在技术要求中。

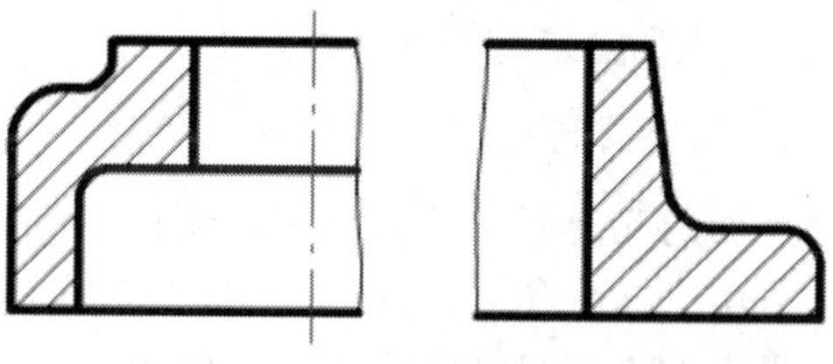

图 7-15　铸件壁厚和铸造圆角

2)起模斜度

铸件在起模时，为了起模顺利，在沿起模方向的内外壁上应有适当斜度，称为起模斜度，一般为 3°～5°30′。通常在图样上不画出，也不标注，可在技术要求或其他技术文件中统一写出。

3)铸件壁厚

铸件壁厚应尽量均匀或采用逐渐过渡的结构，否则在壁厚处极易形成缩孔或在壁厚突变处产生裂纹。

4)过渡线

由于有铸造圆角,使得铸件表面的交线变得不够明显,若不画出这些线,零件的结构则显得含糊不清。为了便于看图及区分不同表面,图样中仍须按没有圆角时交线的位置,画出交线,此交线称过渡线,其投影用细实线表示,且不宜与轮廓线相连,如图 7-16 所示。

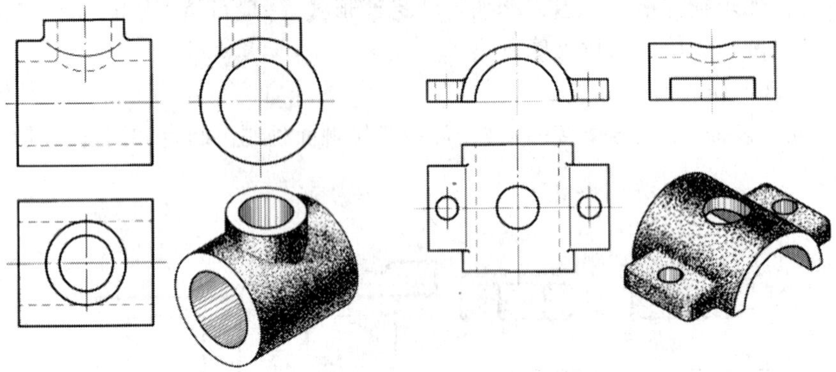

图 7-16 过渡线画法

任务二 识读轴类零件图

任务描述

用形体分析法和线面分析法读轴类零件图,想象出零件的结构形状,弄清零件在机器中的作用,以及零件的自然概况、尺寸类别、尺寸基准和技术要求。

知识准备

一、表面结构

所谓表面结构是指零件表面的几何形貌。它是表面粗糙度、表面波纹度、表面纹理、表面缺陷和表面几何形状的总称。国家标准(GB/T 13 1—2006)对表面结构的表示法做了全面的规定。下面只介绍其中应用最广的表面粗糙度在图样上的表示法及其符号、代号的标注与识读方法。

1. 表面粗糙度及其标注方法

在零件加工时,由于切削变形和机床振动等因素的影响,使零件的实际加工表面存在着微观的高低不平,这种微观的高低不平程度称为表面粗糙度,如图 7-17 所示。

表面粗糙度是评定零件表面质量的一项重要技术指标,对于零件的配合、耐磨性、耐蚀性以及密封性都有显著影响,是零件图中必不可少的一项技术要求。

国家标准规定,表面结构以参数值的大小评定。在生产中,轮廓参数是目前我国机械图样中最常用的评定参数。这里仅介绍评定粗糙轮廓(R 轮廓)中的两个高度参数 Ra 和 Rz,如图 7-18 所示。

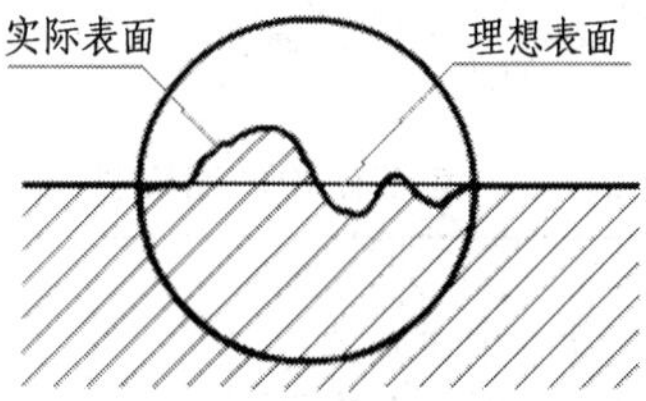

图 7-17　表面粗糙度的概念

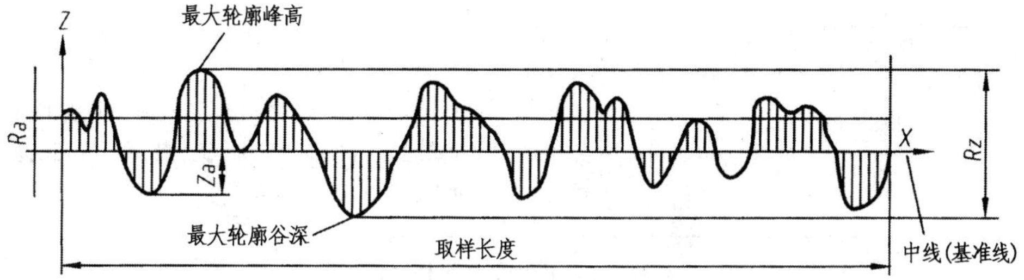

图 7-18　轮廓的算术平均偏差 *Ra* 和轮廓最大高度 *Rz*

(1)算术平均偏差是指在一个取样长度内纵坐标值 $Z(x)$ 绝对值的算术平均值。

(2)轮廓的最大高度 *Rz* 是指在同一取样长度内,最大轮廓峰高和最大轮廓谷深之和。

表面结构的选用,应该既要满足零件表面的功能要求,又要考虑经济合理。一般情况下,凡零件上有配合要求或有相对运动的表面,粗糙度值要小,其值越小,表面质量越高,但加工成本越高。因此,在满足使用要求的前提下,应尽量选用较大的参数值,以降低成本。

零件表面结构数值不同的表面情况以及对应的加工方法和应用举例见表 7-2。

表 7-2　零件表面结构数值不同的表面情况以及对应的加工方法和应用

Ra/μm	表面特征	加工方法	应用举例
50 25 12.5	粗面	粗车、粗铣、粗刨、钻孔、锯断以及铸、锻、轧制等	多用于粗加工的非配合表面,如机座底面、轴的端面、倒角、钻孔、键槽非工作面,以及铸、锻件的不接触面等
6.3 3.2 1.6	半光面	精车、精铣、精刨、铰孔、刮研、拉削(钢丝)等	较重要的接触面和一般配合表面,如键槽和键的工作面、轴套及齿轮的端面、定位销的压入孔表面
0.8 0.4 0.2	光面	精铰、精磨、抛光等	要求较高的接触面和配合表面,如齿轮工作面、轴承的重要表面、圆锥销孔等
0.1 0.05 0.025	镜面	研磨、超级精密加工等	高精度的配合表面,如要求密封性能好的表面、精密量具的工作表面等

2. 表面结构的图形符号

见表 7-3。

表 7-3　表面结构的图形符号

符号名称	符号	含义
基本图形符号		基本符号 表示对表面结构有要求的符号。基本符号仅用于简化代号的标注，当通过一个注释解释时可单独使用，没有补充说明时不能单独使用
扩展图形符号		要求去除材料的符号 在基本符号上加一短横，表示指定表面是用去除材料的方法获得的，如通过机械加工（车、铣、刨、磨、剪切、抛光、腐蚀、电火花加工、气割等）的表面
		不允许去除材料的符号 在基本符号上加一个圆圈，表示指定表面是用不去除材料的方法获得的，如铸、锻等
完整图形符号	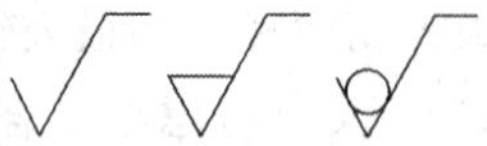	完整符号 在上述所示的符号的长边上加一横线，用于对表面结构有补充要求的标注。左、中、右符号分别用于“允许任何工艺”“去除材料”“不去除材料”方法获得的表面的标注

3. 表面结构代号

表面结构符号中注写了具体参数代码及数值等要求后即称为表面结构代号。表面结构代号及符号的比例如下所示：

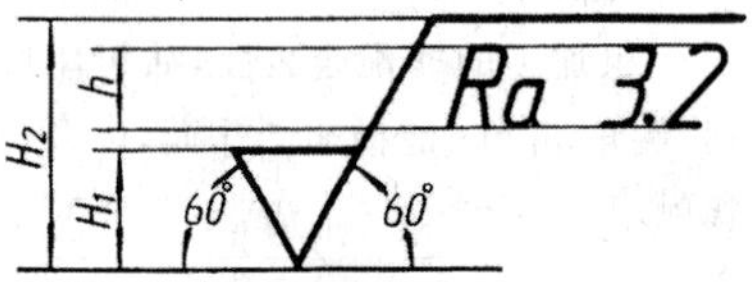

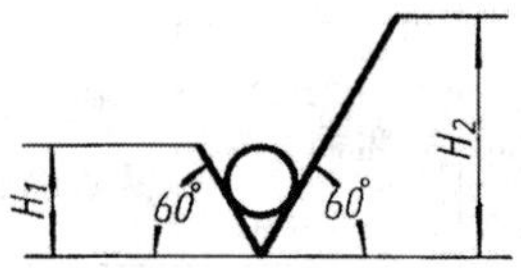

h＝数字和字母高度；$H_1 \approx 1.4h$；$H_2 = 3h$；圆与正三角形相内切。

说明：①符号、字母、数字的线宽相同，皆为 1/10 h。

②上述应符合 GB/T 14691—1993《技术制图　字体》和 GB/T 131—2006《符号的比例和尺寸》中的规定。

表面结构符号、代号的画法及其在零件图中的标注方法见表 7-4。

表 7-4　表面结构符号、代号的画法及其在零件图中的标注

标注示例	规定及说明
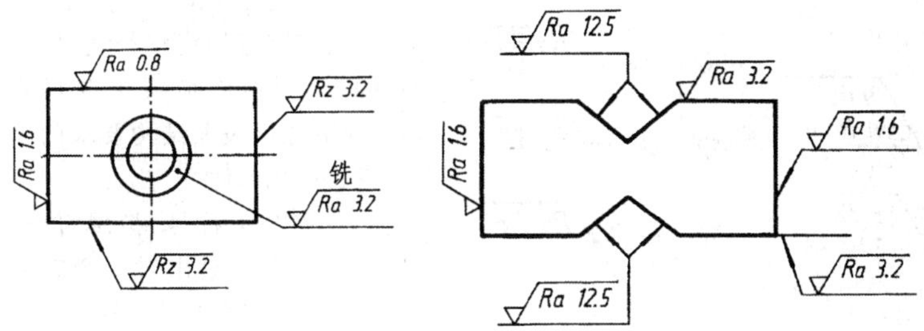	1. 表面结构要求对每一表面一般只标注一次，并尽可能注在标注相应的尺寸及其公差的同一视图上。除非另有说明，所标注的表面结构要求是对完工零件表面的要求 2. 表面结构要求的注写和读取方向与尺寸的注写和读取方向一致 3. 表面结构要求可标注在轮廓线上(其符号应从材料外指向并接触表面)。表面结构符号也可用带箭头或黑点的指引线引出标注
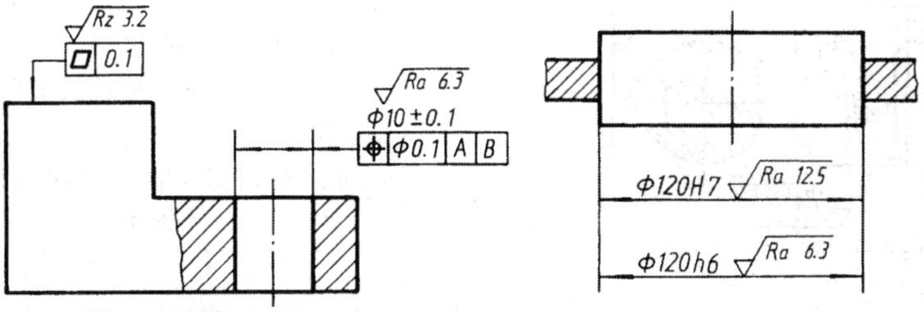	1. 表面结构要求可以标注在几何公差框格的上方 2. 在不致引起误解时，表面结构要求可以标注在特征尺寸的尺寸线上
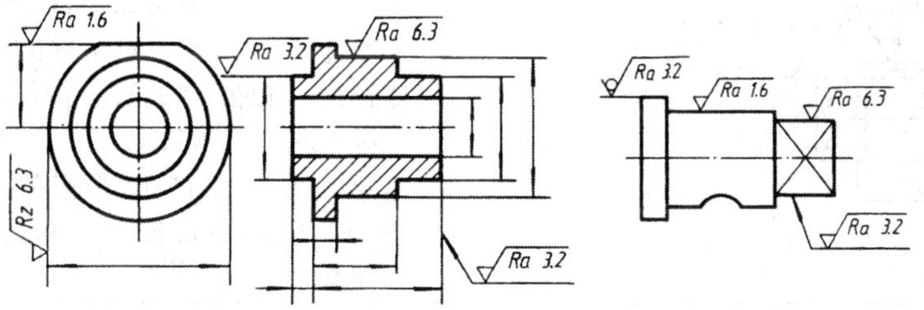	1. 圆柱的表面结构要求只标注一次。左图的“*Rz* 6.3”可以标注在圆柱特征轮廓线的延长线上(该延长线往往与尺寸界线重合) 2. 棱柱的表面结构要求只标注一次。如果每个棱柱表面有不同的表面结构要求，则应分别单独标注
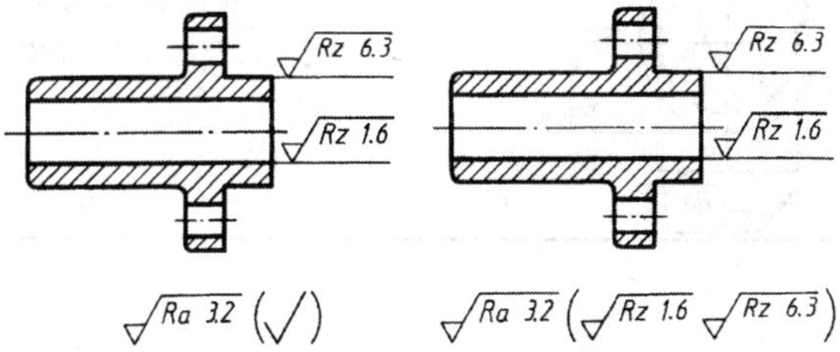	1. 如果工件的大多数表面有相同的表面结构要求(如 *Ra*3.2)时，可将其统一标注在标题栏附近。此时，表面结构要求的代号后面应取如下两种表达方式之一 2. 在圆括号内给出无任何其他标注的基本符号(左图)，不同的表面结构要求应直接标注在图形中(如 *Rz*6.3、*Rz*1.6) 3. 在圆括号内给出不同的表面结构要求，如 *Rz*6.3 和 *Rz*1.6，不同的表面结构要求应直接标注在图形中(右图)

续表 7-4

标注示例	规定及说明
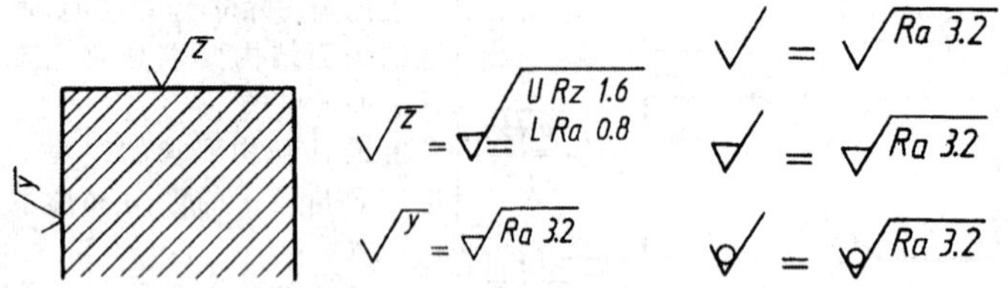	1. 当多个表面具有相同的表面结构要求或图纸空间有限时，可以采用简化注法 2. 用带字母的完整符号，以等式的形式，在图形或标题栏附近，对有相同表面结构要求的表面进行简化标注 3. 只用基本符号、扩展符号，以等式的形式给出对多个表面共同的表面结构要求（视图中相应表面上应注有左边符号）
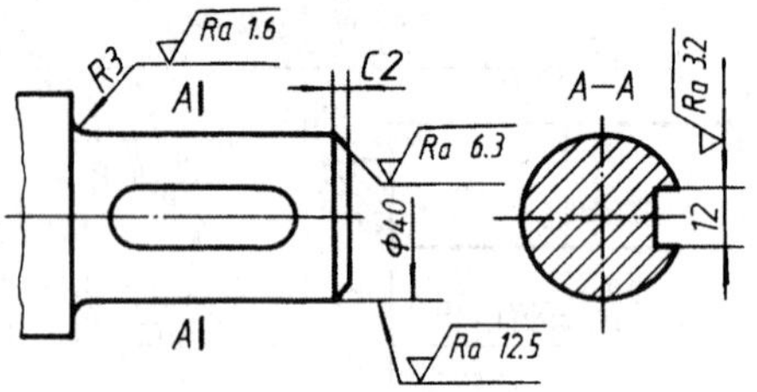	表面结构要求和尺寸可以一起标注在同一尺寸线上（如 $R3$ 和 $Ra1.6$，12 和 $Ra3.2$） 可以一起标注在延长线上（如 $\phi40$ 和 Ra 12.5） 可以分别标注在轮廓线和尺寸界线上（如 $C2$ 和 $Ra6.3$）
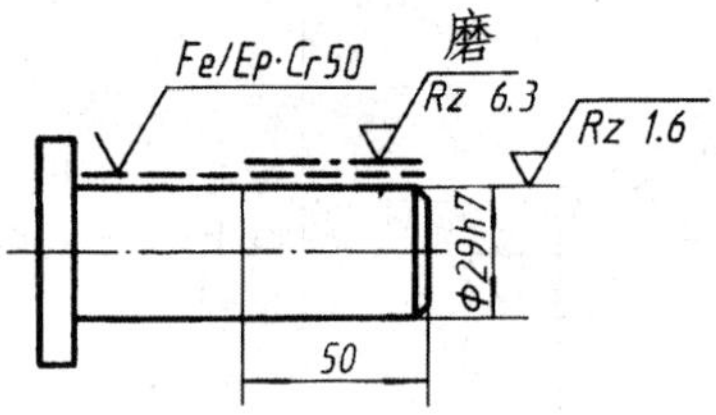	由几种不同的工艺方法获得的同一表面，当需要明确每种工艺方法的表面结构要求时，可按左图进行标注：第一道工序：去除材料，上限值，$Rz=1.6\ \mu m$ 第二道工序：镀铬 第三道工序：磨削，上限值，$Rz=6.3\ \mu m$，仅对长 50 mm 圆柱面有效
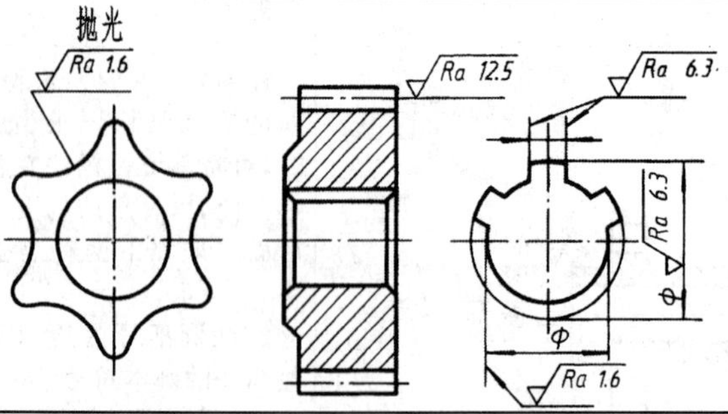	对零件上的连续表面及重复要素（如孔、槽、齿等）的表面，以及用细实线连接的不连续的同一表面，其表面结构要求只标注一次

二、极限与配合

机器中同种规格的零件，任取其中一个，不经挑选和修配，就能装到机器中去，并满足机器性能的要求，零件的这种性质称为互换性。零件具有互换性，不仅能组织大规模的专业化生产，而且可以提高产品质量、降低成本、便于维修。为了正确地了解公差与配合的有关内容，下面将常用的基本概念、术语及定义分别进行介绍。

1. 尺寸公差

在生产过程中，由于设备条件（如机床、工具、量具等）和技术水平的影响，零件的尺寸不可能做得绝对准确，而且在使用中也无此必要。因此，在设计零件时，应根据它的使用要求，并考虑加工的可能性和经济性，给零件的尺寸规定一个允许的变动量，这个变动量即称为公差。

现以孔为例，将有关尺寸公差的术语及定义介绍如下。

1）公差尺寸

设计给定的尺寸，如图 7-19a 尺寸中的 50。

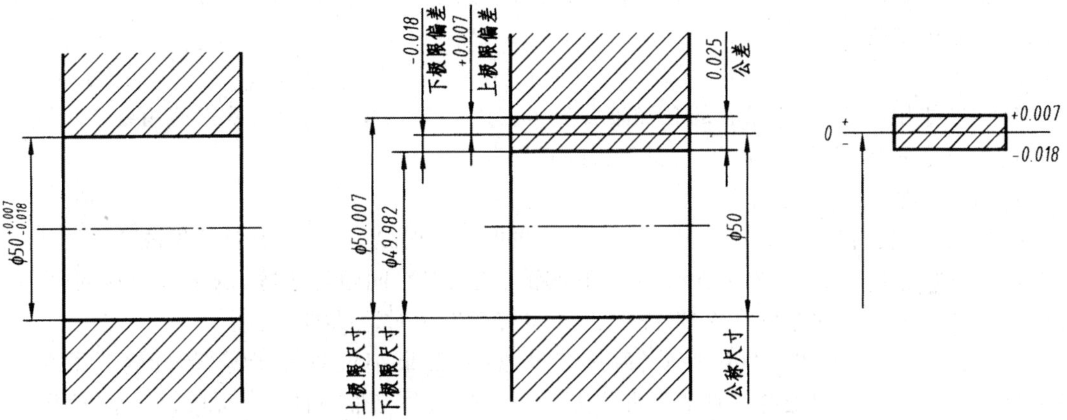

(a) 孔的公差　(b) 孔的公差示意　(c) 孔公差带图

图 7-19　公差的基本术语

通过它应用上、下极限偏差可算出极限尺寸。公称尺寸可以是一个整数值或一个小数值。图 7-19c 中剖面符号部分，表示尺寸允许的变动量，称为公差带。

2）实际尺寸

通过实际测量所得的尺寸。由于存在测量误差，实际尺寸并非被测尺寸的真值。

（1）上极限尺寸：两个界限值中较大的一个，如图 7-19b 中的尺寸 $\phi50.007$。

（2）下极限尺寸：两个界限值中较小的一个，如图 7-19b 中的尺寸 $\phi49.982$。

3）尺寸偏差（简称偏差）

其为某一尺寸减其公称尺寸所得的代数差。偏差数值可以是正值、负值和零。

（1）上极限偏差（孔用 ES、轴用 es 表示）。

其为上极限尺寸减公称尺寸所得的代数差。如图 7-19c 中，孔的上极限偏差为

$$ES = 50.007 - 50 = +0.007$$

（2）下极限偏差（孔用 EI、轴用 ei 表示）。

其为下极限尺寸减公称尺寸所得的代数差。如图 7-19c 中，孔的下极限偏差

$$EI = 49.982 - 50 = -0.018$$

实际尺寸减去公称尺寸所得的代数差称为实际偏差。实际偏差在上、下极限偏差所决定的区间内才算合格。上、下极限偏差统称极限偏差。极限偏差可以为正、负或零值。

4)尺寸公差(简称公差)

其为允许尺寸的变动量。公差等于上极限尺寸与下极限尺寸之差,也等于上极限偏差与下极限偏差之差,是一个没有符号的绝对值。图 7-19b 中公差=50.007-49.982=0.007-(-0.018)=0.025。

5)公差带

为了便于分析尺寸公差和进行有关计算,以公称尺寸为基准(零线),用夸大了间距的两条直线表示上、下极限偏差。这两条直线所限定的区域称为公差带,用这种方法画出的图称为公差带图,如图 7-19c 所示。

在公差带图中,零线是确定正、负偏差的基准线,正偏差位于零线之上,负偏差位于零线之下。公差带沿零线垂直方向的宽度反映了公差带的大小。公差值越小,零件尺寸的精度越高,反之则尺寸精度越低。

2. 配合

公称尺寸相同的、互相结合的孔和轴公差带之间的关系称为配合。根据使用要求不同,国标规定配合分三类:间隙配合、过盈配合和过渡配合。

1)间隙或过盈

孔的尺寸减去相配合的轴的尺寸所得的代数差为正时是间隙,为负时是过盈。

(1)间隙配合。如图 7-20a 所示,为具有间隙(包括最小间隙等于零)的配合。孔的公差带在轴的公差带之上。间隙配合主要用于孔、轴间需产生相对运动的活动连接。

(2)过盈配合。如图 7-20b 所示,为具有过盈(包括最小过盈等于零)的配合。所谓"过盈",即孔的尺寸减去相配合的轴的尺寸之差为负。孔的公差带在轴的公差带之下。由于轴的实际尺寸比孔的实际尺寸大,所以在装配时需要一定的外力才能把轴压入孔中。过盈配合主要用于孔、轴间不允许产生相对运动的紧固连接。

(3)过渡配合。如图 7-20c 所示,为可能具有间隙或过盈的配合。孔的公差带与轴的公差带相互交叠。在过渡配合中,间隙或过盈的极限为最大间隙和最大过盈。其配合究竟是出现间隙或过盈,只有通过孔、轴实际尺寸的比较或试装才能知道。过渡配合主要用于孔、轴间的定位连接。

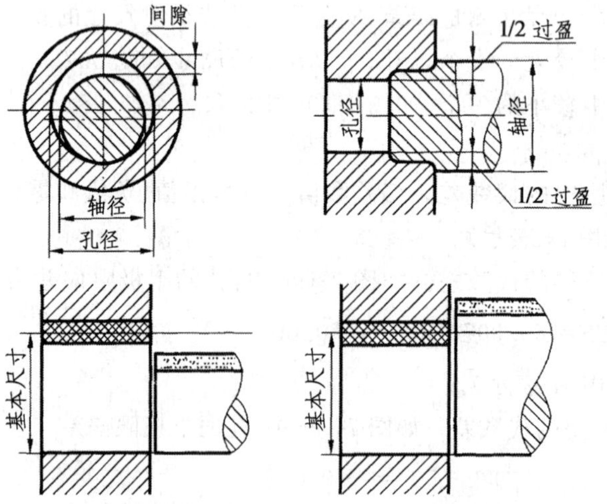

(a) 间隙配合　(b) 过盈配合　(c) 过渡配合

图 7-20　配合

2)基孔制与基轴制

从基本偏差系列中可以看出(参见图 7-22):

(1)在基孔制中,基准孔 H 与轴配合时,在轴的基本偏差系列中 a ～h (共 11 种)用于间隙配合;j～n(共 5 种)主要用于过渡配合;n 、p、r 可为过渡配合或过盈配合;p～zc (共 12 种)主要用于过盈配合。

(2)在基轴制中,基准轴 h 与孔配合时,在孔的基本偏差系列中 A～H (共 11 种)用于间隙配合; J～N (共 5 种)主要用于过渡配合; N 、P 、R 可为过渡配合或过盈配合; P～ZC (共 12 种)主要用于过盈配合。

3.标注公差与基本偏差

国家标准 GB/T 1800.1—2009 中规定,公差带由标准公差和基本偏差组成。标准公差确定公差带的大小;基本偏差确定公差带的位置。

1)标准公差

标准公差是国家标准所列的用以确定公差带大小的任一公差。标准公差分为 IT01、IT0、IT1～IT18 共 20 个等级(表 7-5)。IT01 公差值最小,IT18 公差值最大。标准差反映了尺寸的精确程度,基本尺寸相同时,公差等级越高(数值越小),标准公差越小,尺寸的精确程度越高;公差等级相同时,基本尺寸越大,标准公差越大。其值可从国标和相应的手册中查得。

表 7-5　标准公差等级

基本尺寸/mm		公差等级																			
		IT01	IT0	IT1	IT2	IT3	IT4	IT5	IT6	IT7	IT8	IT9	IT10	IT11	IT12	IT13	IT14	IT15	IT16	IT17	IT18
大于	至	μm													mm						
	3	0.3	0.5	0.8	1.2	2	3	4	6	10	14	25	40	60	0.10	0.14	0.25	0.40	0.60	1.0	1.4
3	6	0.4	0.6	1	1.5	2.5	4	5	8	12	18	30	48	75	0.12	0.18	0.30	0.48	0.75	1.2	1.8
6	10	0.4	0.6	1	1.5	2.5	4	6	9	15	22	36	58	90	0.15	0.22	0.36	0.58	0.90	1.5	2.2
10	18	0.5	0.8	1.2	2	3	5	8	11	18	27	43	70	110	0.18	0.27	0.43	0.70	1.10	1.8	2.7
18	30	0.6	1	1.5	2.5	4	6	9	13	21	33	52	88	130	0.21	0.33	0.52	0.84	1.30	2.1	3.3
30	50	0.6	1	1.5	2.5	4	7	11	16	25	39	62	100	160	0.25	0.39	0.62	1.00	1.60	2.5	3.9
50	80	0.8	1.2	2	3	5	8	13	19	30	46	74	120	190	0.30	0.46	0.74	1.20	1.90	3.0	4.6
80	120	1	1.5	2.5	4	6	10	15	22	35	54	87	140	220	0.35	0.54	0.87	1.40	2.20	3.5	5.4
120	180	1.2	2	3.5	5	8	12	18	25	40	63	100	160	250	0.40	0.63	1.00	1.60	2.50	4.0	6.3
180	250	2	3	4.5	7	10	14	20	29	46	72	115	25	290	0.46	0.72	1.15	1.85	2.90	4.6	7.2
250	315	2.5	4	6	8	12	16	23	32	52	81	130	210	320	0.52	0.81	1.30	2.10	3.20	5.2	8.1
315	400	3	5	7	9	13	18	25	36	57	89	140	230	360	0.57	0.89	1.40	2.30	3.60	5.7	8.9
400	500	4	6	8	10	15	20	27	40	63	97	155	250	400	0.63	0.97	1.55	2.50	4.00	6.3	9.7

注:基本尺寸小于 1 mm 时,无 IT14～IT18。

在保证零件使用要求的条件下,应尽量选择比较低的标准公差等级,即标准公差等级数较大,公差值较大,以减少零件的制造成本。因为公差等级愈高,加工愈困难,而且孔加工比较困难,故当标准公差等级高于 IT8 时,在基本尺寸小于 500 mm 的配合中,应选择孔的标准公差等级比轴低一级，如轴为 6 级时孔应为 7 级。标准公差等级低时，轴、孔的配合可选相同的标准公差等级，参见表 7-6 公差等级的应用。

表 7-6　公差等级的应用

公差等级	应用举例
IT5	用于发动机、仪器仪表、机床中特别重要的配合，如发动机中活塞与活塞销外径的配合；精密仪器中轴和轴承的配合；精密高速机械的轴颈和机床主轴与高精度滚动轴承的配合
IT6、IT7	广泛用于机械制造中的重要配合，如机床和减速器中齿轮和轴，皮带轮、凸轮和轴，与滚动轴承相配合的轴及座孔，通常轴颈选用 IT6，与之相配的孔选用 IT7
IT8、IT9	用于农业机械、矿山、冶金机械、运输机械的重要配合，精密机械中的次要配合。如机床中的操纵件和轴，轴套外径与孔，拖拉机中齿轮和轴
IT10	重型机械、农业机械的次要配合，如轴承端盖和座孔的配合
IT11	用于要求粗糙、间歇较大的配合，如农业机械、机车车厢部件及冲压加工的配合零件
IT12	用于要求很粗糙、间歇很大，基本上无配合要求的部位，如机床制造中扳手孔与扳手座的连接

2)基本偏差

基本偏差用以确定公差带相对零线位置的上偏差或下偏差，一般为靠近零线的偏差。如图 7-21 所示。孔和轴的基本偏差系列共有 28 种，大写为孔、小写为轴，如图 7-22 所示。其中，A～H(a～h)用于间隙配合；J～N(j～n) 用于过渡配合；P～ZC(p～zc)用于过盈配合。从图中还可以看到：孔的基本偏差 A～H 为下极限偏差，J～ZC 为上极限偏差；轴的基本偏差 a～h 为上极限偏差，j～zc 为下极限偏差；JS 和 js 的公差带对称地分布于零线两边。基本偏差系列图只表示公差带的位置，不表示公差带的大小，因此，公差带只画出属于基本偏差的一端，另一端则是开口的，即公差带的另一端应由标准公差来限定。

当公差带在零线上方时，基本偏差为下偏差，反之为上偏差。其值从国标和相应的手册中查得。

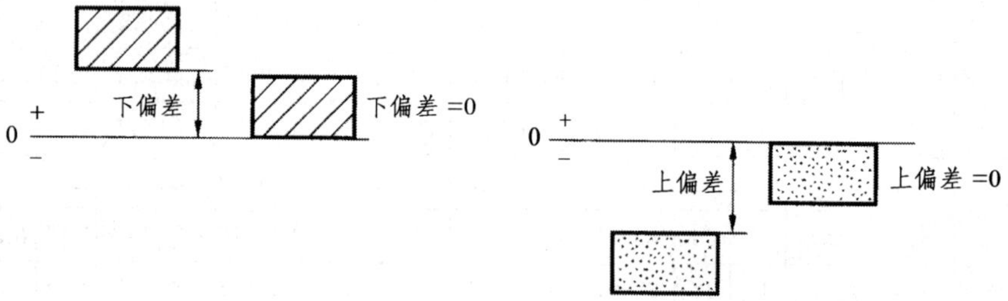

(a) 基本偏差为下偏差　　(b) 基本偏差为上偏差

图 7-21　基本偏差示意图

4. 配合制

当基本尺寸确定后，为了便于选择配合，减少零件加工的专用刀具和量具，国标对配合规定了两种基准制。

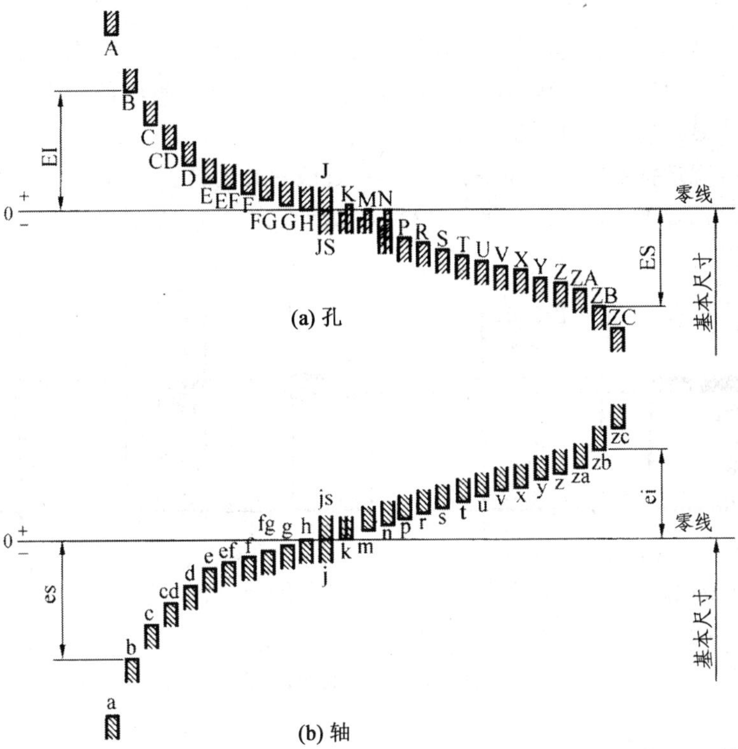

图 7-22　基本偏差系列

1)基孔制

基本偏差为一定的孔的公差带,与不同基本偏差的轴的公差带形成各种配合的一种制度。在基孔制中选作基准的孔称为基准孔,基本偏差代号为 H,其上极限偏差为正值,下极限偏差为零,下极限尺寸等于公称尺寸。

图 7-23 示出了基孔制配合孔、轴公差带之间的关系,即以孔的公差带为基准(图 7-23a),当轴的公差带位于它的下方时,形成间隙配合(图 7-23b);当轴的公差带与孔的公差带相互交叠时,形成过渡配合(图 7-23c、d);当轴的公差带位于孔公差带的上方时,则形成过盈配合(图 7-23e)。

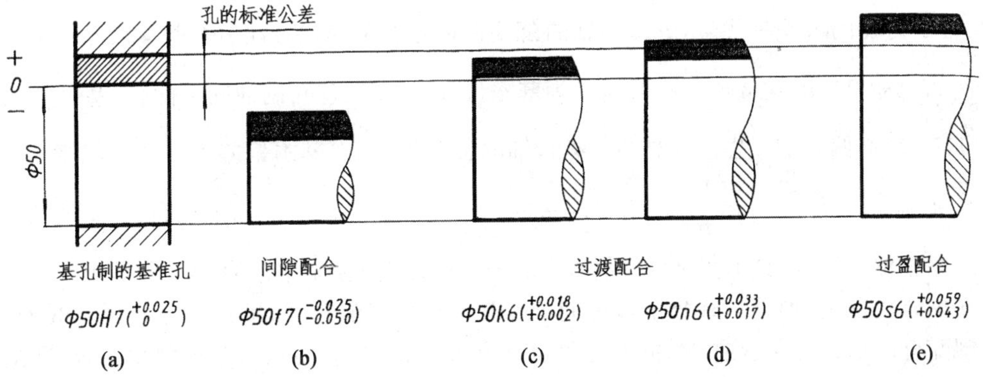

图 7-23　基孔制配合

2)基轴制配合

基本偏差为一定的轴的公差带,与不同基本偏差的孔的公差带形成各种配合的一种制度。在基轴制中选作基准的轴称为基准轴,基本偏差代号为 h,其上极限偏差为零,下极限偏差为负值,上极限尺寸等于公称尺寸(图 7-24)。

基轴制配合,就是将轴的公差带保持一定,通过改变孔的公差带,使孔、轴之间形成松紧程度不同的间隙配合、过渡配合、过盈配合,以满足不同的使用要求,其公差带图解如图 7-24 所示,就不再赘述了。

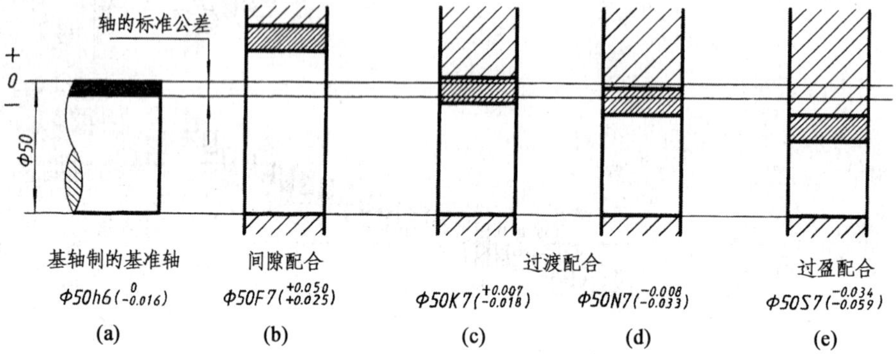

图 7-24　基轴制配合

3)优先、常用的公差与配合

原则上讲,20 个标准公差等级和 28 种基本偏差可组成大量的大小不同的公差带,它们可以满足各种需要。但是,从经济和实用的角度看,应用这些所有的公差带是不必要的,所以要对公差带加以限制。为此,国家标准从中推荐出优先、常用的孔、轴公差带,并将其组成了基孔制和基轴制优先、常用的配合系列,见表 7-7、表 7-8。

实际生产中选用基孔制还是基轴制,要从装配结构、工艺要求、经济性等方面考虑。由于孔难加工,一般应优先采用基孔制配合。在零件与标准件配合时,应按标准件所用的基准制来确定,如滚动轴承的内圈与轴的配合为基孔制;而外圈与机体孔的配合则为基轴制。

5. 公差与配合的注法及查表

1)配合在装配图中的注法

在装配图中要用配合代号标注,配合代号由相配的孔和轴的公差带代号组成,用分数形式表示,分子为孔的公差带代号,分母为轴的公差带代号。配合代号注写在基本尺寸右边。

例如:ϕ30H7/f6 或 $\phi 30\dfrac{H7}{f6}$,其含义为基本尺寸为 ϕ30、基孔制的间隙配合,基准孔的公差带为 H7(基本偏差 H,公差等级为 7 级),轴的公差带为 f6(基本偏差为 f,公差等级为 6 级)。

又如:ϕ40F7/h6 或 $\phi 40\dfrac{F7}{h6}$,其含义为基本尺寸为 ϕ40、基轴制的间隙配合,基准轴的公差带为 h6(基本偏差为 h,公差等级为 6 级),孔的公差带为 F7(基本偏差为 F,公差等级为 7 级)。

在配合代号中,如果只有分子含有 H 的,则为基孔制配合;如果只有分母含有 h 的,则为基轴制配合。如果分子含有 H,同时分母也含有 h 时,则是基准孔与基准轴相配合,即最小间隙为零的间隙配合,一般可视为基孔制配合,也可视为基轴制配合。

表 7-7 基孔制优先、常用配合

基准孔	a	b	c	d	e	f	g	h	js	k	m	n	p	r	s	t	u	v	x	y	z
	轴																				
	间隙配合								过渡配合			过盈配合									
H6						H6/f5	H6/g5	H6/h5	H6/js5	H6/k5	H6/m5	H6/n5	H6/p5	H6/r5	H6/s5	H6/t5					
H7						H7/f6	◤H7/h6	◤H7/h6	H7/js6	◤H7/k6	H7/m6	◤H7/n6	◤H7/p6	H7/r6	◤H7/s6	H7/t6	◤H7/u6	H7/v6	H7/x6	H7/y6	
H8					H8/e7	◤H8/f7	H8/g7	◤H8/h7	H8/js8	H8/k7	H8/m7	H8/n7	H8/p7	H8/r7	H8/s7	H8/t7	H8/u7				
				H8/d8	H8/e8	H8/f8		H8/h8													
H9			H9/c9	◤H9/d9	H9/e9	H9/f9		◤H9/h9													
H10			H10/c10	H10/d10				H10/h10													
H11	H11/a11	H11/b11	◤H11/c11	H11/d11				◤H11/h11													
H12		H12/b12						H12/h12	1. 常用配合58种。其中优先配合13种。带三角号的为优先配合。 2. H6/n5、H7/p6在公称尺寸小于或等于3 mm和H8/r7在小于或等于100 mm时为过渡配合												

表 7-8 基轴制优先、常用配合

基准轴	A	B	C	D	E	F	G	H	JS	K	M	N	P	R	S	T	U	V	X	Y	Z
	孔																				
	间隙配合								过渡配合			过盈配合									
h5						F6/h5	G6/h5	H6/h5	JS6/h5	K6/h5	M6/h5	N6/h5	P6/h5	R6/h5	S6/h5	T6/h5					
h6						F7/h6	◤G7/h6	◤H7/h6	JS7/h6	◤K7/h6	M7/h6	◤N7/h6	◤P7/h6	R7/h6	◤S7/h6	T7/h6	◤U7/h6				
h7					E8/h7	◤F8/h7		◤H8/h7	JS8/h7	K8/h7	M8/h7	N8/h7									
h8				D8/h8	E8/h8	F8/h8		H8/h8													
h9				◤D9/h9	E9/h9	F9/h9		◤H9/h9													
h10				D10/h10				H10/h10													
h11	A11/h11	B11/h11	◤C11/h11	D11/h11				◤H11/h11													
h12		B12/h12						H12/h12	常用配合共47种，其中优先配合13种。带三角号的为优先配合												

配合在装配图中的注法，有以下三种形式：

(1)标注孔、轴的配合代号，如图 7-25 所示。这种注法应用最多。

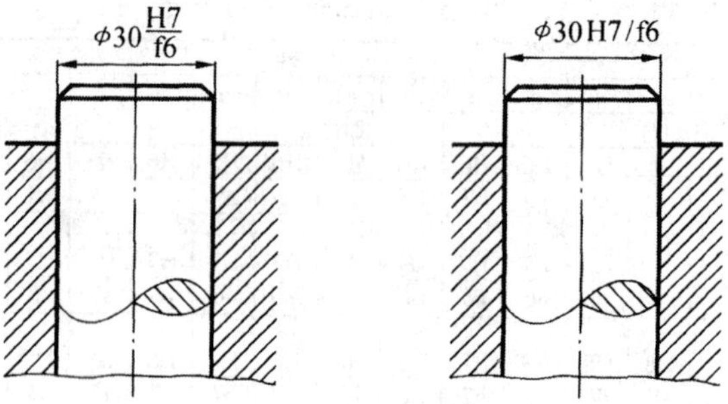

图 7-25 装配图中配合的标注(一)

(2)标注孔、轴的极限偏差,如图 7-26a 所示,孔的基本尺寸和极限偏差注写在尺寸线上方,轴的基本尺寸和极限偏差注写在尺寸线下方,这种注法主要用于非标准配合。需要时可标出装配件的代号。

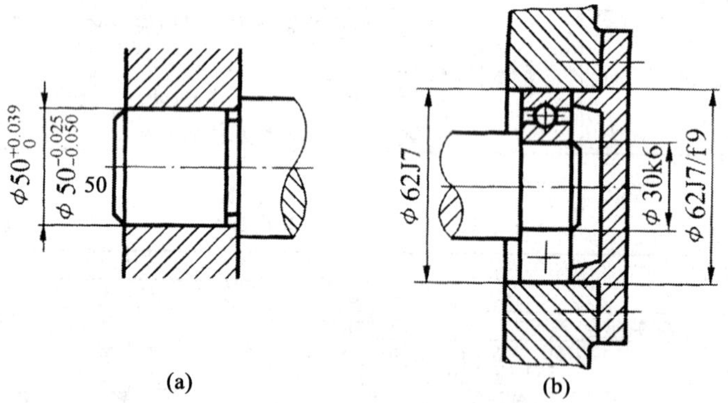

图 7-26 装配图中配合的标注(二)

(3)非标准零件与标准件配合时,装配图中可以仅标注非标准零件的公差带代号。如图 7-26b 中轴颈与滚动轴承轴圈的配合,只注出轴颈 $\phi30k6$;机座孔与滚动轴承座圈的配合,只注出机座孔 $\phi62J7$。

2)公差在零件图中的注法

公差在零件图中的注法,有以下三种形式:

(1)标注偏差数值,如图 7-27a 所示。这种注法常用于中小批量或单件生产中,以便加工检验时对照。标注偏差数值时应注意:上、下偏差数值不相同时,上偏差注在基本尺寸的右上方,下偏差与基本尺寸注在同一底线上。上下偏差数字应比基本尺寸数字小一号,小数点必须对齐,后边的小数位数应相同。例如 $\phi50^{+0.013}_{-0.027}$。如果上偏差或下偏差为零时,应简写为"0",前面不注"+""−"号,后边不注小数点,另一偏差按原来的位置注写,上下偏差的个位数对齐,例如 $\phi65^{+0.030}_{0}$。如果上、下偏差数值绝对值相同,则在基本尺寸后加注"±"号,只填写一个偏差数值,其数字大小与基本尺寸数字大小相同,例如 $\phi30\pm0.016$。

(2)标注公差带代号,如图 7-27b 所示。这种注法常用于大批量生产中,由于采用专用量具检验零件,因此不需要注出偏差值。

(3)同时标注公差带代号和偏差数值，如图 7-27c 所示，偏差数值应该加括号。这种标注形式集中了前两种标注形式的优点，常用于产品转产较频繁的生产中。

同一基本尺寸的表面，若有不同的公差时，应用细实线分开，分别标注其公差，如图 7-28 所示。国家标准规定，同一张零件图上其公差只能选用一种标注形式。

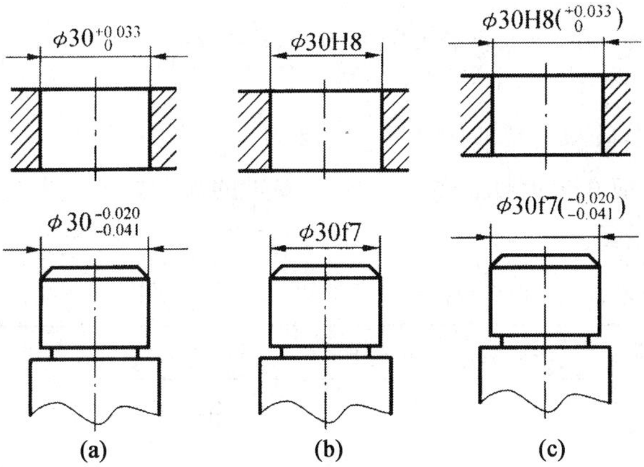

图 7-27　零件图中尺寸公差的标注

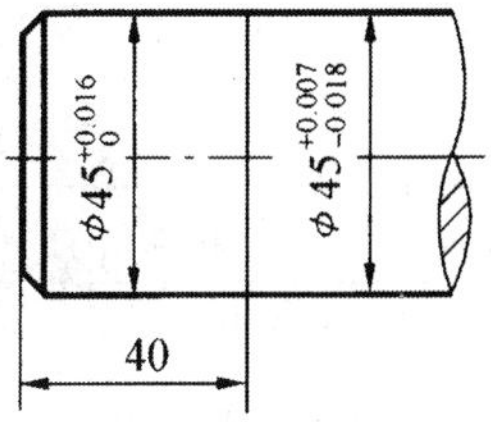

图 7-28　同一表面不同公差的标注

3)极限偏差数值的查表

当孔或轴的基本尺寸、基本偏差代号和标准公差等级确定后，可由附表 16，附表 17 中直接查得孔或轴的上、下偏差。例如：孔 ϕ30H8，查孔的极限偏差表(附表 16)，在公称尺寸大于 18～30 的横行中与公差带 H8 的纵列相交处，查得上、下偏差为$^{+33}_{0}$ μm(即$^{+0.033}_{0}$ mm)，即孔 ϕ30H8 可写成 $\phi30^{+0.033}_{0}$。

又如：轴 ϕ30f7，查轴的极限偏差表(附表 17)，在基本尺寸大于 18～30 的横行中与公差带 f7 的纵列相交处，查得上、下偏差为$^{-20}_{-41}$ μm(即$^{-0.020}_{-0.041}$ mm)，即轴 ϕ30f7 可写成 $\phi30^{+0.020}_{-0.041}$。

三、几何公差

几何公差是指零件的实际形状和实际位置对理想形状和理想位置的允许变动量。在机器中某些精确程度较高的零件，不仅需要保证其尺寸公差，而且还要保证其几何公差(形状、方向、位置和跳动公差)要求。

为此，国家标准规定了一项保证零件加工质量的技术指标——《几何公差》(GB/T 1182—2008)，即旧标准中的《形状和位置公差》。

新标准将“中心要素”改为“导出要素”。即“中心线”和“中心面”用于表述非理想形状的导出要素，“轴线”和“中心平面”用于表述理想形状的导出要素。如“轴线”，被测要素称为“中心线”，基准要素称为“轴线”。原“测得要素”改为“提取要素”。

1. 几何公差的几何特征和符号

国家标准规定用代号来标注几何公差。在实际生产中，当无法用代号标注几何公差时，允许在技术要求中用文字说明。

几何公差代号包括几何公差特征符号(表 7-9)、公差框格及指引线、几何公差数值和其他有关符号，以及基准代号等。

2. 几何公差的标注

1)公差框格

(1)用公差框格标注几何公差时，公差要求注写在划分成两格或多格的矩形框格内。其标注内容、顺序及框格的绘制规定等，如图 7-29 所示。

(2)公差值是以线性尺寸单位表示的量值。如果公差带为圆形或圆柱形，公差值前应加注符号“ϕ”；如果公差带为圆球形，公差值前应加注符号“Sϕ”。

(3)用一个字母表示单个基准或用几个字母表示基准体系或公共基准。

(4)当某项公差应用于几个相同要素时，应在公差框格的上方被测要素的尺寸之前注明要素的个数，并在两者之间加上符号“×”。

表 7-9 几何公差的几何特征和符号

公差类型	几何特征	符 号	有无基准	公差类型	几何特征	符 号	有无基准
形状公差	直线度	⏤	无	位置公差	位置度	⌖	有或无
	平面度	⏥	无		同心度（用于中心点）	◎	有
	圆度	○	无		同轴度（用于轴线）	◎	有
	圆柱度	⌭	无		对称度	⌯	有
	线轮廓度	⌒	无		线轮廓度	⌒	有
	面轮廓度	⌓	无		面轮廓度	⌓	有
方向公差	平行度	∥	有	跳动公差	圆跳动	↗	有
	垂直度	⊥	有		全跳动	⌰	有
	倾斜度	∠	有				
	线轮廓度	⌒	有				
	面轮廓度	⌓	有				

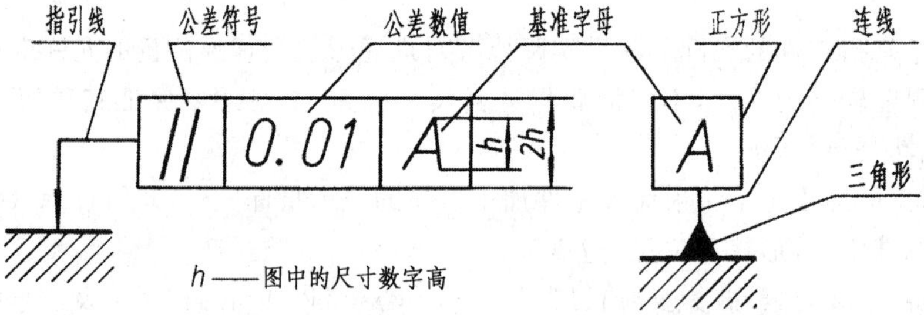

(a) 公差代号　　(b) 基准符号

图 7-29 公差代号与基准符号

(5)如果需要限制被测要素在公差带内的形状（如“NC”表示“不凸起”），应在公差框格的下方注明。

(6)如果需要就某个要素给出几种几何特征的公差，可将一个公差框格放在另一个的下面。

2)被测要素

按下列方式之一用指引线连接被测要素和公差框格。指引线引自框格的任意一侧,终端带一箭头。

(1)当公差涉及轮廓线或轮廓面时,箭头指向该要素的轮廓线或其延长线(应与尺寸线明显错开,见图 7-30a、b);箭头也可指向引出线的水平线,引出线引自被测面(图 7-31)。

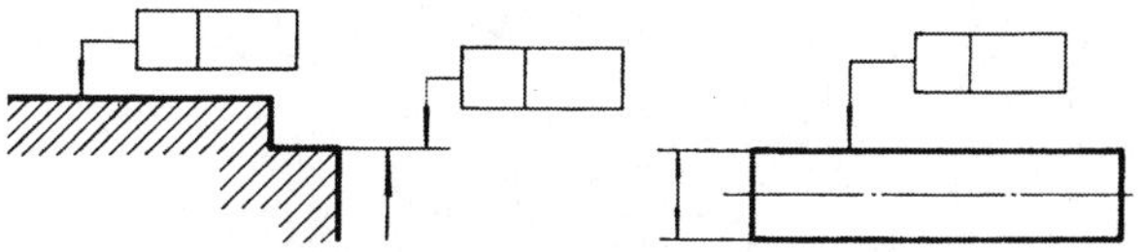
(a)　(b)

图 7-30　箭头与尺寸线分开

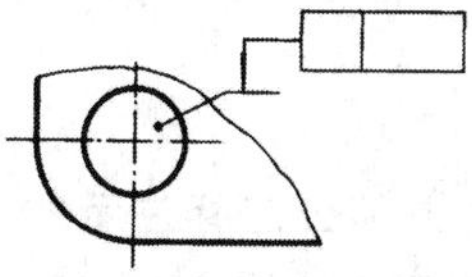

图 7-31　箭头置于引出线的水平线上

(2)当公差涉及要素的中心线、中心面或中心点时,箭头应位于相应尺寸线的延长线上(图 7-32)。

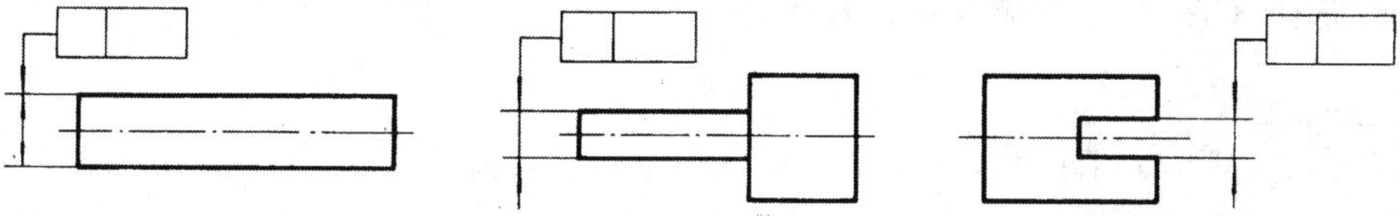
(a)　(b)　(c)

图 7-32　箭头与尺寸线的延长线重合

3)基准

(1)与被测要素相关的基准用一个大写字母表示。字母标注在基准方格内,与一个涂黑的或空白的三角形相连以表示基准(图 7-33);表示基准的字母还应标注在公差框格内。涂黑的和空白的基准三角形含义相同。

(2)带基准字母的基准三角形应按如下规定放置:

①当基准要素是轮廓线或轮廓面时,基准三角形放置在要素的轮廓线或其延长线上(与尺寸线明显错开);基准三角形也可放置在该轮廓面引出线的水平线上(图 7-34)。

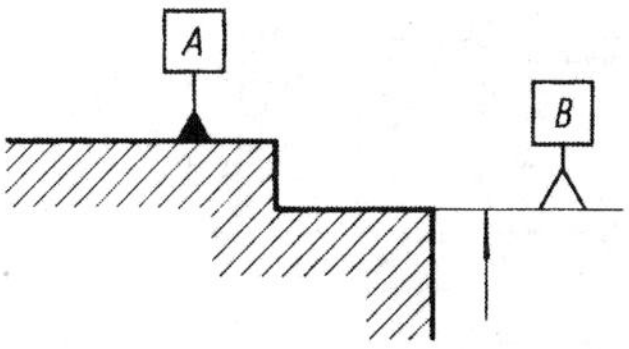

图 7-33　基准符号与尺寸线错开

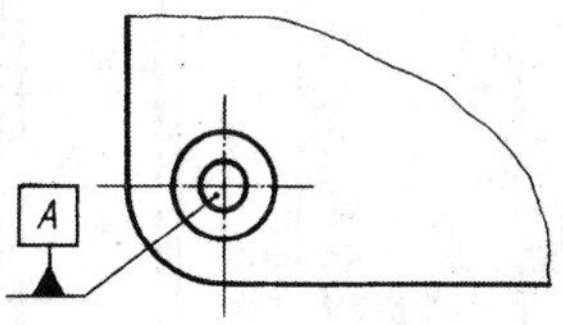

图 7-34　基准符号置于参考线上

②当基准是尺寸要素确定的轴线、中心平面或中心点时,基准三角形应放置在该要素尺寸线的延长线上(图 7-35a、b)。如果没有足够的位置标注基准要素尺寸的两个尺寸箭头,则其中一个箭头可用基准三角形代替(图 7-35b、c)。

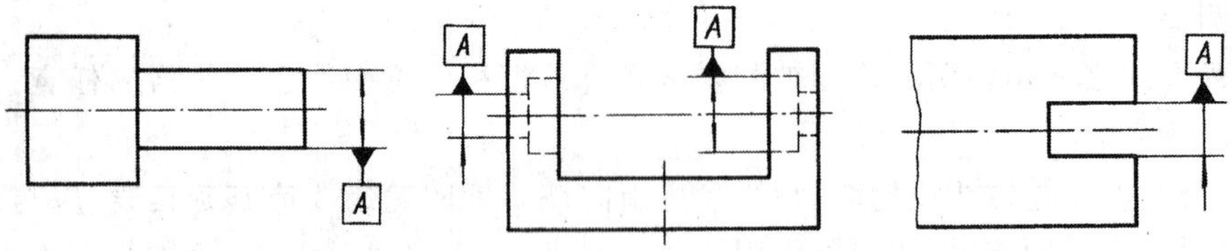

(a) (b) (c)

图 7-35 基准符号与尺寸线一致

3. 几何公差标注示例

几何公差的综合标注示例如图 7-36 所示。图中各公差代号的含义及其解释如下：

[⌭ | 0.005] 表示 ϕ16 圆柱面的圆柱度公差为 0.005 mm。即提取的 ϕ16(实际)圆柱面应限定在半径差为公差值 0.005 mm 的两同轴圆柱面之间。

[◎ | ϕ0.1 | A] 表示 M8×1 的中心线对基准轴线 A 的同轴度公差为 0.1 mm。即 M8×1 螺纹孔的提取(实际)中心线应限定在直径等于 ϕ0.1 mm，以 ϕ16 基准轴线 A 为轴线的圆柱面内。

[↗ | 0.1 | A] 表示右端面对基准轴线 A 的轴向圆跳动公差为 0.1 mm。即在与基准轴线 A 同轴的任一圆柱形截面上，提取右端面(实际)圆应限定在轴向距离等于 0.1 mm 的两个等圆之间。

[⊥ | 0.025 | A] 表示 ϕ36 圆柱的右端面对基准轴线 A 的垂直度公差为 0.025 mm。即提取(实际)表面应限定在间距等于 0.025 mm 的两平行平面之间。该两平行平面垂直于基准轴线 A。

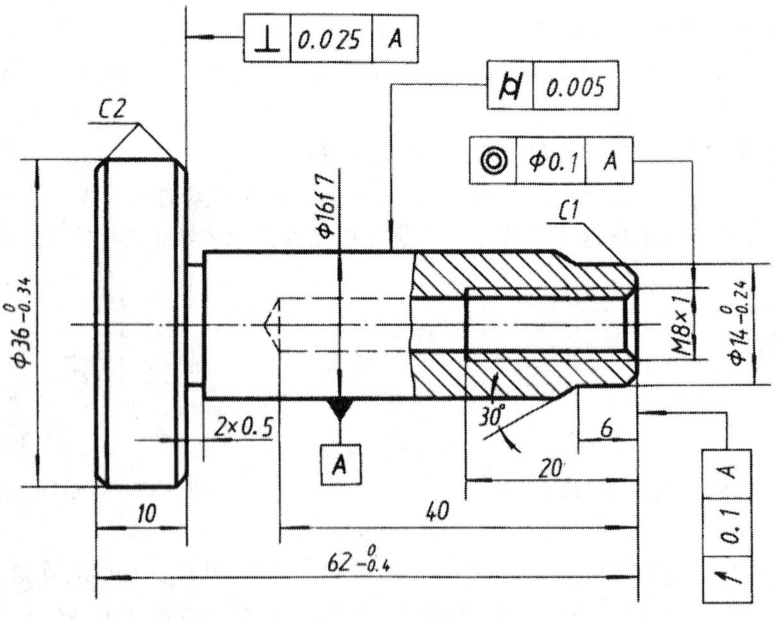

图 7-36 几何公差综合标注示例

任务实施

1. 零件图分析

1)结构与用途分析

轴套类零件的基本形状是回转体，轴向尺寸大，径向尺寸小，沿轴线方向通常有轴肩、倒角、退刀槽、键槽等结构要素，如图 7-37 所示。这类零件主要用来支承传动零件和传递动力。

2)视图选择分析

这类零件一般在车床或磨床上加工，因此它们一般只有一个主视图，按加工位置和反映轴向特征原则，将其轴线水平放置，再根据各部分结构特点，选用适当的断面图或局部放大图。

3)尺寸标注分析

图 7-37 所示的轴，其径向尺寸基准是轴线，沿轴线方向分别注出各段轴的直径。轴的左端面为长度方向尺寸基准，从基准出发向右注出尺寸 7、88，并注出轴的总长 128。两个键槽长度方向的定位尺寸分别为 44、97.5，其键槽宽度和深度尺寸在两个移出剖面图中标注。

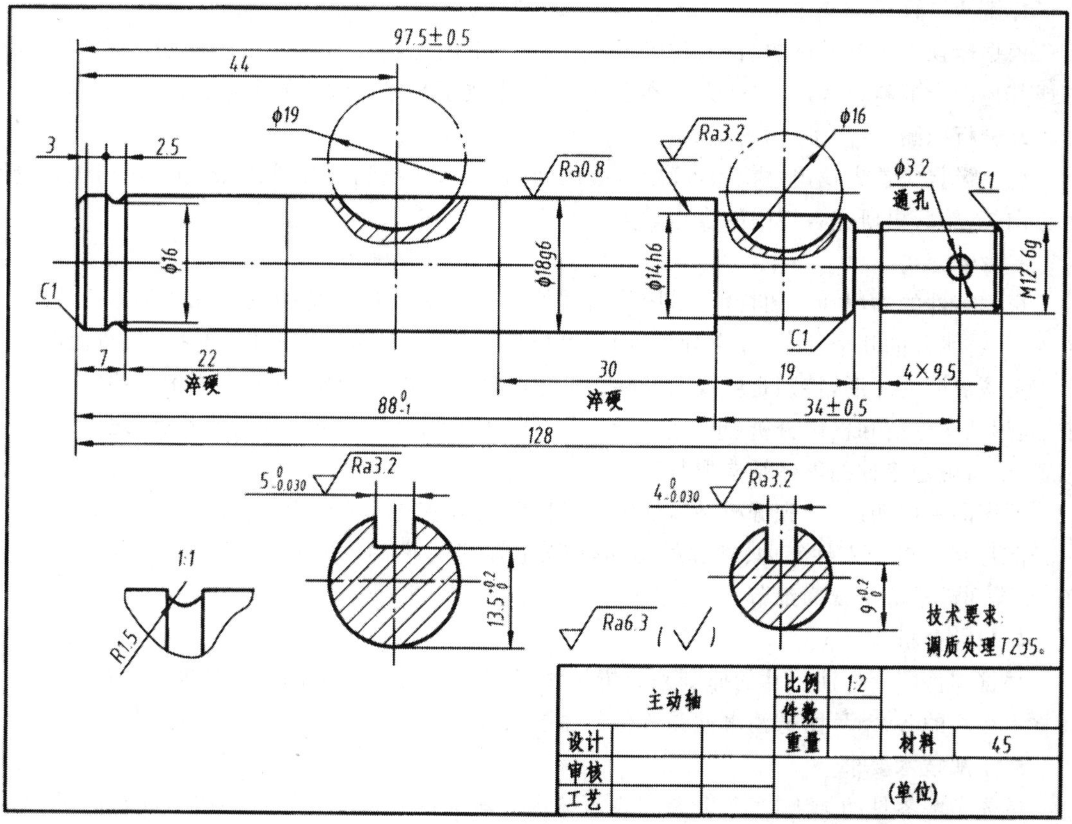

图 7-37　轴套类零件图

2. 读零件图并填空

(1)该零件的名称是________，零件图用了____个基本视图，____个移出断面图，一个________图。

(2)断面图用来表达____________________。

(3)零件的材料是____________。

(4)在图上(用→)标出该零件长度方向的主要尺寸基准。

(5)图中 ϕ14h6 表示公称尺寸是______,基本偏差代号是______,公差等级是____级,其上极限尺寸是______。

(6)该零件的表面结构共有____种要求;表面结构要求最高的表面,其 Ra 值为____,要求最低的表面其表面结构代号为______。

(7)解释尺寸 4×9.5 的含义:________________________________。

(8)解释尺寸 M12-6g 的含义:________________________。

知识拓展

一、读零件图的步骤

1. 概括了解

根据标题栏了解零件的名称、材料、编号以及图形的比例大小等。必要时还需要结合装配图或其他设计资料,弄清它在什么机器上使用,并大致了解零件的功用和形状。

2. 分析视图

想象形状应首先找出主视图,确定各视图间的关系,并找到剖视图、断面图的剖切位置、投射方向等,然后再研究各视图的表达重点。

3. 形体分析

根据零件的功用和视图特征,从图上对零件进行形体分析,把它分解成几个部分。从主视图入手,将所分的几个部分,逐个分析,利用投影规律,结合其他有关视图、剖视图、断面图,找出有关该部分的图形,特别是要找出反映它们形状特征和位置特征的图形,再把这些图联系起来,运用结构分析和投影分析,想象它的空间形状,然后综合各部分形状,弄清它们之间的相对位置,最后确定零件的整体结构形状。

看图的一般顺序:首先分析并看懂零件"外部"由哪些几何形体组成,其次分析并看懂零件"内部"形状。对于零件上内、外部的交线,应分析清楚它们的成因和性质。零件上的倒角、圆角、小孔和键槽等可视为细节,不必单独作为几何形体进行分析。

4. 尺寸分析

根据零件图上标注尺寸的原则来分析尺寸,首先找出各个方向的主要基准,再按形体分析图样上标注的各个尺寸,分清哪些是零件的主要尺寸。

5. 了解技术要求

首先了解零件的加工精度、公差和表面结构。其次再分析了解零件图中所注写的其他技术要求和说明(如热处理要求等)。

二、材料和热处理

零件的用途不同,使用的材料也不同。在零件图中将零件材料的牌号填入标题栏的"材料"栏中,常用的金属材料见表 7-10。

表 7-10　常用金属材料

名称	牌号	应用举例	说明
碳素结构钢	Q235-A	吊钩、拉杆、车钩、套圈、汽缸、齿轮、螺钉、螺母、螺栓、连杆、轮轴、楔、盖及焊接件	其牌号由代表屈服强度的字母 Q、屈服强度值、质量等级符号 A、B、C、D 表示
优质碳素结构钢	15	低碳渗碳钢，常用于制造小轴、小模数齿轮、仿形样板、滚子、销子、摩擦片、套筒、螺钉、螺柱、拉杆、垫圈、起重钩、焊接容器等	优质碳素结构钢牌号数字表示平均碳的质量分数（以万分之几计），锰的质量分数较高的钢须在数字后标 Mn 碳的质量分数小于 0.25% 的碳钢是低碳钢（渗碳钢）；碳的质量分数在 0.25%～0.60% 的碳钢是中碳钢（调质钢）；碳的质量分数大于 0.60% 的碳钢是高碳钢
	45	用于制造齿轮、齿条、连接杆、蜗杆、销子、透平机叶轮、压缩机和泵的活塞等，可代替渗碳钢做齿轮曲轴、活塞销等，但须表面淬火处理	
	65Mn	适于制造弹簧、弹簧垫圈、弹簧环，也可用作机床主轴、弹簧卡头、机床丝杠、铁道钢轨等	
灰铸铁	HT150	用于制造端盖、齿轮泵体、轴承座、阀壳、管子及管路附件、手轮、一般机床底座、床身、滑座、工作台等	HT 为"灰铁"二字汉语拼音的第一个字母，数字表示抗拉强度 如 HT150 表示灰铸铁的抗拉强度为 175～120 MPa（2.5 mm < 铸件壁厚<50 mm）
	HT200	用于制造汽缸、齿轮、底架、机体、飞轮、齿条、衬筒、一般机床铸有导轨的床身及中等压力（8 MPa 以下）的油缸、液压泵和阀的壳体等	
一般工程用铸钢	ZG270-500	用途广泛，可用作轧钢机机架、轴承座、连杆、箱体、曲拐、缸体等	ZG 系"铸钢"二字汉语拼音的第一个字母，后面的第一组数字代表屈服强度值，第二组数字代表抗拉强度值
5-5-5 锡青铜	ZCuSn5Pb5Zn5	在较高负荷、中等滑动速度下工作的耐磨、耐腐蚀零件，如轴瓦、衬套、缸套、活塞、离合器、泵体压盖以及蜗轮等	铸造非铁合金牌号的第一个字母 Z 为"铸"字汉语拼音第一个字母。基本金属元素符号及合金化元素符号，按其元素含量的递减次序排列在 Z 的后面，含量相等时，按元素符号在周期表中的顺序排列

在机器制造和修理过程中，为改善材料的机械加工工艺性能（好加工），并使零件能获得良好的力学性能和使用性能，在生产过程中常采用热处理的方法。热处理可分为退火、正火、淬火、回火及表面热处理等。

当零件表面有各种热处理要求时，一般可按下述原则标注：

（1）零件表面须全部进行某种热处理时，可在技术要求中用文字统一加以说明。

（2）零件表面须局部热处理时，可在技术要求中用文字说明，也可在零件图上标注。需要将零件局部热处理或局部镀（涂）覆时，应用粗点画线画出其范围并标注相应的尺寸（图 7-38a），也可将要求注写在表面结构符号长边的横线上，如图 7-38b 所示。

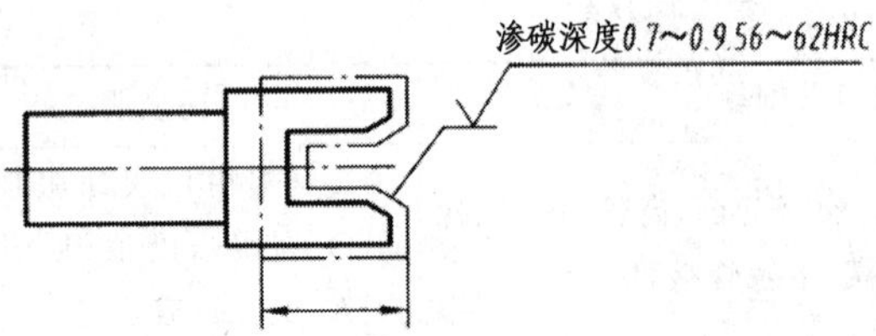

(a)

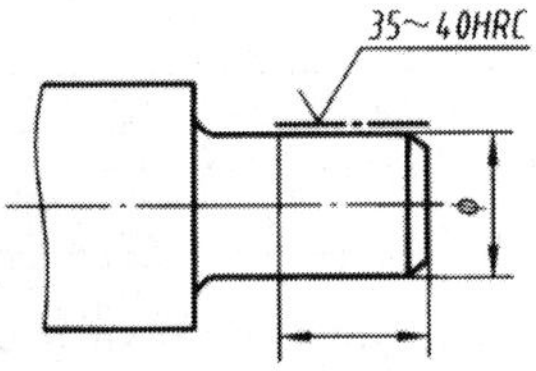

(b)

图 7-38 表面局部热处理标注

任务三 读零件图

任务描述

读任务实施中的图 7-43 所示叉架类零件。

知识准备

一、盘盖类零件图

1. 结构与用途分析

盘盖类零件主要包括轮、盘、盖等。轮一般用来传递动力和扭矩，盘主要起支承、轴向定位等作用，盖主要用来密封。盘盖类零件的结构形状特点是轴向尺寸小而径向尺寸较大，零件的主体多数由同轴回转体构成，也有主体形状是矩形的，并在径向分布有螺孔或光孔、销孔、轮辐等结构，如各种端盖、齿轮、带轮、手轮、链轮、箱盖等。

2. 视图选择分析

盘盖类零件的主要加工面通常是在车床或磨床上加工的。因此，选择其主视图时，一般应按加工位置，即将轴线放成水平，并取适当剖视，以表达某些结构。

盘盖类零件的其他视图的选择，主要考虑其零件上常有沿圆周分布的孔、槽和轮辐等，故还须选取左视图或右视图，以表达这些结构的形状和分布情况，如图 7-39、图 7-40 所示。

3. 尺寸标注分析

盘盖类零件的宽度和高度方向的基准都是回转轴线，长度方向的主要基准是经过加工的较大端面或要求较高的端面。圆周上均匀分布的小孔的定位圆直径是这类零件的典型定位尺寸。如图 7-41 所示的泵盖，长度方向的主要基准为右端面，宽度方向的主要基准为前后的近似对称平面，高度方向的主要基准为下部中 13H8 主动轴孔的轴线。

对于沿圆周分布的孔、键、肋及轮辐等结构，其定形和定位尺寸应尽量注在反映分布情况的视图中，以便读图，如图 7-41 所示泵盖左视图中孔的尺寸。

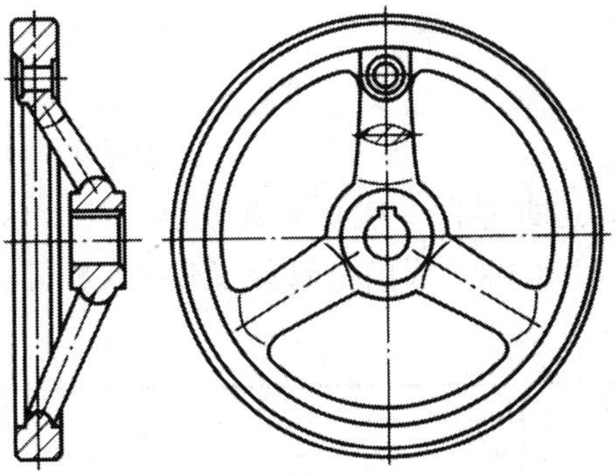

图 7-39　盘盖类零件(一)

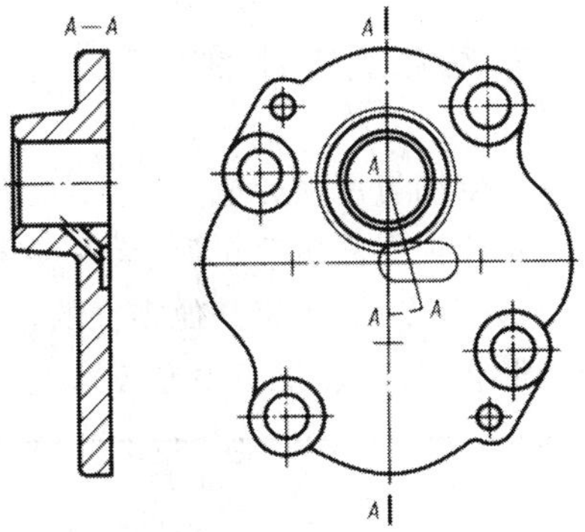

图 7-40　盘盖类零件(二)

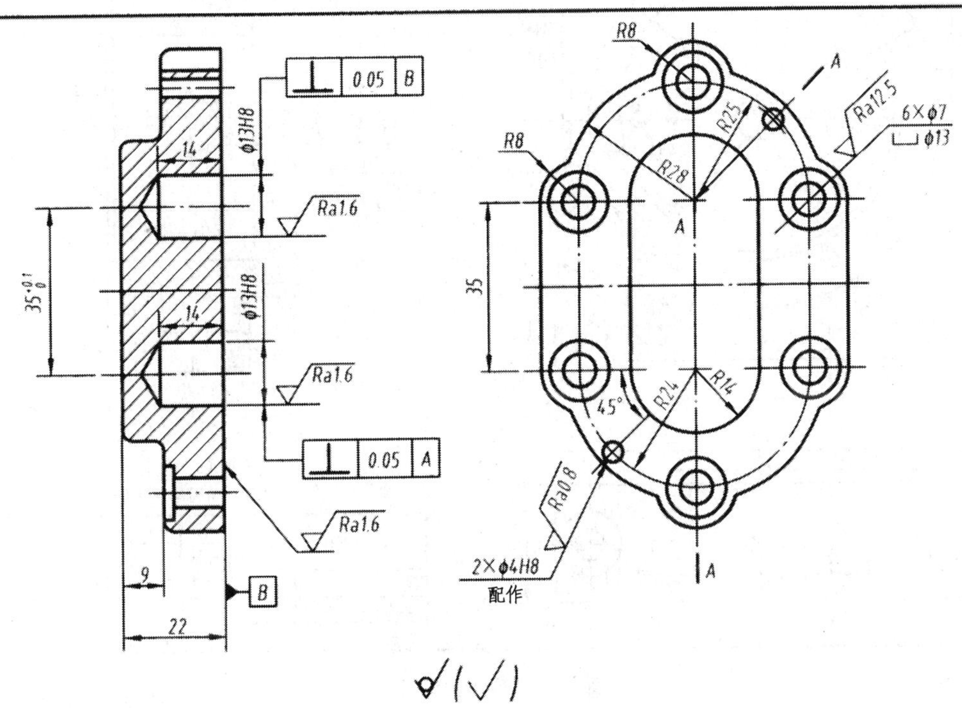

技术要求：
未注铸造圆角半径为2～3。

泵盖			比例	1:2		
			件数			
设计			重量		材料	HT150
审核			(单位)			
工艺						

图 7-41　盘盖类零件(三)

二、箱体类零件图

1. 结构与用途分析

箱体类零件包括机座、箱体或机壳等(图 7-42)。这类零件一般是机器或部件的主体部分,它起着支承、包容其他零件的作用,因此多为中空的壳体,其周围一般分布有连接螺孔等,结构形状复杂,加工工序亦较多,一般多为铸件。

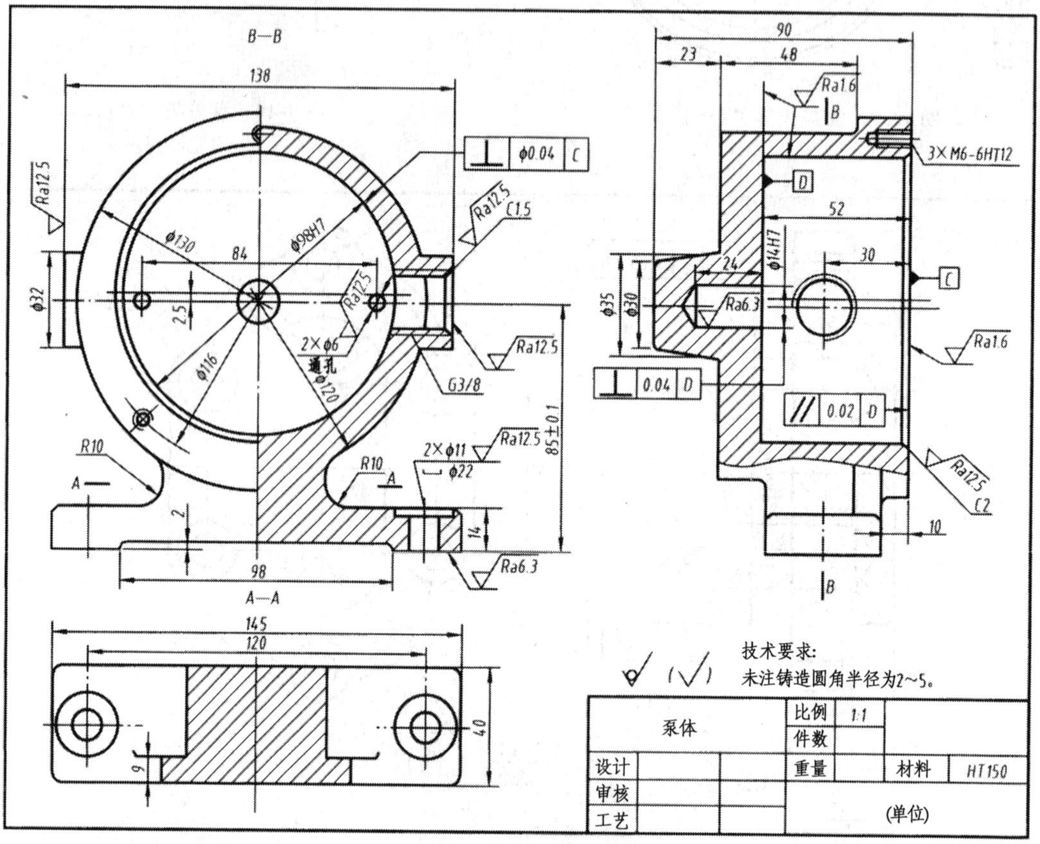

图 7-42 箱体类零件

2. 视图选择分析

箱体类零件的加工工序较多,装夹位置又不固定,因此一般均按工作位置和形状特征原则选择主视图,其他视图至少有两个或两个以上。如果外部结构形状简单,内部形状复杂,且具有对称平面时,可采用半剖视图表达;如果外部形状复杂,内部形状简单,且具有对称平面时,可采用局部剖视图或虚线表示;如果内外部结构形状都较复杂,投影不重叠时,可采用局部剖视图;投影重叠时,内、外部结构形状应分别表达;对局部内、外结构形状可采用局部视图、局部剖视图和断面图来表达。箱体零件上常常会出现一些截交线和相贯线,该类零件多为铸件,还经常会出现一些过渡线。

3. 尺寸标注分析

箱体类零件的长、宽、高三个方向的主要基准采用中心线、轴线、对称平面和较大的加工平面。因结构形状复杂，定位尺寸多，各孔中心线(或轴线)间的距离一定要直接注出来。此类零件中，凡与其他零件有配合或装配关系的尺寸和影响机器性能的尺寸，均属于主要尺寸，必须注意与其他零件的一致性，并直接从基准注出。如图 7-42 中的 85±0.1、ϕ98H7、120、52、30 等尺寸，而轴孔 ϕ14H7 的深度尺寸 24，则从辅助基准注出。

任务实施

1. 结构与用途分析

这类零件包括各种用途的拨叉和支架。拨叉主要用在机床、内燃机等各种机器的操纵机构上，操纵机器、调节速度。

2. 视图选择分析

因叉架类零件一般都是锻件或铸件，往往要在多种机床上加工，各工序的加工位置不尽相同，而且，叉架类零件的结构形状有的比较复杂，还常有倾斜或弯曲的结构，有时工作位置亦不固定，因此除考虑按工作位置摆放外，还考虑画图简便，一般选择最能反映其形状特征工作位置的视图作为主视图。这类零件的结构形状较为复杂且不太规则，一般都需要两个以上的视图。某些不平行于投影面的结构形状，常采用斜视图、斜剖视图和断面图表达，对一些内部结构形状可采用局部剖视图表达，也可采用局部放大图表达较小结构，如图 7-43 所示。

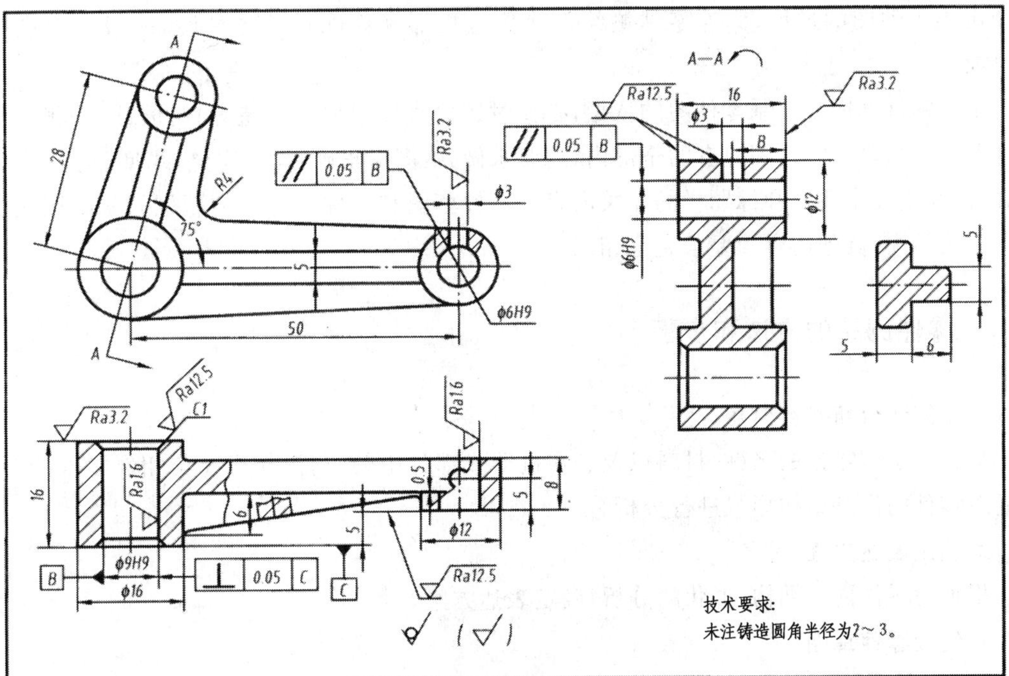

杠杆		比例	1:1		
		件数			
设计		重量		材料	ZG310-570
审核		(单位)			
工艺					

图 7-43　叉架类零件

3. 尺寸标注分析

叉架类零件在长、宽、高三个方向的主要基准一般为孔的中心线(或轴线)、对称平面和较大的加工面。如图 8-43 所示杠杆的左端孔 ϕ9H9 的轴线为长度和高度方向的主要基准,圆筒 ϕ16 的前端面为宽度方向的主要基准。叉杆类零件的定位尺寸较多,孔的中心线(或轴线)之间、孔的中心线(或轴线)到平面或平面到平面间的距离一般都要注出,如图 7-43 中的 28、50、75°等尺寸。

4. 读叉架类零件图并填空

(1)主视图采用______ 剖视,左视图采用____ 剖视,分别表示其____________ 。

(2)在图上(用→)标出三个方向的主要尺寸基准。

(3) [// | 0.05 | B] 的含义:基准要素是________,被测要素是________,公差项目是________,公差值为________ 。

(4) [⊥ | 0.05 | C] 的含义:基准要素是________,被测要素是________,公差项目是________,公差值为________。

知识拓展

对实际零件凭目测徒手画出图形,测量并记入尺寸,提出技术要求以完成草图,再根据草图画出零件图的过程,称为零件测绘。在仿造机器和修配损坏零件时,一般都要进行零件测绘。

由于零件草图是绘制零件图的依据,必要时还要直接根据它制造零件,因此,一张完整的零件草图必须具备零件图应有的全部内容,要求做到:图形正确,尺寸完整,线型分明,字体工整,并注写出技术要求和标题栏的相关内容。零件草图和零件工作图的区别只是绘图比例和绘图手段不同,其他内容和要求完全相同。

一、零件测绘的方法和步骤

1. 了解和分析测绘对象

首先应了解零件的名称、材料以及它在机器或部件中的位置、作用及与相邻零件的关系,然后对零件的内外结构形状进行分析。

2. 确定表达方案

根据对零件内外结构、形状的分析,确定表达方案。

3. 绘制零件草图

1)绘制草图

根据选定的表达方案,绘制零件草图。

(1)选定绘图比例,安排视图位置;画出各视图的作图基准线(中心线、轴线、对称中心线、端面线等)。

(2)画出各视图的主体部分,注意各部分投影的对应关系及与整体的比例关系。

(3)画其他结构和剖视部分。

(4)画出零件上的细节结构。

此外还应注意以下两点：

①零件上的制造缺陷(如砂眼、气孔等)，以及由于长期使用造成的磨损、碰伤等，均不应画出。

②零件上的细小结构(如铸造圆角、倒角、倒圆、退刀槽、砂轮越程槽、凸台和凹坑等)必须画出。

2)标注尺寸

先选定基准，再标注尺寸。长度方向尺寸以圆盘的右端面为主要基准，圆柱的右端面为长度方向的辅助基准(也是工艺基准)。以轴线为宽(高)方向尺寸的主要基准。确定基准后，先标注定位尺寸，再标注其他尺寸。

此外，还应注意以下三点：

(1)先集中画出所有的尺寸界线、尺寸线和箭头，再依次测量，逐个记入尺寸数字。

(2)零件上标准结构(如键槽、退刀槽、销孔、中心孔、螺纹等)的尺寸，必须查阅相应国家标准，并予以标准化。

(3)与相邻零件的相关尺寸(如泵体上螺孔、销孔、沉孔的定位尺寸，以及有配合关系的尺寸等)一定要一致。

3)标注技术要求

定位键的所有表面均需加工，有的圆柱面和键的两侧面的表面粗糙度要求较高。圆柱的直径和键宽应给出公差，圆柱与箱体孔、键与键槽均应采用基孔制的间隙配合。键还应该给出对称度的公差要求等。

总之，技术要求的注写是很重要的。初学者通常应参考同类产品的装配图、零件图，采用类比法给出。

4)填写标题栏

一般可填写零件的名称、材料、绘图比例、绘图者姓名和完成时间等，完成零件草图。

4. 根据零件草图画零件工作图

草图完成后，便要根据它绘制零件工作图，完成零件工作图。

二、零件尺寸的测量方法

测量尺寸是零件测绘过程中一个很重要的环节，尺寸测量得准确与否，将直接影响机器的装配和工作性能，因此，测量尺寸要谨慎。

测量时，应根据对尺寸精度要求的不同选用不同的测量工具。常用的量具有金属直尺，内、外卡钳等；精密的量具有游标卡尺、千分尺等；此外，还有专用量具，如螺纹样板、圆角规等。

任务四　AutoCAD 绘制轴零件图

任务描述

用 AutoCAD 绘制如图 7-44 所示的阶梯齿轮轴。

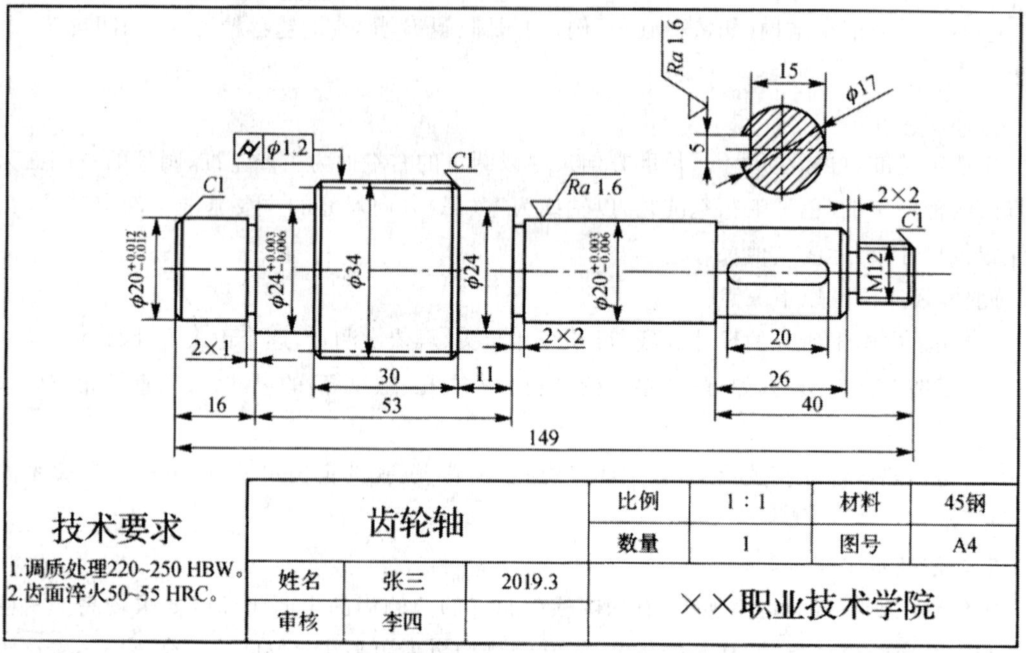

图 7-44　齿轮轴

知识准备

一、快速引线

1. 功能

在设计图形过程中，图形中需要有一些文字说明或注释，可利用“QLEADER”命令绘制引线来指示这一特征。建议用户首先设置样式。

2. 执行命令的方法

命令行：输入 QLEADER，按 Enter 键。

3. 操作步骤

在命令行中输入 QLEADER，按 Enter 键，命令行提示如下。

命令：_qleader

指定第一条引线点或[设置(S)]<设置>：　＊输入 S，按 Enter 键，打开“引线设置”对话框，如图 7-45 所示，对相关参数进行设置，然后单击“确定”按钮＊

指定第一条引线点或[设置(S)]<设置>：　＊指定需要引线的第一点＊

指定下一点：　＊指定引线的下一点＊

指定下一点；　　　　　　　　　　　　　　　　* 指定引线的下一点 *
指定文字宽度＜0.0＞：　　　　　　　　　　　* 指定文字宽度 *
输入注释文字的第一行＜多行文字(N)＞：　　* 输入注释文字的第一行文字 *
输入注释文字的下一行：　　　　　　　　　　* 输入注释文字的第二行文字，按 Enter 键 *

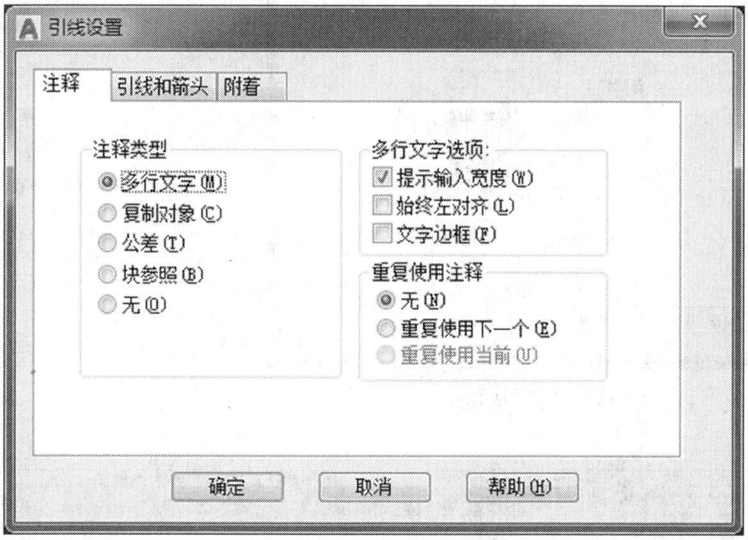

图 7-45　“引线设置”对话框

4. 有关说明及提示

“引线设置”对话框中有三个选项卡。

(1)“注释”选项卡。“注释”选项卡见图 7-45，在此选项卡中可以设置引线注释的类型、注释效果，如图 7-46 所示。“注释”选项卡也可指定多行文字选项以及指定是否重复使用注释。

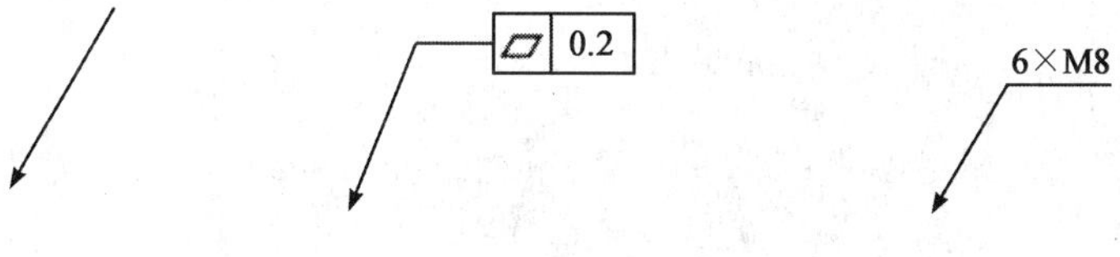

(a)“无” 引线标注　　(b)“公差” 引线标注　　(c)“多行文字” 引线标注

图 7-46　引线注释效果

(2)“引线和箭头”选项卡。切换到“引线和箭头”选项卡，如图 7-47 所示，在此选项卡中可以设置引线和箭头的样式。箭头的样式有实心闭合、空心闭合、无等，如图 7-48 所示。

(3)“附着”选项卡。切换到“附着”选项卡，如图 7-49 所示，在此选项卡中可以设置引线和注释的位置关系。

二、形位公差标注

1. 功能

利用“TOLERANCE”命令可以标注形状位置公差，其特征控制框由几何特征符号和标注

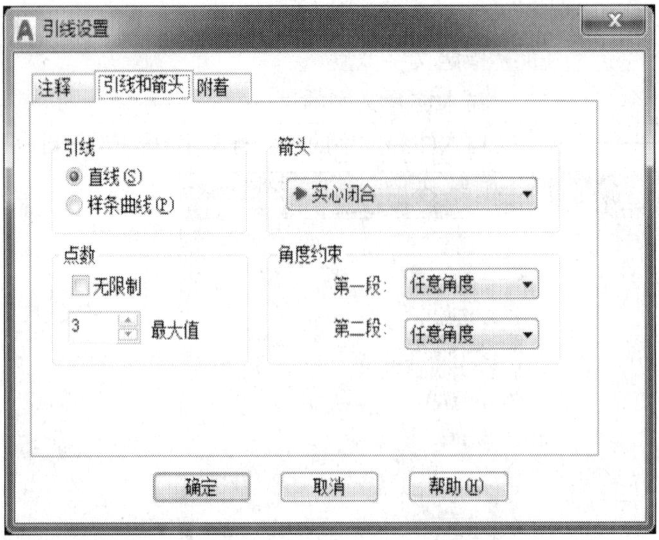

图 7-47 “引线和箭头”选项卡

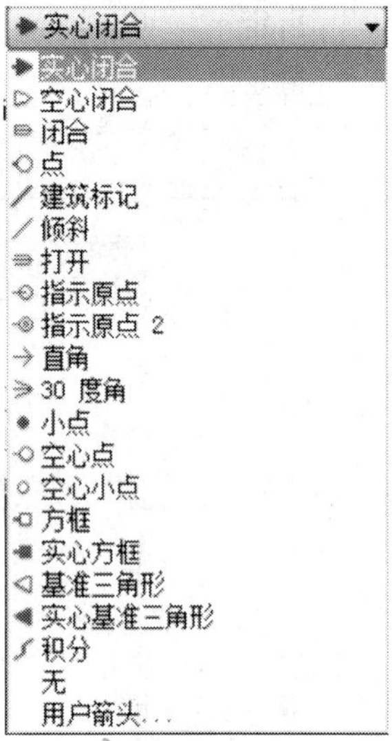

图 7-48 箭头的样式

图 7-49 “附着”选项卡

公差值及基准两个部分组成。

2. 执行命令的方法

“注释”工具栏:单击“公差”按钮。

命令行:输入 TOLERANCE,按菜单栏:“注释”→“标注”→“公差”。

3. 操作步骤

选择“注释”→“标注”→“公差”菜单,打开“形位公差”对话框,如图 7-50 所示。在该对话框中,可以设置公差的符号、公差值及基准等参数。单击“符号”按钮,打开“特征符号”对话框,如图 7-51 所示。

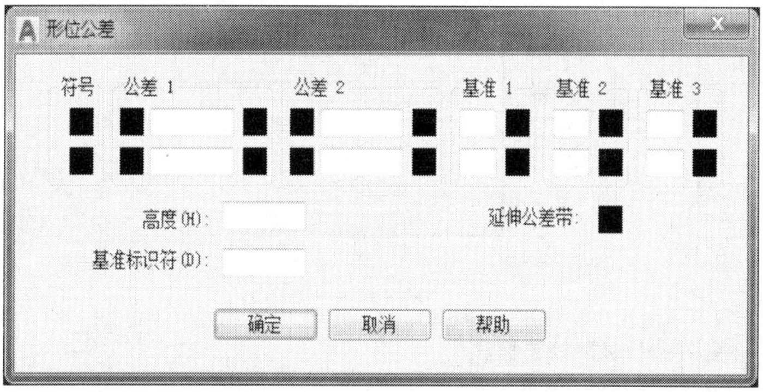

图 7-50　“形位公差”对话框

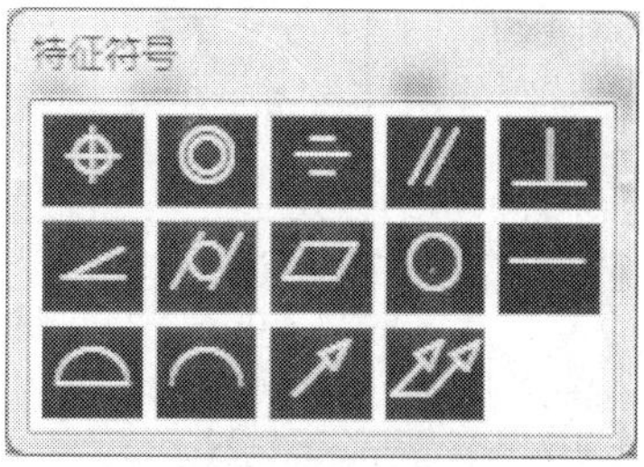

图 7-51　“特征符号”对话框

三、极限偏差标注

1. 极限偏差样式

极限偏差样式有以下五种。

(1)对称标注(上下偏差绝对值相等时):$\phi128\pm0.123$。

(2)只标上下偏差:$\phi128^{+0.002}_{-0.001}$。

(3)只标注公差带代号:$\phi128$H7。

(4)综合标注:$\phi128$f7($^{+0.123}_{-0.456}$)。

(5)装配图中的标注:$\phi128$H7/f6,

2. 极限偏差的标注方法

极限偏差标注如图 7-52 所示。

1)标注图 7-52a 所示的极限偏差 $\phi128\pm0.123$

在正确建立尺寸标注样式的基础上,可用下面两种方法进行极限偏差标注。

(1)选择“注释”→“文字”菜单,选择“单行文字”选项。操作步骤如下。

选择“注释”→“文字”菜单,选择“单行文字”选项,当命令行提示“指定文字的起点或[对正(J)/样式(S)]:”时,在屏幕指定文字起点,指定文字高度,旋转角度,按 Enter 键,按要求输入“%%C128%%P0.123”,再按 Enter 键,用光标定位后单击。

(2)选择“注释”→“文字”菜单,选择“多行文字”选项。操作步骤如下。

选择“注释”→“文字”菜单,打开“多行文字”对话框,如图 7-53 所示,在屏幕指定对角点,打开“文字格式”对话框,输入“%%C128%%P0.123”。

2)标注图 7-52b 所示的极限偏差 $\phi128^{+0.002}_{-0.001}$

(1)选择“注释”→“文字”菜单,选择“多行文字”选项。操作步骤如下。

选择“标注”→“线性”菜单,打开“多行文字”对话框,输入“%%C128+0.002/-0.001”,此时“堆叠”按钮不能操作,如图 7-54 所示,将“+0.002/-0.001”选中,此时“堆叠”命令按钮可操作,如图 7-55 所示。单击“堆叠”按钮,文字格式的效果变成分式,如图 7-56 所示。

右击上下偏差,在弹出的快捷菜单中选择“堆叠特征”命令,打开“堆叠特性”对话框,如图

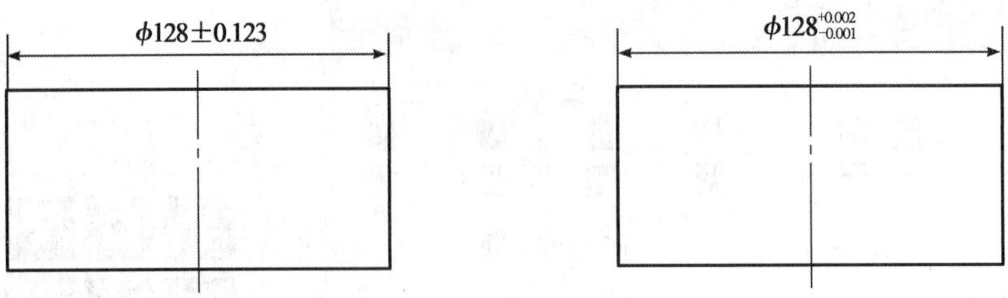

(a)尺寸公差的对称标注　　　　(b)只标注上下偏差

图 7-52　极限偏差标注

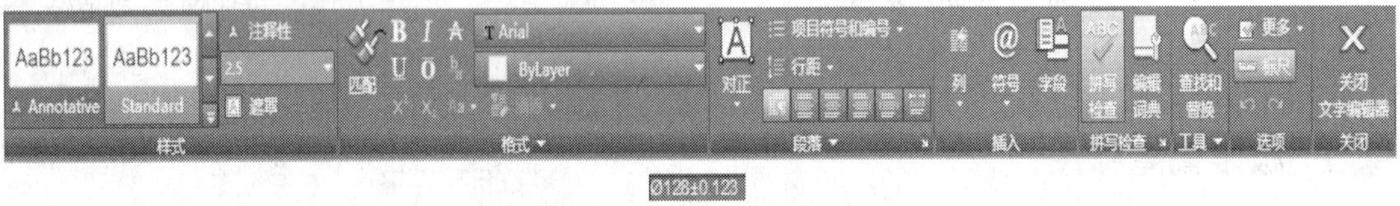

图 7-53　打开“多行文字”对话框

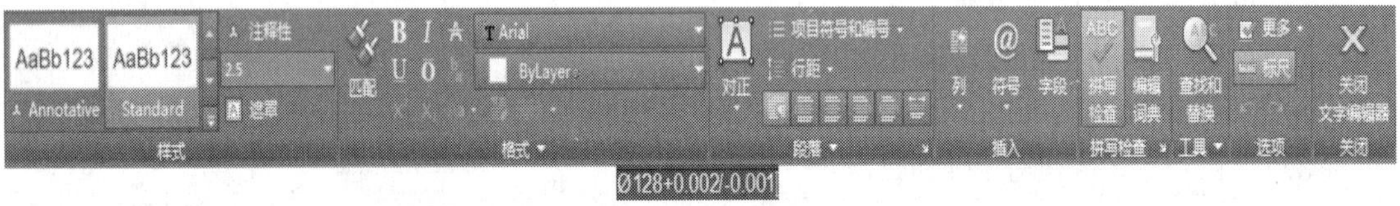

图 7-54　输入上下偏差，此时“堆叠”命令按钮不能操作

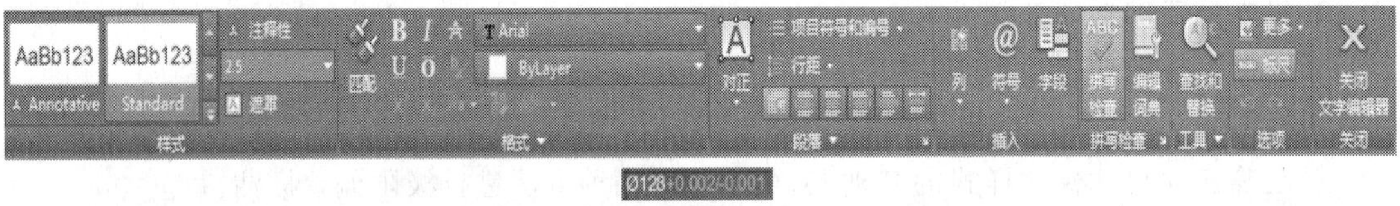

图 7-55　选中上下偏差，此时“堆叠”命令按钮可操作

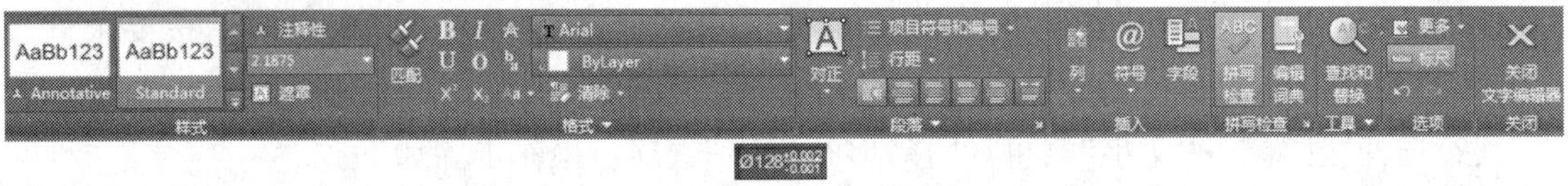

图 7-56　堆叠后上下偏差成分式

7-57 所示。在“外观”选项区的“样式”下拉列表中选择“公差”选项，如图 7-58 所示，单击“确定”按钮，上下偏差中的分数线消失，如图 7-59 所示，单击“文字格式”对话框中的“确定”按钮，用光标定位后单击。

(2)标注完尺寸以后从对象特性管理器中修改公差。

(3)在某个标注样式的基础上建立替代，在替代样式中设置公差。

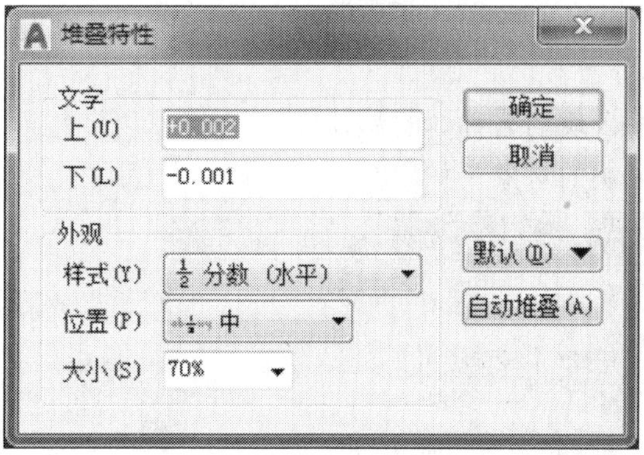

图 7-57　“堆叠特性”对话框

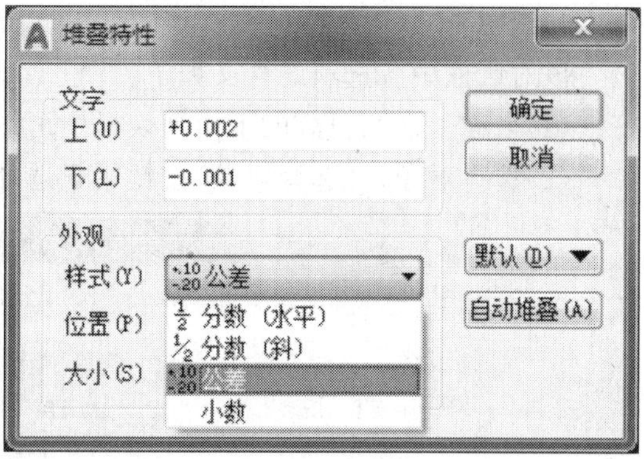

图 7-58　“堆叠特性”对话框中的“样式”下拉列表

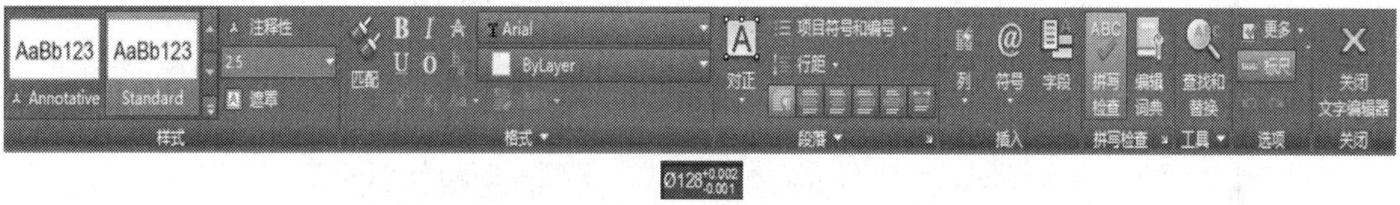

图 7-59　堆叠后上下偏差中的分数线消失

四、块的创建和插入

块是图形对象的集合，也称为图块。在绘制图形时，如果图形中有大量相同或相似的内容，或者所绘制的图形与已有的图形文件相同，则可以把重复绘制的图形创建成块。每个图块都包括块名、图形对象、插入块时的基点坐标和相关的属性数据等要素。

在 AutoCAD 中，图块分为内部块和外部块两种。内部块跟随图形文件一起保存在图形文件的内部，它只能在定义的图形文件中使用，不能作为图形文件存盘。在其他图形文件中只有重新定义该块才能使用。外部块也称为写块，可以为其设置相应的路径以独立的文件形式保存在磁盘中。写块可以在其他图形文件中作为一个块使用。

1. 内部块的创建

1)功能

“BLOCK”命令可以将一个或多个图形对象定义为新的单个对象，并保存到当前图形文件中。

2)执行命令的方法

“默认”工具栏：单击“创建块”按钮。

命令行：输入 BLOCK 或 B，按 Enter 键。

菜单栏：“默认”→“块”→“创建”。

3)操作步骤

选择“默认”→“块”→“创建”菜单，打开“块定义”对话框，如图 7-60 所示，通过设置该对话框内各参数可以将已绘制的对象创建为块。

4)说明

该对话框中各选项的含义如下：

(1)名称。在“名称”的下拉列表框中可以在输入块的名称,如“粗糙度”。

(2)选择对象。“选择对象”按钮用于选择组成块的对象。

图 7-60 “块定义”对话框

(3)拾取点。“拾取点”按钮用于在绘图区中指定插入基点的位置,也可以直接在 X、Y、Z 文本框中输入点的坐标值。

(4)“保留”单选按钮。选中“保留”单选按钮,创建成块的原始对象仍保留在绘图区中,且是一组零散的图形。

(5)“转换为块”单选按钮。选中“转换为块”单选按钮,将创建成块的对象转换为块。

(6)“删除”单选按钮。选中“删除”单选按钮,则创建成块后,删除转换为块的原对象。

(7)“注释性”复选框。勾选“注释性”复选框,可以使当前创建的块具有注释功能。

2. 内部块的插入

1)功能

利用“INSERT”命令,可以在图形中插入块或其他图形,并且在插入块的同时还可以改变所插入块或图形的比例与旋转角度。

2)执行命令的方法

“默认”工具栏:单击“插入块”按钮。

命令窗口:INSERT,按 Enter 键。

菜单栏:“默认”→“插入块”。

3)操作步骤

选择“默认”→“插入块”,打开“插入”对话框,如图 7-61 所示。

4)对话框中各选项的含义

(1)名称:此功能在其文本框中指定要插入块的名称,或者指定要作为块插入的文件名。

(2)插入点:此功能用于指定块的插入点。

(3)比例:此功能用于指定插入块的比例。另外,用户可以直接在 X、Y、Z 文本框中输入块在三维方向的比例。

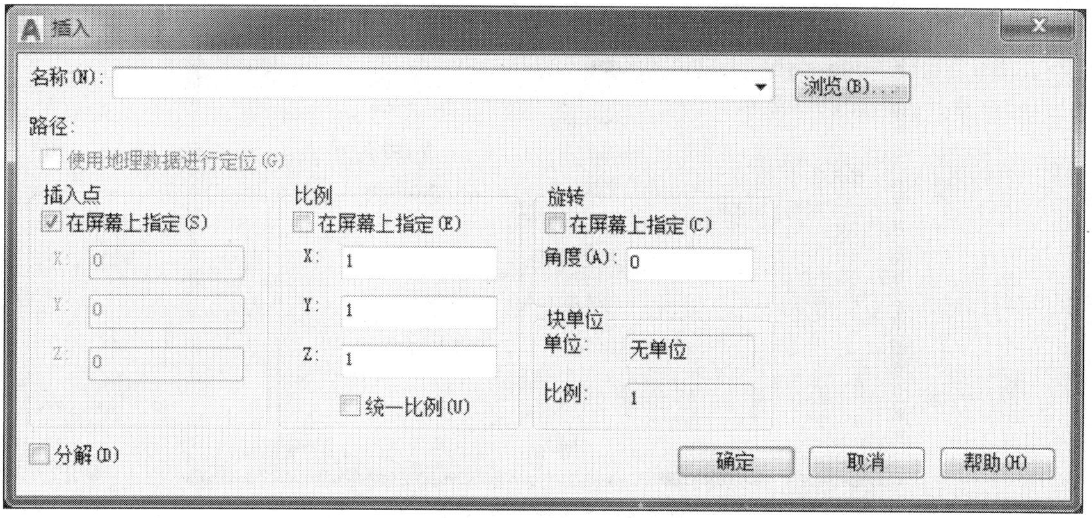

图 7-61　"插入"对话框

(4)统一比例:此功能用于确定所插入的块在 X、Y、Z 方向的比例是统一的。

(5)旋转:此功能用于指定插入块的旋转角度。

(6)分解:此功能可以将插入的块分解为独立的对象。

3. 块属性的建立

1)功能

利用"ATTDEF"命令,能够定义属性模式、属性标记、属性提示、属性值、插入点等。

2)执行命令的方法

命令行:输入 ATTDEF,按 Enter 键。

菜单栏:"默认"→"块"→"定义属性"。

3)操作步骤

选择"默认"→"块"→"定义属性"菜单,打开"属性定义"对话框,如图 7-62 所示。在该对话框中,可以根据要求对属性进行设置。

4)对话框中常用的选项说明

对"模式"选项区说明如下。

(1)不可见:此功能用于指定义块时不显示或不打印属性值。

(2)固定:此功能用于在插入块时赋予属性的固定值。

(3)验证:此功能用于在插入块时提示验证属性值是否正确。

(4)预设:插入包含预置属性值的块时,此功能将属性设置为默认值。

(5)锁定位置:此功能用于锁定块参照中属性的位置。

图 7-62 “属性定义”对话框

4. 块属性的编辑

1)编辑修改属性

双击块属性,打开“增强属性编辑器”对话框,如图 7-63 所示。在“属性”选项卡的列表框中选择文字属性,然后在所对应的“值”文本框中编辑块中定义的标记和值属性。

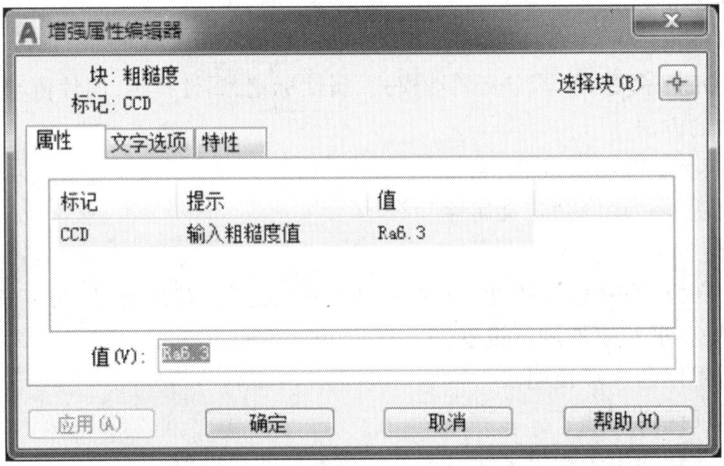

图 7-63 “增强属性编辑器”对话框

2)块属性管理器

选择“默认”→“块”→“块属性管理器”菜单,或在“插入”工具栏中单击“块属性管理器”按钮,打开“块属性管理器”对话框,如图 7-64 所示,可在该对话框中管理块的属性。

图 7-64　“块属性管理器”对话框

任务实施

1. 图形分析

在开始绘图前，应先对图形进行必要的分析，本任务中的零件图主要有以下特点。

(1)轴类零件的主视图一般为上下对称的图形，因此在绘图时可以先绘制图形的上半部分，再用“MIRROR”命令绘制下半部分，从而加快绘图速度。

(2)键槽、退刀槽、中心孔等可以利用剖视、剖面、局部视图和局部放大图来表示。

(3)对零件图进行尺寸标注时，应先设置尺寸标注的样式，然后再进行标注。

(4)书写技术要求、标题栏等内容时，应先设置文本样式。

2. 创建样板图

(1)设置绘图单位和精度。在绘图时，单位制都采用十进制，长度精度一般为小数点后 1 位，角度精度一般为小数点后 0 位。

(2)设置图形界限。选择“格式”→“图形界限”菜单，命令行提示如下。

命令：_limits

重新设置模型空间界限：　　* 系统提示 *

指定左下角点或[开(ON)/关(OFF)]＜0.00,0.00＞：

* 默认左下角点为(0,0)，按 Enter 键 *

指定右上角点＜420.00,297.00＞：　　* 输入右上角点坐标(420,297)，按 Enter 键 *

设置完图形界限后，打开栅格，显示图形界限。

(3)设置图层。根据图中线性类型设置图层。

(4)设置文字样式。建立“汉字”“西文”两个文字样式。“汉字”样式选用“仿宋－GB2312”字体；“西文”样式选用“gbeitc.shx”字体，宽度因子为 1.0。

(5)设置尺寸标注样式。

(6)绘制图框线。选择“绘图”→“矩形”菜单，命令行提示如下。

命令：_rectang

指第一个角点或[倒角(C)/标高(E)/圆角(F)/厚度(T)/宽度(W)]：

* 输入边框的左下角坐标(5,5)，按 Enter 键 *

指定另一个角点或[面积(A)/尺寸(1J)/旋转(R)]

输入边框的右上角坐标(405,292),按 Enter 键

(7)绘制标题栏并将标题栏定义为属性块,再将标题栏插入图框右下角。

(8)定义表面粗糙度图块。

(9)保存样板图。

(10)调用样板图。

3. 开始绘图

1)绘制中心线、轴端线

(1)将“中心线”图层设置为当前图层。

(2)打开“正交模式”,在图框适当位置使用“LINE”命令绘制一条长 159 mm 的中心线(轴线),中心线两端要各比轴长 5 mm,因此中心线长为 159 mm。

(3)在距离中心线左端 5 mm 处画一条轴的左端线,端线的长度要大于齿轮轴的最大半径。

(4)使用“OFFSET”命令将端线右移 149 mm,即为齿轮轴的右端线,如图 7-65 所示。

图 7-65 绘制中心线、轴端线

2)绘制轮廓线

(1)利用“偏移”命令将轴的左端线依次向右偏移 14 mm, 16 mm, 28 mm, 58 mm, 69 mm,如图 7-66 所示。

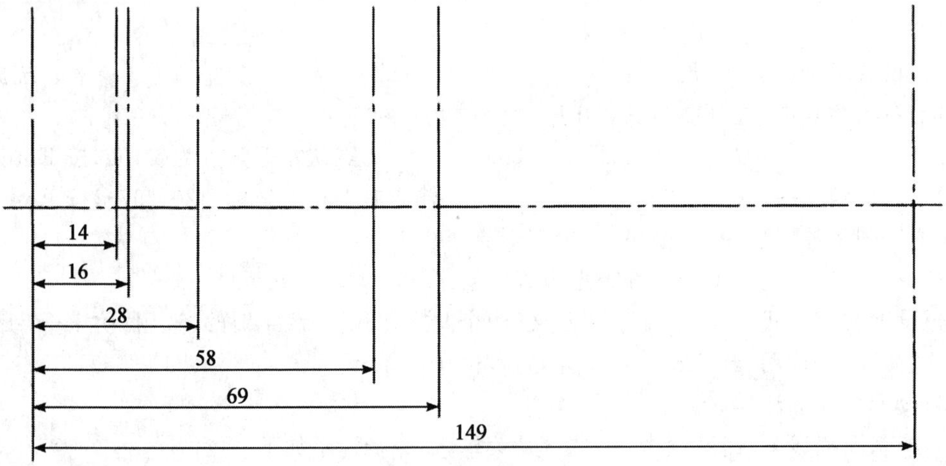

图 7-66 偏移直线

(2)利用“OFFSET”命令可以将轴的水平中心线依次向上偏移，如图 7-67 所示中心线偏移了 9 mm，10 mm，12 mm， 17 mm。

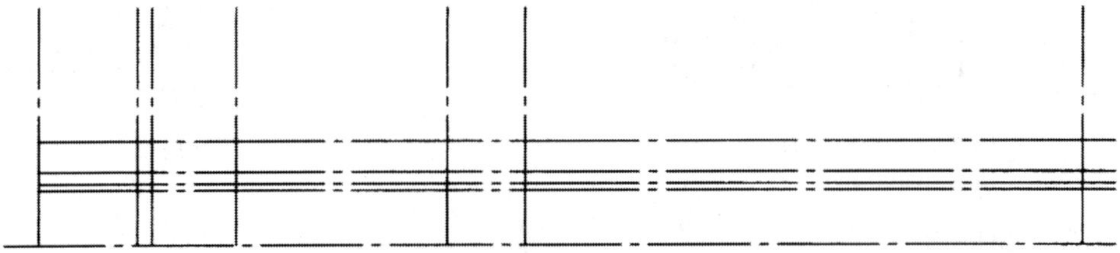

图 7-67 偏移轴的中心线

(3)单击“标准”工具栏上的“实时缩放”按钮，将图形适当放大，再利用“修剪”“删除”命令，将图形进行修剪处理，效果如图 7-68 所示。

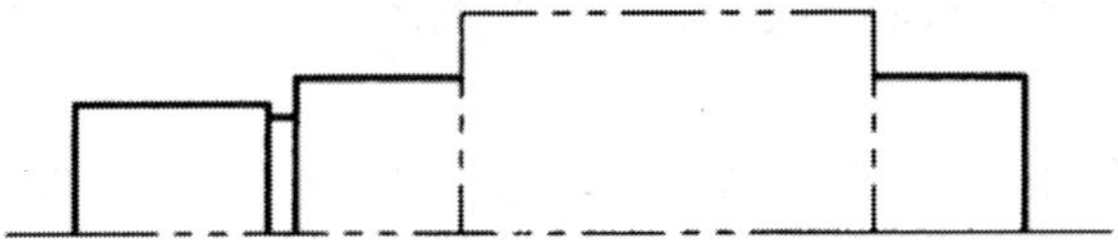

图 7-68 修剪图形

(4)用同样的方法绘制齿轮轴右边的轮廓。然后将轮廓线改为粗实线，效果如图 7-69 所示。

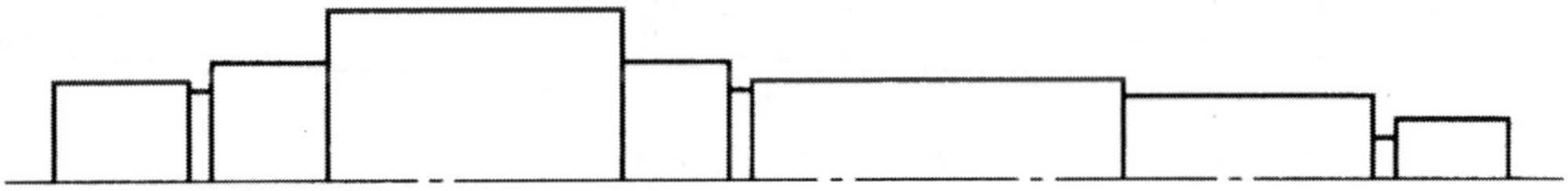

图 7-69 将线条改变为粗实线

(5)利用“CHAMFER”命令对边角进行处理，倒角为 C1；然后利用“MIRROR”命令绘制出另一半，如图 7-70 所示。

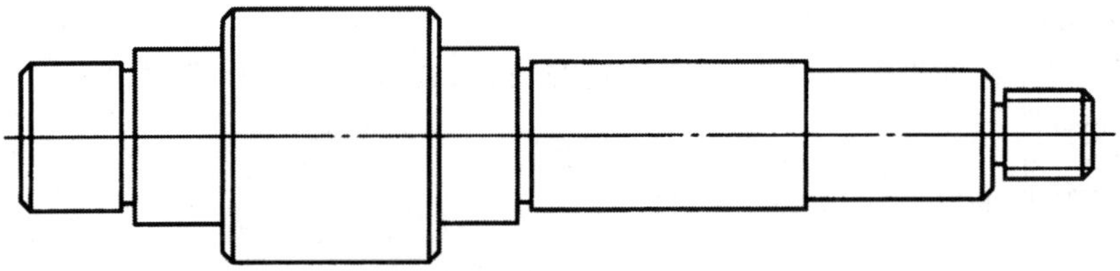

图 7-70 倒角、镜像后的图像

3)绘制键槽

(1)单击“标准”工具栏上的“实时缩放”按钮，将图形适当放大，利用“OFFSET”命令将直线 1 依次向右偏移 5 mm，20 mm，以这两条线与轴中心线的交点为圆心，绘制直径 5 mm 的两个圆，如图 7-71 所示。

(2)设置“对象捕捉模式”为“切点”，利用“LINE”命令绘制键槽上的两条水平线，然后利用

“TRIM”和“ERASE”命令将键槽多余的线修剪处理，效果如图 7-72 所示。

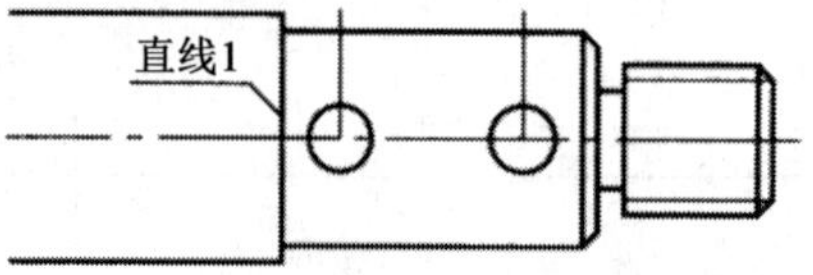

图 7-71 绘制键槽

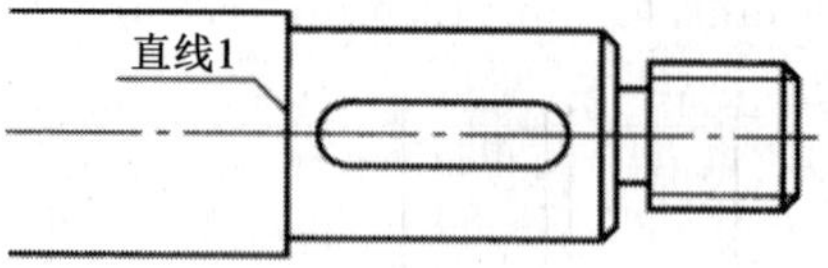

图 7-72 修剪键槽

4)绘制移出断面

(1)利用“PLINE”命令绘制移出断面的剖切符号的上半部分，另一半用“MIRROR”命令绘制，如图 7-73 所示。

(2)将“中心线”图层设置为当前图层，使用“CIRCLE”命令在剖切符号上方绘制 ϕ17 mm 的圆，然后使用“LINE”命令在剖切符号的上方绘制移出断面的中心线。

(3)利用“OFFSET”命令，将中心线上下各偏移 2.5 mm，左偏移 6.5 mm，如图 7-74 所示。

(4)利用“TRIM”和“ERASE”命令将图形修剪处理，然后填充，效果如图 7-75 所示。

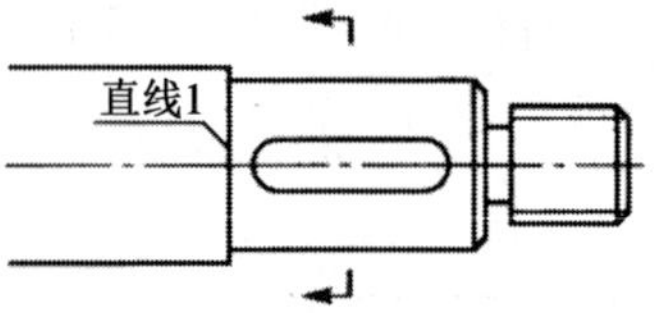

图 7-73 绘制剖切符号

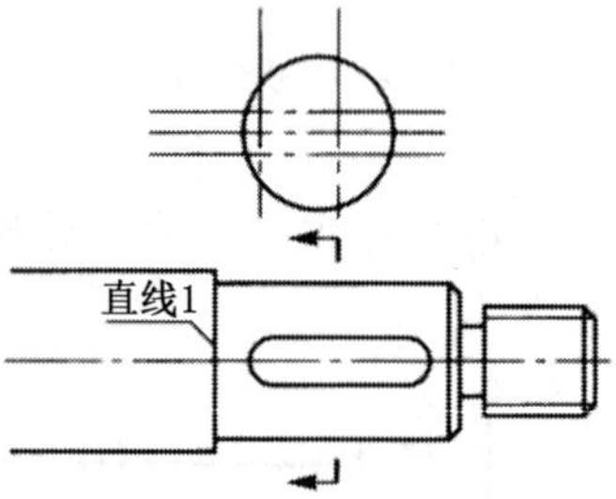

图 7-74 绘制移出端面

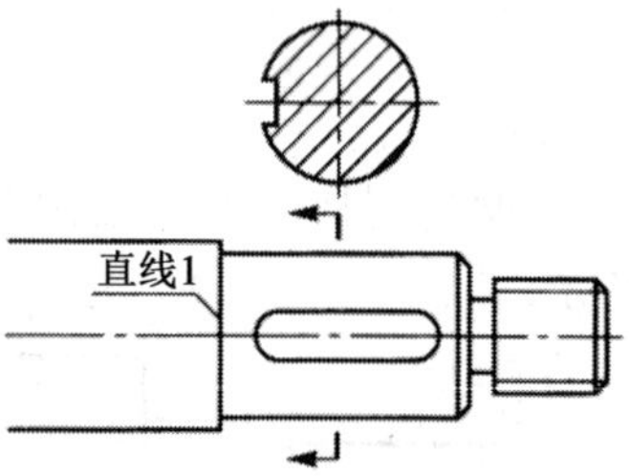

图 7-75 修剪、填充移出断面

4. 尺寸标注

尺寸标注包括标注基本尺寸、标注极限偏差、标注形位公差、标注表面粗糙度(用插入块即可)。

5. 文字标注

将“汉字”文字样式设置为当前样式，利用“MTEXT”命令书写技术要求。

6. 保存文件

将文件保存到指定文件夹中。

知识拓展

编辑标注文字

1. 标注尺寸倾斜

1)功能

“DIMEDIT”命令用于编辑尺寸标注的文字内容、旋转文本的方向、指定延伸线的倾斜角度。

2)执行命令的方法

“注释”工具栏中的“标注”→“倾斜”按钮。

命令行:输入 DIMEDIT,按 Enter 键。

3)操作步骤

单击“注释”工具栏中的“标注”→“倾斜”按钮,命令行提示如下。

命令:_dimedit

输入标注编辑类型[默认(H)/新建(N)/旋转(R)/倾斜(O)]＜默认＞:

* 输入 O,按 Enter 键 *

选择对象:找到 1 个　　* 单击尺寸线 φ30 *

选择对象:找到 2 个　　* 单击尺寸线 φ26 *

选择对象:　　* 按 Enter 键 *

输入倾斜角度:　　* 输入 15,按 Enter 键(直接按 Enter 键表示无倾斜) *

对图 7-76a 的标注文字执行“DIMEDIT”命令的效果如图 7-76b 所示。

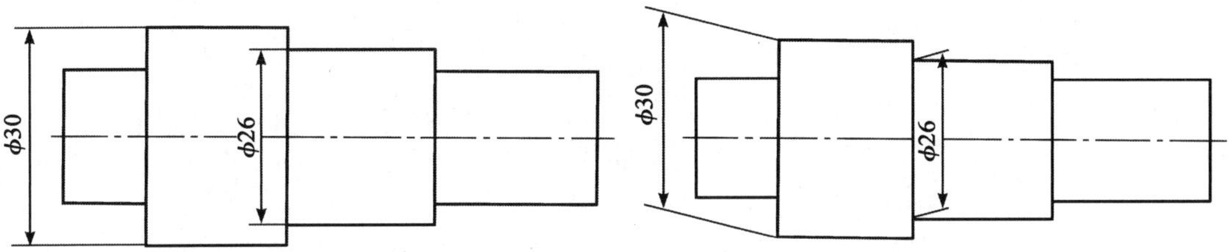

(a)原对象　　(b)将尺寸界线旋转15°

图 7-76　修改尺寸界线后的效果

2. 修改标注文字的位置

1)功能

“DIMTEDIT”命令用于改变尺寸标注的文字沿尺寸线的位置和角度。

2)执行命令的方法

“注释”工具栏中的“标注”→“左对齐”按钮或“居中对正”按钮或“右对正”按钮。

命令行:输入 DIMTEDIT,按 Enter 键。

3)操作步骤

“注释”工具栏中的“标注”→“左对齐”按钮或“居中对正”按钮或“右对正”按钮,命令行提示如下。

命令:_dimtedit

选择标注:　　* 选中要编辑的标注 *

为标注文字指定新位置或[左对齐(L)/右对齐(B)/居中(C)/默认(H)/角度(A)]

* 指定标注文字的新位置 *

4)有关说明及提示

(1)左对齐(L):标注文字左对齐,如图 7-77a 所示。

(2)右对齐(R):标注文字右对齐,如图 7-77b 所示。

(3)居中(C):标注文字中心对齐,如图 7-77c 所示。

(4)默认(H):标注文字左对齐为默认位置。

(5)角度(A):标注文字倾斜一定角度,如图 7-77d 所示。

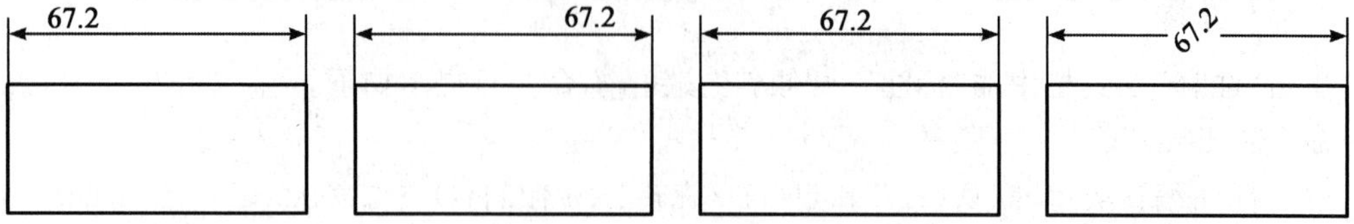

(a)左对齐 (b)右对齐 (c)中心对齐 (d)倾斜

图 7-77 编辑标注文字示例

项目八
绘制装配图

项目目标

(1)理解装配图的作用和内容。

(2)根据需要选择装配图的视图表达方案。

(3)正确识读装配图的尺寸标注、明细栏和技术要求。

(4)掌握装配图的视图选择及绘制方法。

(5)能在 AutoCAD 中绘制装配图。

项目知识分布图

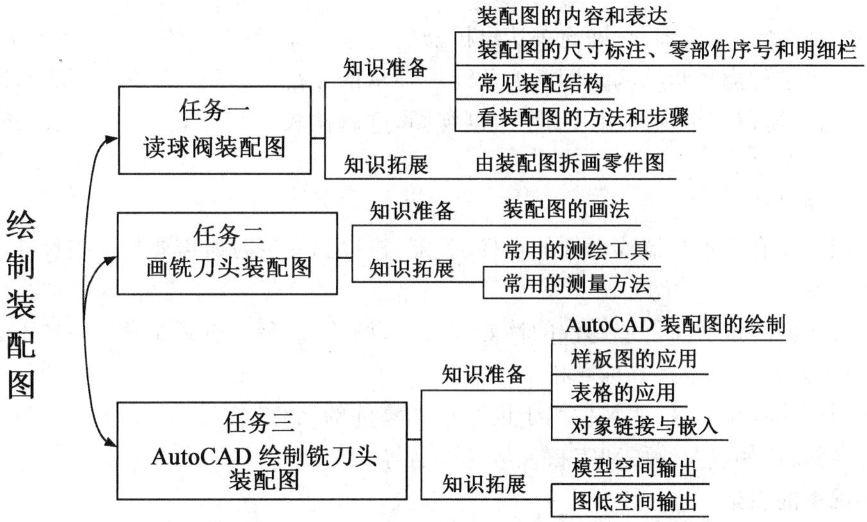

任务一 读球阀装配图

任务描述

读球阀装配图,如图 8-15 所示(参见 266 页)。

知识准备

一、装配图的内容和表达

装配图是表达机器或部件的图样。通常用来表达机器或部件的工作原理以及零、部件间的装配、连接关系,是机械设计和生产中的重要技术文件之一。

在产品设计中,一般先根据产品的工作原理图画出装配草图,由装配草图整理成装配图,然后再根据装配图进行零件设计并画出零件图;在产品制造中,装配图是制定装配工艺规程,进行装配和检验的技术依据;在机器使用和维修时,也需要通过装配图来了解机器的工作原理和构造。

1. 装配图的内容

一张完整的装配图,必须具有下列内容:

1)一组视图

用一组视图完整、清晰、准确地表达出机器的工作原理、各零件的相对位置及装配关系、连接方式和重要零件的形状结构。图 8-1 是滑动轴承的装配图,图中采用三个基本视图。由于结构基本对称,所以三个视图均采用了半剖视图,这就比较清楚地表示了轴承盖、轴承座和上下轴衬的装配关系。

2)必要的尺寸

装配图上要有表示机器或部件的规格、装配、检验和安装时所需要的一些尺寸。

3)技术要求

技术要求就是说明机器或部件的性能和装配、调整、试验等所必需满足的技术条件。

4)零件的序号、明细栏和标题栏

装配图中的零件编号、明细栏用于说明每个零件的名称、代号、数量和材料等。标题栏包括零部件名称、比例以及绘图和审核人员的签名等。

2. 装配图的表达

1)装配图画法的基本规定

(1)两相邻零件的接触面和配合面,不论间隙多大,都必须画成一条线,凡是非接触、非配合的两表面,即使间隙很小,也必须画成两条线,如图 8-2a、b 所示。

(2)相邻两个或多个零件的剖面线应有区别,或者方向相反,或者方向一致但间隔不等,相互错开,如图 8-2c 所示。同一零件在各个视图上的剖面线方向和间隔必须一致。

在图形中,当零件厚度在 2 mm 以下时,允许以涂黑代替剖面符号。

(3)对于紧固件以及实心的球、手柄、键等零件,若剖切平面通过其对称平面或轴线时,则这些零件均按不剖绘制;如需表明零件的凹槽、键槽、销孔等构造,可用局部剖视表示,如图

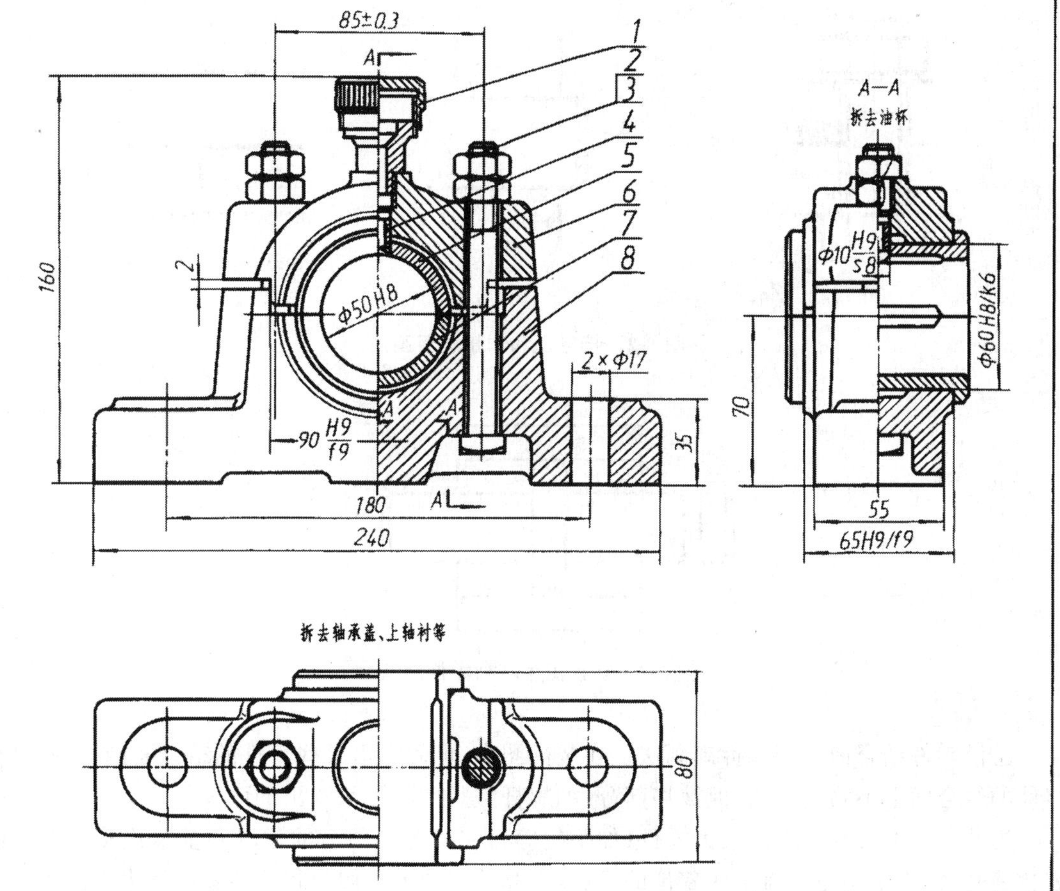

技 术 要 求

1. 装配时，轴承盖与轴承座间加垫片调整，保证轴与轴衬间隙0.05~0.06 mm，接触面积在25 mm²内不少于15~25点。

2. 轴承装配达到上述要求后，加工油孔和油槽。

3. 轴衬最大单位压力 $p \leq 29.4$ MPa。

序号	名　称	数量	材　料	代号(备注)
8	轴承座	1	HT150	
7	下轴衬	1	ZCuAl10Fe3	
6	轴承盖	1	HT150	
5	上轴衬	1	ZCuAl10Fe3	
4	轴衬固定套	1	Q235-A	
3	螺栓 M12×130	2		GB/T 68—2000
2	螺母 M12	4		GB/T 6170—2000
1	油杯 12	1		JB/T 7940.3—1995

滑动轴承		比例	1:1	共4张	01
		重量		第1张	
制图					
设计					
审核					

图 8-1　滑动轴承装配图

8-3 所示。

2)装配图画法的特殊规定和简化画法

(1)装配图画法的特殊规定。

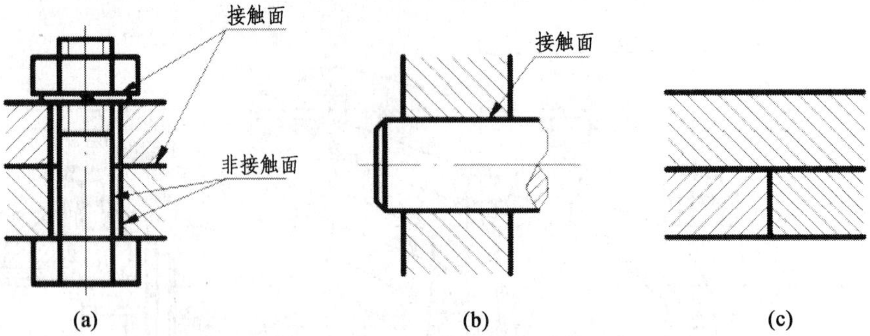

图 8-2 接触面和非接触面画法

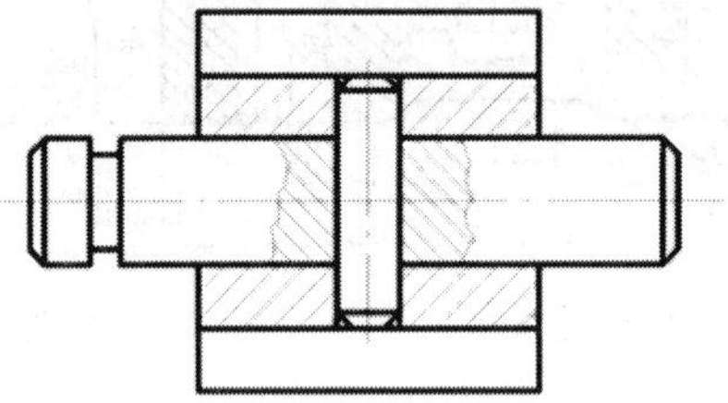

图 8-3 剖视图中不剖零件的画法

①沿零件结合面剖切和拆卸画法。在装配图中，可假想沿某些零件的结合面剖切，此时在零件的结合面上不画剖面线，但被切部分(如螺杆、螺钉等)必须画出剖面线。

当装配体上某些常见的较大零件(如手轮等)，在某个视图上的位置和基本连接关系等已表达清楚时，为了避免遮盖某些零件的投影，在其他视图上可假想将这些零件拆去不画。

上述两种画法，当需要说明时，可在其视图上方注出“拆去×××等”字样。

②单独表达某零件的画法。如所选择的视图已将大部分零件的形状、结构表达清楚，但仍有少数零件的某些方面还未表达清楚时，可单独画出这些零件的视图或剖视图，如图 8-4 所示的转子油泵中泵盖的 B 向视图。

③假想画法。为表示部件或机器的作用、安装方法，可将其他相邻零件、部件的部分轮廓

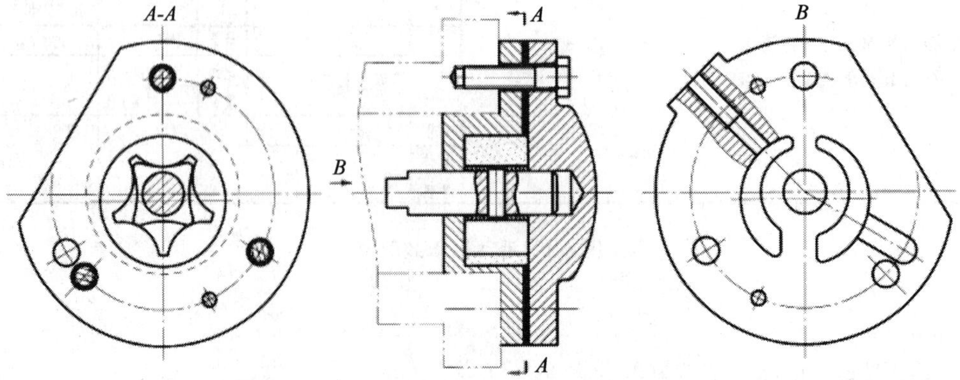

图 8-4 转子油泵

用细双点画线画出。当需要表示运动零件的运动范围或运动的极限位置时，可按其运动的一个极限位置绘制图形，再用细双点画线画出另一极限位置的图形，如图 8-5 所示。

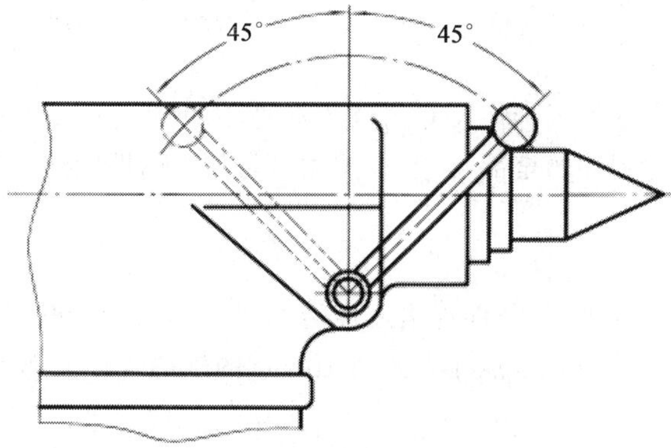

图 8-5　运动零件的极限位置

(2)装配图的简化画法。

①对于螺栓、螺母、垫圈等紧固件以及轴、手柄、连杆、拉杆、球、键、销等实心零件，若按纵向剖切，且剖切平面通过其对称平面或轴线时，这些零件均按不剖绘制。如需要特别表明零件的结构，如凹槽、键槽、销孔等，则可采用局部剖视表示。

②对于装配图中若干相同的零、部件组，如螺栓连接等，可详细地画出一组，其余只需用细点画线表示其位置即可，如图 8-6 所示。

③在装配图中，对薄的垫片等不易画出的零件可将其涂黑，如图 8-6 所示。

④在装配图中，零件的工艺结构，如小圆角、倒角、退刀槽、起模斜度等可不画出，螺栓头部和螺母也允许按简化画法画出，如图 8-6 所示。

⑤在装配图中，可用粗实线表示带传动中的带，用细点画线表示链传动中的链。

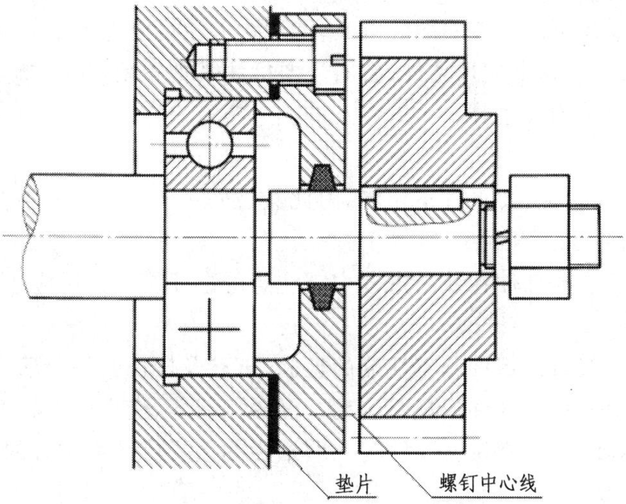

图 8-6　装配图中的简化画法

二、装配图的尺寸标注、零部件序号和明细栏

1. 装配图的尺寸标注

装配图上标注尺寸与零件图标注尺寸的目的不同，因为装配图不是制造零件的直接依据，所以在装配图中不需标注零件的全部尺寸，只需注出与装配体性能、装配、安装、运输等有关的尺寸。

1)规格(性能)尺寸

规格(性能)尺寸是表示机器、部件规格或性能的尺寸，是设计和选用部件的主要依据，如图 8-1 中滑动轴承的孔径 $\phi50$，它反映了该部件所支承的轴的直径大小。

2)装配尺寸

装配尺寸由两部分组成，一部分是各零件之间的配合尺寸；另一部分是与装配有关的零件之间的相对位置尺寸，如图 8-1 中的 $90\frac{H9}{f9}$、$65\frac{H9}{f9}$。

3)安装尺寸

安装尺寸是表示将机器或部件安装到其他设备上或地基上所需要的尺寸。如图 8-1 滑动轴承底座上安装孔的直径 $\phi17$ 及孔间距 180。

4)总体尺寸

总体尺寸是表示装配体的总长、总宽、总高三个方向的尺寸。这类尺寸表明了机器(或部件)所占空间的大小，作为包装、运输、安装、车间平面布置的依据，如图 8-1 中的 240、80、160 等。

5)其他重要尺寸

在部件设计时，经过计算或根据某种需要而确定的，但又不属于上述四类尺寸的尺寸。

以上五类尺寸，需根据装配体的构造情况进行标注，并不是所有装配体都具备这五类尺寸。有时，同一个尺寸还可能具有不同的意义，如图 8-1 主视图上的 240，它既是总体尺寸，又是主要零件的主要尺寸。除上述尺寸外，有时还要标注其他重要尺寸，如运动零件的极限位置尺寸、主要零件的重要结构尺寸等。

2. 技术要求

由于机器或部件的性能、要求各不相同，因此其技术要求也不同。拟定技术要求时，一般可从以下几个方面来考虑：

(1)装配要求。机器或部件在装配过程中需注意的事项及装配后应达到的要求，如装配间隙、润滑要求等(图 8-1)。

(2)检验要求。对机器或部件基本性能的检验、试验及操作时的要求。

(3)使用要求。对机器或部件的规格、参数及维护、保养、使用时的注意事项及要求。

装配图中的技术要求，通常用文字注写在明细栏的上方或图纸下方的空白处。

3. 编写序号的方法

(1)装配图中所有的零、部件都必须编写序号，并与明细栏中的序号一致。

(2)在所指零、部件的可见轮廓内画一圆点，然后从圆点开始画指引线(细实线)，在指引线的另一端画一水平线或圆(细实线)，在水平线上或圆内注写序号，序号的字高比该装配图中所

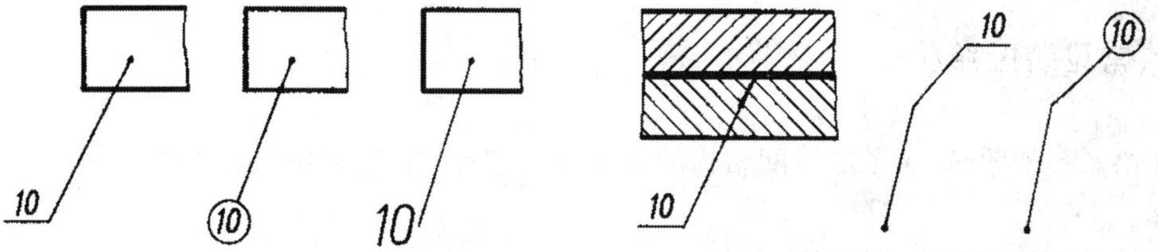

(a)　(b)　(c)　(d)

图 8-7　序号的形成

注尺寸数字高度大一号或两号(图 8-7a)。

(3)在指引线的另一端附近直接注写序号,序号字高比该装配图中所注尺寸数字高度大两号(图 8-7b)。

(4)若所指部分(很薄的零件或涂黑的剖面)内不便画圆点时,可在指引线的末端画出箭头,并指向该部分的轮廓(图 8-7c),但在同一装配图中,编写序号的形式应一致。

(5)指引线相互不能相交,当通过有剖面线的区域时,指引线不应与剖面线平行;必要时,指引线可以画成折线,但只可曲折一次(图 8-7d)。

(6)一组紧固件以及装配关系清楚的零件组,可以采用公共指引线(图 8-8)。

(7)序号应按顺时针或逆时针方向顺次排列整齐。

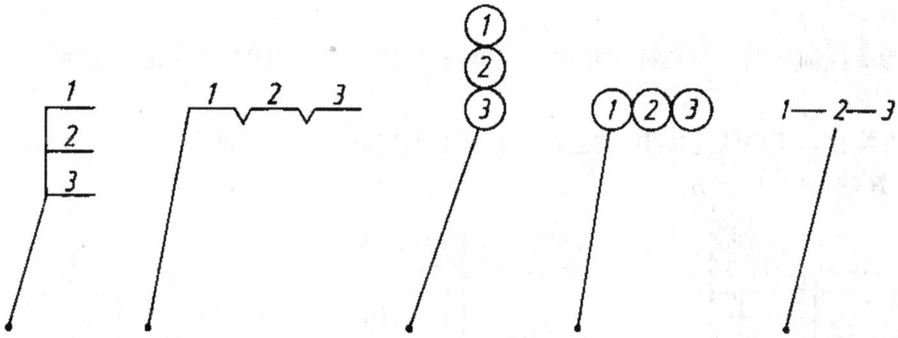

(a)　(b)　(c)　(d)　(e)

图 8-8　紧固件的编号形式

4. 明细栏

明细栏是机器或部件中全部零件的详细目录,其内容和格式详见国家标准技术制图《明细栏》(GB/T 10609.2—1989)。明细栏画在装配图右下角标题栏的上方,栏内分格线为细实线,左边外框线为粗实线,栏中的编号与装配图中的零、部件序号必须一致。填写内容应遵守下列规定:

(1)零件序号应自下而上。如位置不够时,可将明细栏顺序画在标题栏的左方。

(2)“代号”栏内,应注出每种零件的图样代号或标准件的标准代号。

(3)“名称”栏内,注出每种零件的名称,若为标准件应注出规定标记中除标准号以外的其余内容,如螺钉 M6×18。对齿轮、弹簧等具有重要参数的零件,还应注出参数。

(4)“材料”栏内,填写制造该零件所用的材料标记,如 HT150。

(5)“备注”栏内,可填写必要的附加说明或其他有关的重要内容,例如齿轮的齿数、模数等。

三、常见装配结构

在绘制装配图时，应考虑装配结构的合理性，以保证机器和部件的性能，连接可靠，便于零件装拆。

1. 接触面与配合面结构的合理性

(1)两个零件在同一方向上只能有一个接触面和配合面，应尽量避免两组面同时接触。这样，既可保证两面接触良好，又可降低加工要求。图 8-9a 示出了两平面接触的情况，图 8-9b、c 示出了两圆柱面接触的情况。

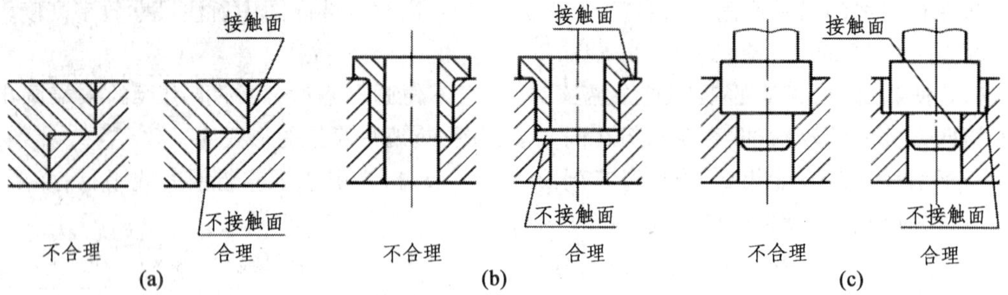

图 8-9 接触面与配合面

(2)为保证轴肩端面与孔端面接触，可在轴肩处加工出退刀槽，或在孔的端面加工出倒角，如图 8-10 所示。

(3)在螺栓紧固件的连接中，被连接件的接触面应制成凸台或凹孔，且需经机械加工，以保证接触良好，如图 8-11 所示。

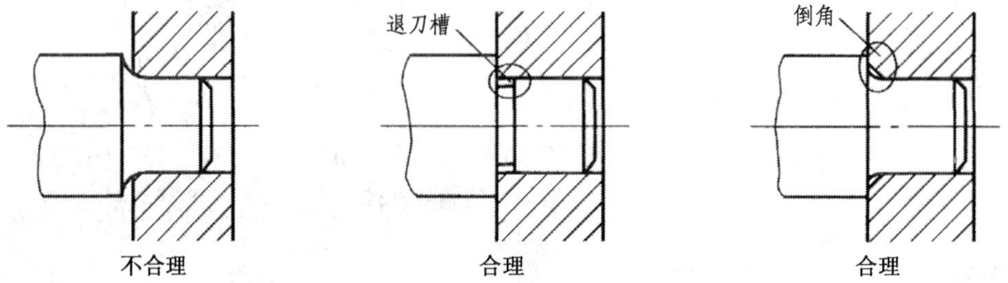

图 8-10 两零件接触面的合理结构

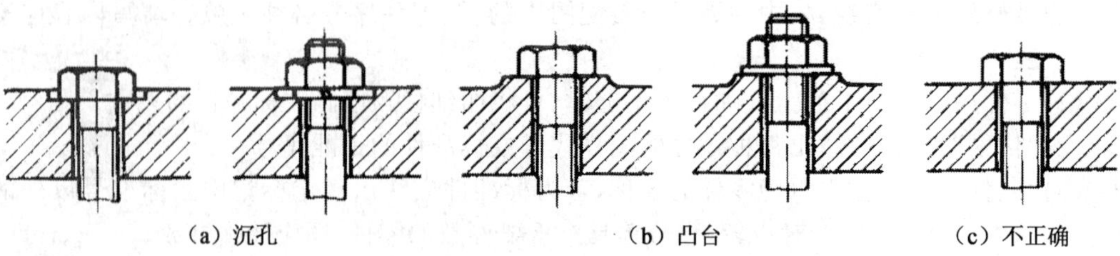

图 8-11 紧固件与被连接件接触面的结构

2. 零件的紧固与定位

(1)为了紧固零件,可适当加长螺纹尾部,并在螺杆上加工出退刀槽,或在螺孔上作出凹坑(或倒角),如图 8-12 所示。

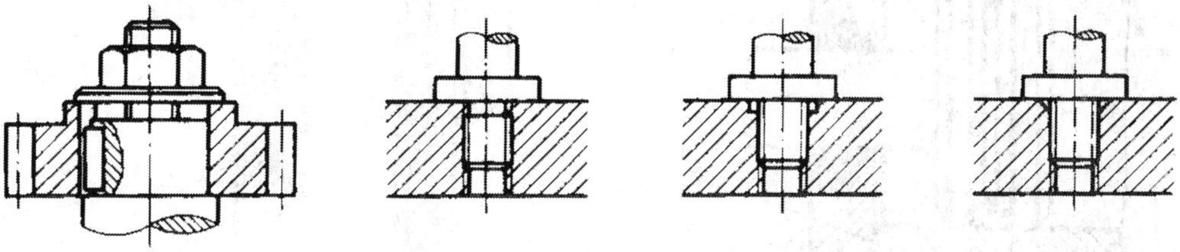

(a) 尾部加长　(b) 退刀槽　(c) 凹坑　(d) 倒角

图 8-12　螺纹尾部结构

(2)为了防止滚动轴承在运动中产生窜动,应将其内、外圈沿轴向顶紧,如图 8-13 所示。

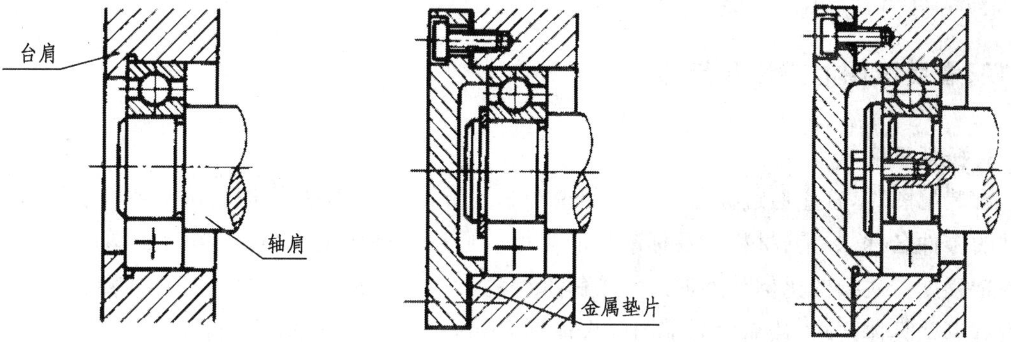

(a)　(b)　(c)

图 8-13　滚动轴承的紧固

3. 密封装置

为防止机器或部件内部的液体或气体向外渗漏,同时也避免外部的灰尘、杂质等侵入,必须采用密封装置。

1)垫片密封

为防止流体沿零件结合面向外渗漏,常在两零件之间加垫片密封,同时也改善了接触性能,如图 8-14a 所示。

2)密封圈密封

如图 8-14a 所示,将密封圈(胶圈或毡圈)放在槽内,受压后紧贴机体表面,从而起到密封作用。

3)填料密封

图 8-14b 所示是阀门上常见的密封形式。为防止流体沿阀杆与阀体的间隙溢出,在阀体上制有一空腔,并内装有填料,当压紧填料压盖时,就起到了防漏密封作用。

画图时,填料压盖不要画成压紧的极限状态,即与阀体端面之间应留有空隙,以保证将填料压紧。轴与填料压盖之间也应留有间隙,以免转动时发生摩擦。

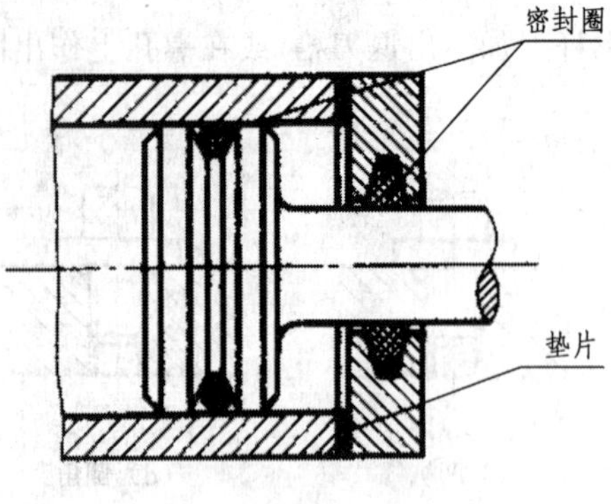

(a) 垫片和密封圈

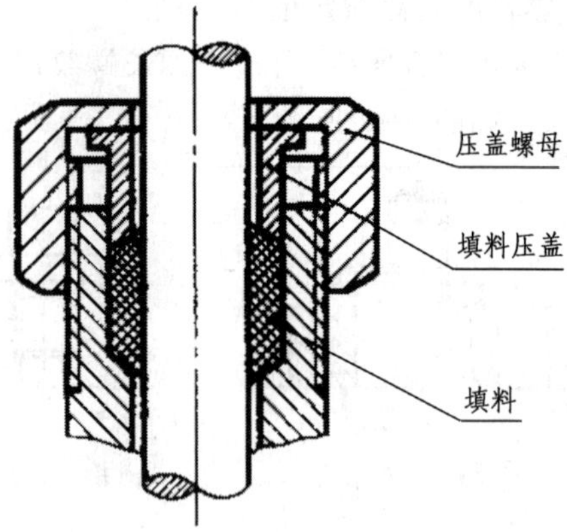

(b) 填料密封

图 8-14 密封装置

四、看装配图的方法和步骤

1. 概括了解

看装配图时，首先通过标题栏和产品说明书了解部件的名称、用途。从明细栏了解组成该部件的零件名称、数量、材料以及标准件的规格。通过对视图的浏览，了解装配图的表达情况和复杂程度。从绘图比例和外形尺寸了解部件的大小。从技术要求看该部件在装配、试验、使用时有哪些具体要求，从而对装配图的大体情况和内容有一个概括的了解。

2. 分析视图

了解各视图、剖视图、断面图的数量，各自的表达意图和它们相互之间的关系，明确视图名称、剖切位置、投射方向，为下一步深入看图做准备。

3. 分析工作原理和传动路线

一般可从图样上直接分析，当部件比较复杂时，需参考说明书。分析时，应从机器或部件的传动入手，传动关系清楚了，就可分析出工作原理。

4. 分析尺寸和技术要求

读装配图所标注的尺寸和技术要求。

5. 分析装配关系

分析清楚零件之间的配合关系、连接方式和接触情况，能够进一步了解为保证实现部件的功能所采取的相应措施，以更加深入地了解零部件。

6. 分析零件主要结构形状和用途

前面的分析是综合性的，为深入了解部件，还应进一步分析零件的主要结构形状和用途。

分析时，应先看简单件，后看复杂件。即将标准件、常用件及一看即明的简单零件看懂后，再将其从图中“剥离”出去，然后集中精力分析剩下的为数不多的复杂零件。

分析时，应依据剖面线划定各零件的投影范围。根据同一零件的剖面线在各个视图上方向相同、间隔相等的规定，首先将复杂零件在各个视图上的投影范围及其轮廓搞清楚，进而运用形体分析法并辅以线面分析法进行仔细推敲，还可借助丁字尺、三角板、分规等帮助找投影关系等。此外，分析零件主要结构形状时，还应考虑零件为什么要采用这种结构形状，以进一步分析该零件的作用。

当某些零件的结构形状在装配图上表达不够完整时，可先分析相邻零件的结构形状，根据它和周围零件的关系及其作用，再来确定该零件的结构形状就比较容易了。但有时还需参考零件图来加以分析，以弄清零件的细小结构及其作用。

7. 归纳总结

在以上分析的基础上，还要对技术要求和全部尺寸进行分析，并把部件的性能、结构、装配、操作、维修等几方面联系起来研究，进行总结归纳，这样对部件才能有一个全面的了解。

任务实施

1. 概括了解

从标题栏中了解装配体的名称和用途。从明细栏和序号可知零件的数量和种类，从而略知其大致的组成情况及复杂程度。从视图的配置、标注的尺寸和技术要求可知该部件的结构特点和大小。

如图 8-15 所示装配图的名称是球阀。阀是管道系统中用来启闭或调节流体流量的部件，球阀是阀的一种。从明细栏可知球阀由 13 种零件组成，其中标准件有两种。按序号依次查明各零件的名称和所在位置。球阀装配图由三个基本视图表达。主视图采用全剖视，表达各零件之间的装配关系。左视图采用拆去扳手的半剖视，表达球阀的内部结构及阀盖方形凸缘的外形。俯视图采用局部剖视，主要表达球阀的外形。

2. 了解装配关系和工作原理

分析部件中各零件之间的装配关系，并读懂部件的工作原理，是读装配图的重要环节。通过对球阀的阀杆、阀盖和阀体等主要零件的分析和识读，对球阀各零件之间的装配关系和连接方式已比较清楚。球阀的工作原理比较简单，装配图所示阀芯的位置为阀门全部开启，管道畅通。当扳手按顺时针方向旋转 90°时（图 8-15 中双点画线为扳手转动的极限位置），阀门全部关闭，管道断流。所以，阀芯是球阀的关键零件。下面针对阀芯与有关零件之间的包容关系和密封关系做进一步分析。

1）包容关系

阀体 1 和阀盖 2 都带有方形凸缘，它们之间用四个双头螺柱 6 和螺母 7 连接，阀芯 4 通过两个密封圈 3 定位于阀体空腔内，并用合适的调整垫 5 调节阀芯与密封圈之间的松紧程度。通过填料压紧套 11 与阀体内的螺纹旋合将填料垫 8、中填料 9、上填料 10 固定于阀体中。

2）密封关系

两个密封圈 3 和调整垫 5 形成第一道密封。阀体与阀杆之间的填料垫 8 及填料 9、10 用填料压紧套 11 压紧，形成第二道密封。

3. 分析零件，读懂零件结构形状

利用装配图特有的表达方法和投影关系，将零件的投影从重叠的视图中分离出来，从而读懂零件的基本结构形状和作用。

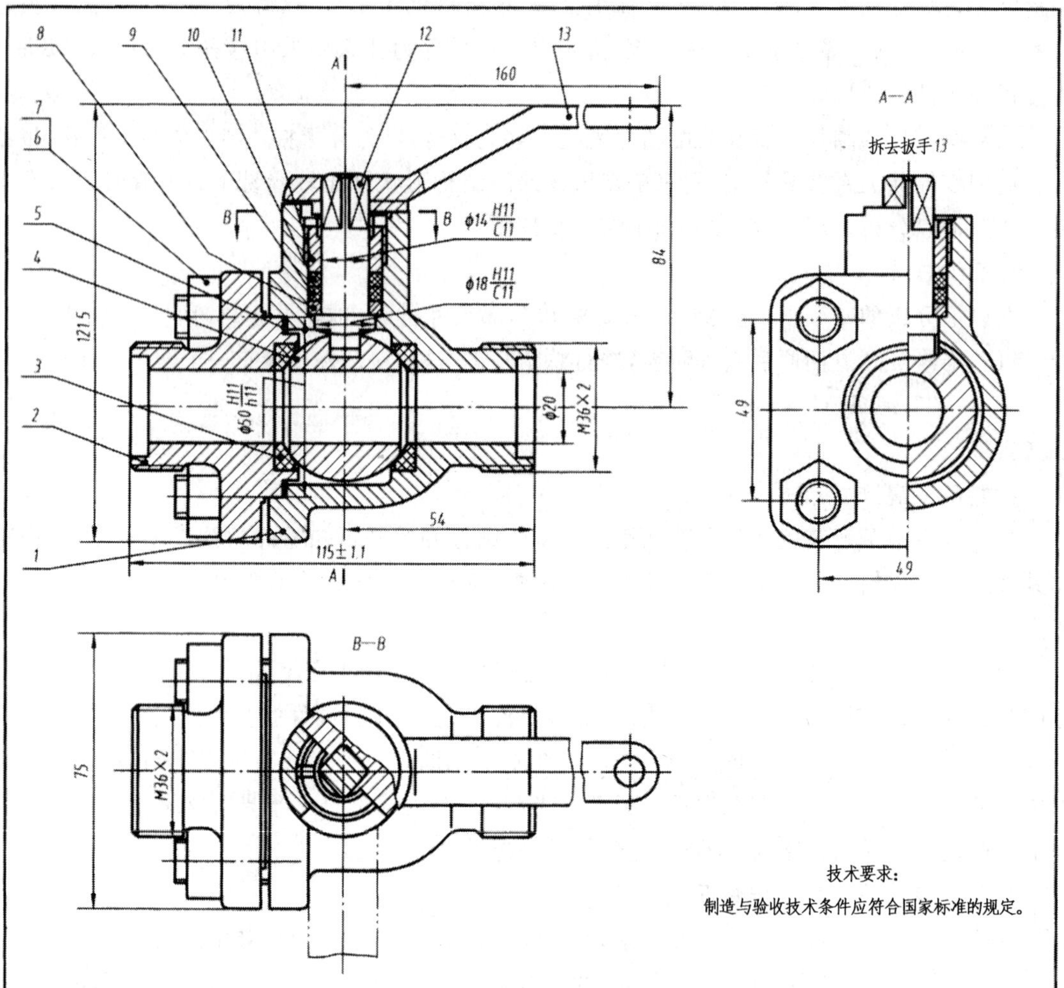

技术要求：

制造与验收技术条件应符合国家标准的规定。

13		扳手	1	ZG230—450	
12		阀杆	1	40Cr	
11		填料压紧套	1	35	
10		上填料	2	聚四氯乙烯	
9		中填料	1	聚四氯乙烯	
8		填料垫	1	40Cr	
7	GB/T 6170—2000	螺母M12	4	Q235	

6	GB/T 897—1988	螺柱M12×30	4	Q235	
5		调整垫	1	聚四氯乙烯	
4		阀芯	1	40Cr	
3		密封圈	2	聚四氯乙烯	
2		阀盖	1	ZG230-450	
1		阀体	1	ZG230-450	
序号	代号	名称	数量	材料	备注

设计					(单位)
校核			比例	1:2	球阀
审核			共 张 第 张		01-00

图 8-15 球阀装配图

例如，球阀的阀芯，从装配图的主、左视图中根据相同的剖面线方向和间隔，将阀芯的投影轮廓分离出来，结合球阀的工作原理以及阀芯与阀杆的装配关系，从而完整想象出阀芯是一个左、右两边截成平面的球体，中间是通孔，上部是圆弧形凹槽，如图 8-16 所示。

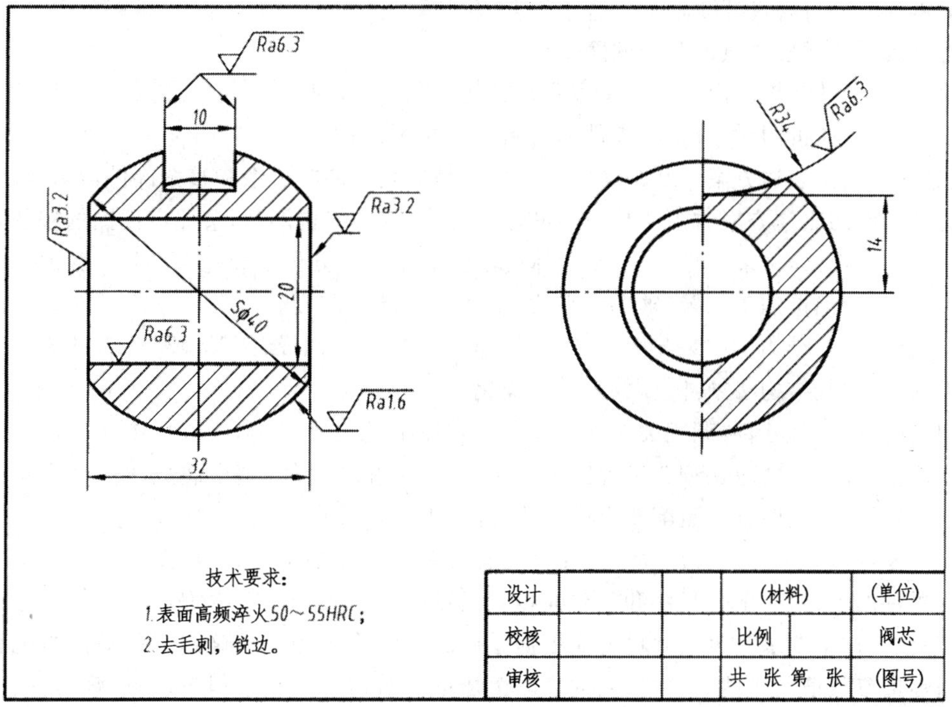

图 8-16　球阀阀芯零件图

4. 分析尺寸，了解技术要求

装配图中标注了必要的尺寸，包括规格（性能）尺寸、装配尺寸、安装尺寸和总体尺寸。其中装配尺寸与技术要求有密切关系，应仔细分析。

球阀装配图中标注的装配尺寸有三处：$\phi 50\ \frac{H11}{h11}$是阀体与阀盖的配合尺寸，$\phi 14\ \frac{H11}{c11}$是阀杆与填料压紧套的配合尺寸，$\phi 18\ \frac{H11}{c11}$是阀杆下部凸缘与阀体的配合尺寸。为了便于装拆，三处均采用基孔制间隙配合。此外，技术要求还包括部件在装配过程中或装配后必须达到的技术指标（如装配的工艺和精度要求），以及对部件的工作性能、调试与试验方法、外观等的要求。

知识拓展

由装配图拆画零件图

在设计新机器时，通常是根据使用要求先画出装配图，确定实现其工作性能的主要结构，然后根据装配图再来画零件图。由装配图拆画零件图，简称“拆图”。拆图的过程，也是继续设计零件的过程。

1. 拆画零件图的要求

（1）拆图前，必须认真阅读装配图，全面深入了解设计意图，分析清楚装配关系、技术要求和各个零件的主要结构。

（2）画图时，要从设计方面考虑零件的作用和要求，从工艺方面考虑零件的制造和装配，使所画的零件图既符合设计要求又符合生产要求。

2. 拆画零件图应注意的几个问题

(1)完善零件结构。由于装配图主要是表达装配关系,因此对某些零件的结构形状往往表达得不够完整,在拆图时,应根据零件的功用加以补充、完善。

(2)重新选择表达方案。装配图的视图选择是从表达装配关系和整个部件情况考虑的,因此在选择零件的表达方案时不能简单照搬,应根据零件的结构形状,按照零件图的视图选择原则重新考虑。当然,许多零件,尤其是箱体类零件的主视图方位与装配图还是一致的。对于轴套类零件,一般仍按加工位置(轴线水平放置)选取主视图。

(3)补全工艺结构。在装配图上,零件的细小工艺结构,如倒角、倒圆、退刀槽等往往被省略。拆图时,这些结构必须补全,并加以标准化。

(4)补齐所缺尺寸,协调相关尺寸。由于装配图上的尺寸很少,所以拆图时必须补全。装配图上已注出的尺寸,应在相关零件图上直接注出;未注的尺寸,则由装配图上量取并按比例算出,数值可作适当圆整。装配图上尚未体现的,则需自行确定。

相邻零件接触面的有关尺寸和连接件的有关定位尺寸必须一致,拆图时应一并将它们注在相关零件图上;对于配合尺寸和重要的相对位置尺寸,应注出偏差数值。

(5)注写技术要求。表面粗糙度应根据零件表面的作用和要求确定。接触面与配合面的表面粗糙度参数值要小些,自由表面的表面粗糙度参数值要大些。但有密封、耐腐蚀、美观等要求的表面粗糙度参数值要小些。

技术要求将直接影响零件的加工质量。但正确制定技术要求,涉及许多专业知识,初学者可参照同类产品的相应零件图用类比法确定。

任务二　画铣刀头装配图

任务描述

能绘制简单的装配图。

任务分析:绘制机械图样有新设计和测绘之分。新设计时,无实物参照,应先画出表达总体设计方案的装配图,再画出零件图。测绘是指根据实物测量绘制机械图样。根据图 8-17 所示铣刀头装配轴测图,绘制如图 8-18 所示铣刀头装配图。

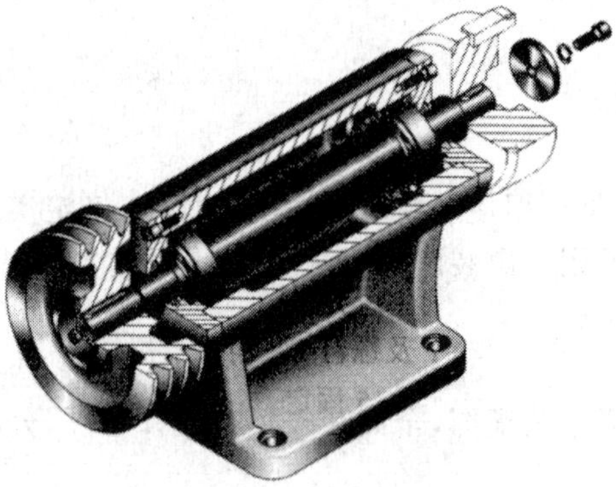

图 8-17　铣刀头装配轴测图

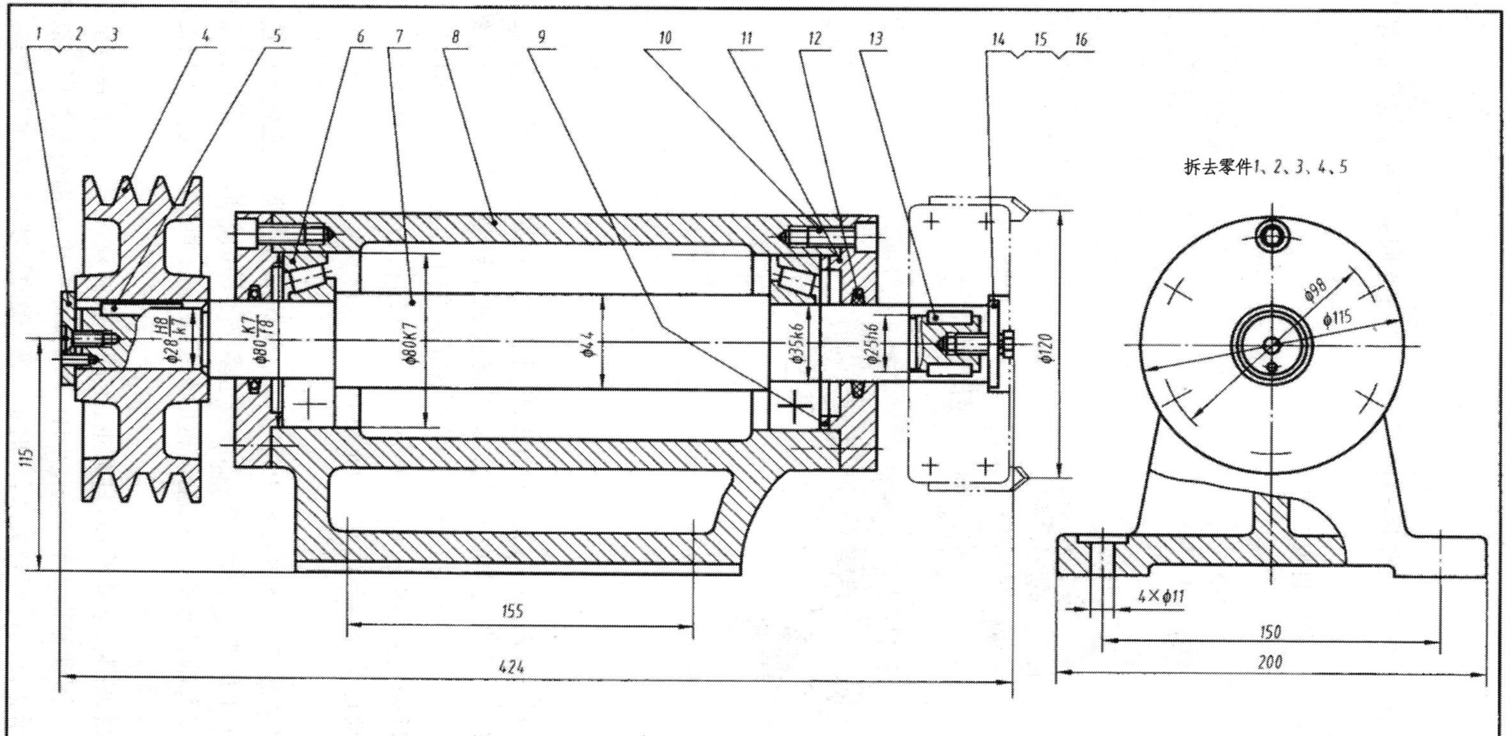

16	GB/T 93—1987	垫圈6	1	65Mn		6	GB/T 294—1994	轴承30307	2		
15	GB/T 5783—2000	螺栓M6×20	1	Q235-A		5	GB/T 1096—2003	键8×40	1	45	
14	GB/T 892—1986	挡圈B32	1	35		4		V带轮	1	HT150	
13	GB/T 1096—2003	键6×20	2	45		3	GB/T 119.1—2000	销3×12	1	35	
12		毛毡25	2	222-36	无圈	2	GB/T 68—2000	螺钉M6×18	1	Q235-A	
11		端盖	2	HT200		1	GB/T 891—1986	挡圈35	1	Q235-A	
10	GB/T 70.1—2000	螺钉M6×20	12	Q235-A		序号	代号	名称	数量	材料	备注
9		调整环	1	35		设计			共 张 第 张		
8		座体	1	HT200		校核			重量		铣刀头
7		轴	1	45					比例		

图8-18 铣刀头装配图

知识准备

装配图的画法

画装配图之前,应对所画部件的功用、工作原理、结构特点、零件之间的装配连接关系有一个充分的了解。

下面以图 8-19 滑动轴承为例,介绍绘制装配图的方法和步骤。

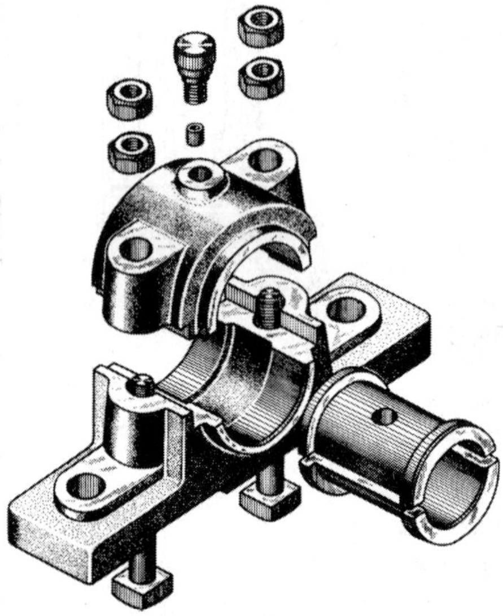

图 8-19 滑动轴承分解轴测图

1. 选择表达方案

1)主视图的选择

一般按部件的工作位置选择,并使主视图能够尽量反映部件的工作原理、传动关系、装配连接关系及零件间的相对位置。主视图通常取剖视,以表达零件的主要装配干线(工作系统、传动线路)。图 8-1 是滑动轴承的装配图,它的主视图符合该部件的工作位置;以正面作为主视图的投射方向,能够较多地反映主体零件轴承座、轴承盖的形状结构特征;主视图采用了半剖视,则将所有零件之间的装配连接关系表达得比较清楚。

2)其他视图的选择

其他视图的选择应能补充主视图尚未表达或表达不够充分的部分。所选视图要重点突出,避免不必要的重复。图 8-1 中所选择的俯视图,能够表达多个零件的外形。采用拆卸画法则重点表示轴衬的结构特点,以及轴衬与轴承座、轴承盖的装配关系。同时,俯视图也把轴承座上的两个安装孔表示出来了。

如果装配图是供装配、调试、安装、维修所用,只画主、俯两个视图就可以了。若在装配图上拆画零件图,则只给这两个视图就显得不够充分。因此又增加了一个半剖的左视图,以清晰地表示出轴衬与轴承座、轴承盖之间的配合关系,同时也将座、盖的形状表示得更加完整。

2. 画图步骤

(1)确定绘图比例、图纸幅面,进行合理布图。在表达方案确定以后,根据部件的总体尺寸确定绘图比例和标准的图纸幅面,按视图数量和大小进行合理布图(布图时应考虑标题栏、明细栏、零件编号、标注尺寸和注写技术要求所需的位置),然后绘制出各视图的主要基准线,如图 8-20 所示。

(2)绘制部件的主体结构。不同的机器或部件,都有决定其特性的主体结构。首先应先画出它们的轮廓,再相继画出一些支承、包容或与主体结构相接的重要零件。画图时,由主视图开始,几个视图配合进行。画剖视图时,以装配干线为准,由内向外逐个画出各个零件的投影(也可由外向内,根据画图方便而定),如图 8-21 所示。

(3)画出其他次要零件和细节。逐步画出主体结构与重要零件的细节,以及各种连接件如键、销、螺钉等,如图 8-22,图 8-23 所示。

(4)按顺序完成全图。检查、修正底稿,加深图线,画剖面线;标注尺寸;编写序号, 画标题栏、明细栏,注写技术要求,完成全图(参见图 8-1)。

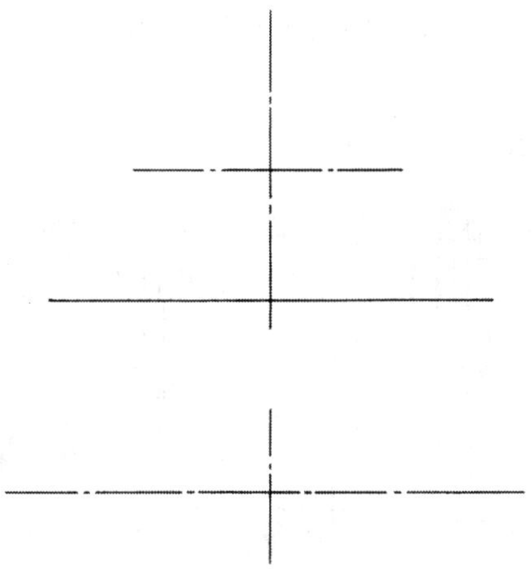

图 8-20　画各视图的主要基准线

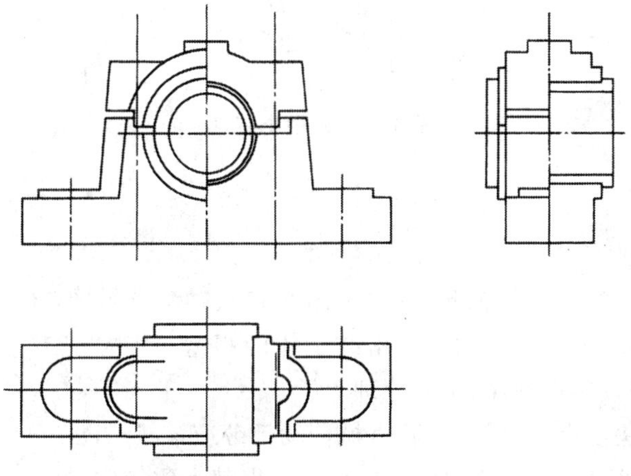

图 8-21　画主体结构和重要零件

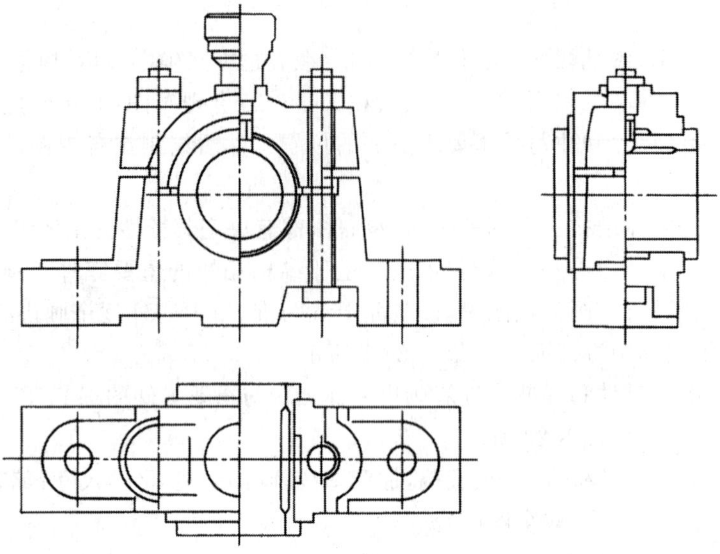

图 8-22 画其他次要零件

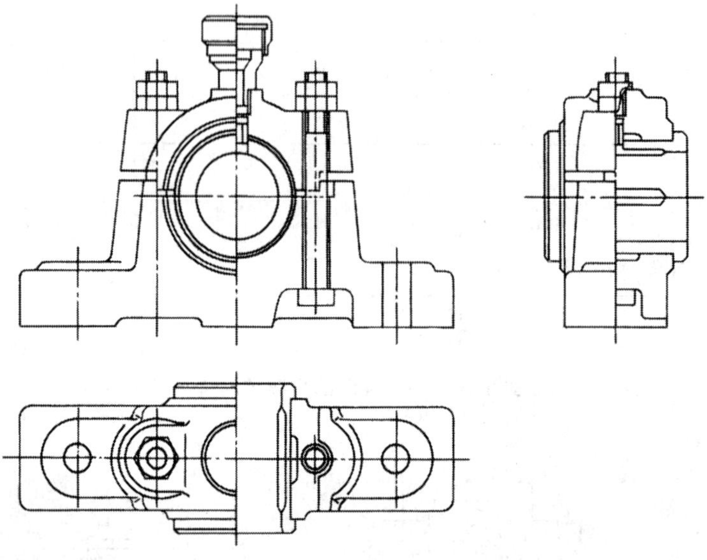

图 8-23 画细小结构

任务实施

1. 了解、分析装配体

首先将装配体的实物或装配轴测图(参见图 8-17)、轴测分解图(图 8-24)对照装配示意图(图 8-25)及配套零件图(略)进行分析,了解装配体的用途、结构特点,各零件的形状、作用和零件间的装配关系,以及装拆顺序、工作原理等。

装配示意图的画法没有严格规定,除机械传动部分应该按 GB/T 4460—1984 中规定的机构运动简图符号绘制外,其他零件均可用单线条画出其大致轮廓。

图 8-24　铣刀头装配轴测图分解图

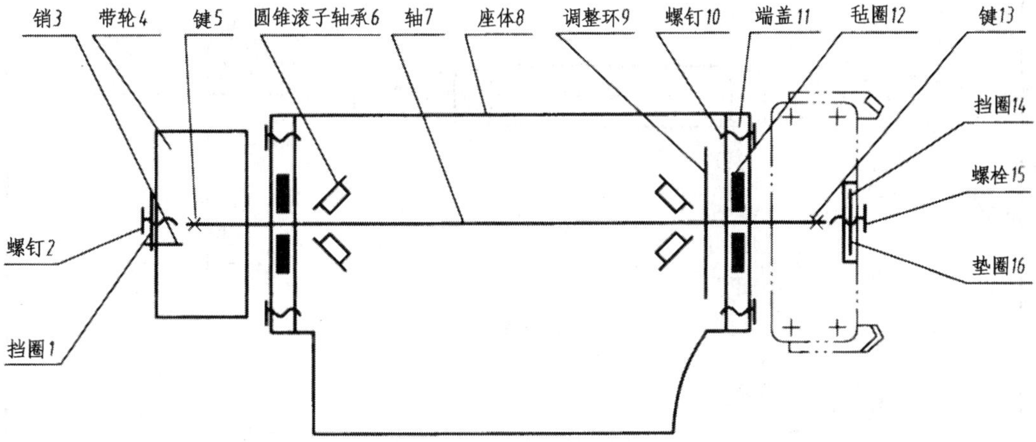

图 8-25　铣刀头装配示意图

铣刀头是铣床上的专用部件，铣刀装在铣刀盘上，铣刀盘通过键 13 与轴 7 连接。动力通过带轮 4 经键 5 传递到轴 7，从而带动铣刀盘旋转，对零件进行铣削加工。

轴 7 由两个圆锥滚子轴承 6 及座体 8 支承，用两个端盖 11 及调整环 9 调节轴承的松紧和轴 7 的轴向位置；两端盖用螺钉 10 与座体 8 连接，端盖内装有毡圈 12，紧贴轴 7 起密封防尘作用；带轮 4 轴向由挡圈 1 及螺钉 2、销 3 固定，径向由键 5 固定在轴 7 上；铣刀盘与轴由挡圈 14、垫圈 16 及螺栓 15 固定。

2. 确定表达方案

1)主视图的选择

主视图的投射方向应能反映部件的工作位置和部件的总体结构特征，同时能较集中地反映部件的主要装配关系和工作原理。铣刀头座体水平放置，主视图是通过轴 7 轴线的全剖视图，并在轴两端作局部剖视，如图 8-18 所示。为反映铣刀头的主要功能，右端采用了假想画法，用双点画线将铣刀盘画出，这样就把各零件间的相互位置、主要的装配关系和工作原理表达清楚了。

2)其他视图的选择

其他视图的选择,主要应考虑对尚未表达清楚的装配关系及零件形状等加以补充。图 8-18 中的左视图进一步将座体的形状以及座体底板与其他零件的安装情况表达清楚。为了突出座体的主要形状特征,左视图采用了装配图的拆卸画法。

3. 确定比例、图幅,合理布图

画装配图前,应根据部件结构的大小、复杂程度及其拟定的表达方案,确定画图的比例、图幅,要考虑为尺寸标注、零件序号、明细栏及技术要求等留出位置,使布局合理。

画铣刀头装配图的步骤如下。

(1)画图框、标题栏和明细栏,画出各视图的主要基准线,如铣刀头的座体底平面、轴线、中心线等,画出主要装配干线上轴的主视图(图 8-26)。

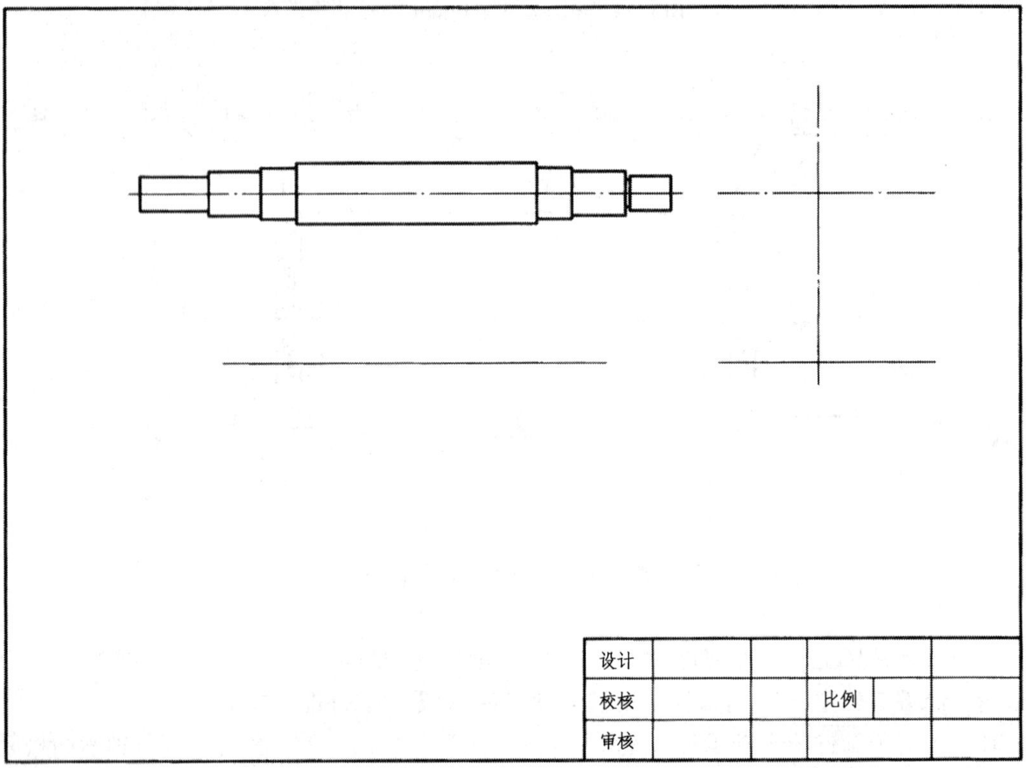

图 8-26 铣刀头装配图画图步骤(一)

(2)逐层画出各视图。围绕主要装配干线,由里向外,逐个画出零件的图形。一般从主视图入手,并兼顾各视图的投影关系,几个基本视图结合起来进行。画图时还要考虑以下原则:先画主要零件(如轴、座体),后画次要零件;先画大体轮廓,后画局部细节;先画可见轮廓(如带轮、端盖等),被遮部分(如轴承端面轮廓和座体孔的端面轮廓等)可不画出。具体步骤如图 8-27 至图 8-29 所示。其中,座体与轴之间在长度方向的定位,是根据端盖压入的长度及滚动轴承与轴肩之间的尺寸关系确定的。

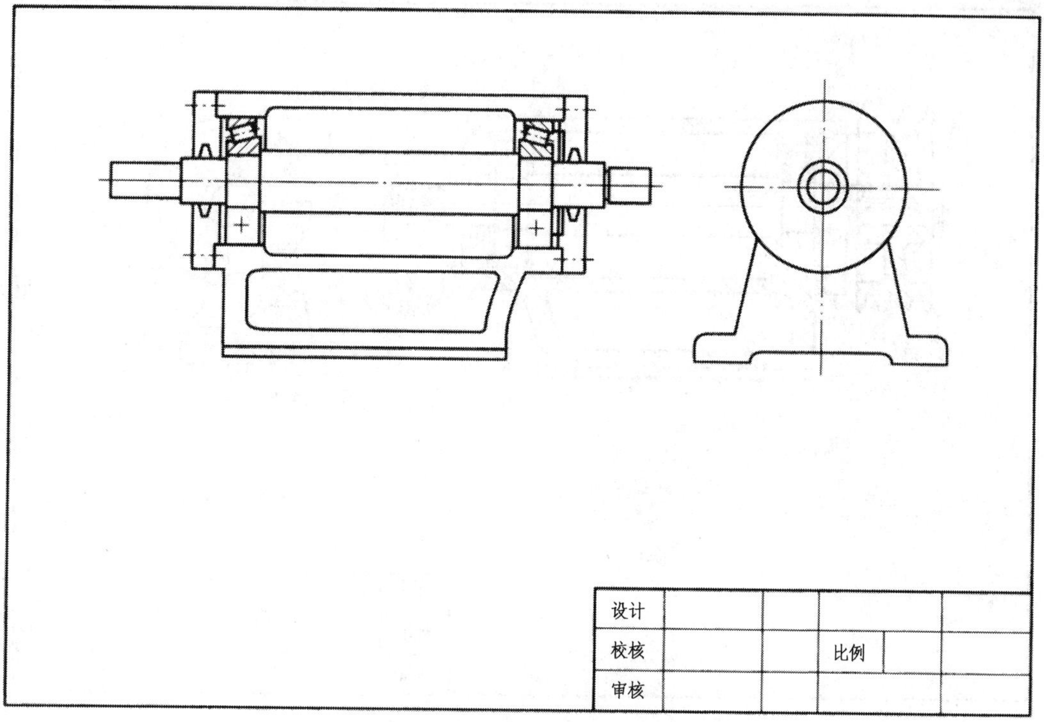

图 8-27　铣刀头装配图画图步骤(二)

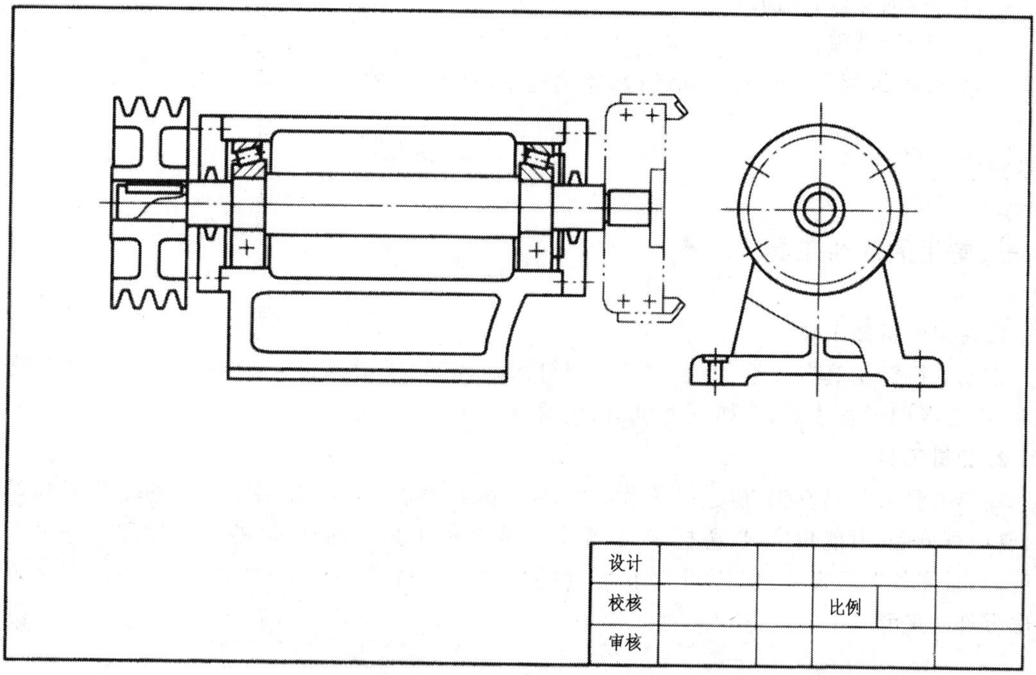

图 8-28　铣刀头装配图画图步骤(三)

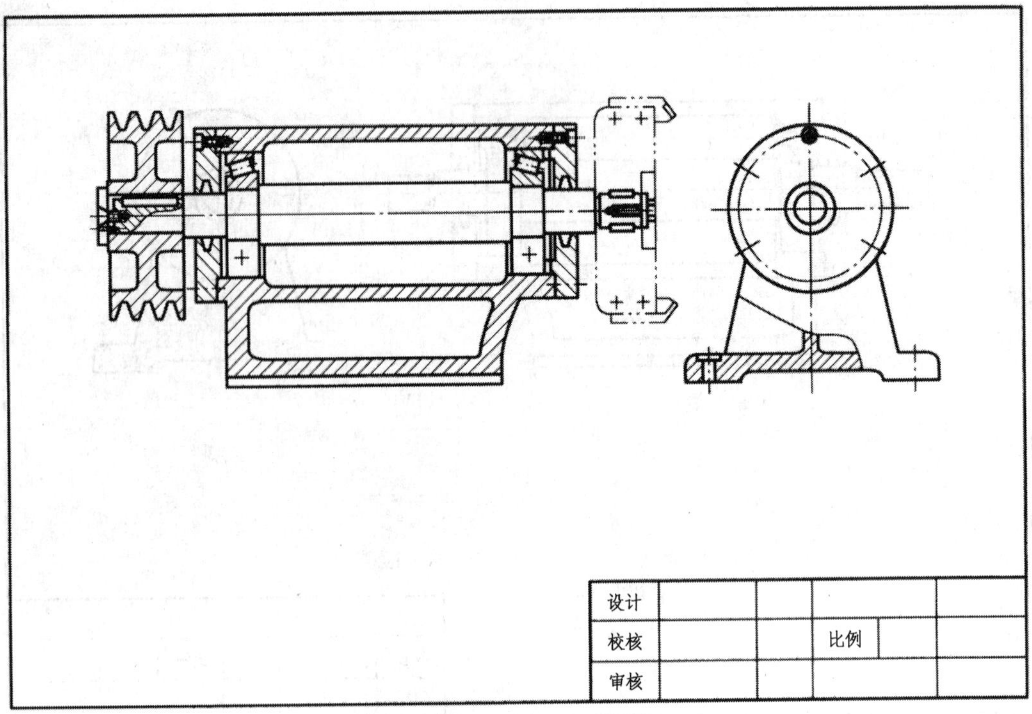

图 8-29 铣刀头装配图画图步骤(四)

(3)校核,描深,画剖面线。

(4)标注尺寸,编排序号。

(5)填写技术要求、明细栏、标题栏,完成全图(见图 8-18)。

知识拓展

一、常用的测绘工具

1. 常用的拆卸工具

常用的拆卸工具有扳手、锤子、手钳、螺钉槽旋具等。生产实际中为拆卸过盈、过渡配合的零件,需要专用设备或器具,如压力机、顶拔器等。

2. 测量工具

简单的测量工具有钢直尺、外卡钳、内卡钳、螺纹样板、圆角规、塞尺;测量较精密的零件时,要用百分表、万能角度尺、游标卡尺、千分尺或其他工具。钢直尺、游标卡尺和千分尺上有刻度,测量零件时可直接从刻度上读出零件的尺寸。用内、外卡钳测量时,必须借助直尺才能读出零件的尺寸。

二、常用的测量方法

在测绘中,被测件尺寸的测量是很重要的一项内容。正确的测量方法和使用准确、方便的测量工具，不但会减少尺寸测量误差，而且还会加快速度。

1. 测量直线尺寸(长、宽、高)

一般可用钢直尺或游标卡尺直接量得尺寸的大小，如图 8-30 所示。

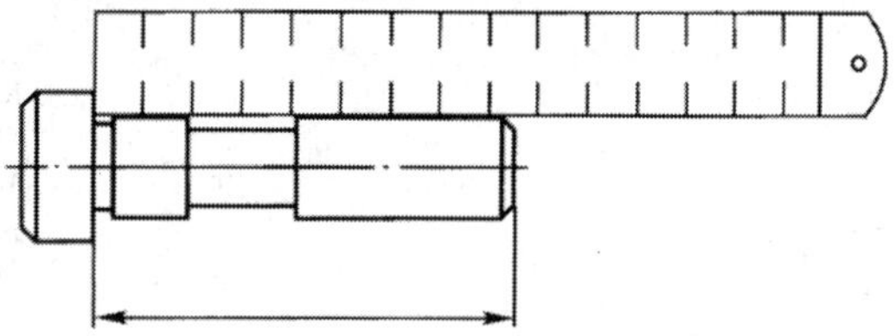

(a)钢直尺

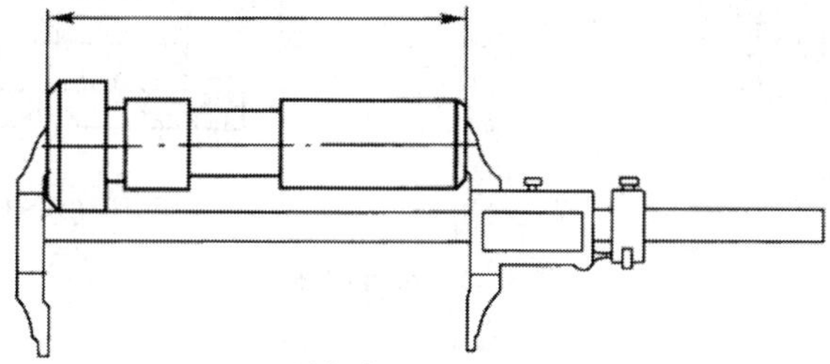

(b)游标卡尺

图 8-30　测量直线尺寸

2. 测量回转面的直径

这类尺寸可用内、外卡钳测量，但测绘中常用游标卡尺测量。精密零件用千分尺或百分表测内、外径，如图 8-31 所示。

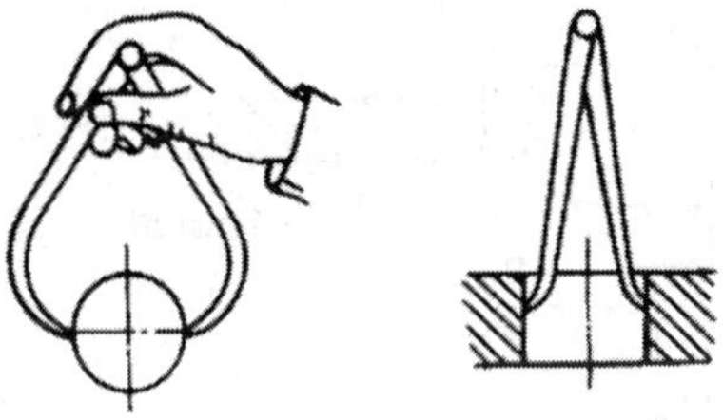

(a)长钳

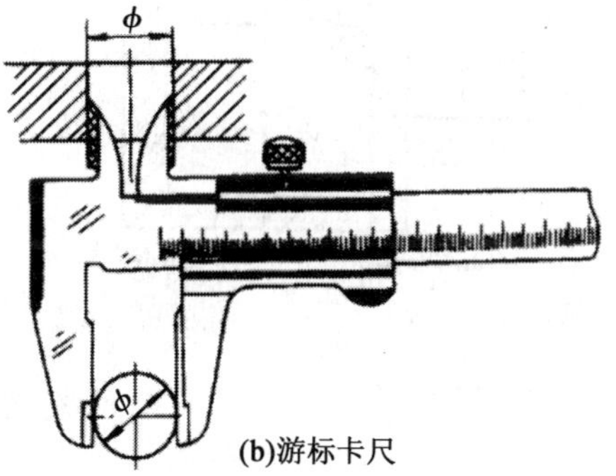

(b)游标卡尺

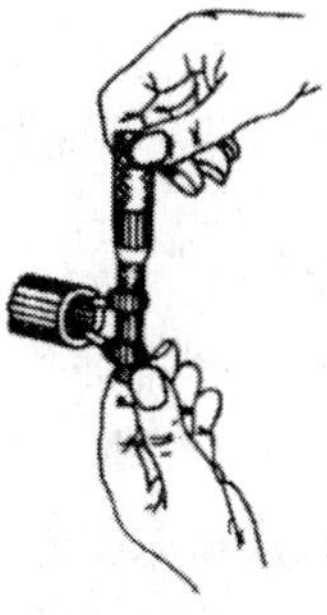

(c)千分尺

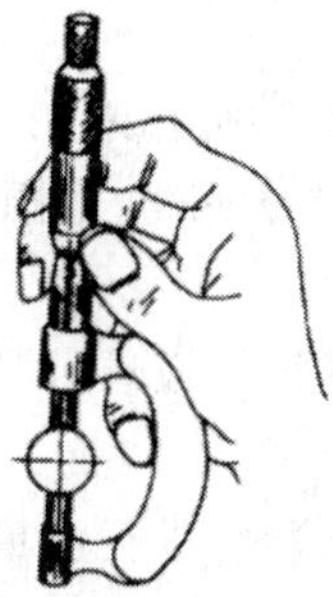

(d)千分尺

(d)百分表

图 8-31　测量回转面的直径

3. 深度的测量

深度可以用钢直尺或带有尾伸杆的游标卡尺直接量得，如图 8-32 所示。

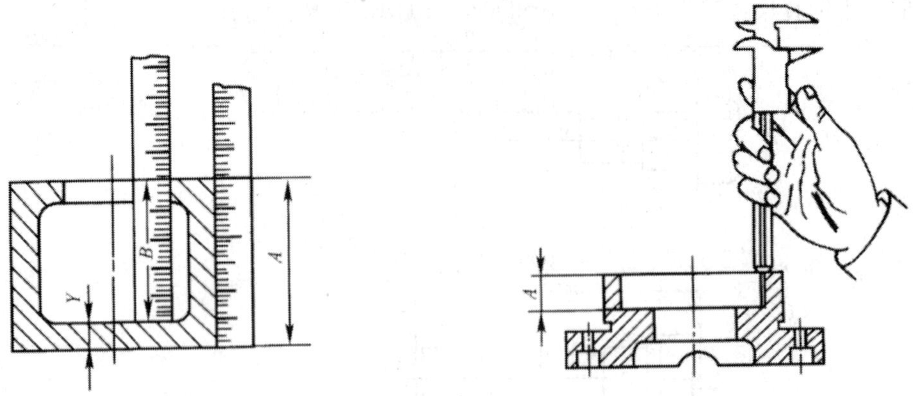

(a)钢直尺　(b)游标卡尺

图 8-32　深度的测量

4. 壁厚的测量

壁厚可用钢直尺和外卡钳结合进行测量(图 8-33a)，也可用游标卡尺和垫块结合进行测量(图 8-33b)。

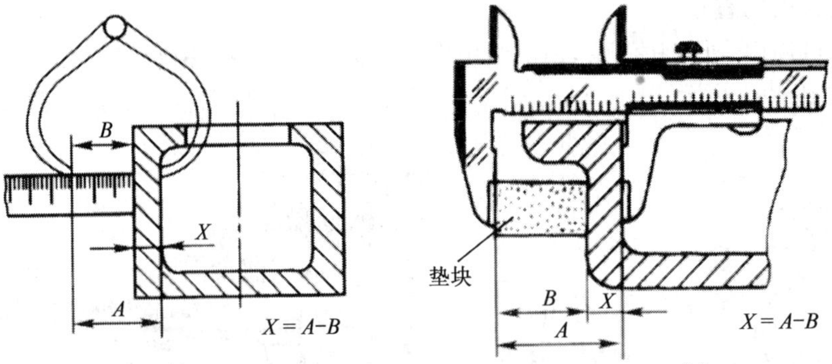

(a)　(b)

图 8-33　壁厚的测量

5. 两孔中心距的测量

当两孔直径相等时，可先测出 K 和 d，则孔距 $A=K+d$(图 8-34a)，当两孔直径不等时，可先测出 K 、孔径 D 和 d，则孔距 $A=(D+d)/2$(图 8-34b)。

6. 圆角和圆弧半径的测量

各种圆角和圆弧半径的大小可用半径样板进行测量，如图 8-35 所示。

7. 间隙的测量

两平面之间的间隙通常用塞尺(厚薄规)进行测量，如图 8-36 所示。

8. 角度的测量

角度通常用万能角度尺进行测量，如图 8-37 所示。

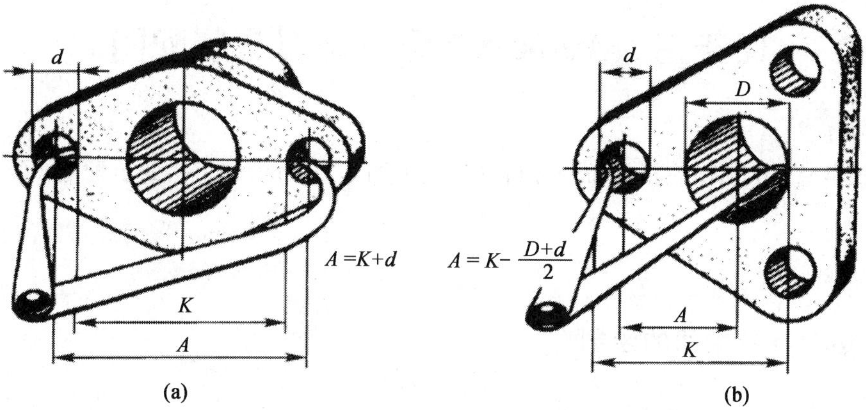

图 8-34　两孔中心距的测量

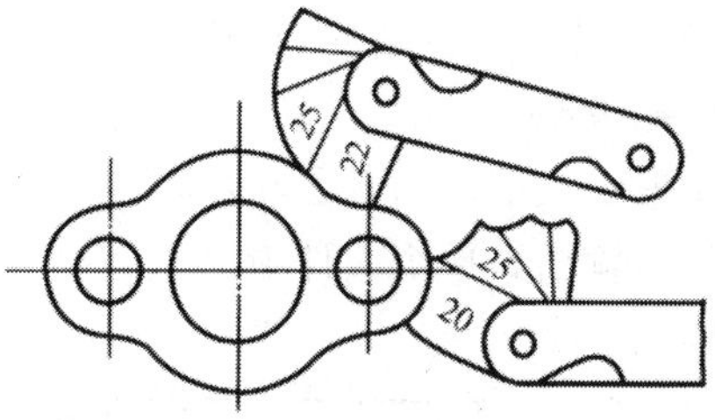

图 8-35　用半径样板测量圆角和圆弧半径

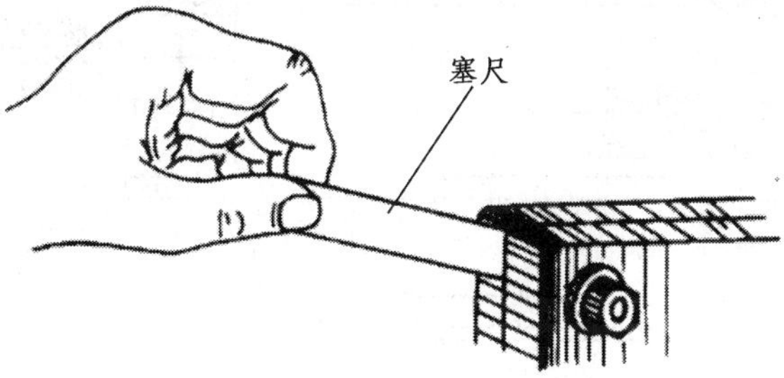

图 8-36　用塞尺测量间隙

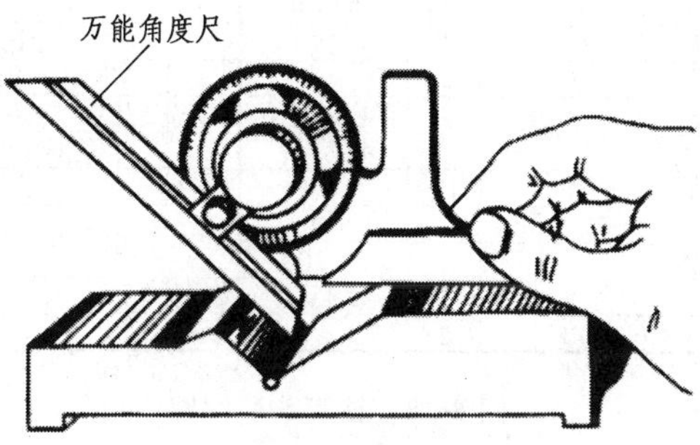

图 8-37　用万能角度尺测量角度

任务三　AutoCAD 绘制铣刀头装配图

任务描述

利用所学 AutoCAD 的相关命令分析并绘制如图 8-38 所示铣刀头的装配图。

知识准备

一、AutoCAD 装配图的绘制

如果用户已经绘制了机器或部件的所有零件图，当需要画一张完整的装配图时，可考虑利用已绘制的零件图来拼画装配图，这样能避免重复劳动，提高工作效率。

对于经常绘制装配图的用户，可将常用零件、部件、标准件和专业符号等做成图块库。例如，将轴承、弹簧、螺钉、螺栓等制作成公用图块库，在绘制装配图时采用块插入的方法将其插入装配图中，可提高绘制装配图的效率。

由零件图拼画装配图时，一般采取下面的方法和步骤。

(1)将各个零件中必要的图形输出到单个文件中。

(2)将图形文件插入装配图当中。

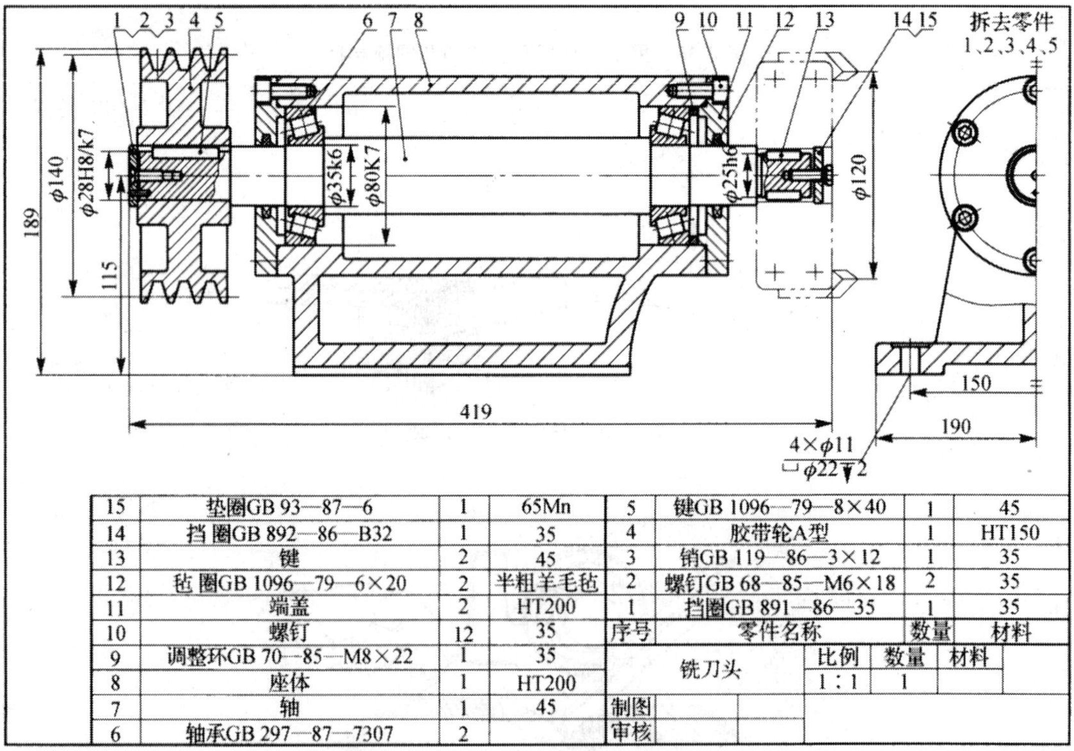

15	垫圈GB 93—87—6	1	65Mn	5	键GB 1096—79—8×40	1	45
14	挡圈GB 892—86—B32	1	35	4	胶带轮A型	1	HT150
13	键	2	45	3	销GB 119—86—3×12	1	35
12	毡圈GB 1096—79—6×20	2	半粗羊毛毡	2	螺钉GB 68—85—M6×18	2	35
11	端盖	2	HT200	1	挡圈GB 891—86—35	1	35
10	螺钉	12	35	序号	零件名称	数量	材料
9	调整环GB 70—85—M8×22	1	35	铣刀头	比例	数量	材料
8	座体	1	HT200		1∶1	1	
7	轴	1	45	制图			
6	轴承GB 297—87—7307	2		审核			

图 8-38　铣刀头装配图

二、样板图的应用

1. 样板图的概念

样板图作为一张标准图纸，除了需要绘制图形外，还要求设置图纸大小、绘制图框线和标题栏；而对于图形本身，需要设置图层以绘制图形的不同部分，设置不同的线型和线宽表达不同的含义，设置不同的图线颜色以区分图形的不同部分等。所有这些都是绘制一幅完整图形不可或缺的工作。为方便绘图，提高绘图效率，通常将绘制图形所需的基本图和通用设置绘制成一张基础图形，进行初步或标准的设置，这种基础图形就称为样板图。

2. 样板图在绘制图形中所起的作用

为避免重复操作，提高绘图效率，可以在设置图层、文字样式、尺寸标注样式、图框、标题栏等内容后将其保存为样板图，使用时直接调用即可。

AutoCAD 提供了许多样板文件，但这些样板文件和我国的国家标准不完全符合，所以不同的行业在绘图前都应该建立符合各自行业国家标准的样板图，保证图纸的规范性。AutoCAD 自带两个样板：默认英制单位的样板 Acad. dwt，缺省区域为 12 in×9 in；默认公制单位的样板 Acdiso. dwt，缺省区域为 420 mm×297 mm。

3. 创建样板图的准则

使用 AutoCAD 绘制样板图时，必须遵守如下准则。

(1)严格遵守国家标准的有关规定。

(2)使用标准线型。

(3)将捕捉和栅格设置为在操作区操作的尺寸。

(4)按标准的图纸尺寸打印图样。

4. 样板图的创建

1)设置绘图单位和精度

在绘图时，单位制都采用十进制，长度精度一般为小数点后 2 位(也可根据要求设置)，角度精度一般为小数点后 1 位(也可根据要求设置)。

设置图形单位和精度的方法为选择“格式”→“单位”菜单，打开“图形单位”对话框。在该对话框“长度”选项区的“类型”下拉列表中选择“小数”选项，设置“精度”为“0.0”；在“角度”选项区的“类型”下拉列表中选择“十进制度数”选项，设置“精度”为“0”；系统默认逆时针方向为正。然后单击“确定”按钮。

2)设置图形界限

国家标准对图纸的幅面大小做了严格规定，每一种图纸幅面都有唯一的尺寸。在绘制图形时，设计者应根据图形的大小和复杂程度选择图纸幅面。

设置图形界限的操作方法如下。

命令：-limits

重新设置模型空间界限：　　　　　　　* 系统提示 *

指定左下角点或[开(ON)/关(OFF)]＜0.0000,0.0000＞：* 默认左角点为(0,0)，按 Enter 键 *

指定右上角点＜420.0000,297.0000＞：　* 输入右上角点为(420,297)，按 Enter 键 *

设置完图形界限后，打开栅格，显示图形界限。

3)设置图层

在绘制图形时，图层是一个重要的辅助工具，可以用来管理图形中的不同对象。创建图层一般包括设置层名、颜色、线型和线宽。图层的多少需要根据所绘制图形的复杂程度来确定，通常对于一些比较简单的图形，只需分别对辅助线、轮廓线、标注等对象建立图层即可。一般情况下设置五层图层。

4)设置文字样式

略。

5)设置尺寸标注样式

略。

6)绘制图框线

在使用 AutoCAD 绘图时，图形界限不能直观地显示出来，因此，在绘图时还需要通过图框来确定绘图的范围，使所有的图形绘制在图框线之内。图框通常要小于图形界限，图框到图形界限要留一定的单位，其具体数值要符合国家标准规定，按国标规定绘制图框线。

7)定义表面粗糙度图块

略。

8)绘制标题栏

绘制标题栏并将标题栏定义为写块，再将标题栏插到图框右下角。

9)保存样板图

选择“文件”→“另存为”菜单，打开“图形另存为”对话框，在“文件类型”下拉列表中选择“AutoCAD 图形样板(*.dwt)”选项，在“文件名”文本框中输入“A3 样板图横装”，单击“保存”按钮，打开“样板选项”对话框，在“说明”文本框中输入对样板图形的描述和说明，单击“确定”按钮，返回绘图区，此时就创建好一个标准的 A3 幅面的样板文件。

10)调用样板图

样板图建立后，就可以在绘图前调用样板文件，在样板文件上开始绘制新图。调用样板图的操作方法如下。

选择“文件”→“新建”菜单，打开“选择样板”对话框，在“名称”列表框中选择“A3 样板图横装”，单击“打开”按钮。

三、表格的应用

1. 表格

在 AutoCAD 中，可以使用“创建表格”命令创建表格，而不必使用直线和文字对象绘制表格；还可以从 Microsoft Excel 中直接复制表格，并将其作为 AutoCAD 表格对象粘贴到图形中；也可以从外部直接导入表格对象。此外，还可以输出来自 AutoCAD 的表格数据，以供在 Microsoft Excel 或其他应用程序中使用。

2. 新建表格样式

表格样式控制一个表格的外观。使用表格样式，可以保证表格拥有标准的字体、颜色、文本、高度和行距。可以使用默认的、标准的或者自定义的表格样式来满足需要，并在必要时重用它们。

在 AutoCAD,选择“注释”→“表格”菜单,打开“表格样式”对话框,如图 8-39 所示。

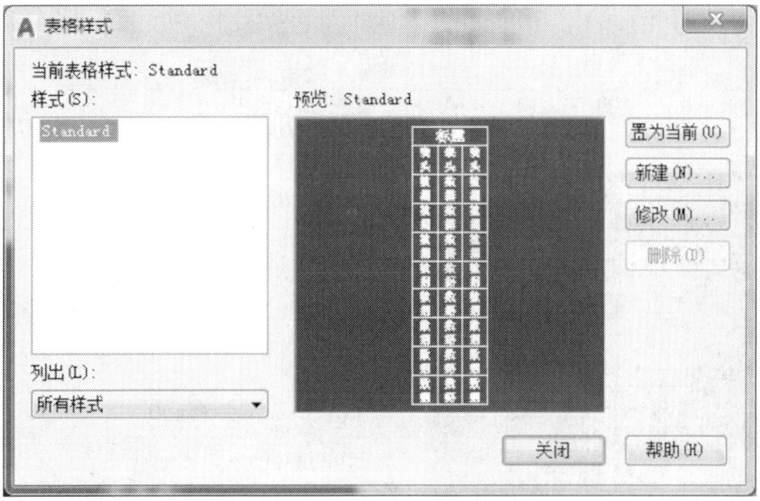

图 8-39　“表格样式”对话框

3. 设置表格的数据、列标题和标题样式

在图 8-39 所示的对话框中单击“新建”按钮,打开“创建新的表格样式”对话框,如图 8-40 所示。在此对话框中的“新样式名”文本框中输入新样式名,单击“继续”按钮,打开“新建表格样式:Standard 副本”对话框,如图 8-41 所示。在“单元样式”选项区的下拉列表中选择“数据”“标题”和“表头”选项来分别设置其对应的样式。

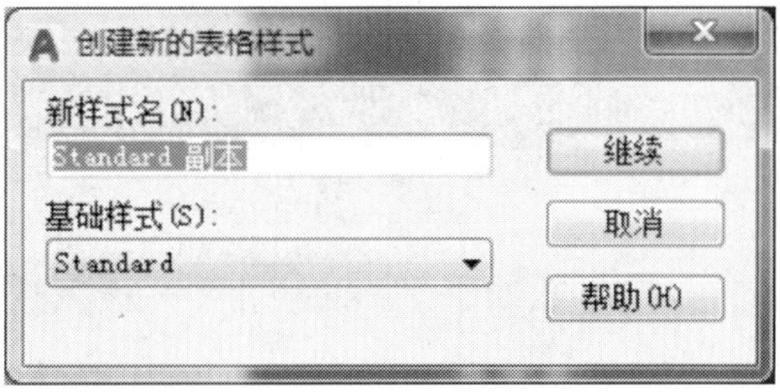

图 8-40　“创建新的表格样式”对话框

4. 有关说明及提示

(1)选择起始表格。用户指定一个已有的表格作为新建表格样式。

(2)表格方向。通过“表格方向”下拉列表框确定表格插入时的方向。

(3)单元样式。“单元样式”用于确定表格单元格格式。

(4)单元样式预览。“单元样式预览”用于预览新创建表格样式。

5. 管理表格样式

在 AutoCAD 中,还可以使用“表格样式”对话框来管理图形中的表格样式。在该对话框的“样式”列表框中显示了当前使用的表格样式(默认为 Standard);在“预览”窗口中显示了选中表格的样式;在“列出”下拉列表中,可以选择“样式”列表是显示图形中的所有样式,还是正

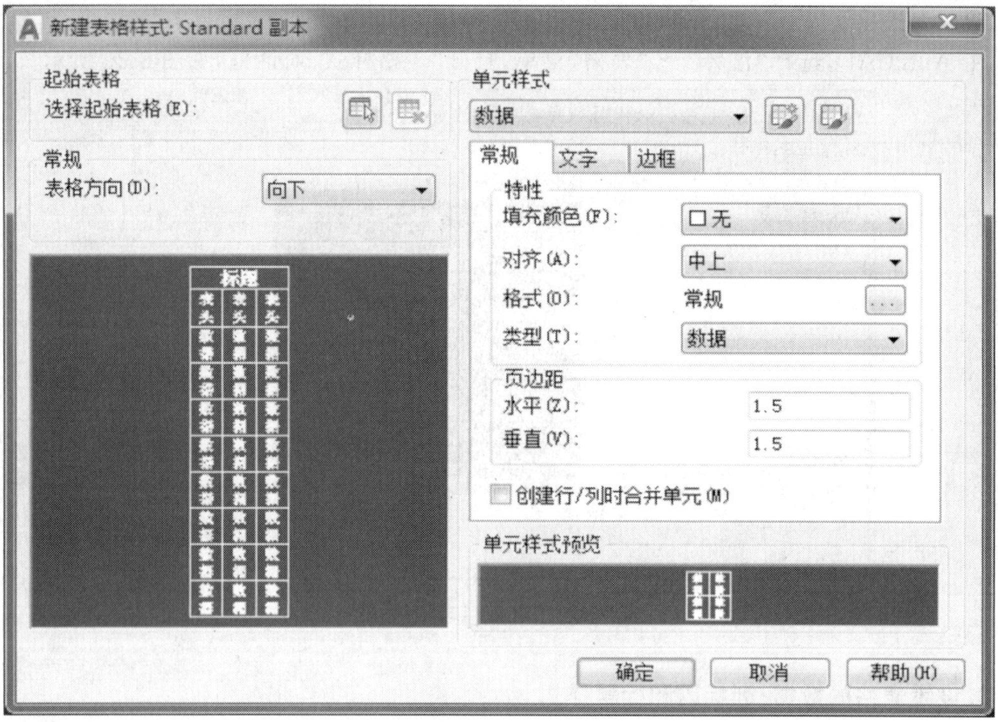

图 8-41 “新建表格样式:Standard 副本”对话框

在使用的样式。

6. 创建表格

选择“注释”→“表格”菜单,打开“插入表格”对话框,如图 8-42 所示。

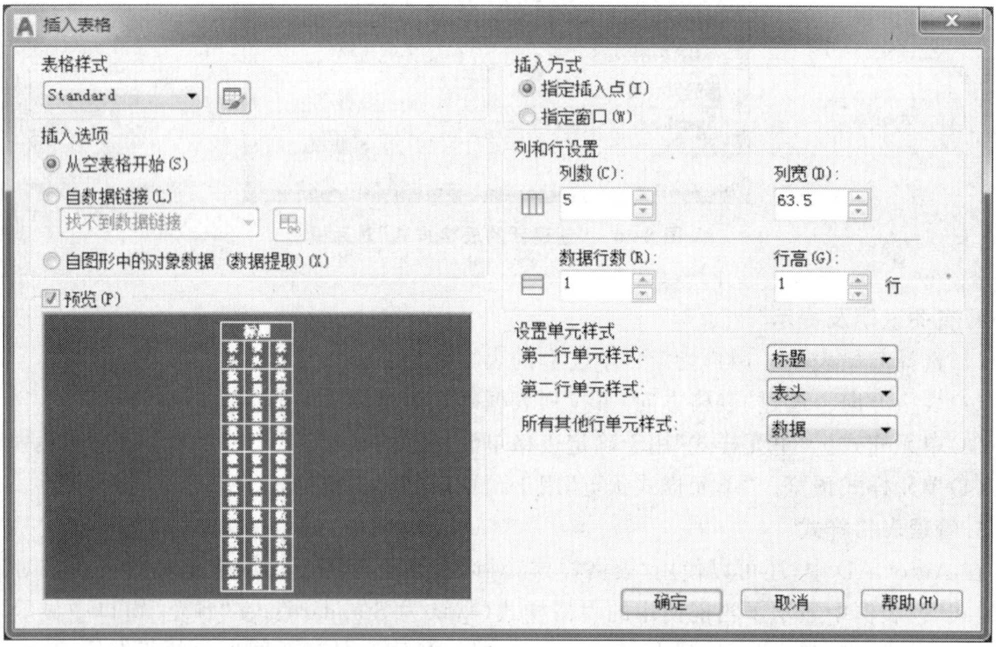

图 8-42 “插入表格”对话框

四、对象链接与嵌入

1. 对象链接与嵌入简介

对象链接与嵌入(object linking and embedding,OLE)是一个 Microsoft Windows 的特性,它可以在多种 Windows 应用程序之间进行数据交换,或组合成一个合成文档。Windows 版本的 AutoCAD 系统同样支持该功能,可以将其他 Windows 应用程序的对象链接或嵌入 AutoCAD 图形中,或在其他程序中链接或嵌入 AutoCAD 图形。使用 OLE 命令可以在 AutoCAD 中附加任何类型的文件,如文本文件、电子表格、来自光栅或矢量源的图像、动画文件甚至声音文件等。

链接和嵌入都是把信息从一个文档插入另一个文档中,都可在合成文档中编辑源信息。它们的区别在于:如果将一个对象作为链接插入 AutoCAD 图形中,则该对象仍保留与源对象的关联。当对源对象或链接对象进行编辑时,两者将都发生改变。而如果将对象"嵌入"到 AutoCAD 图形中,则它不再保留与源对象的关联。当对源对象或链接对象进行编辑时,彼此并互不影响。

2. 在 AutoCAD 中插入 OLE 对象

用户还可以将整个文件作为 OLE 对象插入 AutoCAD 图形中,执行命令的方法有以下几种。

命令行:输入 INSERTOBJ 或 IO,按 Enter 键。

菜单栏:"插入"→"OLE 对象"。

选择"插入"→"OLE 对象"菜单,打开"插入对象"对话框,如图 8-43 所示。

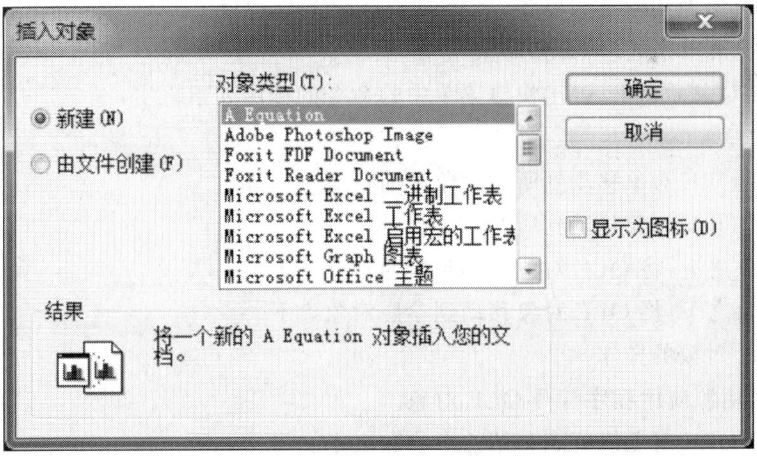

图 8-43　"插入对象"对话框

如果在对话框中选中"新建"单选按钮,则 AutoCAD 将创建一个指定类型的 OLE 对象并将它嵌入当前图形中。"对象类型"列表框中给出了系统所支持的链接和嵌入的应用程序。

如果在"插入对象"对话框中选中"由文件创建"单选按钮,则可以指定一个已有的文件作为 OLE 对象插入,如图 8-44 所示。

单击“确定”按钮,以确定该文件插入当前图形中。如果勾选“链接”复选框,则该文件以链接的形式插入,否则该文件将以嵌入的形式插入图形中。

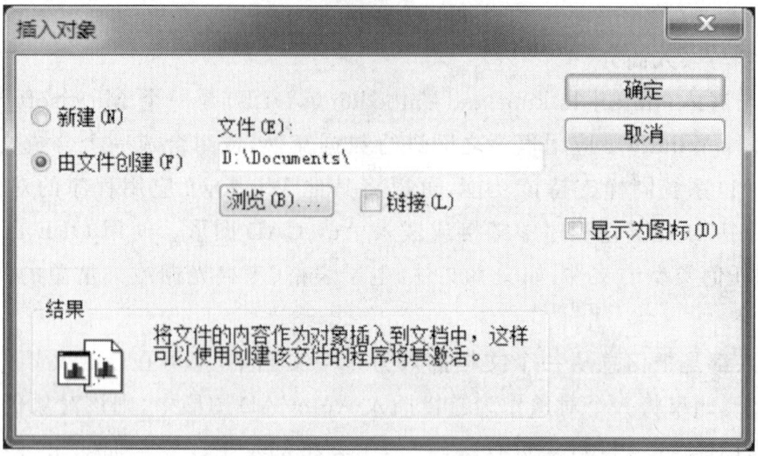

图 8-44 选择“插入对象”对话框中“由文件创建”单选按钮

3. 在 AutoCAD 中处理 OLE 对象

AutoCAD 的命令和捕捉方式通常不能用于 OLE 对象,可以采用如下方法进行 OLE 对象的处理。

1)利用光标改变 OLE 对象的尺寸和位置

选定 OLE 对象后,其边界将显示为一个带有小方块的矩形框。将光标移到任一方块上并拖动,可相应改变 OLE 对象的尺寸。如果将光标移到 OLE 对象上的其他任意位置并拖动,可将 OLE 对象拖到指定的位置。

2)利用快捷菜单来处理 OLE 对象

选中 OLE 对象后右击,弹出快捷菜单中的命令的作用如下。

(1)绘图次序。

①前置:将 OLE 对象移动到所有对象之前。

②后置:将 OLE 对象移动到所有对象之后。

③置于对象之上:将 OLE 对象移动到参照对象之上。

④置于对象之下:将 OLE 对象移动到参照对象之下。

(2)对 OLE 对象的操作。

①打开:使用源应用程序打开 OLE 对象。

②重置:将 OLE 对象恢复到初始的形状和大小。

③文字大小:调整 OLE 对象中的文字大小。

④转换:将 OLE 对象转换成其他类型的文件。

(3)特性。选择“特性”命令,打开“特性”面板,在该面板中可以设置 OLE 对象的特性,如颜色、大小、位置等。

任务实施

1. 准备实施

调用 A3 样板图，根据需要对绘图环境进行修改。

2. 绘制零件图

铣刀头整个装配体包括 15 个零件。其中螺栓、轴承、挡圈等都是标准件，可根据其规格、型号从用户建立的标准图形库调用或按国家标准绘制。用“WBLOCK”命令依次将各零件定义为块，供以后绘制装配图调用。为保证绘制装配图时各零件之间的相对位置和装配关系，在创建图形块时，要注意选择好其插入基点。

座体零件图如图 8-45 所示，其他零件（部分）的零件图如图 8-46 所示。

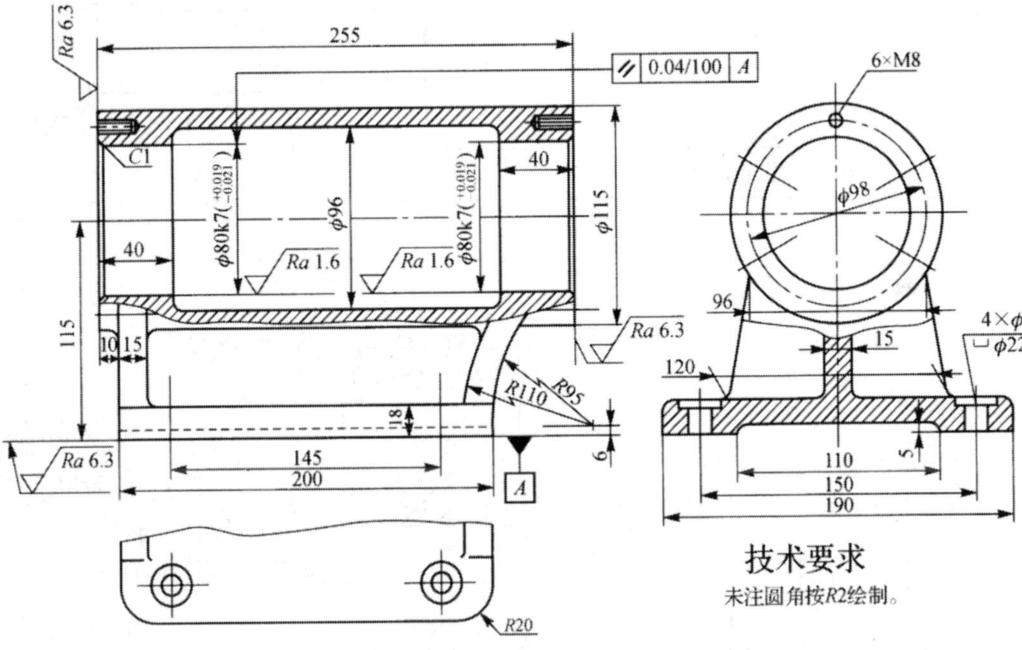

图 8-45　铣刀头座体零件图

3. 利用“设计中心”插入座体零件图

选择“工具”→“选项板”→“设计中心”菜单，或单击“标准”工具栏中的“设计中心”按钮，打开“设计中心”面板。在文件列表中找到铣刀头零件图的存储位置，在内容区选中要插入的图形文件，如座体零件图，然后右击在弹出的快捷菜单中选择“插入为块”命令，打开“插入”对话框，在“插入”对话框中设置参数，然后单击“确定”按钮。当命令行提示“指定插入点或[基点(B)/比例(S)/X/Y/Z/旋转(R)]：”时，单击指定插入的基点，座体零件图便插入绘图区，如图 8-47a 所示。

4. 插入左端盖

用同样方法以 A 点为基准点插入左端盖。为保证插入准确，应充分使用“ZOOM”命令和“对象捕捉”功能定位插入基点。然后利用“EXPLODE”命令将插入的图块分解，利用“TRIM”和“ERASE”命令修剪图形，修改后的图形如图 8-47b 所示。

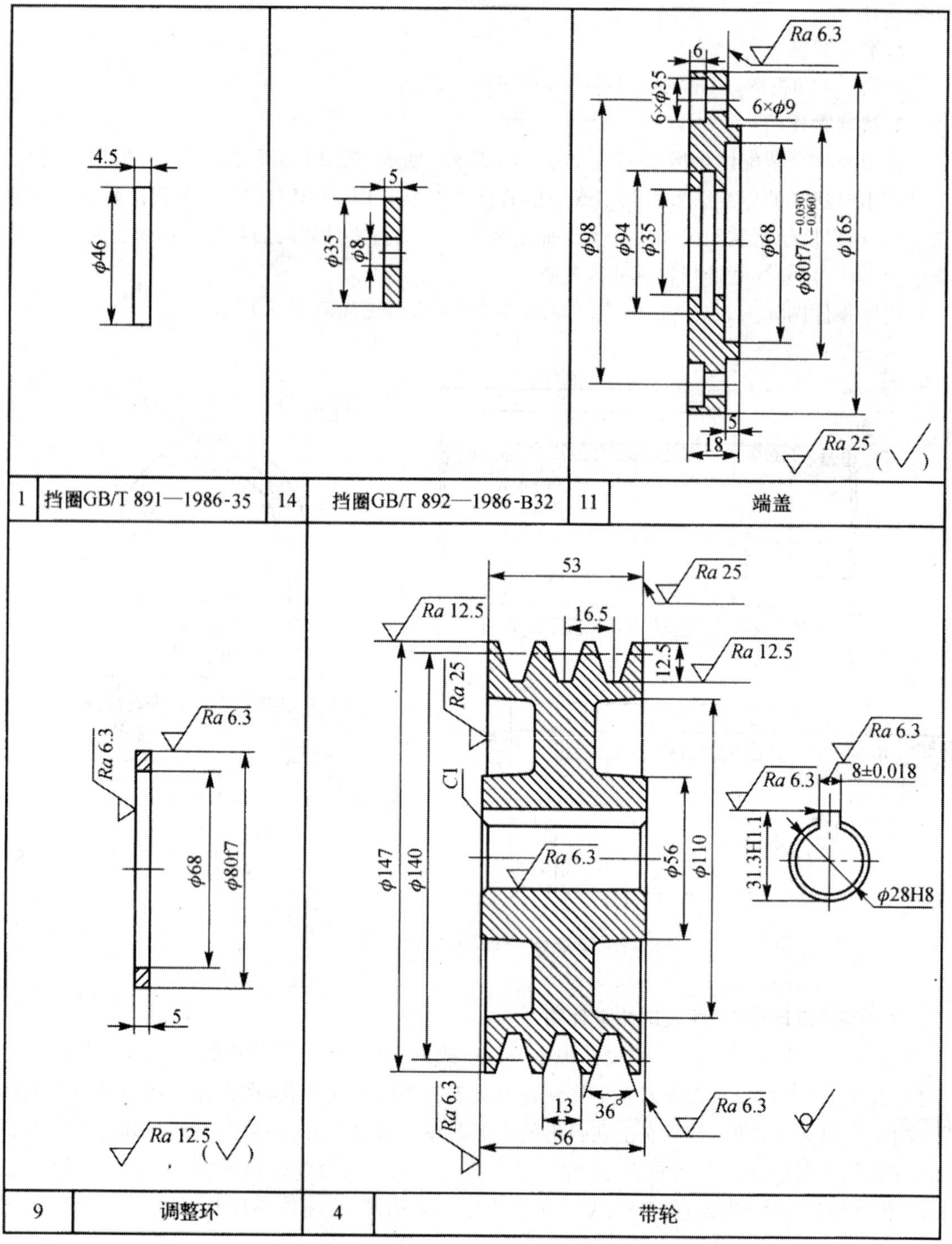

图 8-46　其他零件(部分)的零件图

5. 插入螺钉

以 B 点为基准点插入螺钉，删除、修剪多余线条，如图 8-48a 所示。注意相邻两零件的剖

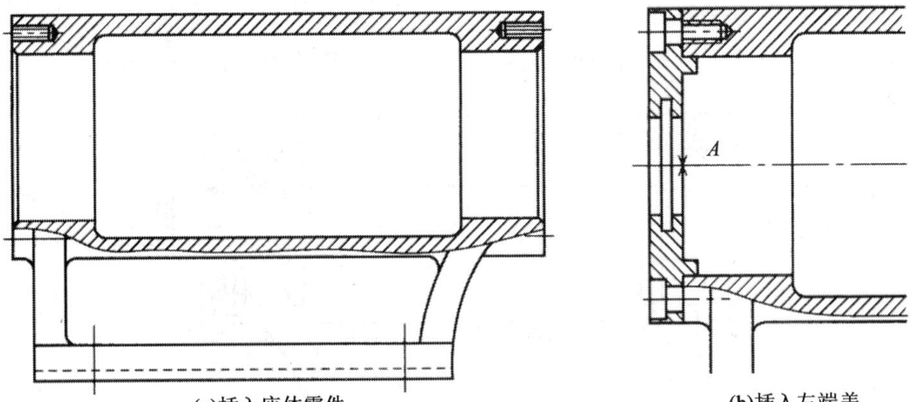

(a)插入座体零件　　(b)插入左端盖

图 8-47　插入座体零件和左端盖

面线方向和间隔，以及螺纹连接等要符合制图标准中装配图的规定画法。

6. 插入轴承和毡圈

以 C 点为基准点插入左端轴承，修改图形，并插入毡圈，如图 8-48b 所示。

7. 插入轴

以 D 点为基准点插入轴，修改后如图 8-49 所示。

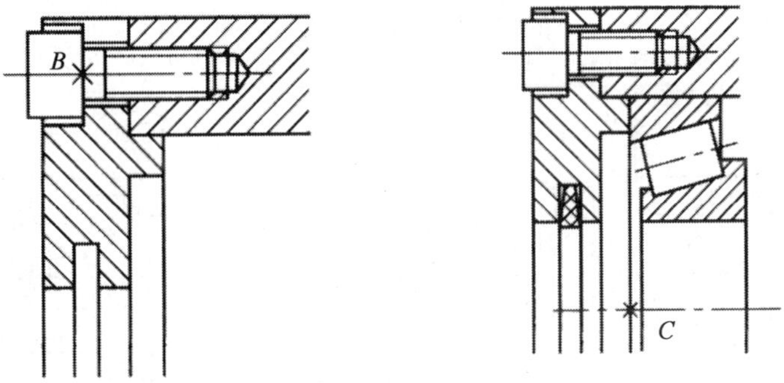

(a)插入螺钉　　(b)插入轴承和毡圈

图 8-48　插入螺钉和插入轴承、毡圈

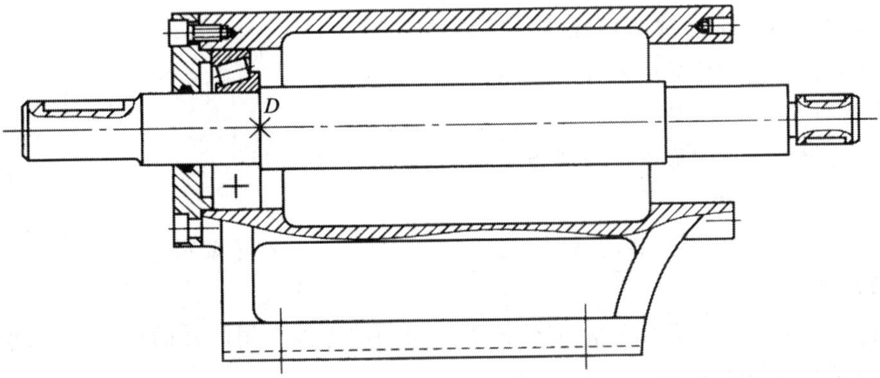

图 8-49　插入轴

8. 插入右端轴承、端盖和螺钉

重复以上步骤，依次插入右端轴承、端盖和螺钉等，并修改图形，如图 8-50 所示。

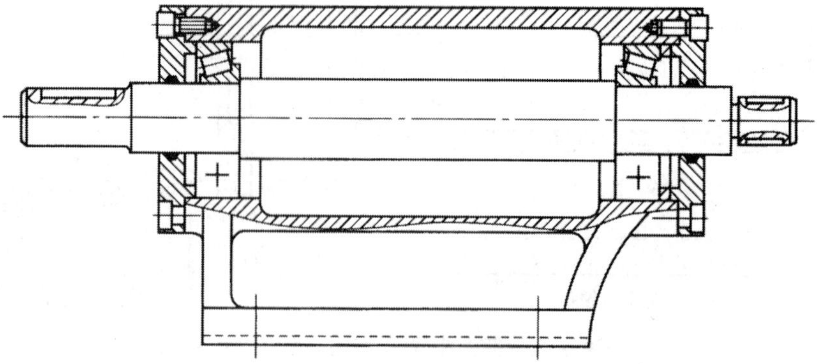

图 8-50 插入右端轴承、端盖、螺钉等

9. 插入带轮及轴端挡圈

以 E 点为基准点插入带轮及轴端挡圈，按规定画法绘制键，如图 8-51a 所示。

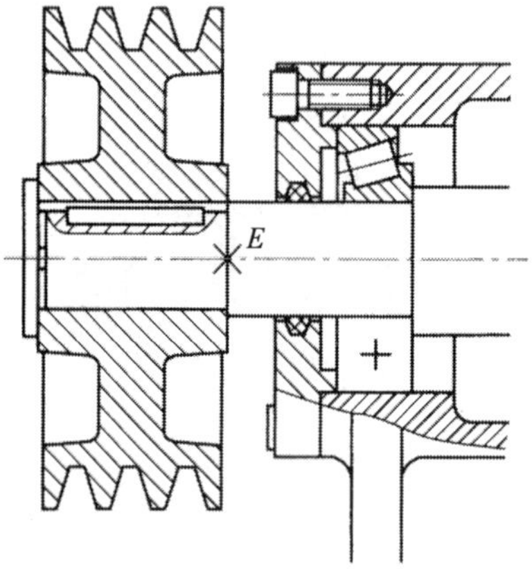

(a)插入带轮及轴端挡圈

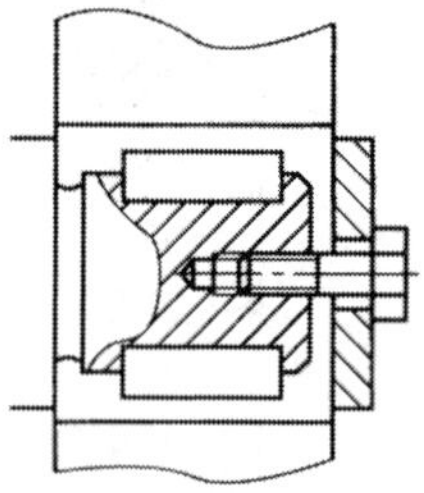

(b)绘制铣刀和键

图 8-51 插入带轮及轴端挡圈，绘制铣刀和键

10. 绘制铣刀、键，插入轴端挡板

绘制铣刀、键，插入轴端挡板等，如图 8-51b 所示。

11. 画油封

绘制油封部位并对图形进行局部修改。

12. 标注装配图尺寸

装配图的尺寸标注一般只标注性能、装配、安装和其他一些重要尺寸。

13. 编写序号

装配图中的所有零件都必须编写序号，其中相同的零件采用同样的序号，且只编写一次。装配图中的序号应与明细表中的序号一致。

14. 绘制明细栏

明细栏中的序号自下往上填写。

15. 填写技术要求与标题栏

书写技术要求，填写标题栏。至此，铣刀头装配图完成。

知识拓展

一、模型空间输出

1. 模型空间概述

AutoCAD 提供了两个工作空间，分别是模型空间和图纸空间。

模型空间类似于实际生活中的三维世界，无论是二维还是三维图形，都可以不受限制地按照物体的实际尺寸在其中绘制，对于空间物体可以从不同角度去观察和构造，并能根据需求用多个二维或三维视图来表示物体，全方位地显示图形对象。因此，AutoCAD 通常是在模型空间中工作。

打开 AutoCAD 就可以进入模型空间，一般按照 1∶1 的比例设计绘图，完成尺寸标注和文字注释。用户可以单击屏幕左下角“注释性”按钮，将要放大的带注释性的标注、字体、块等都缩放为相同的比例，同时也要将边框或图纸接线设置按相同的比例进行缩放，这样可以打印标准图纸。

2. 模型空间的设置

在模型空间中执行“PREVIEW”命令，必须先进行页面设置，确定打印设备。选择“文件”→“页面设置管理器”菜单，或在命令行输入 PAGESETUP，按 Enter 键，打开“页面设置管理器”对话框，如图 8-52 所示。单击“新建”按钮，打开“新建页面设置”对话框，如图 8-53 所示。

在“新建页面设置”对话框中可进行页面设置，方法如下。

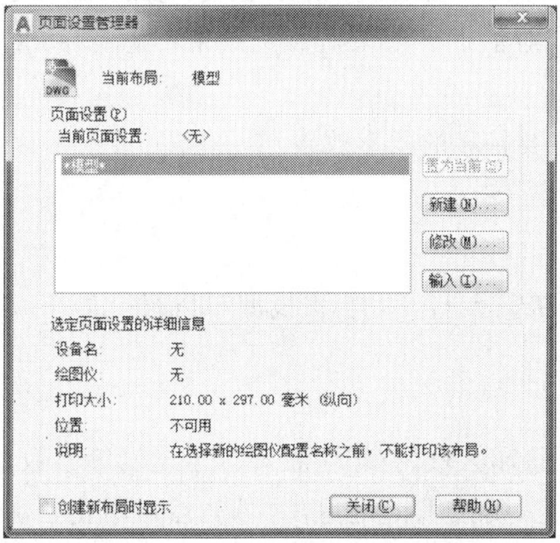

图 8-52　“页面设置管理器”对话框

图 8-53　“新建页面设置”对话框

（1）首先在“新页面设置名”文本框中输入页面设置的名称，如输入“设置 123”，然后单击“确定”按钮，打开“页面设置-模型”对话框，如图 8-54 所示。

图 8-54 “页面设置-模型”对话框

（2）在“页面设置-模型”对话框中，可以对相关参数进行设置，如设置打印机、图纸尺寸和打印区域等。参数设置完毕后，可单击“预览”按钮，对页面设置的效果进行预览。如果对预览效果满意，则单击“确定”按钮，返回“页面设置管理器”对话框。如果对预览效果不满意，可重新对相关参数进行设置。

（3）单击“输出”工具栏中的“打印预览”按钮，预览要打印的图形效果。

3. 模型空间图形的输出

1）打开“打印-模型”对话框

在模型空间中，单击“标准”工具栏中的“打印”按钮，打开“打印-模型”对话框，如图 8-55 所示。

2）对“打印-模型”对话框进行设置

在“打印-模型”对话框中，设置打印机、图纸尺寸、打印区域、打印位置和打印比例等参数，然后单击“预览”按钮进行预览。如果对预览结果满意，则按 Esc 键退出预览，然后单击“确定”按钮，打开“浏览打印文件”对话框。

3）生成打印文件

单击“保存”按钮，返回绘图区，AutoCAD 生成打印文件并在状态栏的右下角提示“完成打印和发布作业”。

4)有关说明及提示

“打印-模型”对话框中各选项的含义如下。

(1)打印机/绘图仪:已配置的打印设备。

图 8-55　“打印-模型”对话框

(2)图纸尺寸:通过其下拉列表中的选项确定输出图纸的大小。

(3)打印区域:打印图形中指定的区域。在“打印范围”下拉列表中有“显示”“图形界限”“窗口”三个选项,其中,“显示”是指当前视口中的视图或当前布局空间的视图;“图形界限”是指打印布局时,可打印区域的所有内容,其原点从布局中的(0,0)点计算得出;“窗口”是指当打印区域有两个角点确定时,才可使用。

(4)打印偏移:用于确定图纸的打印区域相对于图纸左下角的偏移量。

(5)打印比例:勾选“布满图纸”复选框,缩放打印图形以布满所选图纸。

二、图纸空间输出

1. 图纸空间概述

图纸空间可以看作是由一张图纸构成的平面,且该平面与绘图屏幕平行。在图纸空间可以对绘制好的图形进行编辑、排列,给图纸加上图框、标题栏或进行必要的文字、尺寸标注等,然后打印输出。

在图纸空间可以设置视口，以展示模型不同部分的视图。每个视口可以独立编辑，如对视图进行标注或文字注释，并按合适的比例在图纸空间中表示出来，还可以定义图纸的大小。只需单击绘图区下方的“模型”或“布局”标签即可切换模型空间与图纸空间。

2. 设置布局

一个布局实际上就是一个出图方案、一张图纸。在 AutoCAD 中，可以创建多种布局，利用布局可以方便快捷地创建多张不同方案的图纸，因此，在一个图形文件中，模型空间只有一个，而布局可以设置多个。

1）布局的创建

选择“工具”→“向导”→“创建布局”菜单，打开“创建布局-开始”对话框，如图 8-56 所示。在该对话框中，可以指定打印设备、确定图纸尺寸和图形的打印方向、选择布局中使用的标题栏或定义视口。单击“下一步”按钮，对相应参数进行设置，最后单击“完成”按钮，完成对布局的创建。

2）布局的管理

右击绘图区中的“布局 1”标签，在弹出的快捷菜单中选择相应命令，可以进行删除、新建布局、重命名、移动或复制等操作，如图 8-57 所示。

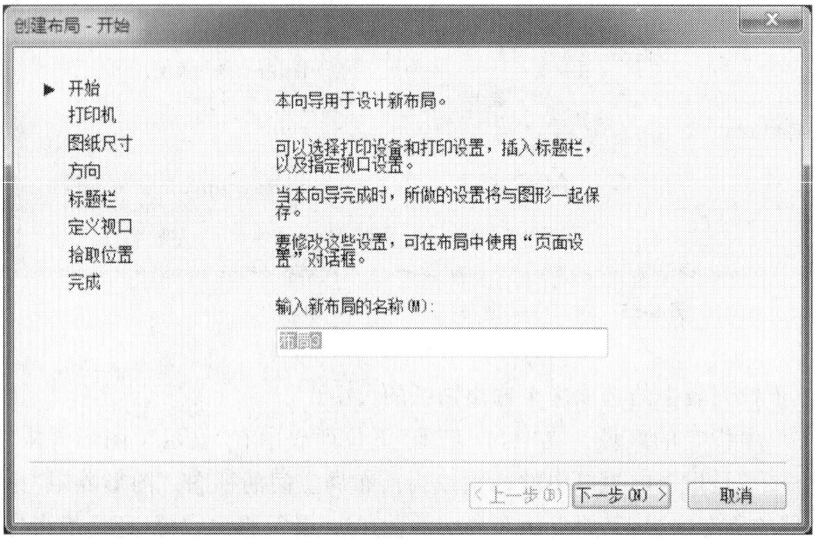

图 8-56 “创建布局-开始”对话框

图 8-57 “布局 1”标签

3）布局的页面设置

选择一个布局，如布局 1，打开如图 8-58 所示的工作界面，右击“布局 1”标签，在弹出的快捷菜单中选择“页面设置管理器”命令，打开“页面设置管理器”对话框，如图 8-59 所示。单击“新建”按钮，打开“新建页面设置”对话框，如图 8-60 所示，在“新页面设置名”文本框中输入页面设置的名称，单击“确定”按钮，打开“页面设置-布局”对话框，在该对话框中对相应参数进行设置，然后单击“确定”按钮，返回“页面设置管理器”对话框。

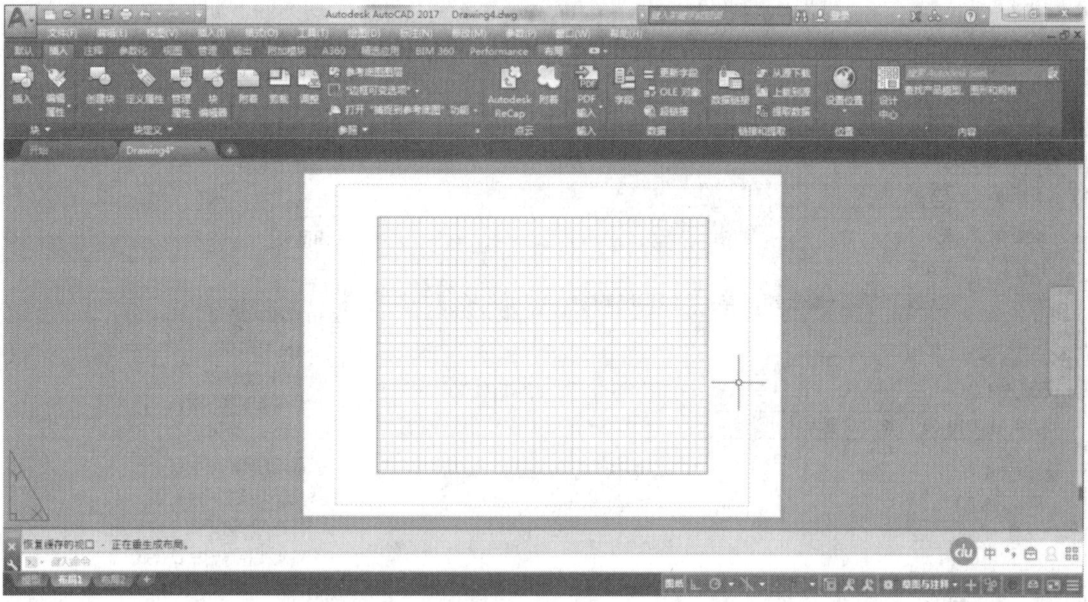

图 8-58　“布局 1”界面

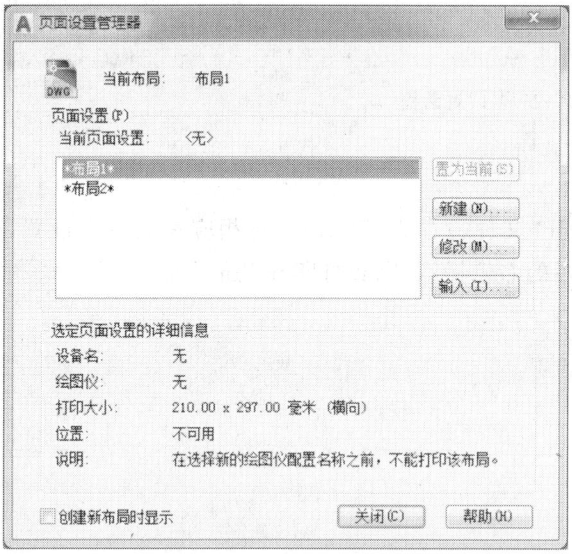

图 8-59　布局的“页面设置管理器”对话框

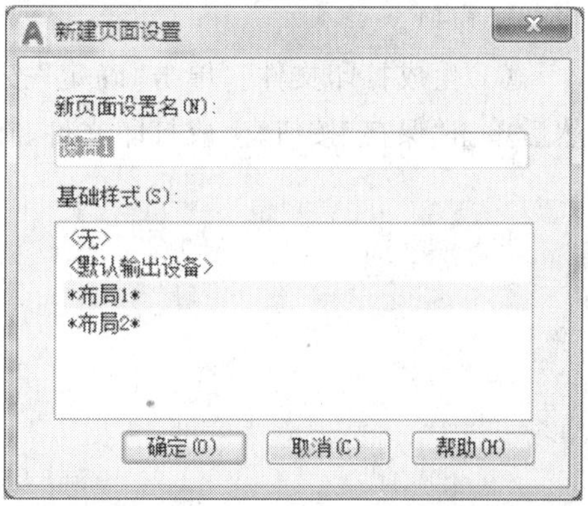

图 8-60　布局的“新建页面设置”对话框

3. 图纸空间图形的输出

(1)打开“打印-布局”对话框。在该对话框中，对于打印机、图纸尺寸等参数进行设置。单击“确定”按钮，然后单击标准工具栏中的“打印”按钮，打开“打印-布局 1”对话框，如图 8-61 所示。

(2)设置“打印-布局 1”对话框。在“打印-布局 1”对话框中，设置打印机、页面设置和图纸尺寸等参数，然后单击“预览”按钮，打开“预览”窗口，如果对预览结果满意，则按 Esc 键关闭

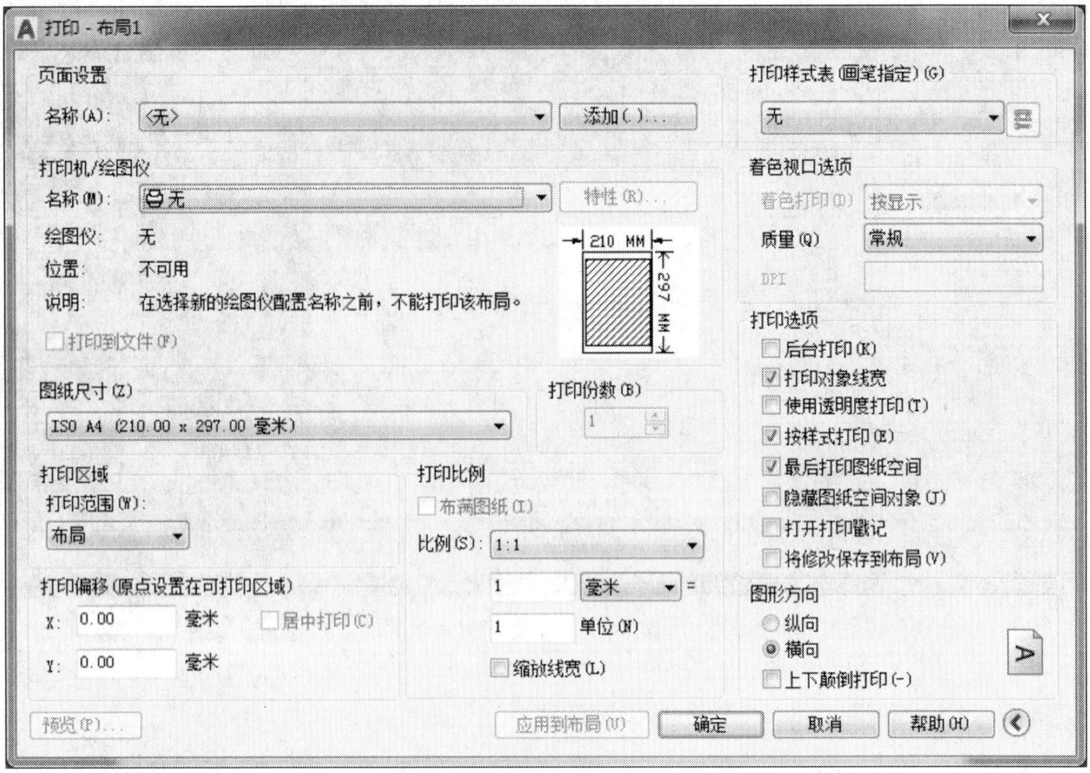

图 8-61 “打印-布局 1”对话框

“预览”窗口。

(3)生成打印文件。单击“确定”按钮，打开“文件另存为”对话框，对相应参数进行设置，然后单击“保存”按钮，生成打印文件，在状态栏的右侧提示“完成打印和发布作业”。

附录

附表 1　普通螺纹牙型、直径与螺距

附表 2　管螺纹

附表 3　六角头螺栓

附表 4　六角螺母

附表 5　双头螺柱

附表 6　螺钉(一)

附表 7　螺钉(二)

附表 8　垫圈

附表 9　标准型弹簧垫圈

附表 10　圆柱销(不淬硬钢和奥氏体不锈钢)

附表 11　圆锥销

附表 12　开口销

附表 13　普通型平键及键槽各部尺寸

附表 14　滚动轴承

附表 15　中心孔表示法

附表 16　孔的极限偏差

附表 17　轴的极限偏差

附表 1　普通螺纹牙型、直径与螺距(摘自 GB/T 192—2003,GB/T 193—2003)

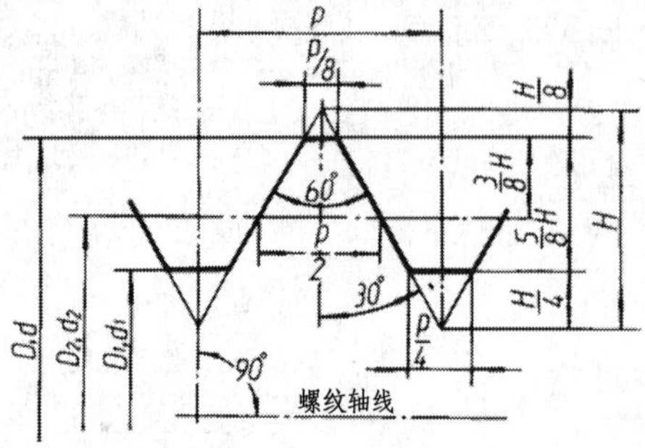

D—内螺纹基本大径(公称直径)

d—外螺纹基本大径(公称直径)

D_2—内螺纹中径

d_2—外螺纹中径

D_1—内螺纹小径

d_1— 外螺纹小径

P—螺距

H—原始三角形高度

标记示例：M10(粗牙普通外螺纹、公称直径 d = 10、右旋、中径及顶径公差带均为 6 g、中等旋合长度)

MI10×1-LH(细牙普通内螺纹、公称直径 D = 10、螺距 P = 1、左旋、中径及顶径公差带均为 6H、中等旋合长度)

mm

公称直径 D、d			螺距 P	
第一系列	第二系列	第三系列	粗牙	细牙
4			0.7	0.5
5			0.8	0.5
		5.5		0.5
6			1	0.75
	7		1	0.75
8			1.25	1、0.75
		9	1.25	1、0.75
10			1.5	1.25、1、0.75
		11	1.5	1、0.75
12			1.75	1.5、1.25、1
	14		2	1.5、1.25、1
		15		1.5、1
16			2	1.5、1
		17		1.5、1
	18		2.5	2、1.5、1
20			2.5	2、1.5、1

续附表 1

公称直径 D、d			螺距 P	
第一系列	第二系列	第三系列	粗牙	细牙
	22		2.5	2、1.5、1
24			3	2、1.5、1
		25		2、1.5、1
		26		1.5
	27		3	2、1.5、1
		28		2、1.5、1
30				(3)、2、1.5、1
		32		2、1.5
	33		3.5	(3)、2、1.5
		35		1.5
36			4	3、2、1.5
		38		1.5
	39		4	3、2、1.5

注：M14×1.25 仅用于火花塞；M35×1.5 仅用于滚动轴承锁紧螺母。

附表 2 管螺纹

55°密封管螺纹(GB/T 7306. 2—2000)

标记示例：

R_2 1/2(圆锥外螺纹、尺寸代号为 1/2、右旋)

Rc 1/2 LH(圆锥内螺纹、尺寸代号为 1/2、左旋)

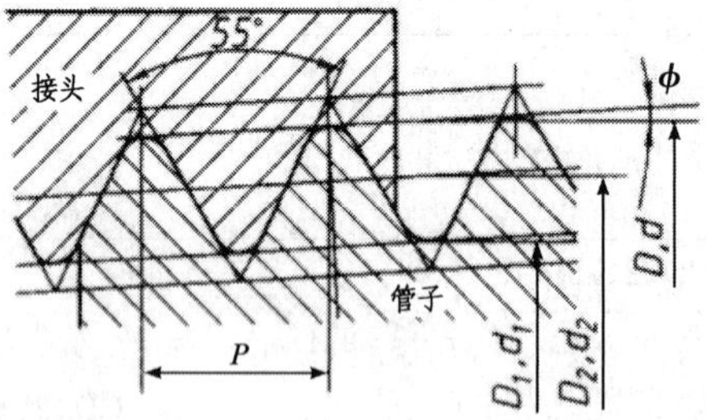

55°非密封管螺纹(GB/T 7307—2001)

标记示例：

G 1/2(外螺纹、尺寸代号为 1/2、右旋)

G 1/2 A(外螺纹、尺寸代号为 1/2、A 级、右旋)

G 1/2 B-LH(外螺纹、尺寸代号为 1/2、B 级、左旋)

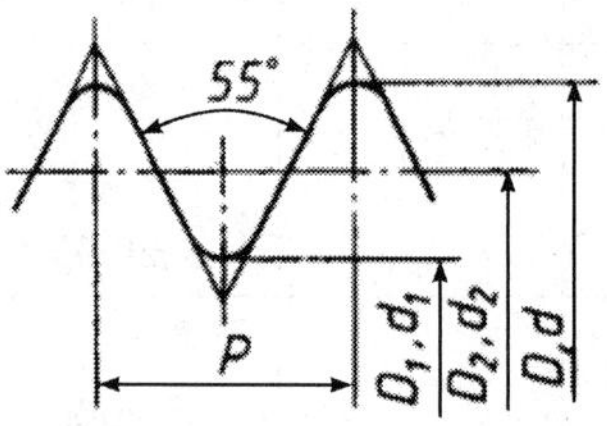

mm

尺寸代号	每 25.4 mm 内的牙数 n	螺距 P	基本直径			基准距离
			大径 $d=D$	中径 $d_2=D_2$	小径 $d_1=D_1$	
1/16	28	0.907	7.723	7.142	6.561	4.0
1/8	28	0.907	9.728	9.147	8.566	4.0
1/4	19	1.337	13.157	12.301	11.445	6.0
3/8			16.662	15.806	14.950	6.4
1/2	14	1.814	20.955	19.793	18.631	8.2
3/4			26.441	25.279	24.117	9.5
1	11	2.309	33.249	31.770	30.291	10.4
$1\frac{1}{4}$			41.910	40.431	38.952	12.7
$1\frac{1}{2}$			47.803	46.324	44.845	12.7
2			59.614	58.135	56.656	15.9
$2\frac{1}{2}$			75.148	73.705	72.226	17.5
3			87.884	86.405	84.926	20.6
4			113.030	111.551	110.072	25.4
5			138.430	136.951	135.472	28.6
6			163.830	162.351	160.872	28.6

注：1. 55°密封圈锥管螺纹大径、小径是指基准平面上的尺寸。圆锥内螺纹的端面向里 0.5P 处即为基面，而圆锥外螺纹的基准平面与小端相距一个基准距离。

2. 55°密封管螺纹的锥度为 1∶16，即 ϕ = 1 047′24″。

附表 3　六角头螺栓

六角头螺栓-C 级(摘自 GB/T 5780—2000)

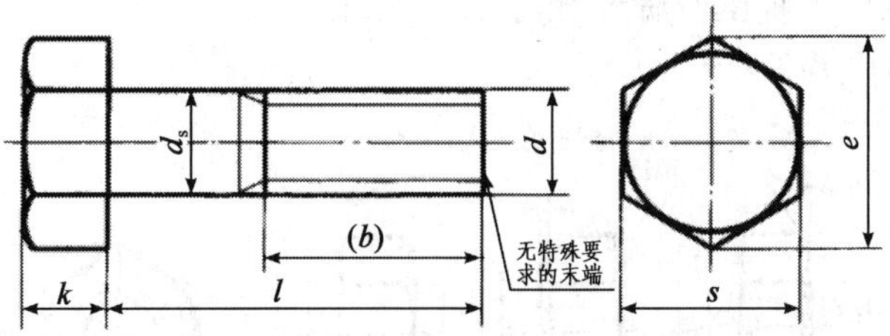

标记示例:

螺栓 GB/T 5780 M20 × 100(螺纹规格 d = M20、公称长度=100、性能等级为 4.8 级、不经表面处理、半螺纹、C 级的六角头螺栓)

六角头螺栓-全螺纹-C 级(摘自 GB/T 5781—2000)

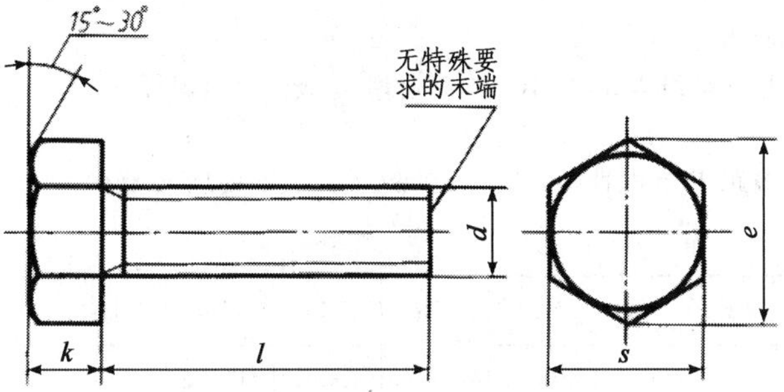

标记示例:

螺栓 GB/T 5781 M12×80(螺纹规格 d=M12、公称长度 l=80、性能等级为 4.8 级、不经表面处理、全螺纹、C 级的六角头螺栓)

mm

螺纹规格 d		M5	M6	M8	M10	M12	M16	M20	M24	M30	M36	M42	M48
$b_{参考}$	$l\leqslant 125$	16	18	22	26	30	38	40	54	66	78	—	—
	$125<l\leqslant 200$	—	—	28	32	36	44	52	60	72	84	96	108
	$l>200$	—	—	—	—	—	57	65	73	85	97	109	121
$K_{公称}$		3.5	4.0	5.3	6.4	7.5	10	12.5	15	18.7	22.5	26	30
s_{max}		8	10	13	16	18	24	30	36	46	55	65	75
e_{max}		8.63	10.9	14.2	17.6	19.9	26.2	33.0	39.6	50.9	60.8	72.0	82.6
d_{smax}		5.48	6.48	8.58	10.6	12.7	16.7	20.8	24.8	30.8	37.0	45.0	49.0
$l_{范围}$	GB/T 5780—2000	20~50	30~60	35~80	40~100	45~120	55~160	65~200	80~240	90~300	110~300	160~420	180~480
	GB/T 5781—2000	10~40	12~50	16~65	20~80	25~100	35~100	40~100	50~100	60~100	70~100	80~420	90~480
$l_{系列}$		10、12、16、20~50(5 进位)、(55)、60、(65)、70~160(10 进位)、180、220~500(20 进位)											

注:1. 括号内的规格尽可能不用。末端按 GB/T 2—2016 规定。

2. 螺纹公差:8 g(GB/T 5780-2000),6 g(GB/T 5781—2000);机械性能等级:3.6 级、4.6 级、4.8 级;产品等级:C。

附表 4　六角螺母

Ⅰ型六角螺母——A 和 B 级(摘自 GB/T 6170—2015)

Ⅰ型六角头螺母——细牙-A 和 B 级(摘自 GB/T 6171—2016)

六角螺母——C 级(摘自 GB/T 41—2000)

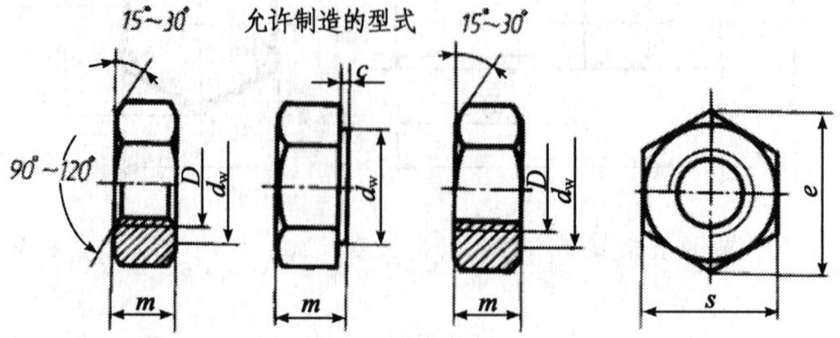

A级　　B级　　C级

标记示例:螺母 GB/T 41 M12

(螺纹规格 D = M12、性能等级为 5 级、不经表面处理、C 级的六角螺母)

　　螺母 GB/T 6171 M 24×2

(螺纹规格 D = M24、螺距 P =2、性能等级为 10 级、不经表面处理、B 级的Ⅰ型细牙六角螺母)

mm

螺纹规格	D	M4	M5	M6	M8	M10	M12	M16	M20	M24	M30	M36	M42	M48
	$D \times P$	—	—	—	M8×1	M10×1	M12×15	M16×15	M20×2	M24×2	M30×2	M36×3	M42×3	M48×3
c		0.4	0.5		0.6				0.8			1		
s_{max}		7	8	10	13	16	18	24	30	36	46	55	65	75
e_{min}	A、B 级	7.66	8.79	11.05	14.38	17.77	20.03	26.75	32.95	39.95	50.85	60.79	72.02	82.6
	C 级	—	8.63	10.89	14.2	17.59	19.85	26.17						
m_{max}	A、B 级	3.2	4.7	5.2	6.8	8.4	10.8	14.8	18	21.5	25.6	31	34	38
	C 级	—	5.6	6.1	7.9	9.5	12.2	15.9	18.7	22.3	26.4	31.5	34.9	38.9
d_{wmin}	A、B 级	5.9	6.9	8.9	11.6	14.6	16.6	22.5	27.7	33.2	42.7	51.1	60.6	69.4
	C 级	—	6.9	8.7	11.5	14.5	16.5	22						

注:1. P——螺距。

2. A 级用于 $D \leqslant 16$ 的螺母;B 级用于 $D > 16$ 的螺母;C 级用于 M5～M64 的螺母。

3. 螺纹公差:A、B 级为 6H,C 级为 7H;机械性能等级:A、B 级为 6、8、10 级,C 级为 4 级(M16～M39)或 5 级(≤M16)或按协议(>M39)。

附表 5　双头螺柱(摘自 GB/T 897～900—1988)

$b_m=1d$(GB/T 897—1988)；　$b_m=1.25d$(GB/T 898—1988)；
$b_m=1.5d$(GB/T 899—1988)；　$b_m=2d$(GB/T 900—1988)

A 型

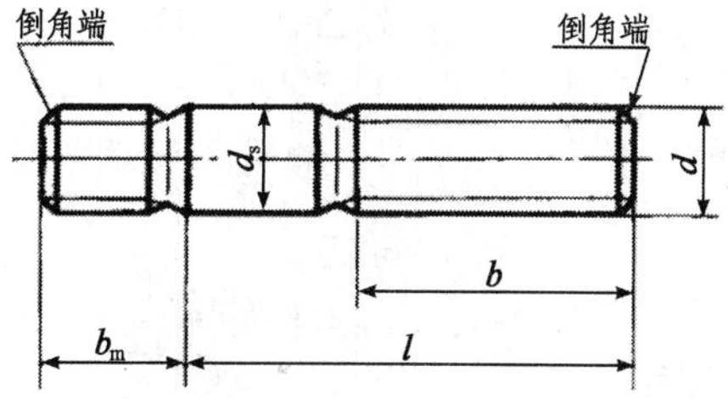

$d_{smax}=d$

B 型

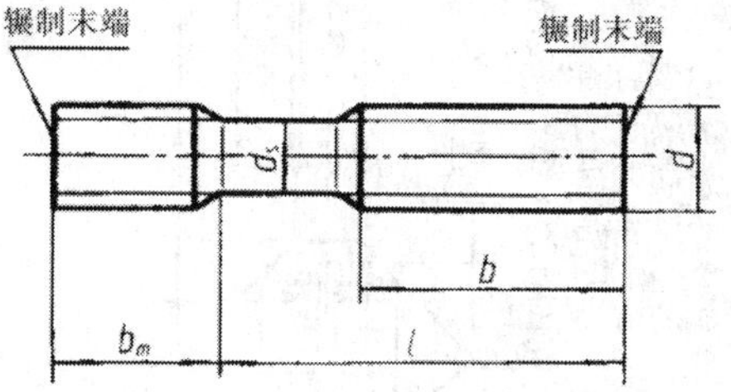

d_s≈螺纹中径

标记示例:螺柱 GB/T 900 M10 ×50
(两端均为粗牙普通螺纹、$d=10$,$l=50$、性能等级为 4.8 级、不经表面处理、B 型、$b_m=2d$ 的双头螺柱)
　　螺柱 GB/T 900 AM10－10×1×50
(旋入机体一端为粗牙普通螺纹、旋螺母端为螺距 $P=1$ 的细牙普通螺纹、$d=10$,$l=50$、性能等级为 4.8 级、不经表面处理、A 型,$b_m=2d$ 的双头螺柱)

mm

螺纹规格 d	b_m(旋入机体端长度)				l/b(螺柱长度/旋螺母端长度)
	GB/T 897	GB/T 898	GB/T 899	GB/T 900	
M4	—	—	6	8	16～22/8　25～40/14
M5	5	6	8	10	16～22/10　25～40/16
M6	6	8	10	12	20～22/10　25～30/14　32～75/18
M8	8	10	12	16	20～22/12　25～30/16　32～90/22
M10	10	12	15	20	25～28/14　30～38/16　40～120/26　130/32
M12	12	15	18	24	25～30/16　32～40/20　45～120/30　130～180/36
M16	16	20	24	32	30～38/20　40～55/30　60～120/38　130～200/44
M20	20	25	30	40	35～40/25　45～65/35　70～120/46　130～200/52
(M24)	24	30	36	48	45～50/30　55～75/45　80～120/54　130～200/60
(M30)	30	38	45	60	60～65/40　70～90/50　95～120/66　130～200/72　210～250/85
M36	36	45	54	72	65～75/45　80～110/60　120/78　130～200/84　210～300/97
M42	42	52	63	84	70～80/50　85～110/70　120/90　130～200/96　210～300/109
M48	48	60	72	96	80～90/60　95～110/80　120/102　130～200/108　210～300/121
$l_{系列}$	12、(14)、16、(18)、20、(22)、25、(28)、30、(32)、35、(38)、40、45、50、55、60、(65)、(70)、75、80、(85)、90、(95)、100～260(10 进位)、280、300				

注:1. 尽可能不采用括号内的规格。末端按 GB/T 2—2001 规定。
　2. $b_m=1d$,一般用于钢对钢;$b_m=1.25d$ 或 $1.5d$,一般用于钢对铸铁;$b_m=2d$,一般用于钢对铝合金。

附表 6　螺钉(一)

开槽盘头螺钉
(摘自 GB/T 67—2008)

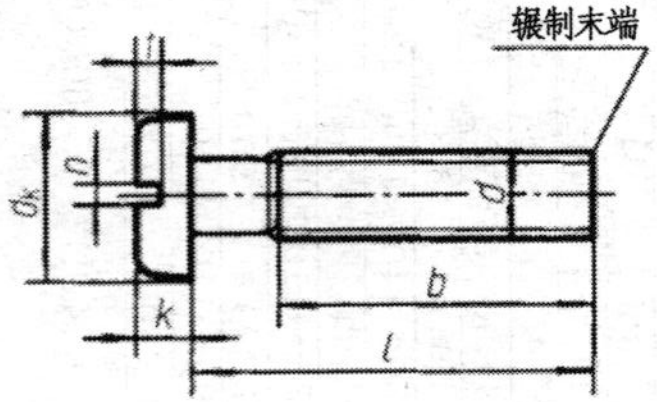

开槽沉头螺钉
(摘自 GB/T 68—2000)

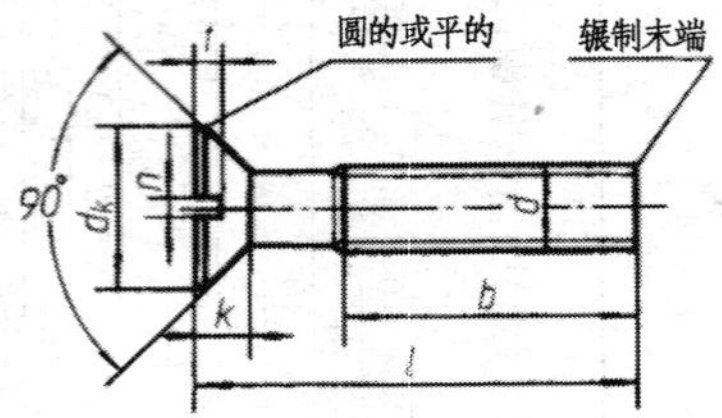

开槽半沉头螺钉
(摘自 GB/T 69—2000)

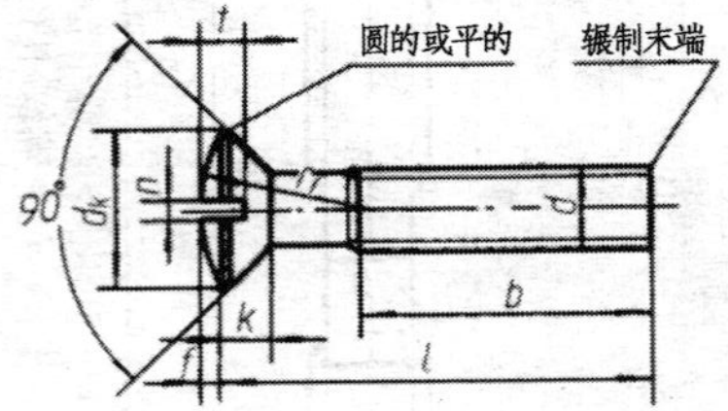

(无螺纹部分杆径≈中径或=螺纹大径)

标记示例:螺钉 GB/T 67 M5 × 60
(螺纹规格 d=M5 ,l=60、性能等级为 4.8 级、不经表面处理的开槽盘头螺钉)

mm

螺纹规格 d	P	b_{min}	$n_{公称}$	f	r_f	k_{max}		$d_{k\,max}$		t_{min}		$l_{范围}$		全螺纹时最大长度		
				GB/T 69	GB/T 69	GB/T 67	GB/T 68 GB/T 69	GB/T 67	GB/T 68 GB/T 69	GB/T 67	GB/T 68	GB/T 69	GB/T 67	GB/T 68 GB/T 69	GB/T 67	GB/T 68 GB/T 69
M2	0.4	25	0.5	4	0.5	1.3	1.2	4	3.8	0.5	0.4	0.8	2.5～20	3～30	30	
M3	0.5		0.8	6	0.7	1.8	1.65	5.6	5.5	0.7	0.6	1.2	4～30	5～30		
M4	0.7	38	1.2	9.5	1	2.4	2.7	8	8.4	1	1	1.6	5～40	6～40	40	45
M5	0.8				1.2	3		9.5	9.3	1.2	1.1	2	6～50	8～50		
M6	1		1.6	12	1.4	3.6	3.3	12	12	1.4	1.2	2.4	8～60	8～60		
M8	1.25		2	16.5	2	4.8	4.65	16	16	1.9	1.8	3.2	10～80			
M10	1.5		2.5	19.5	2.3	6	5	20	20	2.4	2	3.8				
$l_{系列}$	2、2.5、3、4、5、6、8、10、12、(14)、16、20～50(5 进位)、(55)、60、(65)、70、(75)、80															

注:螺纹公差:6 g;机械性能等级:4.8, 5.8;产品等级:A。

附表 7　螺钉(二)

开槽锥端紧定螺钉
（摘自 GB/T 71—1985）

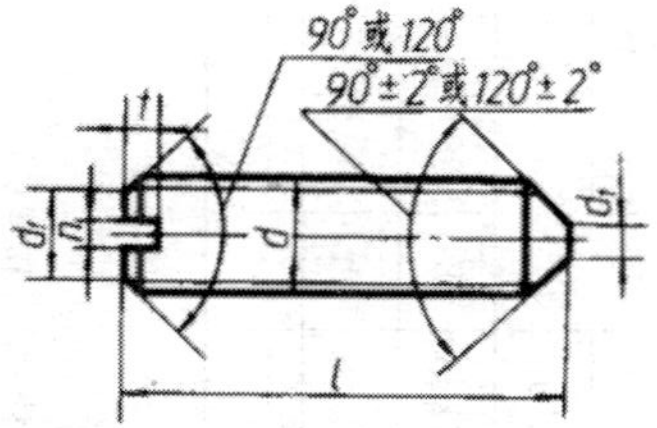

开槽平端紧定螺钉
（摘自 GB/T 73—1985）

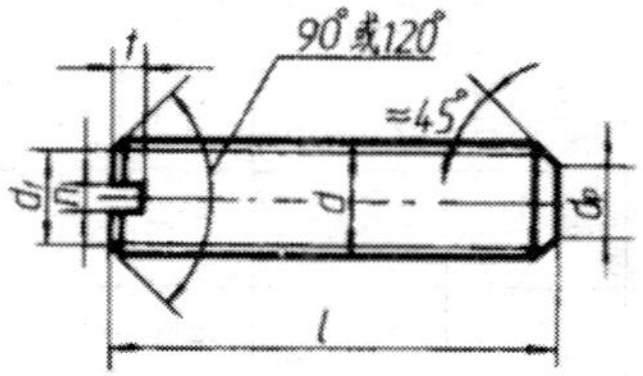

开槽长圆柱端紧定螺钉
（摘自 GB/T 75—1985）

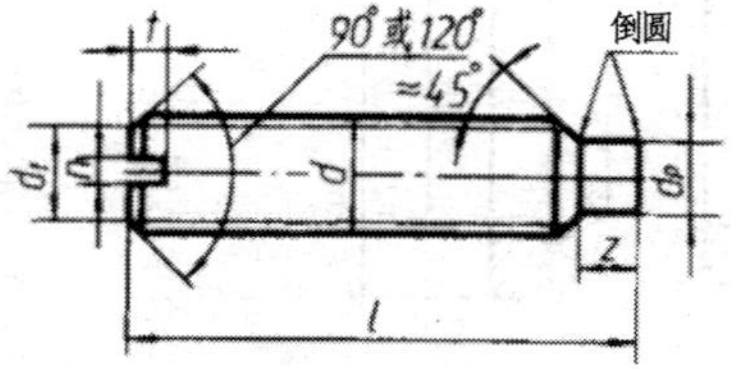

标记示例：螺钉 GB/T 67　M5 × 20
（螺纹规格 d＝M5，公称长度 l＝20、性能等级为 14H 级、表面氧化的开槽锥端紧定螺钉）

mm

螺纹规格 d	P	d_f	$d_{t\,max}$	$d_{p\,max}$	$n_{公称}$	t_{min}	Z_{max}	$l_{范围}$		
								GB/T 71	GB/T 73	GB/T 75
M2	0.4	螺纹小径	0.2	1	0.25	0.84	1.25	3～10	2～10	3～10
M3	0.5		0.3	2	0.4	1.05	1.75	4～16	3～16	5～16
M4	0.7		0.4	2.5	0.6	1.42	2.25	6～20	4～20	6～20
M5	0.8		0.5	3.5	0.8	1.63	2.75	8～25	5～25	8～25
M6	1		1.5	4	1	2	3.25	8～30	6～30	8～30
M8	1.25		2	5.5	1.2	2.5	4.3	10～40	8～40	10～40
M10	1.5		2.5	7	1.6	3	5.3	12～50	10～50	12～50
M12	1.75		3	8.5	2	3.6	6.3	14～60	12～60	14～60
$l_{系列}$	2、2.5、3、4、5、6、8、10、12、(14)、16、20、25、30、35、40、45、50、(55)、60									

注：螺纹公差：6 g；机械性能等级：14H，22H；产品等级：A。

附表 8 垫圈

小垫圈——A 级(摘自 GB/T 848—2002)
平垫圈——A 级(摘自 GB/T 97.1—2002)
平垫圈 倒角型——A 级(摘自 GB/T 97.2—2002)
平垫圈——C 级(摘自 GB/T 95—2002)
大垫圈——A 级(摘自 GRIT 96.1—2002)
特大垫圈——C 级(摘自 GB/T 5287—2002)

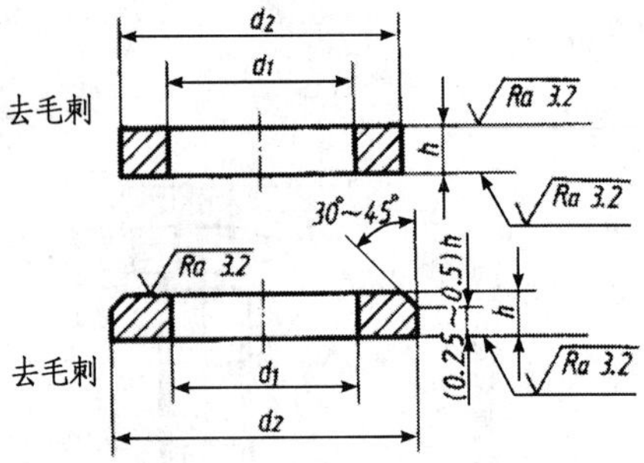

标记示例:
垫圈 GB/T 95 8
(标准系列、公称尺寸 d=8、性能等级为 100 HV 级、不经表面处理的平垫圈)
垫圈 GB/T 97.2 8
(标准系列、公称规格 8、硬度等级为 200 HV 级、倒角型、不经表面处理的平垫圈)

mm

公称尺寸(螺纹规格)	标准系列						特大系列			大系列			小系列					
	GB/T 95 (C 级)			GB/T 97.1 (A 级)			GB/T 97.2 (A 级)			GB/T 5287 (C 级)			GB/T 96.1 (A 级)			GB/T 848 (A 级)		
d	d_{1min}	d_{2max}	h	d_{1min}	d_{2max}	h	d_{1min}	d_{2max}	h	d_{1min}	d_{2max}	h	d_{1min}	d_{2max}	h	d_{1min}	d_{2max}	h
4	—	—	—	4.3	9	0.8	—	—	—	—	—	—	4.3	12	1	4.3	8	0.5
5	5.5	10	1	5.3	10	1	5.3	10	1	5.5	18	2	5.3	15	1.2	5.3	9	1
6	6.6	12	1.6	6.4	12	1.6	6.4	12	1.6	6.6	22		6.4	18	1.6	6.4	11	1.6
8	9	16		8.4	16		8.4	16		9	28	3	8.4	24	2	8.4	15	
10	11	20	2	10.5	20	2	10.5	20	2	11	34		10.5	30	2.5	10.5	18	
12	13.5	24	2.5	13	24	2.5	13	24	2.5	13.5	44	4	13	37	3	13	20	2
14	15.5	28		15	28		15	28		15.5	50		15	44		15	24	2.5
16	17.5	30	3	17	30	3	17	30	3	17.5	56	5	17	50		17	28	
20	22	37		21	37		21	37		22	72	6	22	60	4	21	34	3
24	26	44	4	25	44	4	25	44	4	26	85		26	72	5	25	39	4
30	33	56		31	56		31	56		33	105		33	92	6	31	50	
36	39	66	5	37	66	5	37	66	5	39	125	8	39	110	8	37	60	5
42①	45	78	8	—	—	—	—	—	—	—	—	—	45	125	10	—	—	—
48①	52	92		—	—	—	—	—	—	—	—	—	52	145		—	—	—

注:1. A 级适用于精装配系列,C 级适用于中等装配系列。
2. C 级垫圈没有 Ra3.2 和去毛刺的要求。
3. GB/T 848—2002 主要用于圆柱头螺钉,其他用于标准的六角螺栓、螺母和螺钉。
①表示尚未列入相应产品标准的规格。

附表 9 标准型弹簧垫圈(摘自 GB/T 93—1987)

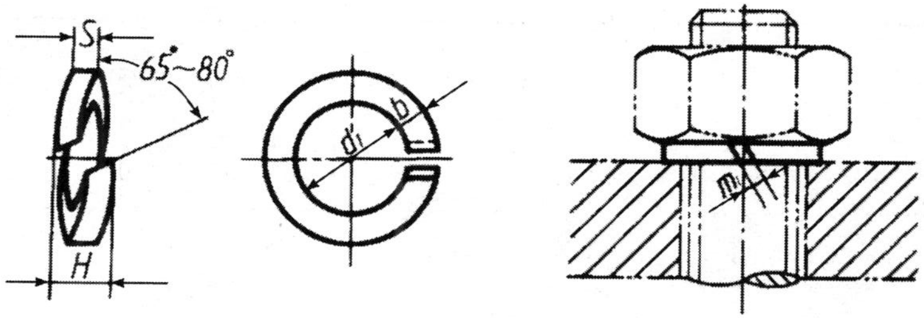

标记示例:

垫圈 GB/T 93 10

(规格 10、材料为 65Mn、表面氧化的标准型弹簧垫圈)

mm

规格(螺纹大径)	4	5	6	8	10	12	16	20	24	30	36	42	48
$d_{1\min}$	4.1	5.1	6.1	8.1	10.2	12.2	16.2	20.2	24.5	30.5	36.5	42.5	48.5
$s=b_{公称}$	1.1	1.3	1.6	2.1	2.6	3.1	4.1	5	6	7.5	9	10.5	12
$m \leqslant$	0.55	0.65	0.8	1.05	1.3	1.55	2.05	2.5	3	3.75	4.5	5.25	6
$H_{\max}$	2.75	3.25	4	5.25	6.5	7.75	10.25	12.5	15	18.75	22.5	26.25	30

注:m 应大于零。

附表 10　圆柱销(不淬硬钢和奥氏体不锈钢)(摘自 GB/T 119.1—2000)

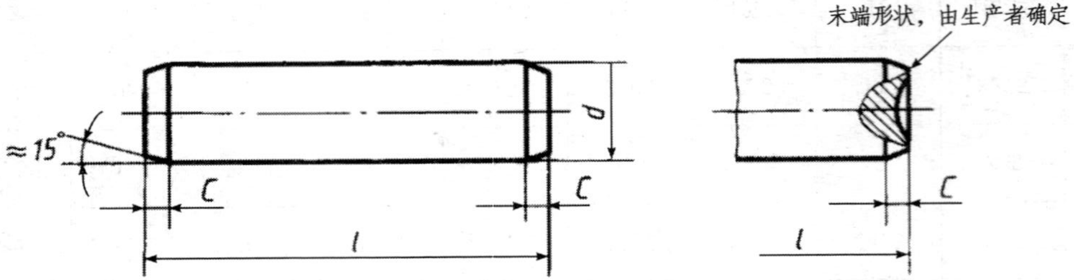

标记示例：

销 GR/T 119.1　6 m6×30

(公称直径 d =6、公差为 m6、公称长度 l=30、材料为钢、不经表面处理的圆柱销)

销 GB/T 119.1　10 m6×30－A1

(公称直径 d =6、公差为 m6、公称长度 l=30、材料 A1 组奥氏体不锈钢、表面简单处理的圆柱销)

mm

d(公称) m6/h8	2	3	4	5	6	8	10	12	16	20	25
$c\approx$	0.35	0.5	0.63	0.8	1.2	1.6	2	2.5	3	3.5	4
$l_{范围}$	6～20	8～30	8～40	10～50	12～60	14～80	18～95	22～140	26～180	35～200	50～200
$l_{系列}$(公称)	2、3、4、5、6～32(2 进位)、35～100(5 进位)、120～≥200(按 20 递增)										

附表 11 圆锥销(摘自 GB/T 117—2000)

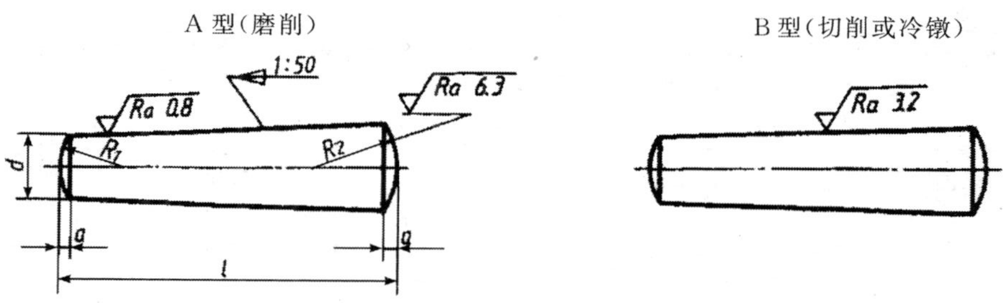

$R_1 = d$　　　$R_2 = \frac{a}{2} + d + \frac{(0.021)^2}{8a}$

标记示例:

销 GB/T 117　10×60

(公称直径 d = 10、长度 l=60、材料为 35 钢、热处理硬度 28 ~38HRC、表面氧化处理的 A 型圆锥销)

mm

$d_{公称}$	2	2.5	3	4	5	6	8	10	12	16	20	25
$a \approx$	0.25	0.3	0.4	0.5	0.63	0.8	1.0	1.2	1.6	2.0	2.5	3.0
$l_{范围}$	10~35	10~35	12~45	14~55	18~60	22~90	22~120	26~160	32~180	40~200	45~200	50~200
$l_{系列}$	2、3、4、5、6~32(2 进位)、35~100(5 进位)、120~200(20 进位)											

附表 12　开口销(摘自 GB/T 91—2000)

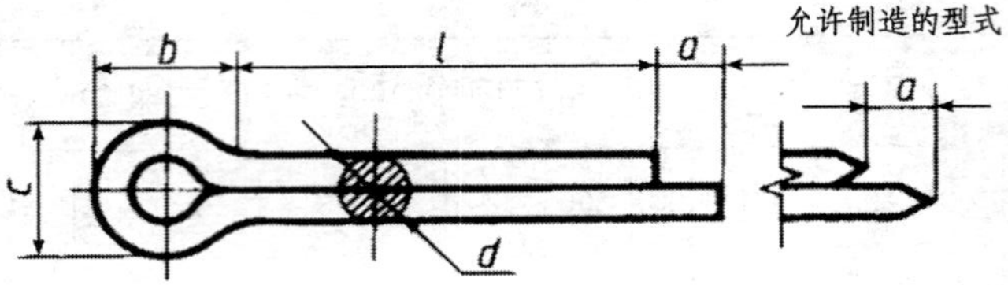

标记示例：

销 GB/T 91　5×50

(公称规格为 5、公称长度 l=50、材料为低碳钢、不经表面处理的开口销)

mm

d	公称	0.8	1	1.2	1.6	2	2.5	3.2	4	5	6.3	8	10	12
	max	0.7	0.9	1	1.4	1.8	2.3	2.9	3.7	4.6	5.9	7.5	9.5	11.4
	min	0.6	0.8	0.9	1.3	1.7	2.1	2.7	3.5	4.4	5.7	7.3	9.3	11.1
c_{max}		1.4	1.8	2	2.8	3.6	4.6	5.8	7.4	9.2	11.8	15	19	24.8
b		2.4	3	3	3.2	4	5	6.4	8	10	12.6	16	20	26
a_{max}		1.6		2.5				3.2	4				6.3	
$l_{范围}$		5～16	6～20	8～26	8～32	10～40	12～50	14～65	18～80	22～100	30～120	40～160	45～200	70～200
$l_{系列}$		4、5、6～32(2 进位)、36、40～100(5 进位)、120～200(20 进位)												

注：销孔的公称直径等于 $d_{公称}$，d_{min}≤(销的直径)≤d_{max}。

附表 13　普通型平键及键槽各部尺寸(摘自 GB/T 1095—2003,GB/T 1096—2003)

普通平键键槽的尺寸与公差(GB/T 1095—2003)

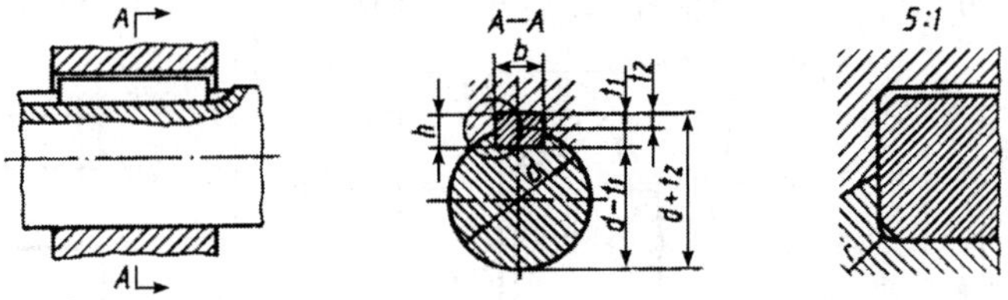

普通平键的型式与尺寸(GB/T 1096—2003)

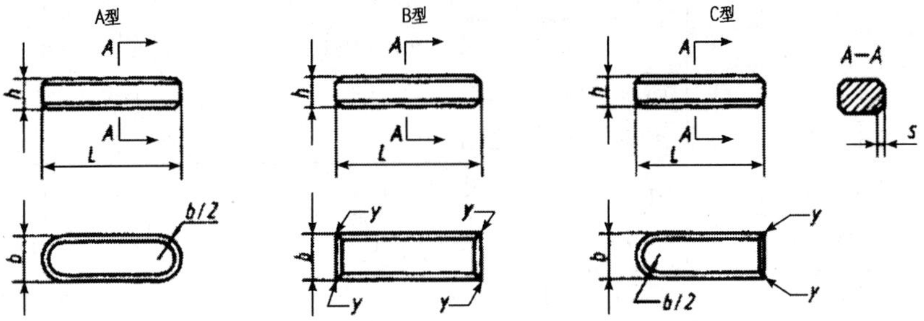

标记示例:GB/T 1096　键 A16 × 10 × 100 (普通 A 型平键、b=16、h=10、L=100)
GB/T 1096　键 B16 × 10 × 100 (普通 B 型平键、b=16、h=10、L=100)
GB/T 1096　键 C16 × 10 × 100 (普通 C 型平键、b=16、h=10、L=100)

mm

轴	键		键槽											
			宽度 b						深度				半径 r	
				极限偏差					轴 t_1		毂 t_2			
				正常联结		紧密联结	松联结							
公称直径 d	键尺寸 $b\times h$ (h8) (h11)	倒角或倒圆 s	基本尺寸 b	轴 N9	毂 JS9	轴和毂 P9	轴 H9	毂 D10	基本尺寸	极限偏差	基本尺寸	极限偏差	min	max
>10~12	4×4	0.25~ 0.40	4	0 −0.030	±0.015	−0.012 −0.042	+0.030 0	+0.078 +0.030	2.5	+0.1 0	1.8	+0.1 0	0.08	0.16
>12~17	5×5		5						3.0		2.3		0.16	0.25
>17~22	6×6		6						3.5		3.8			
>22~30	8×7		8	0 −0.036	±0.018	−0.015 −0.051	+0.036 0	+0.098 +0.040	4.0	+0.2 0	3.3	+0.2 0		
>30~38	10×8	0.40~ 0.60	10						5.0		3.3		0.25	0.40
>38~44	12×8		12	0 −0.043	±0.021 5	−0.018 −0.061	+0.043 0	+0.120 +0.050	5.0		3.3			
>44~50	14×9		14						5.5		3.8			
>50~58	16×10		16						6.0		4.3			
>58~65	18×11		18						7.0		4.4			
>65~75	20×12	0.60~ 0.80	20	0 −0.052	±0.026	−0.022 −0.074	+0.052 0	+0.149 +0.065	7.5		4.9		0.40	0.60
>75~85	22×14		22						9.0		5.4			
>85~95	25×14		25						9.0		5.4			
>95~110	28×16		28						10		6.4			

注:1. L 系列:6~22(2 进位)、25、28、32、36. 40、45、50、56、63、70、80、90、100、110、125、140、160、180、200、220、250、280、320、360、400、450、500。

2. GB/T 1095—2003、GB/T 1096－2003 中无轴的公称直径一列,现列出仅供参考。

附表 14 滚动轴承

深沟球轴承

（摘自 GB/T 276—2013）

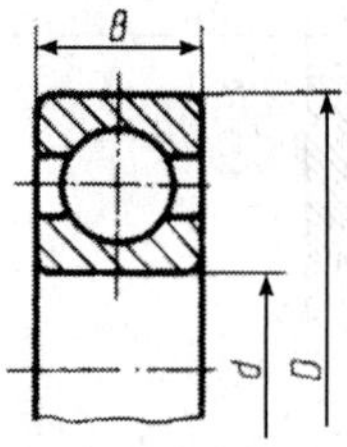

标记示例：

滚动轴承 6310 GB/T 276

轴承型号	尺寸/mm		
	d	D	B
尺寸系列[(0)2]			
6202	15	35	11
6203	17	40	12
6204	20	47	14
6205	25	52	15
6206	30	62	16
6207	35	72	17
6208	40	80	18
6209	45	85	19
6210	50	90	20
6211	55	100	21
6212	60	110	22
尺寸系列[(0)3]			
6302	15	42	13
6303	17	47	14
6304	20	52	15
6305	25	62	17
6306	30	72	19
6307	35	80	21
6308	40	90	23
6309	45	100	25
6310	50	110	27
6311	55	120	29
6312	60	130	31

圆锥滚子轴承

（摘自 GB/T 297—1994）

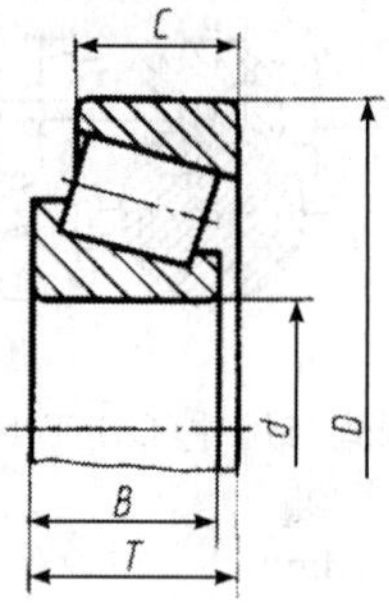

标记示例：

滚动轴承 30212 GB/T 277

轴承型号	尺寸/mm				
	d	D	B	C	T
尺寸系列[02]					
30203	17	40	12	11	13.25
30204	20	47	14	12	15.25
30205	25	52	15	13	16.25
30206	30	62	16	14	17.25
30207	35	72	17	15	18.25
30208	40	80	18	16	19.75
30209	45	85	19	16	20.75
30210	50	90	20	17	21.75
30211	55	100	21	18	22.75
30212	60	110	22	19	23.75
30213	65	120	23	20	24.75
尺寸系列[03]					
30302	15	42	13	11	14.25
30303	17	47	14	12	15.25
30304	20	52	15	13	16.25
30305	25	62	17	15	18.25
30306	30	72	19	16	20.75
30307	35	80	21	18	22.75
30308	40	90	23	20	25.25
30309	45	100	25	22	27.25
30310	50	110	27	23	29.25
30311	55	120	29	25	31.50
30312	60	130	31	26	33.50

推力球轴承

（摘自 GB/T 28697—2012）

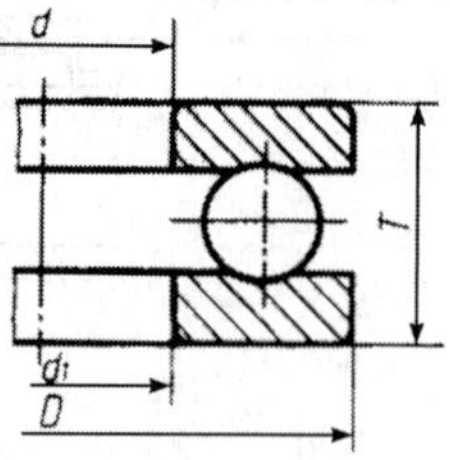

标记示例：

滚动轴承 51305 GB/T 301

轴承型号	尺寸/mm			
	d	D	T	d_1
尺寸系列[12]				
51202	15	32	12	17
51203	17	35	12	19
51204	20	40	14	22
51205	25	47	15	27
51206	30	52	16	32
51207	35	62	18	37
51208	40	68	19	42
51209	45	73	20	47
51210	50	78	22	52
51211	55	90	25	57
51212	60	95	26	62
尺寸系列[13]				
51304	20	47	18	22
51305	25	52	18	27
51306	30	60	21	32
51307	35	68	24	37
51308	40	78	26	42
51309	45	85	28	47
51310	50	95	31	52
51311	55	105	35	57
51312	60	110	35	62
51313	65	115	36	67
51314	70	125	40	72

注：圆括号中的尺寸系列代号在轴承代号中省略。

附表 15　中心孔表示法(摘自 GB/T 4459.5—1999、GB/T 145—2001)

mm

型式及标记示例	R 型	A 型	B 型	C 型
	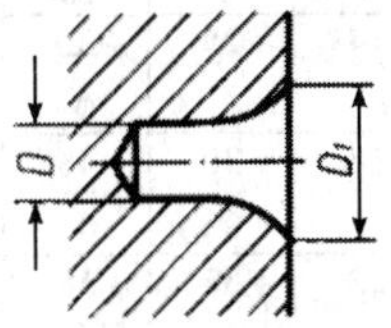	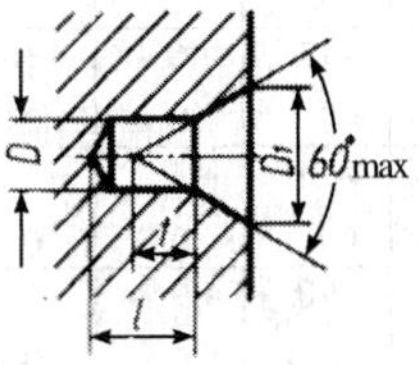	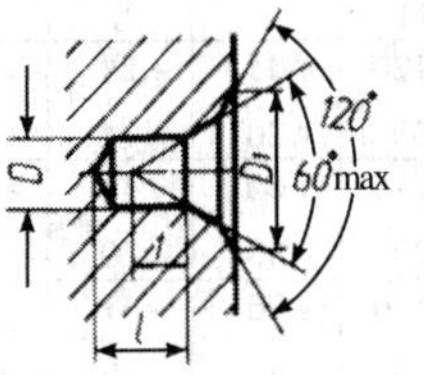	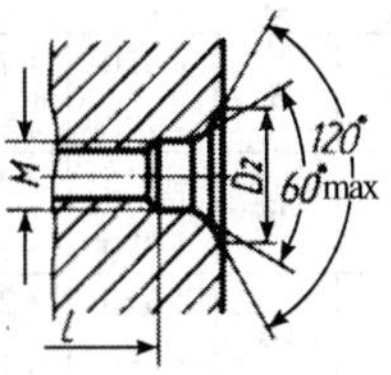
	GB/T 4459.5—R3.15/6.7 (D=3.15　D_1=6.7)	GB/T 4459.5—A4/8.5 (D=4　D_1=8.5)	GB/T 4459.5—B2.5/8 (D=2.5　D_1=8)	GB/T 4459.5—CM10L30/16.3 (D=M10　L=30　D_2=16.3)

	要求	规定表示方法	简化表示方法	说明
中心孔表示法	在完工的零件上要求保留中心孔		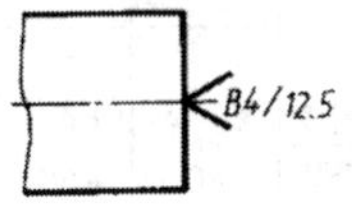	采用 B 型中心孔 D=4　D_1=12.5
	在完工的零件上可以保留中心孔(是否保留都可以,多数情况如此)	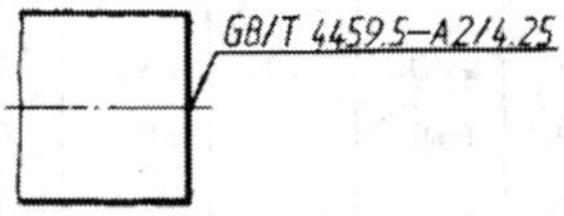	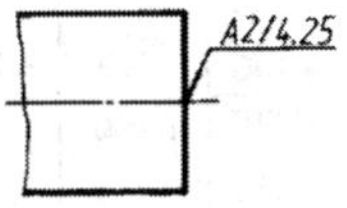	采用 A 型中心孔 D=2　D_1=4.25 一般情况下,均采用这种方式
		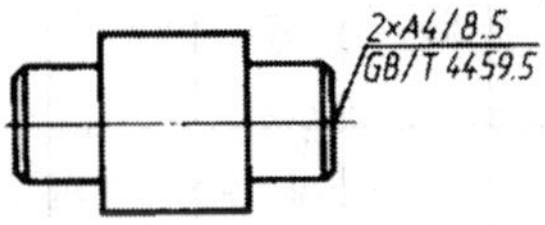	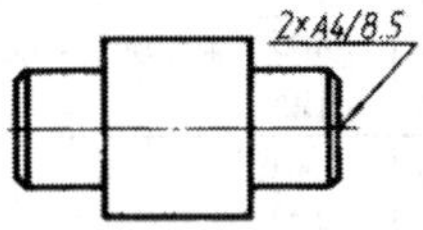	采用 A 型中心孔 D=4　D_1=12.5 轴的两端中心孔相同,可只在一端注出
	在完工的零件上不允许保留中心孔		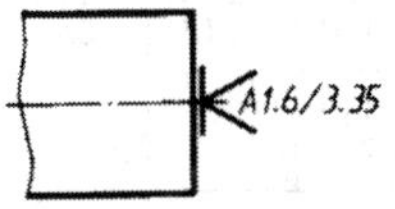	采用 A 型中心孔 D=1.6　D_1=3.35

注:1.标准中心孔,在图样中可不绘制其详细结构。2.简化标注时,可省略标准编号。3.尺寸 L 取决于零件的功能要求。

中心孔的尺寸参数

导向孔直径 D	R 型	A 型		B 型		C 型	
(公称直径)	锥孔直径 D_1	锥孔直径 D_1	参照尺寸 t	锥孔直径 D_1	参照尺寸 t	公称尺寸 M	锥孔直径 D_1
1	2.12	2.12	0.9	3.15	0.9	M3	5.8
1.6	3.35	3.35	1.4	5	1.4	M4	7.4
2	4.25	4.25	1.8	6.3	1.8	M5	8.8
2.5	5.3	5.3	2.2	8	2.2	M6	10.5
3.15	6.7	6.7	2.8	10	2.8	M8	13.2
4	8.5	8.5	3.5	12.5	3.5	M10	16.3
(5)	10.6	10.6	4.4	16	4.4	M12	19.8
6.3	13.2	13.2	5.5	18	5.5	M16	25.3
(8)	17	17	7	22.4	7	M20	31.3
10	21.2	21.2	8.7	28	8.7	M24	38

注:尽量避免选用括号中的尺寸。

附表 16　孔的极限偏差(摘自 GB/T 1800.2—2009)

代号		A	B	C	D	E	F	G	H					
公称尺寸/mm		公差												
大于	至	11	11	11	9	8	8	7	6	7	8	9	10	11
—	3	+330 +270	+200 +140	+120 +60	+45 +20	+28 +14	+20 +6	+12 +2	+6 0	+10 0	+14 0	+25 0	+40 0	+60 0
3	6	+345 +270	+215 +140	+145 +70	+60 +30	+38 +20	+28 +10	+16 +4	+8 0	+12 0	+18 0	+30 0	+48 0	+75 0
6	10	+370 +280	+240 +150	+170 +80	+76 +40	+47 +25	+35 +13	+20 +5	+9 0	+15 0	+22 0	+36 0	+58 0	+90 0
10	18	+400 +290	+260 +150	+205 +95	+93 +50	+59 +32	+43 +16	+24 +6	+11 0	+18 0	+27 0	+43 0	+70 0	+110 0
18	30	+430 +300	+290 +160	+240 +110	+117 +65	+73 +40	+53 +20	+28 +7	+13 0	+21 0	+33 0	+52 0	+84 0	+130 0
30	40	+470 +310	+330 +170	+280 +120	+142 +80	+89 +50	+64 +25	+34 +9	+16 0	+25 0	+39 0	+62 0	+100 0	+160 0
40	50	+480 +320	+340 +180	+290 +130										
50	65	+530 +340	+380 +190	+330 +140	+174 +100	+106 +60	+76 +30	+40 +10	+19 0	+30 0	+46 0	+74 0	+120 0	+190 0
65	80	+550 +360	+390 +200	+340 +150										
80	100	+600 +380	+440 +220	+390 +170	+207 +120	+126 +72	+90 +36	+47 +12	+22 0	+35 0	+54 0	+87 0	+140 0	+220 0
100	120	+630 +410	+460 +240	+400 +180										
120	140	+710 +460	+510 +260	+450 +200	+245 +145	+148 +85	+106 +43	+54 +14	+25 0	+40 0	+63 0	+100 0	+160 0	+250 0
140	160	+770 +520	+530 +280	+460 +210										
160	180	+830 +580	+560 +310	+480 +230										
180	200	+950 +660	+630 +340	+530 +240	+285 +170	+172 +100	+122 +50	+61 +15	+29 0	+46 0	+72 0	+115 0	+185 0	+290 0
200	225	+1 030 +740	+670 +380	+550 +260										
225	250	+1 110 +820	+710 +420	+570 +280										
250	280	+1 240 +920	+800 +480	+620 +300	+320 +190	+191 +110	+137 +56	+69 +17	+32 0	+52 0	+81 0	+130 0	+210 0	+320 0
280	315	+1 370 +1 050	+860 +540	+650 +330										
315	355	+1 560 +1 200	+960 +600	+720 +360	+350 +210	+214 +125	+151 +62	+75 +18	+36 0	+57 0	+89 0	+140 0	+230 0	+360 0
355	400	+1 710 +1 350	+1 040 +680	+760 +400										
400	450	+1 900 +1 500	+1 160 +760	+840 +440	+385 +230	+232 +135	+165 +68	+83 +20	+40 0	+63 0	+97 0	+155 0	+250 0	+400 0
450	500	+2 050 +1 650	+1 240 +840	+880 +480										

注:公称尺寸小于 1 mm 时,各级的 A 和 B 均不采用。

μm

	JS		K			M	N		P		R	S	T	U
等　级														
12	6	7	6	7	8	7	6	7	6	7	7	7	7	7
+100 0	±3	±5	0 −6	0 −10	0 −14	−2 −12	−4 −10	−4 −14	−6 −12	−6 −16	−10 −20	−14 −24	—	−18 −28
+120 0	±4	±6	+2 −6	+3 −9	+5 −13	0 −12	−5 −13	−4 −16	−9 −17	−8 −20	−11 −23	−15 −27	—	−19 −31
+150 0	±4.5	±7	+2 −7	+5 −10	+6 −16	0 −15	−7 −16	−4 −19	−12 −21	−9 −24	−13 −28	−17 −32	—	−22 −37
+180 0	±5.5	±9	+2 −9	+6 −12	+8 −19	0 −18	−9 −20	−5 −23	−15 −26	−11 −29	−16 −34	−21 −39	—	−26 −44
+210 0	±6.5	±10	+2 −11	+6 −15	+10 −23	0 −21	−11 −24	−7 −28	−18 −31	−14 −35	−20 −41	−27 −48	—	−33 −54
													−33 −54	−40 −61
+250 0	±8	±12	+3 −13	+7 −18	+12 −27	0 −25	−12 −28	−8 −33	−21 −37	−17 −42	−25 −50	−34 −59	−39 −64	−51 −76
													−45 −70	−61 −86
+300 0	±9.5	±15	+4 −15	+9 −21	+14 −32	0 −30	−14 −33	−9 −39	−26 −45	−21 −51	−30 −60	−42 −72	−55 −85	−76 −106
											−32 −62	−48 −78	−64 −94	−91 −121
+350 0	±11	±17	+4 −18	+10 −25	+16 −38	0 −35	−16 −38	−10 −45	−30 −52	−24 −59	−38 −73	−58 −93	−78 −113	−111 −146
											−41 −76	−66 −101	−91 −126	−131 −166
+400 0	±12.5	±20	+4 −21	+12 −28	+20 −43	0 −40	−20 −45	−12 −52	−36 −61	−28 −68	−48 −88	−77 −117	−107 −147	−155 −195
											−50 −90	−85 −125	−119 −159	−175 −215
											−53 −93	−93 −133	−131 −171	−195 −235
+460 0	±14.5	±23	+5 −24	+13 −33	+22 −50	0 −46	−22 −51	−14 −60	−41 −70	−33 −79	−60 −106	−105 −151	−149 −195	−219 −265
											−63 −109	−113 −159	−163 −209	−241 −287
											−67 −113	−123 −169	−179 −225	−267 −313
+520 0	±16	±26	+5 −27	+16 −36	+25 −56	0 −52	−25 −57	−14 −66	−47 −79	−36 −88	−74 −126	−138 −190	−198 −250	−295 −347
											−78 −130	−150 −202	−220 −272	−330 −382
+570 0	±18	±28	+7 −29	+17 −40	+28 −61	0 −57	−26 −62	−16 −73	−51 −87	−41 −98	−87 −144	−169 −226	−247 −304	−369 −426
											−93 −150	−187 −244	−273 −330	−414 −471
+630 0	±20	±31	+8 −32	+18 −45	+29 −68	0 −63	−27 −67	−17 −80	−55 −95	−45 −108	−103 −166	−209 −272	−307 −370	−467 −530
											−109 −172	−229 −292	−337 −400	−517 −580

附表 17　轴的极限偏差(摘自 GB/T 1800.2—2009)

代号		a	b	c	d	e	f	g	h					
公称尺寸/mm													公　差	
大于	至	11	11	11	9	8	7	6	5	6	7	8	9	10
—	3	-270 -330	-140 -200	-60 -120	-20 -45	-14 -28	-6 -16	-2 -8	0 -4	0 -6	0 -10	0 -14	0 -25	0 -40
3	6	-270 -345	-140 -215	-70 -145	-30 -60	-20 -38	-10 -22	-4 -12	0 -5	0 -8	0 -12	0 -18	0 -30	0 -48
6	10	-280 -338	-150 -240	-80 -170	-40 -76	-25 -47	-13 -28	-5 -14	0 -6	0 -9	0 -15	0 -22	0 -36	0 -58
10	18	-290 -400	-150 -260	-95 -205	-50 -93	-32 -59	-16 -34	-6 -17	0 -8	0 -11	0 -18	0 -27	0 -43	0 -70
18	30	-300 -430	-160 -290	-110 -240	-65 -117	-40 -73	-20 -41	-7 -20	0 -9	0 -13	0 -21	0 -33	0 -52	0 -84
30	40	-310 -470	-170 -330	-120 -280	-80 -142	-50 -89	-25 -50	-9 -25	0 -11	0 -16	0 -25	0 -39	0 -62	0 -100
40	50	-320 -480	-180 -340	-130 -290										
50	65	-340 -530	-190 -380	-140 -330	-100 -174	-60 -106	-30 -60	-10 -29	0 -13	0 -19	0 -30	0 -46	0 -74	0 -120
65	80	-360 -550	-200 -390	-150 -340										
80	100	-380 -600	-220 -440	-170 -390	-120 -207	-72 -126	-36 -71	-12 -34	0 -15	0 -22	0 -35	0 -54	0 -87	0 -140
100	120	-410 -630	-240 -460	-180 -400										
120	140	-460 -710	-260 -510	-200 -450	-145 -245	-85 -148	-43 -83	-14 -39	0 -18	0 -25	0 -40	0 -63	0 -100	0 -160
140	160	-520 -770	-280 -530	-210 -460										
160	180	-580 -830	-310 -560	-230 -480										
180	200	-660 -950	-340 -630	-240 -530	-170 -285	-100 -172	-50 -96	-15 -44	0 -20	0 -29	0 -46	0 -72	0 -115	0 -185
200	225	-740 -1 030	-380 -670	-260 -550										
225	250	-820 -1 110	-420 -710	-280 -570										
250	280	-920 -1 240	-480 -800	-300 -620	-190 -320	-110 -191	-56 -108	-17 -49	0 -23	0 -32	0 -52	0 -81	0 -130	0 -210
280	315	-1 050 -1 370	-540 -860	-330 -650										
315	355	-1 200 -1 560	-600 -960	-360 -720	-210 -350	-125 -214	-62 -119	-18 -54	0 -25	0 -36	0 -57	0 -89	0 -140	0 -230
355	400	-1 350 -1 710	-680 -1 040	-400 -760										
400	450	-1 500 -1 900	-760 -1 160	-440 -840	-230 -385	-135 -232	-68 -131	-20 -60	0 -27	0 -40	0 -63	0 -97	0 -155	0 -250
450	500	-1 650 -2 050	-840 -1 240	-480 -880										

注:公称尺寸小于 1 mm 时,各级的 a 和 b 均不采用。

μm

		js	k	m	n	p	r	s	t	u	v	x	y	z
等	级													
11	12	6	6	6	6	6	6	6	6	6	6	6	6	6
0 -60	0 -100	±3	+6 0	+8 +2	+10 +4	+12 +6	+16 +10	+20 +14	—	+24 +18	—	+26 +20	—	+32 +26
0 -75	0 -120	±4	+9 +1	+12 +4	+16 +8	+20 +12	+23 +15	+27 +19	—	+31 +23	—	+36 +28	—	+43 +35
0 -90	0 -150	±4.5	+10 +1	+15 +6	+19 +10	+24 +15	+28 +19	+32 +23	—	+37 +28	—	+43 +34	—	+51 +42
0	0	±5.5	+12	+18	+23	+29	+34	+39	—	+44	—	+51 +40	—	+61 +50
-110	-180		+1	+7	+12	+18	+23	+28	—	+33	+50 +39	+56 +45	—	+71 +60
0	0	±6.5	+15	+21	+28	+35	+41	+48	—	+54 +41	+60 +47	+67 +54	+76 +63	+86 +73
-130	-210		+2	+8	+15	+22	+28	+35	+54 +41	+61 +48	+68 +55	+77 +64	+88 +75	+101 +88
0	0	±8	+18	+25	+33	+42	+50	+59	+64 +48	+76 +60	+84 +68	+96 +80	+110 +94	+128 +112
-160	-250		+2	+9	+17	+26	+34	+43	+70 +54	+86 +70	+97 +81	+113 +97	+130 +114	+152 +136
0 -190	0 -300	±9.5	+21 +2	+30 +11	+39 +20	+51 +32	+60 +41	+72 +53	+85 +66	+106 +87	+121 +102	+141 +122	+163 +144	+191 +172
							+62 +43	+78 +59	+94 +75	+121 +102	+139 +120	+165 +146	+193 +174	+229 +210
0 -220	0 -350	±11	+25 +3	+35 +13	+45 +23	+59 +37	+73 +51	+93 +71	+113 +91	+146 +124	+168 +146	+200 +178	+236 +214	+280 +258
							+76 +54	+101 +79	+126 +104	+166 +144	+194 +172	+232 +210	+276 +254	+332 +310
0 -250	0 -400	±12.5	+28 +3	+40 +15	+52 +27	+68 +43	+88 +63	+117 +92	+147 +122	+195 +170	+227 +202	+273 +248	+325 +300	+390 +365
							+90 +65	+125 +100	+159 +134	+215 +190	+253 +228	+305 +280	+365 +340	+440 +415
							+93 +68	+133 +108	+171 +146	+235 +210	+277 +252	+335 +310	+405 +380	+490 +465
0 -290	0 -460	±14.5	+33 +4	+46 +17	+60 +31	+79 +50	+106 +77	+151 +122	+195 +166	+265 +236	+313 +284	+379 +350	+454 +425	+549 +520
							+109 +80	+159 +130	+209 +180	+287 +258	+339 +310	+414 +385	+499 +470	+604 +575
							+113 +84	+169 +140	+225 +196	+313 +284	+369 +340	+454 +425	+549 +520	+669 +640
0 -320	0 -520	±16	+36 +4	+52 +20	+66 +34	+88 +56	+126 +94	+190 +158	+250 +218	+347 +315	+417 +385	+507 +475	+612 +580	+742 +710
							+130 +98	+202 +170	+272 +240	+382 +350	+457 +425	+557 +525	+682 +650	+822 +790
0 -360	0 -570	±18	+40 +4	+57 +21	+73 +37	+98 +62	+144 +108	+226 +190	+304 +268	+426 +390	+511 +475	+626 +590	+766 +730	+936 +900
							+150 +114	+244 +208	+330 +294	+471 +435	+566 +530	+696 +660	+856 +820	+1 036 +1 000
0 -400	0 -630	±20	+45 +5	+63 +23	+80 +40	+108 +68	+166 +126	+272 +232	+370 +330	+530 +490	+635 +595	+780 +740	+960 +920	+1 140 +1 100
							+172 +132	+292 +252	+400 +360	+580 +540	+700 +660	+860 +820	+1 040 +1 000	+1 290 +1 250

参 考 文 献

[1] 国家技术监督局. 技术制图与机械制图. 北京:中国标准出版社,1996.
[2] 王槐德. 机械制图新旧标准代换教程(修订版). 北京:中国标准出版社,2004.
[3] 强毅. 技术制图国家标准应用指南. 北京:中国工业标准化技术服务部,1998.
[4] 缪朝东,胥徐. 机械制图与CAD技术基础. 北京:电子工业出版社,2014.
[5] 姚卿佐,耿晓明. 机械制图与CAD技术基础. 3版. 合肥:安徽大学出版社,2013.
[6] 陈伟珍,韦余苹. 机械制图. 广州:华南理工大学出版社,2006.
[7] 邹新斌,郑金. AutoCAD2012实用教程. 北京:人民邮电出版社,2013.
[8] 武永鑫. AutoCAD机械制图实训教程. 北京:北京邮电大学出版社,2012.
[9] 李业农. 机械制图. 6版. 上海:上海交通大学出版社,2012.
[10] 李慧,赵红梅. 机械制图. 长沙:中南大学出版社,2009.